T0275865

Expedition Energiewende

Josef Gochermann

Expedition Energiewende

Josef Gochermann
Hochschule Osnabrück
Lingen (Ems)
Deutschland

ISBN 978-3-658-09851-3   ISBN 978-3-658-09852-0 (eBook)
DOI 10.1007/978-3-658-09852-0

Die Deutsche Nationalbibliothek verzeichnet diese Publikation in der Deutschen Nationalbibliografie; detaillierte bibliografische Daten sind im Internet über http://dnb.d-nb.de abrufbar.

Springer Spektrum
© Springer Fachmedien Wiesbaden 2016

Gedruckt auf säurefreiem und chlorfrei gebleichtem Papier

Springer Fachmedien Wiesbaden ist Teil der Fachverlagsgruppe Springer Science+Business Media (www.springer.com)

Inhaltsverzeichnis

Neugierig auf die Energiewende

Es ist ein erster Frühlingstag. Die Sonne scheint freundlich, ab und an ein wenig abge-schwächt von einigen weißen Wolken, die der Wind vor sie schiebt. Leichter Wind, aber immerhin, der Wind weht. Ein guter Tag für unsere Energieerzeuger im Münsterland, denke ich mir. Die Photovoltaikanlagen werden mit Sonne gefüttert und die Windkraftan-lagen drehen sich. Aus der Natur wird Energie geschöpft. Vor einigen Jahren gab es noch heftigen Widerstand gegen die „Windmühlen" und gegen die „Verspargelung" der Land-schaft. Die Region hat sich mittlerweile mit ihnen arrangiert. Inzwischen ist es ein gutes Gefühl, sie drehen zu sehen.

Kühl ist es jedoch noch. Heute Nacht waren es nur drei Grad. Gut, dass die Heizung läuft, mit Öl. Obwohl, Solarthermieplatten sind auch auf dem Dach des Mietshauses, in dem ich wohne. Scheint doch irgendwie zu klappen, das mit der Energiewende, denke ich. Ein Mix aus verschiedenen Energieträgern und ein wachsender Anteil von Strom aus regenerativen Energien.

In den Zeitungen lese ich andere Botschaften. Energiekonzerne bauen Personal ab. RWE und E.ON schreiben Verluste. Kraftwerke sind nicht ausgelastet und können nicht wirtschaftlich betrieben werden. „Rettet die Energiewende! – Deutschland braucht eine mutige Reform – Die Energiewende wird zunehmend zu einem technokratischen Mons-ter". Vom nationalen Gemeinschaftswerk, das Angela Merkel einst ausgerufen hat, sei nicht mehr viel übrig [1]. „Wissenschaftler fordern Ende der Ökostromförderung – Die Bundesregierung müsste ihr Ausbauziel für erneuerbare Energien damit wohl aufgeben" [2]. – „Wenn wir so weiter machen, fliegt uns die Energiewende um die Ohren" [3].

Die Überschriften spiegeln die Empfindungen von vielen Menschen wider – Fachleu-ten wie Laien –, die ich in den vergangenen Monaten gesprochen habe. Die drastischen Veränderungen unseres Energiesystems beunruhigen viele, stoßen auf Unverständnis und rufen Kopfschütteln, aber auch Ängste hervor. Warum eigentlich dieser überhastete Aus-stieg aus der Kernenergie? Warum dieses Tempo? Unsere Energiewelt war doch in Ord-

© Springer Fachmedien Wiesbaden 2016
J. Gochermann, *Expedition Energiewende,* DOI 10.1007/978-3-658-09852-0_1

nung. Dass die Kernenergie ein „Restrisiko" hat, war doch akzeptiert. Sie sollte ja auch nur als „Übergangsenergie" genutzt werden.

Und jetzt das: Abschalten aller Atomkraftwerke in Deutschland bis 2022. Herunterfahren der Kohleverstromung. 80 % des Stroms aus erneuerbaren Energien bis 2050. Auch ohne Physikstudium erkennt man leicht, dass ein bloßes Austauschen der Kernkraftwerke durch Solarzellen, Windräder und Biogasanlagen kaum möglich sein dürfte. Aber was bedeutet denn dann „Energiewende"?

1.1   Energie-Erinnerungen

Energie ist ein allgegenwärtiges Thema. Seit meiner Kindheit begleitet es mich. Neben der natürlichen Wärme der Sonne und der Kraft des Windes zunächst in der Form von Kohle.

Kohle

Kohlebergbau, das Ruhrgebiet, eine ganze Region lebte von dem schwarzen Gold, welches die Bergleute aus über einem Kilometer Tiefe aus der Erde holten. Ich war selbst zwei- oder dreimal „unter Tage", war erstaunt, welch hoher technischer und menschlicher Aufwand betrieben wurde, um diese seit Jahrmillionen in der Erde gespeicherte Energie zu bergen. Eine gigantische Anstrengung und ein Großprojekt. Bei den Braunkohletagebaugebieten im Rheinland ist dies noch heute offensichtlich. Am Rande des Hambacher Tagebaus stehend, schaut man auf ein kilometerweites Areal, vier bis fünfhundert Meter tief abgegraben, die Gesteins- und Kohleschichte wie in einem Lehrbuch offenliegend. Die riesigen Bagger beeindrucken. Dimensionen, wie man sie sonst nur aus Amerika kennt.

In den Semesterferien habe ich oft als Aushilfskraft auf der Kokerei gearbeitet. Riesige Batterien von gemauerten Öfen in großen Stahlgerüsten, in denen bei 1.400 °C die Steinkohle verkokt wurde. Spannender Energieprozess, aus Kohle wird Koks, der zur Befeuerung in der Stahlproduktion eingesetzt werden kann, und zugleich entsteht Pyrolysegas, sog. Kokereirohgas. Und die umweltbeeinträchtigenden Stoffe wie Teer und Schwefel können sogar abgetrennt werden. Aber ich habe auch die Wasserdampfwolken gesehen, die beim Ablöschen des Koks aus dem Turm stiegen. Der Wasserdampf riss auch den feinen Kohlenstaub mit in die Höhe und verbreitete ihn. In der Umgebung von Kokereien haben die Menschen es früher vermieden, ihre Wäsche draußen zu trocknen. Schwarzer feiner Kohlenstaub lag in der Luft.

Große Kraftwerksblöcke gehören noch heute zum Bild einer Industrieregion. Viele unterschiedliche konnte ich in den vergangenen Jahrzehnten besichtigen. Alte und moderne, Braunkohle-, Steinkohle- und Gaskraftwerke. Die grundlegenden Technologien der Kohleverstromung waren immer präsent, ob im Studium oder bei Praktika oder Betriebsbesichtigungen. Kraftwerke gehörten zum Alltag.

In den Fünfziger- und Sechzigerjahren wurden noch viele Wohnungen und Betriebe mit Kohle beheizt. Ich erinnere mich noch gut an die länglichen schwarzen Metalleimer, mit denen „Kohlen aus dem Keller" geholt wurden. Alternativen zu dieser mühsamen und schmutzigen Art des Heizens waren Luxus.

Zechen wird es in Deutschland bald nicht mehr geben. Mit „Prosper Haniel" in Bottrop und „Anthrazit" in Ibbenbüren werden Ende 2018 die letzten beiden deutschen Kohlebergwerke geschlossen. Importkohle aus anderen Teilen der Welt ist preiswerter.

Erdöl

Energie steht seit Mitte des 19. Jahrhunderts auch in flüssiger Form zur Verfügung: Erdöl. Die industrielle Entwicklung im letzten Jahrhundert ist ohne Öl und Benzin kaum vorstellbar. Erdöl ist Rohstoff und Energieträger. Der Umstieg von einer Kohleheizung auf eine Ölheizung war ein qualitativer Fortschritt. Und Benzin war und ist der Garant für Mobilität im Verkehrswesen. Tankwaggons und Tanklastwagen gehörten schon früher zum Alltagsbild, und natürlich auch auf jede Modelleisenbahn. Für die Lkw unseres Familienbetriebes, eine kleine Kette von Lebensmittelgeschäften, hatten wir damals sogar eigene Tanks und eigene Zapfsäulen auf dem Hof, die ältere sogar noch mit Handpumpe.

Die Ölkrise verdeutlichte in den Siebzigerjahren dann, wie stark die flüssige Energie unseren Lebensalltag bestimmt. Und wie abhängig wir von den Importen aus anderen Regionen der Welt sind. Die Scheichs drehten den Ölhahn zu und bescherten Deutschland autofreie Sonntage mit leeren Autobahnen, auf denen die Menschen spazieren gingen. Erdöl, auch Jahrmillionen alte im Boden gespeicherte Energie, ist in Deutschland in nennenswertem Umfang nicht zu fördern, wir müssen es von außerhalb einkaufen. Und das zeitweilig ziemlich teuer. Bis 2003 überstieg der Ölpreis pro Barrel (Marke UK Brent) die Marke von 30 US$ kaum, 2011 und 2012 erreichte er dann aber Spitzenwerte von über 111 US$. Ukraine-Krise und die politischen Unsicherheiten in der arabischen Welt drückten ihn 2015 zwar wieder auf ein Niveau von rund 53 US$ [4], aber allein die Schwankungsbreite zeigt, wie abhängig wir vom Erdöl sind.

Erdöl ist heute der wichtigste Rohstoff für unsere Industrienation. Mit einem Anteil von 70% an der organischen Chemieproduktion ist Erdöl für die chemische Industrie die existenzielle Lebensbasis. Aus Erdöl werden Düngemittel, Kunststoffe, Lacke und Farben oder auch Medikamente gewonnen. Ohne Erdöl könnten wir uns unsere vielfältige Produktwelt nicht vorstellen. Dabei gehen nur 14% des Erdöls in Deutschland in die Chemieproduktion, 27% werden energetisch genutzt, die restlichen 59% benötigen wir für unsere Mobilität [5].

Kernenergie-Euphorie

Chemie, nicht gerade das Lieblingsfach eines Physikers. Die richtige Welt der Physik spielt sich doch in der Welt der Atome und Teilchen ab. Atomphysik, Kernphysik, Teilchenphysik – gekoppelt mit Deutschlands Ingenieurkunst versprachen sie preiswerte eigene Energie, langfristig erzeugbar, ohne Rohstoffprobleme. Kernspaltung und Kernfusion schienen die Lösung aller Energiesorgen zu bieten. Das war ein Thema für Physiker, Ingenieure, Techniker! In der friedlichen Nutzung der Kernenergie konnte man sich technologisch und wissenschaftlich so richtig austoben. Physiker- und Ingenieurskunst auf absolutem Topniveau. Ich wählte im Studium Reaktortechnik als Wahlpflichtfach, eine faszinierende Kombination von Physik und Ingenieurwissen. Und eine tolle Gelegenheit

Kernkraftkoryphäen wie Professor Rudolf Schulten, den Vater des Kugelhaufenreaktors, live bei Gastvorträgen zu erleben.

Die Energiebranche hatte mit dem Bau und dem Betrieb von Kernkraftwerken ein Flaggschiff der deutschen Großindustrie. Aushängeschild war die KWU, die Kraftwerk Union AG mit Sitz in Mühlheim, 1969 gegründet aus dem Zusammenschluss der Kernkraftwerksbereiche von Siemens und der AEG. Kernenergie war, zumindest in weiten Teilen der Bevölkerung, akzeptiert und salonfähig.

Das Endlagerungsproblem würde man schon lösen, die Untersuchungen liefen ja und eine technische Lösung würde sicherlich auch bald gefunden. Natürlich war man sich eines „Restrisikos" des Betriebs bewusst. Aber da man es kannte, konnte man es auch in Schach halten. Nichts persifliert diese scheinbar unbekümmerte Haltung so gut, wie der Sketch von Loriot „Wir bauen uns ein Atomkraftwerk!", der in der Folge „Weihnachten bei Hoppenstedts" am 07. Dezember 1978 erstmalig im Fernsehen ausgestrahlt wurde. „Da haben die Kinder viel Spaß dran – und die Eltern!" [6]. Beim Aufräumen des Kellers habe ich unlängst einen noch originalverpackten Papierbastelbogen der KWU gefunden – für ein komplettes Papierkernkraftwerk.

Kernenergie-Ablehnung
Aber da sind auch die anderen Erinnerungen an die Kernenergie. In den Siebzigerjahren entstand in Deutschland eine soziale Bewegung, die sich nicht nur gegen die militärische, sondern vehement auch gegen die zivile Nutzung der Kernenergie wendete. Aus Widersprüchen vereinzelter Bürger gegen den Bau von Kernkraftwerken entstand bis Mitte der Siebzigerjahre die in Deutschland stark vernetzte und gut organisierte Antiatomkraftbewegung. Immer mehr Menschen demonstrierten gegen die Nutzung der Kernenergie, hielten das Risiko nicht für verantwortbar und sahen die Endlagerung als nicht lösbar an. Protestkundgebungen und Blockaden gingen über die Bildschirme. Das Endlager Gorleben wurde ein Synonym für die angebliche Sackgasse.

Das Thema polarisierte. Ich erinnere mich an zahlreiche Podiumsdiskussionen, an denen ich damals als politisch Aktiver teilnahm. Sie liefen stets nach dem gleichen Schema ab. Eingeladen waren auf der einen Seite Umwelt- und Naturschutzverbände und Vertreter der Antiatomkraftbewegung, auf der anderen Seite die Kernkraftwerksbetreiber und Vertreter von den kernenergiebejahenden politischen Parteien. Die Industrie machte immer wieder den gleichen Fehler und schickte ihre qualifiziertesten, meist promovierten Ingenieure in die Diskussion. Fachleute, die jedes Teil eines Kernkraftwerkes kannten und es berechnen konnten. Und die jedes Mal von der kommunikativ besser aufgestellten Gegenseite aufs Glatteis geführt wurden. Irgendwann in der Diskussion wurde die Frage an den Kernkraftwerksingenieur gerichtet, ob er denn ausschließen könne, dass unter einer bestimmten Randbedingung X in einer besonderen Konstellation Y nicht eventuell doch an dieser oder jener Stelle im Reaktor etwas passieren könne. Fachlich korrekt und ehrlich antwortete der Ingenieur dann zumeist, dass er dies natürlich nicht vollkommen ausschließen könne, aber es handele sich um ein verschwindend geringes Restrisiko. „Restrisiko" – da war das Wort auf das die Kernkraftgegner gewartet hatten. Also war es doch nicht ganz sicher, es gab ein Restrisiko. Diese Technik müsse man ablehnen!

Die Diskussion war dann zumeist gelaufen. Diesen Kommunikationsfehler haben viele andere Industrievertreter in Deutschland bei den immer stärker aufkommenden Podiumsdiskussionen gemacht, vor allem im Bereich der Ökologie und des Umweltschutzes. Erst einige Jahre später begannen die ersten Unternehmen nicht ihre Fachkompetenzen zu den Diskussionen zu schicken, sondern ihre Kommunikationskompetenzen, etwa ihre Pressesprecherinnen und Pressesprecher wie beispielsweise bei der Einführung des Grünen Punktes und des Duales Abfallsystems.

Sicherlich hat die Antiatomkraftbewegung stellenweise erheblich überzogen, in der Radikalität der Demonstrationen und in den Blockaden oder beispielsweise beim Ignorieren naturwissenschaftlicher Grundlagen und im Unterstellen von unehrlichen Absichten. Aber sie hat auch wachgerüttelt. Sie hat viele zu einem kritischeren Nachdenken gebracht und offene Flanken aufgezeigt. Sie hat den Schritt zur Wende vorbereitet.

Tschernobyl
Mitten in diese polarisierte Diskussionswelt platze dann am 26. April 1986 der Reaktorunfall von Tschernobyl. Bei einer Simulation des totalen Stromausfalls am Reaktor wurde dieser überkritisch, die Kettenreaktion ließ sich nicht mehr regeln, es kam zur Explosion. Ursachen waren vermutlich schwerwiegende Verstöße gegen die geltenden Sicherheitsvorschriften sowie die bauartbedingten Eigenschaften des mit Graphit moderierten Kernreaktors vom Typ RBMK-1000. Innerhalb der ersten zehn Tage nach der Explosion wurde eine Aktivität von mehreren Trillionen Becquerel freigesetzt. Die so in die Erdatmosphäre gelangten radioaktiven Stoffe, darunter das Isotop ^{137}Cs mit einer Halbwertszeit von rund 30 Jahren, kontaminierten infolge radioaktiven Niederschlags hauptsächlich die Region nordöstlich von Tschernobyl sowie viele Länder in Europa. Dieser Unfall wurde als erstes Ereignis auf der siebenstufigen internationalen Bewertungsskala für nukleare Ereignisse als *katastrophaler Unfall* eingestuft [7].

Natürlich wurde diese Nuklearkatastrophe von der Protestbewegung zum Anlass genommen, den sofortigen Ausstieg aus der Atomenergie zu fordern. „Tschernobyl ist überall" prangte schon bald an Laternen und Plakatwänden, an Autos und Bussen. Diesmal lief die Diskussion zwar auch erregt, aber man konnte mit Fakten dagegenhalten. Das war (schlechte) russische Technik, die keine inhärente Sicherheit biete wie die deutsche. Außerdem war da noch das Fehlverhalten der Bediener. Das alles könne bei uns nicht passieren. „Tschernobyl ist *nicht* überall" war dann auch die Überschrift eines Beitrags in dem politischen Monatsmagazin *Die Entscheidung*, den ich im Sommer zusammen mit meinem Studienkollegen Christoph Demmer verfasste.

Die Betroffenheit in der Bevölkerung war dennoch groß. Gleichwohl war es für mich durchaus überraschend, dass keine anhaltende Eskalation des Protestes auftrat, dass keine abrupte Wende eingeleitet wurde. Vielmehr war im Nachhinein verblüffend, mit welcher Sachlichkeit und manchmal sogar Gelassenheit die deutsche Bevölkerung mit dem Unfall umging. Man war aber auch nicht direkt betroffen, sieht man mal ab von etwas radioaktivem Regen und verstrahlten Pilzen.

Die Katastrophe von Tschernobyl hat jedoch in die Politik hineingewirkt. Auch wenn die Kernenergie in den befürwortenden Parteiprogrammen schon länger als „Übergangsenergie" bezeichnet worden war, politisch an einem Übergang gearbeitet hatte man wenig. Lediglich die Partei „Die Grünen" hatte dieses Thema offensiv besetzt. Tschernobyl markiert hier sicherlich einen Wendepunkt. Man fing an, die Nachfolge der Kernenergie und den Übergang dorthin zu denken.

Vor einiger Zeit fiel mir beim Durchsuchen alter Politikunterlagen ein kleines Heftchen in die Hände: „Energie für das 21. Jahrhundert – Wege zu einer ausreichenden und verantwortbaren Energienutzung" Beschluss des JU-Landesausschusses vom 09. März 1991 in Korschenbroich. Das energiepolitische Programm der Jungen Union Nordrhein-Westfalen. Ich war damals Mitglied des Landesvorstandes und energiepolitischer Sprecher der JU NRW, so steht es auch vorne im Heftchen. Ich habe es interessiert durchgelesen und viele Aussagen gefunden, die heute noch die gleiche Gültigkeit, jetzt jedoch eine andere Aktualität haben.

Pilotprojekte mit neuen Energien

Ich erinnere mich auch an einige Großprojekte in den Siebziger- und den Achtzigerjahren. Pilotvorhaben, Visionen, Modelle auf der Suche nach einer anderen Energiegewinnung. Der Name Growian war damals Pseudonym für die Entwicklungsanstrengungen, regenerative Energiequellen zu nutzen. Die **Gro**ss**wind**a**n**lage am Kaiser-Wilhelm-Koog in Schleswig-Holstein war ein zweiflügliger Leeläufer (Rotor auf der windabgewandten Seite) und hatte eine Nabenhöhe von gut 100 m. Zusammen mit dem Rotordurchmesser von 100,4 m ragte die Spitze des Rotorblattes etwa auf die vergleichbare Höhe des Kölner Doms (157 m). Die Leistung von 3 MW bedeutete damals Weltrekord, die Kosten von rund 100 Mio. DM allerdings auch.

Growian war lange Zeit die größte Windkraftanlage der Welt. Vieles an der Anlage war neu und in dieser Größenordnung noch nicht erprobt. Da die Gehäuseauslegung fehlerhaft war, konnte die Anlage nicht bei voller Leistung betrieben werden. Die Probleme mit Werkstoffen und Konstruktion verhinderten einen kontinuierlichen Testbetrieb. Die meiste Zeit zwischen dem ersten Probelauf am 06. Juli 1983 bis zum Betriebsende im August 1987 stand die Anlage still. Offizieller Betriebsbeginn war am 04. Oktober 1983.Im Sommer 1988 wurde Growian abgerissen [8]. Insofern schien Growian auch zu belegen, dass die Technologie der Nutzung regenerativer Energien noch in den Kinderschuhen steckte und noch fern von ihrer Einsatzreife sei.

Auch die Nutzung der **Sonnenenergie** hatte derartige Pilotprojekte. Als Reaktion auf die Ölkrise 1973 wurde in der zweiten Hälfte der 1970er-Jahre von der internationalen Energieagentur ein Solarprojekt am Rande der Wüste von Tabernas in der spanischen Provinz Almería auf den Weg gebracht. Auf einem über 100 Hektar großen Testgelände wurden über 20.000 m^2 Spiegelflächen montiert, die das Sonnenlicht bündelten und in hoch konzentrierter Form in die Spitze eines Turms schickten, wo die Wärme dann zur Stromerzeugung genutzt werden konnte. Es wurden auch zahlreiche andere Versuche gefahren und vorwiegend solarthermische Kraftwerke unter Realbedingungen getestet. An den Versuchen und dem Betrieb der Testanlagen war Deutschland federführend beteiligt. Die Projektleitung lag bei der Deutschen Forschungs- und Versuchsanstalt für Luft- und Raumfahrt, dem heutigen Deutschen Zentrum für Luft- und Raumfahrt (DLR).

Und da war da noch die Vision der **Wasserstoffgesellschaft**. Flüssiger Wasserstoff als universeller Energieträger mit unterschiedlichsten Einsatzmöglichkeiten. Zahlreiche Forschungsvorhaben und Tagungen beschäftigten sich Ende der 1980er-Jahre mit der Gewinnung, dem Transport und der Nutzung von Wasserstoff als Energieträger. Viele davon sind in den Berichten der VDI-Gesellschaft Energietechnik des Vereins Deutscher Ingenieure festgehalten und veröffentlicht. Das Thema war „in". Auch in meinem Institut an der Ruhr-Universität Bochum wurden Projekte angedacht, mithilfe von konzentrierter Sonnenenergie bei Temperaturen von weit über 2.000 °C normales Wasser in Wasserstoff und Sauerstoff zu dislozieren. Die Tagungen waren gut besucht, Vertreter aus Politik, Wirtschaft und Wissenschaft arbeiteten gemeinsam und motiviert an der Wasserstoffzukunft. Erstaunlich, dass wir heute noch immer so weit davon entfernt sind. Ich erinnere mich an die VDI-Tagung Wasserstofftechnik in Stuttgart im März 1989. Im Foyer stand ein voll funktionsfähiger und straßenzugelassener BMW 735i – mit Wasserstoffantrieb [9]. In dem Fazit ihres Fachvortrages meinten die Autoren damals:

> Die wichtigsten und schwierigsten Probleme bei der Vorbereitung des Wasserstoffzeitalters liegen … bei der flächendeckenden und kostengünstigen Versorgung mit flüssigem Wasserstoff. Zur Lösung dieser Probleme ist eine effiziente Zusammenarbeit von Politik und Wirtschaft … eine zwingende Voraussetzung. [9]

Liegt hierin der Grund, warum wir heute noch nicht viel weiter sind als Ende der 1980er-Jahre?

1.2   Ein neues Energiezeitalter?

Ich sitze auf meinem Balkon, in der Sonne. Der Himmel strahlt blau, verziert mit kleinen weißen Wolken. Auch über der Ruhr. Willy Brandt hatte bereits im Wahlkampf 1961 die Forderung nach sauberer Energieerzeugung und Industrieproduktion gefordert. Das war weitgehend geschafft, auch im Ruhrgebiet dürfte der Himmel heute blau strahlen.

Es ist viel passiert in den letzten Jahren. Die Zahl der Photovoltaikanlagen auf Dächern und Freiflächen hat merklich zugenommen. Auch private Hausbesitzer, kleine Unternehmen und Landwirte betreiben heute regenerative Energieanlagen. In den nördlichen Bundesländern gehören Windräder zum gewohnten Landschaftsbild. In den Landes- und Gebietsentwicklungsplänen werden spezielle Flächen zur Nutzung regenerativer Energiequellen ausgewiesen.

Die Stromerzeugung aus regenerativen Energien beträgt inzwischen mehr als 25 % [10], Prognose steigend. In der Nordsee entstehen riesige Offshorewindparks, die den nahezu konstant wehenden Wind effizient ausnutzen und in Strom umwandeln. Entlang von Autobahnen und Eisenbahnstrecken entdeckt man immer mehr großflächige Photovoltaikanlagen, sog. Solarfarmen. Und die ländlichen Regionen haben vielerorts ein neues Landschaftsbildelement erhalten, die grünen von Methangas aufgeblähten Kuppeln der Biogasanlagen. Im Bereich der regenerativen Energienutzung ist so etwas wie Aufbruchsstimmung, ja stellenweise auch Euphorie zu spüren.

Der endgültige Ausstieg aus der Kernenergie ist beschlossen. Bis 2022 werden alle Kernkraftwerke in Deutschland vom Netz sein. Ziele für eine fast vollständige Energieversorgung aus regenerativen Energien sind formuliert und politisch über viele Parteigrenzen hinweg beschlossen. Sind wir also schon im neuen Energiezeitalter angekommen?

Dem widersprechen die Meldungen aus den Medien, die mich schon zu Beginn meiner Überlegungen so beschäftigt haben. Mit über 700 Mio. t ist Deutschland nach wie vor der größte CO_2-Emittent in Europa. Trotz aller Reduktionsbeschlüsse stieg der Ausstoß von 2011 auf 2012 sogar leicht an [11]. Wir haben sie noch, die konventionellen Kohle- und Gaskraftwerke. Und viele Fachleute begründen – oft sehr nachvollziehbar –, dass wir sie auch noch längere Zeit benötigen werden. Wir bauen die Nutzung der erneuerbaren Energien massiv aus, setzen dabei staatliche Subventionsinstrumente mit zwanzigjährigen garantierten Vergütungen ein und hebeln damit bewährte Mechanismen der Marktwirtschaft aus. Wir schaffen immer neue Kontroll- und Regelmechanismen, haben mit der Bundesnetzagentur eine mit immer mehr Aufgaben befrachtete mächtige Regulierungsbehörde geschaffen.

Zeitgleich entstehen völlig neue Wirkungsfelder. Die Nutzung unserer Energie wird aus einem ganz neuen Blickwinkel betrachtet. Es wird über Demand-Site-Management geredet, von Lastverschiebung ist die Rede. Es gibt Energieeffizienzagenturen und eine wachsende Zahl von Effizienzberatern. Begriffe wie Smart Home, Smart Grid und Smart Market gehören zum Alltagssprachgebrauch in der Energiewirtschaft. Der Gebrauch von Energie wird bewusster.

Aber irgendetwas passt nicht zusammen. Es werden immer mehr regenerative Energieanlagen errichtet, dezentral, in Windparks und Offshore. Aber die Netze können den Strom nicht aufnehmen, können ihn nicht über die langen Strecken von der Nordsee bis nach Bayern transportieren. Zudem fehlt es an leistungsfähigen Technologien, um Strom für die Zeiten zu speichern, in denen die Sonne nicht scheint und der Wind nicht weht. Die großen Konzerne, jahrzehntelang sichere und lukrative industrielle Großdampfer, die gutes Geld verdienten, befinden sich plötzlich auf Schlingerkurs, schreiben Verluste.

Die einen prognostizieren das Scheitern der Energiewende, andere warnen vor zu hohem Tempo. Wieder andere drücken aufs Gas, wollen womöglich auch die Kohlekraftwerke sofort abschalten, andere bremsen den Umbau des Energiesystems. Vielleicht weil sie selbst nicht schnell genug mitkommen. Was ist da los in der Energiewelt? Fliegt uns die Energiewende um die Ohren?

1.3 Die Energiewende verstehen!

Die Energiewende. Was ist das überhaupt? Google findet etwa 5,6 Mio. Einträge in 0,40 s. Unter dem Stichwort „Energiewende" liest man auf den Internetseiten des Bundeswirtschaftsministeriums als ersten Satz: „Die Energiewende ist unser Weg in eine sichere, umweltverträgliche und wirtschaftlich erfolgreiche Zukunft" [12]. Der Weg ist das Ziel?

Viele mit denen ich in den letzten Monaten gesprochen habe, vermissen eine verbindliche Aussage, was denn die Energiewende sein soll. Oder zumindest schärfere Zielvorgaben. Ein *Masterplan* wird von der Politik gefordert. Einige stellen den Umbau unseres Energiesystems grundsätzlich infrage. Oder stellt die Energiewende gar das bisherige System infrage?

Für viele Bürgerinnen und Bürger ist die Energiewende Synonym für das bloße Ersetzen der Kernenergie durch regenerative Energien. Also einfach ein Wechsel von alt nach neu? Man muss nicht Physik studiert haben, um schnell zu verstehen, dass dies so einfach nicht funktionieren wird.

Aber was ist die Energiewende denn dann? Klar ist, der Umbau unseres Energiesystems hat viele Facetten. Sehr viele. Und aus jeder Blickrichtung gibt es unzählig viele Informationen, Meinungen, Fakten. Diese allesamt aufzunehmen und zu bewerten, ist schier unmöglich. Und vielleicht fällt es gerade deshalb vielen Menschen schwer, die Energiewende anzunehmen oder zumindest nachzuvollziehen. Je nach Sichtweise präsentiert sie sich mal als „erfolgreiche Zukunft", mal als „bürokratisches Monster" und mal als Experiment, das uns „um die Ohren fliegt".

Mir fallen nach und nach immer mehr Sichtweisen auf die Energiewende ein. Immer mehr Facetten, die es zu verstehen gilt, immer mehr Fragen:

* Ist die Energiewende nur eine Weiterentwicklung oder erleben wir einen grundsätzlichen Paradigmenwechsel?
* Wir haben bislang sehr gut funktionierende konventionelle Technologien in der Energieversorgung. Warum ein so schneller Wechsel? Das war doch nicht falsch, was wir bislang gemacht haben.
* Unsere Energietechnologien sind weltweit anerkannt und besetzten Spitzenpositionen. Unsere Ingenieurkunst wird weltweit geschätzt. Geben wir jetzt wichtige Technologiefelder auf?
* Wir beherrschen doch die Kernenergie als leistungsstärkste Energiequelle. Warum sollten wir sie vollends aufgeben und die Technologie anderen überlassen?
* Die gesellschaftliche Akzeptanz hat sich gewandelt. Nicht alles was technisch machbar ist, ist auch gewollt.
* Was ist die politische Zielsetzung der Energiewende? Welche wirtschaftlichen, technologischen und politischen Motivationen stehen dahinter?
* Kann es so etwas wie einen „Masterplan" überhaupt geben?
* Was ist bisher eigentlich schon alles geschehen? Wo stehen wir heute?

- Wie reagieren die großen Energiekonzerne auf die Energiewende? Was ist deren zukünftige Rolle?
- Wie reagieren die Stadtwerke und was ist ihre zukünftige Rolle?
- Welche neuen Chancen und Potenziale eröffnen sich, insbesondere für kleine und mittlere Unternehmen?
- Welche Auswirkungen hat die Energiewende auf unser alltägliches Leben? Werden wir unsere Lebensweise ändern?
- Ist die Energiewende auch eine Technologiewende? Was haben wir schon, welche Technologien brauchen wir noch?
- Wo finden die Innovationen in der Energiewende statt? Wer sind die Innovatoren?
- Welche Auswirkungen hat die Energiewende auf unseren Verkehr? Ist E-Mobility die Verkehrszukunft?
- Findet die Energiewende auch im Wärmemarkt statt? Oder ist sie nur ein Stromthema?
- Brauchen wir ein völlig neues Marktdesign? Lässt sich die Energiewende mit unseren marktwirtschaftlichen Instrumenten bewältigen?
- Wer organisiert eigentlich die Energiewende? Und wie?

Fragen über Fragen. Da kann einem schon der Kopf schwirren. Ich möchte Antworten finden. Aber wo und wie? Ist es überhaupt möglich, ein derart komplexes Projekt vollends zu verstehen? Ich habe einige Bücher und zahlreiche Artikel gelesen. Die meisten beleuchten die Energiewende aus einer oder nur wenigen Blickrichtungen, sie sind partikular geprägt. Meine Neugierde wächst. Ich möchte die Energiewende endlich richtig kennenlernen. Aber wie?

1.4 Untersuchungsplan

Ich versuche, einen Plan zu entwickeln, um die Energiewende kennenzulernen und zu verstehen. Zunächst benötige ich eine zielführende Methodik. Wie soll man bei einem solch komplexen System sinnvollerweise vorgehen? Wie kann man die Gesamtheit der Energiewende fassen und Lösungsansätze finden? Aus der Wissenschaft fallen mir drei grundsätzliche Vorgehensweisen ein:

Methode 1 – Kopieren
Kopieren ist nicht generell verwerflich. Erfolgreiche Lösungen werden oft kopiert, in einigen asiatischen Kulturen wird das Kopieren sogar wertschätzend eingestuft. Wenn jemand eine gute Lösung gefunden hat, ist es, evolutionär betrachtet, doch nur richtig, sie zu übernehmen. Möglichkeit 1 zur Bewältigung der Energiewende lautet also: Übernehme eine bereits bestehende gute Lösung und passe sie auf deinen Fall an!

Es gibt aber kein Beispiel für die Energiewende in ihrer Gesamtheit. Einzelne Erfahrungen können wir vielleicht nutzen. Auch die Italiener haben ihre Kernkraftwerke abgeschaltet, und Österreich seines erst gar nicht eingeschaltet. Aber eine Energiewende in dem von der Bundesregierung definierten Umfang hat noch keine industrialisierte Nation vorgemacht. Kopieren geht also nicht.

Methode 2 – Deduktiver Ansatz: Masterplan

Ein wissenschaftlich sehr häufig verwendeter Ansatz ist die deduktive Methode – ausgehend vom Allgemeinen das Ableiten von Einzellösungen. Nachdem man allgemeine, zumeist naturwissenschaftliche Zusammenhänge verstanden hat, versucht man hieraus Lösungen für den Einzelfall abzuleiten. Diese Methodik ist ein wesentliches Fundament unserer technologisch geprägten Welt. Wir haben enorme Fähigkeiten entwickelt aus dem Verständnis der Naturgesetze und den physikalisch-technischen Möglichkeiten heraus konkrete Sollzustände abzuleiten und diese in Technik und in Produkte umzusetzen. Unger und Hurtado haben hierauf basierend die Natur- und Ingenieurwissenschaften als ordnende Kraft für die Energiewende vorgeschlagen („Die ordnende Wahrheit"), [13, S. 223]. Im Fall der Energiewende würde dieser Ansatz bedeuten, dass man aus den von der Politik und der Gesellschaft definierten Zielen, den rechtlich-wirtschaftlichen Randbedingungen und den Möglichkeiten der Marktwirtschaft ein Ordnungssystem schaffen müsste, welches bis auf die individuale Ebene hinunterwirkt. Das System Energiewende ist jedoch sehr komplex und vielschichtig. Wer sollte solch einen Masterplan „von oben" vorgeben? Und würden alle mitspielen? Die Akzeptanz der zahlreichen und unterschiedlichsten Marktteilnehmer wäre mehr als ungewiss.

Methode 3 – Induktiver Ansatz: aus der Vielfalt lernen

Die induktive Methode versucht, aus einzelnen Erfahrungen Schritt für Schritt das Gesamte zu konstruieren. Diese dritte Möglichkeit geht demnach von dem Ansatz aus, dass es viele kluge und einfallsreiche Individuen gibt, die in ihren jeweiligen Teilbereichen erfolgreiche Lösungen entwickelt haben. Durch Kombination dieser Einzellösungen kann man das Gesamtbild erzeugen.

Mir scheint die dritte Methode zielführend zu sein. Man könnte also versuchen, von den vielen unterschiedlichen Ansätzen in Deutschland zu lernen und daraus ein Gesamtbild zu entwickeln. Es gibt sehr viele Akteure und Player, die sich mit Fragen der Energiewende befassen. Jeder in seinem spezifischen Element und mit zum Teil sehr speziellen Fachkenntnissen. Die unterschiedlichsten Aspekte und Erfahrungen würden einfließen. Welche Ansätze sich letztendlich durchsetzen werden, entscheiden die Gesellschaft und der Markt. Gleichwohl werden Rahmenbedingungen und Regeln benötigt, deren Anforderungen man aus den Beobachtungen ableiten könnte. Diese Rahmenbedingungen müssten durch die Politik gesetzt werden.

Ich entscheide mich für den Weg des Sammelns vieler Einzellösungen und Beispiele, um daraus ein Bild der Energiewende zu konstruieren. Dieses Vorgehen entspricht der dritten Methode, dem induktiven Ansatz. Sie hat den Vorteil, dass man in den einzelnen Expeditionsgebieten nicht auf Vollständigkeit der Datenerhebung angewiesen ist. Das wäre nämlich nicht zu schaffen. Aus den gemachten Beobachtungen kann sich ein konsistentes Bild ergeben, auch ohne wirklich jedes einzelne Vorhaben oder Projekt kennengelernt zu haben. Das Zusammenwirken vieler unterschiedlicher Akteure zur Erreichung eines übergeordneten Ziels entspricht zudem auch der Zusammenarbeit in Netzwerken, ein Themenfeld, welches ich seit nunmehr 15 Jahren auch wissenschaftlich beleuchte.

1.5 Expedition Energiewende

Es gibt keinen zentralen Aussichtsturm, von dem aus man die Energiewende beobachten könnte, quasi aus der Hubschrauberperspektive. Ich werde mir die Dinge einzeln anschauen müssen, werde durch die unterschiedlichen Felder der Energiewelt reisen und die verschiedensten Facetten beleuchten müssen. Ich werde eine Expedition unternehmen, eine Expedition durch die Energiewende.

Meine Expedition hat zum Ziel, die Energiewende zu verstehen. Und zu lernen. Von den vielen Akteuren, die – auf großer und auf kleiner Ebene – in den letzten Jahren Wissen, Fantasie und Engagement in den Umbau unsereres Energiesystems gesteckt haben. Die Reise wird mich in viele unterschiedliche Felder führen, in die Welt der Politik, hinaus in den Energiemarkt und die Welt der großen Energiekonzerne. Ich werde die größeren und die kleineren Stadtwerke untersuchen müssen. Auch Projekte der großen Industrie wie auch der kleinen und mittleren Unternehmen werden Untersuchungsgegenstand sein. Ich werde mich Fragen des Technologie- und Innovationsmanagements widmen und zudem zukunftsweisende Pilotprojekte und Forschungsvorhaben betrachten. Und natürlich muss man in die Welten der Energieverwender schauen, in die privaten Haushalte ebenso wie in die produzierenden Unternehmen. Das Thema Elektromobilität als Schnittstellenthema zwischen Verkehr und Energie darf aus meiner Sicht auch nicht fehlen. Und da Energie nicht nur in Form von Strom verwendet wird, sollte auch ein Blick in den Wärmemarkt erfolgen.

Jeden Teilaspekt der Energiewende bis ins Detail kennenzulernen und zu verstehen, ist allerdings nicht möglich. Man würde viel zu viel Spezialwissen benötigen, um alle wirtschaftlichen, technologischen und sozialen Aspekte hinreichend tief ergründen zu können. Aber es gibt genügend Expertinnen und Experten für jeden einzelnen Bereich: Energieingenieure, Mitarbeiter in Versorgungsunternehmen, Entwickler, Wissenschaftler, Praktiker, Politiker, Bürgerinnen und Bürger. Jeder von ihnen hat viel Spezialwissen und kann vielleicht einen Baustein zum Verständnis der Energiewende beitragen.

Aber kann ich die Experten auch alle verstehen? Ich habe Physik studiert, mit Wahlfach Reaktortechnik. O. k., die technischen Aspekte dürfte ich verstehen. Ich mache seit über drei Jahrzehnten Politik, auf kommunaler Ebene bis zur Bundesebene, war und bin Mitglied von Kommissionen zur Energiepolitik. Dürfte mir also auch nicht schwer fallen, die Politik zu verstehen. Ich habe viele Projekte mit Energieerzeugern und mit Energieversorgern gemacht, war in Kraftwerken und 15 Jahre lang Aufsichtsrat eines kleinen Stadtwerkes. Deren Sprache dürfte mir auch nicht fremd sein. Als Wissenschaftler habe ich gelernt zu beobachten, unvoreingenommen an Sachverhalte heranzugehen, zu kombinieren und nachvollziehbare Schlussfolgerungen zu ziehen. Und als Astronom habe ich gelernt, auch große Systeme zu verstehen und den Überblick zu behalten.

Ich wage also das Experiment. Ich will mich aufmachen zu einer Expedition durch die Energiewende! Ich möchte die Facetten kennenlernen und die verschiedenen Sichtweisen verstehen. Ich möchte von den Fachleuten lernen. Möchte Beispiele sehen, was schon alles passiert und was noch geplant ist. Es sind so viele kluge und engagierte Menschen in Themen der Energiewende aktiv. Jeder von ihnen hat andere Ansätze, unterschiedliche Erfahrungen und eigene Ideen. Das dürfte spannend werden.

Der Erfolg einer Expedition hängt maßgeblich von der Qualität der Vorbereitung ab. Ich kann also nicht konzeptlos losziehen, ich brauche einen Expeditionsplan. Zunächst sollte ich die Welt kennen, die ich untersuchen möchte, und wissen, wo der Startpunkt ist. In einem ersten Schritt werde ich versuchen, die bisherige Energiewelt zu beschreiben und zu verstehen, warum die Strukturen heute so sind. Im zweiten Schritt müssen dann die Gründe untersucht werden, die zur Veränderung führen. Was ist die Motivation der Wende? Und nicht zuletzt sollte der Untersuchungsgegenstand, die Energiewende, möglichst gut beschrieben und verstanden worden sein, bevor man sich auf den Weg macht.

Aber was steht am Ende der Expedition? Es wäre vermessen, eine Gesamtlösung für die Umsetzung der Energiewende zu formulieren. Es kann auch nicht Ziel sein, Einzellösungen für spezielle Herausforderungen zu entwickeln. Zielführend ist es auch nicht, die eine Sichtweise gegen die andere auszuspielen, jeder Blickwinkel hat seine Berechtigung. Es geht nicht um gegenseitige Konkurrenz, nicht um den Austausch des einen durch das andere. Vielmehr sollten die unterschiedlichen Stärken, Erfahrungen und Ressourcen genutzt werden, um eine nachhaltige Energiewirtschaft zu entwickeln. Es geht darum herauszufinden, wie in einem vielschichtigen und dispersen System zusammengearbeitet werden kann. Zu den einzelnen Facetten und Fachthemen wird es sicherlich vertiefende Literatur geben. Vielleicht kann ich auch den ein oder anderen animieren, sein Spezialwissen aufzuschreiben und weiterzugeben.

Also mache ich mich auf den Weg. Einen Reiseführer für die Expedition Energiewende gibt es nicht. Aber viele interessante Orte und Projekte, die auf mich warten.

Literatur

1. F. Vorholz, „Rettet die Energiewende!," Zeit Online, 01.04.2015. [Online]. Available: http://www.zeit.de/wirtschaft/2015-04/energiewende-gemeinschaftswerk-motivation-buerger.[Zugriff am 05.04.2015].
2. D. Wetzel, „Wissenschaftler fordern Ende der Ökostromförderung," Die Welt, 26.03.2015. [Online]. Available: http://www.welt.de/wirtschaft/energie/article138825708/Wissenschaftler-fordern-Ende-der-Oekostromfoerderung.html. [Zugriff am 05.04.2015].
3. D. Bischoff, *Mittelstandsmagazin*, p. 8, 07–08/2014.
4. statista – Das Statistik-Portal, „Preisentwicklung der Rohölsorte UK Brent in den Jahren 1976 bis 2015," 2015. [Online]. Available: http://de.statista.com/statistik/daten/studie/1123/umfrage/rohoelpreisentwicklung-uk-brent-seit-1976/. [Zugriff am 06.04.2015].
5. VCI Verband der Chemischen Industrie, „Rohstoffbasis der chemischen Industrie," 04.03.2015. [Online]. Available: https://www.vci.de/vci/downloads-vci/top-thema/daten-fakten-rohstoffbasis-der-chemischen-industrie-de.pdf. [Zugriff am 06.04.2015].

6. „Atomkraftwerk als Spielzeug," YouTube, [Online]. Available: https://www.youtube.com/watch?v=9hOpwTVqh_0. [Zugriff am 06.04.2015].

7. Wikipedia, „Nuklearkatastrophe von Tschernobyl," [Online]. Available: http://de.wikipedia.org/wiki/Nuklearkatastrophe_von_Tschernobyl. [Zugriff am 06.04.2015].

8. Wikipedia, „Growian," [Online]. Available: http://de.wikipedia.org/wiki/Growian. [Zugriff am 19.04.2015].

9. K.-N. Regar, C. Fickel und K. Pehr, „Der neue BMW 735i mit Wasserstoffantrieb," in *Wasserstoffenergietechnik II, VDI-Berichte 725*, Düsseldorf, VDI Verlag, 1989, p. 187.

10. statista – Das Statistik-Portal, „Anteil Erneuerbarer Energien an der Bruttostromerzeugung in Deutschland in den Jahren 1990 bis 2014," 2015. [Online]. Available: http://de.statista.com/statistik/daten/studie/1807/umfrage/erneuerbare-energien-anteil-der-energiebereitstellung-seit-1991/. [Zugriff am 19.04.2015].

11. M. Brandt, „Die größten CO2-Produzenten der EU," statista – Das Statistik-Portal, 22.01.2014. [Online]. Available: http://de.statista.com/infografik/1806/die-groessten-co2-produzenten-der-eu/. [Zugriff am 19.04.2015].

12. Bundesministerium für Wirtschaft und Energie, „Energiewende," [Online]. Available: http://www.bmwi.de/DE/Themen/Energie/energiewende.html. [Zugriff am 19.04.2015].

13. J. Unger und A. Hutardo, Energie, Ökologie und Unvernunft, Wiesbaden: Springer Spektrum, 2013.

2.1 Energie: Erscheinungsformen und Umwandlung

Was ist eigentlich Energie?

Der Begriff „Energiewende" ist physikalisch eigentlich nicht erklärbar. Energie kann man nicht „wenden". Man kann sie auch nicht erzeugen oder aus dem Nichts gewinnen. Energie ist eine fundamentale physikalische Größe. Die Bezeichnung stammt vom altgriechischen „en" (innen) und „ergon" (Wirken), „en-ergon" bedeutet also so viel wie innere Arbeit.

Gleichwohl tun wir uns schwer, den Begriff „Energie" präzise zu definieren. Wir kennen die verschiedenen Formen der Energie und können sie nutzbar machen. Energie ist letztlich alles, was sich in Arbeit umwandeln lässt [1, S. 1]. Dabei gilt ein ganz wesentliches naturwissenschaftliches Prinzip, der Energieerhaltungssatz:

> Die Energie ist eine Erhaltungsgröße. Die Gesamtenergie eines isolierten Systems bleibt konstant und ändert sich mit der Zeit nicht. Unterschiedliche Energieformen können zwar ineinander umgewandelt werden, Energie kann aber weder erzeugt noch vernichtet werden.

Energie ist sogar der Ursprung unseres Universums. Einsteins Erkenntnis von der Äquivalenz von Masse und Energie $E = mc^2$, Energie ist gleich Masse mal Quadrat der Lichtgeschwindigkeit, lässt den Schluss zu, dass alle Materie, alle Bausteine des Universums letztendlich aus der Urenergie der Entstehung unseres Weltalls stammen.

Dieser physikalische Satz von der Erhaltung der Energie ist ganz wesentlich für das Verständnis unserer heutigen und zukünftigen Energienutzung. Wir erzeugen keine neue Energie, wir wandeln nur Energie der einen Form in eine andere um. Uns stehen dabei unterschiedlichste Energieformen und Energieträger zur Verfügung. Zunächst tritt Energie in ganz unterschiedlichen Formen auf [1]:

© Springer Fachmedien Wiesbaden 2016
J. Gochermann, *Expedition Energiewende,* DOI 10.1007/978-3-658-09852-0_2

- Wärme,
- mechanische Bewegungsenergie (kinetische Energie),
- mechanische Ruheenergie (im Schwerefeld der Erde, potentielle Energie),
- Energie elektromagnetischer Strahlung und Felder (Strahlungsenergie, elektrische Energie),
- chemische (Bindungs-)Energie,
- nukleare (Bindungs-)Energie.

Das Leben auf unserer Erde ist bestimmt durch die Umwandlung von der einen in die andere Energieform. Die aus dem Weltall eintreffende Sonnenstrahlung wird umgewandelt in Wärme, Temperaturdifferenzen bringen die Luft in Bewegung und erzeugen kinetische Energie in Form von Wind, Wärme wird zu Feuer und setzt die chemischen Bindungsenergien frei und so weiter und so fort. Auch die in der Kohle und im Erdöl gespeicherte Energie kam ursprünglich in Form von Strahlungsenergie auf unsere Erde, wurde von Pflanzen aufgenommen, die diese über Jahrmillionen zu den fossilen Brennstoffen transformierten.

Wir Menschen haben früh gelernt, diese Energietransformationen für uns zu nutzen. Wir nutzen den Wind, um Windmühlen anzutreiben und die kinetische Energie in mechanische umzuwandeln. Wir verbrennen Öl und Gas, um die chemische Bindungsenergie für Wärme zu nutzen, mit der wir dann wieder Motoren und Turbinen betreiben können. Oder wir nutzen die Energie direkt, etwa beim Segeln. Wir hängen uns an die kinetische Energie des Windes und lassen uns davon mitbewegen.

Energiequellen und Endenergien
Unsere Zivilisation hat einen Energiebedarf, der aus den zur Verfügung stehenden Quellen gedeckt werden muss. Um den Bedarf an Energie richtig zu beschreiben und zu bestimmen, unterscheidet man folgende Energiearten [1, S. 4]:

Primärenergie ist die Energie in der Form vor der Umwandlung: die chemische Energie der fossilen Brennstoffe, die nukleare Energie der Kernbrennstoffe, die zur Energieumwandlung vom Menschen genutzte Sonneneinstrahlung, die thermische Energie im Boden etc.

Sekundärenergie bezeichnet die Primärenergie nach der vom Verbraucher bestimmten Umwandlung: z. B. die chemische Energie des aus Öl gewonnenen Benzins oder die elektrische Energie nach der Verstromung.

Den Anteil an Energie, der nicht beim Umwandlungsverfahren selbst benötigt wird oder verloren geht und der schlussendlich dem Verbraucher zur Verfügung steht, bezeichnet man als **Endenergie**. Die wesentlichen Formen der Endenergie in unserer Zivilisation sind:

- elektrische Energie (Strom),
- Bewegungsenergie (Verkehr),
- Wärme (Raumwärme, Prozesswärme, Warmwasser).

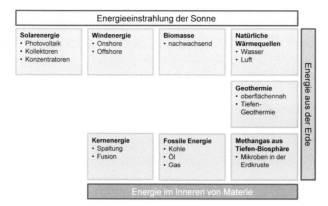

Abb. 2.1 Zur Nutzung zur Verfügung stehende Energiequellen

Um unseren Endenergiebedarf zu decken, bedienen wir uns unterschiedlicher Primärenergiequellen. Unger und Hurtado nennen vier grundsätzliche Möglichkeiten für die Nutzung von Primärenergien:

- Freisetzung und Nutzung der im Innern der Materie verborgenen Energie,
- Nutzung des direkten Energieangebots aus der äußeren Umgebung der Erde,
- Nutzung der nachwachsenden Biomasse an der Erdoberfläche,
- Nutzung des Energieangebots aus dem Inneren der Erde [2, S. 3].

Je nach Art der Umwandlung und Speicherung stehen uns gegenwärtig auf der Erde grundsätzlich die folgenden Energiequellen zur Verfügung:

- fossile Energien (Kohle, Öl, Gas),
- erneuerbare Energien (Sonnenenergie, Windenergie, Wasserkraft, Biomasse, natürliche Wärmequellen),
- Kernenergie (Spaltung, Fusion).

Abbildung 2.1 stellt die grundsätzlichen Energiequellen und die nutzbaren Energiearten schematisch dar. Die dabei zur Verfügung stehenden Energiedichten, also der Energieinhalt pro umwandelbaren Grundstoff, sind dabei sehr unterschiedlich. Während sich aus wenigen Kilogramm Spaltbrennstoff in einem Reaktor sehr große Mengen Energie frei setzen lassen, ist die Energiedichte der einfallenden Sonnenstrahlung eher gering. Allerdings unterscheiden sich die Gewinnungsverfahren und eingesetzten Technologien nicht nur hinsichtlich ihrer Energieausbeute und des zu leistenden technischen Aufwandes, sondern auch bezüglich ihres spezifischen Risikos.

Die Bedeutung des elektrischen Stroms
Die Umwandlung von der einen in die andere Energieform ist zumeist mit einem stofflichen und einem energetischen Veredelungsprozess verbunden. Damit verknüpft ist stets

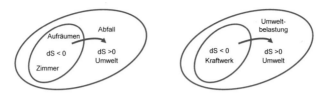

Abb. 2.2 Veredelungsprozesse führen zur Belastung der Umwelt. (Quelle: Adapt. nach [2]; mit freundl. Genehmigung)

auch ein Entedelungsprozess, der unsere Umwelt belastet. Unger und Hurtado beschreiben diesen Umwandlungsprozess am Beispiel eines aufzuräumenden Zimmers. Durch das Aufräumen wird die Ordnung oder die Struktur des Zimmers verbessert (veredelt). Zugleich entsteht aber Abfall (Mülleimer), der die Umwelt belastet bzw. entedelt. Der negativen Änderung dS < 0 des Strukturgrads S im Zimmer (Veredelung) steht die positive Änderung dS > 0 des Strukturgrads in der Umgebung (Entedelung) gegenüber [2]. Bei der energetischen Umwandlung beispielsweise in einem Kraftwerk, das die Wärmeenergie in elektromagnetische Energie umwandelt, finden ebenfalls ein Veredelungs- und ein Entedelungsprozess statt. Das Verbrennen von Kohle führt zur Veredelung der Energieform, aber zugleich auch zur Belastung der Umwelt (Abb. 2.2).

Das bedeutet, dass bei der Veredelung der Energie nur ein Teil der niederwertigen Energieform Wärme in die höherwertige Energieform Strom umgewandelt werden kann. Der Rest wird als Belastung an die Umwelt abgegeben. Im Umkehrschluss bedeutet dies, dass vollständige Umwandlungen nur von einer höherwertigen Energieform hin zu einer niederwertigen Energieform möglich sind (Abb. 2.3). So kann etwa elektromagnetische Energie (Strom) vollständig in thermische Energie (Wärme) umgewandelt werden. Umgekehrt gelingt dies nur unvollständig und mit Nebenprodukten [2, S. 22].

Strom ist also eine höherwertige Energieform als Wärme. Unsere Kohle- und Kernkraftwerke erzeugen aus der chemischen Energie zunächst Wärme, die dann in Bewegungsenergie der Turbine und schlussendlich in Strom umgewandelt wird. Dies geschieht nicht vollständig, nur ein Anteil der im Brennstoff enthaltenen chemischen Energie wird letztendlich in Strom umgewandelt. Man spricht vom Wirkungsgrad des Prozesses, er beschreibt das Verhältnis von eingesetzter zu erzeugter Energie. Moderne Kohlekraftwerke

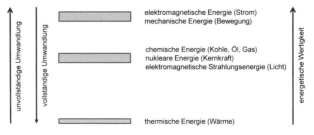

Abb. 2.3 Vollständige Umwandlung ist nur von einer höherwertigeren zu einer niederwertigen Energieform möglich. (Quelle: Adapt. nach [2]; mit freundl. Genehmigung)

haben Wirkungsgrade von 40 bis 45 % – nur. Der Rest wird als Wärme oder stoffliche Belastung an die Umwelt abgegeben. Das dS >0 der Kernkraftwerke liegt zum einen ebenfalls in den thermischen Verlusten, zum anderen aber auch in der zukünftigen Belastung der Umwelt mit radioaktiven Reststoffen.

Auch die mechanische Energie in Form von Bewegungsenergie ist eine hochwertige Energieform (Abb. 2.3). Man kann sie nahezu verlustfrei und ohne Nebenprodukte in andere Energieformen wie Wärme oder Licht umwandeln. Die Windenergieanlagen bedienen sich dieses Zustandsvorteils. Sie wandeln die mechanische Energie des Windes höchst effizient in elektrischen Strom um. Die Photovoltaik hat zwar einen geringen Wirkungsgrad, gleichwohl wird die nicht in Strom umgewandelte Energie weitestgehend als Wärme wieder abgegeben, die auch ohne das Vorhandensein der Solarzelle entstanden wäre.

Liegt die Energie aber erst einmal in der Form des hochwertigen elektrischen Stroms vor, so kann man diesen ohne Beeinträchtigung der Umwelt in andere Energieformen umwandeln, beispielsweise in Wärme und in Licht. Die Diskussionen um die Energiewende konzentrieren sich auch deshalb so stark auf den elektrischen Strom, da dieser eine hochwertige und handhabbare Energieform darstellt. Zudem haben wir für dessen Verteilung bereits eine weit verzweigte Infrastruktur aufgebaut.

Bei meiner Expedition durch die Energiewende werde ich mich daher zunächst auf den Strombereich konzentrieren.

2.2 Gründe für die bisherigen Energiestrukturen

Gesellschaftliche und politische Zielvorgaben

Im 19. Jahrhundert entstanden lokale und regionale Strukturen zur Energie- und Wasserversorgung. Zu Beginn waren diese zumeist in Privatbesitz. Sehr bald avancierte die Versorgung der Industrie, der Unternehmen und der Bevölkerung aber zur „Daseinsvorsorge" und wurde immer stärker zu einer kommunalen oder regionalen öffentlichen Aufgabe. Das erste Energiewirtschaftsgesetz im Jahr 1935 setze die damals herrschende wirtschaftliche Praxis um, nach der die Energieversorgungsunternehmen (meist Stadtwerke) sich durch ausschließliche Konzessionsverträge mit den Kommunen und gegenseitige Demarkationsverträge Gebietsmonopole sicherten. In der Präambel des Gesetzes findet sich sogar die Absichtsbeschreibung „volkswirtschaftlich schädigende Auswirkungen des Wettbewerbs" verhindern zu wollen.

Die beiden wesentlichen Grundforderungen an die Energieversorgung lauteten damals, die Energieversorgung „so sicher und billig wie möglich zu gestalten." Diese beiden Grundforderungen

- preiswerte Energie und
- Versorgungssicherheit,

die erst Jahrzehnte später durch die Zielsetzung der Umweltverträglichkeit erweitert wurden, waren politischer und gesellschaftlicher Konsens. Sie haben unser Energiesystem in der heute bestehenden Struktur nicht nur geprägt, sondern im Kern das Design der Stromerzeugung und der Stromverteilung vorgegeben.

Große Strukturen entstehen

Die beiden Grundforderungen nach sicherer und preiswerter Energie führten aufgrund des damals technisch Möglichen zu großen Strukturen, sowohl auf der Erzeugungsseite als auch bei der Stromverteilung. Vereinfacht dargestellt, führten die Ziele zur folgenden Umsetzung:

- **Preiswerte Energie**
  Um einen niedrigen Energiepreis zu erzielen, müssen die Prozesse wirtschaftlich und effizient sein. Das bedeutet, dass man aus der eingesetzten Primärenergie möglichst viel Endenergie gewinnen muss, der Wirkungsgrad muss also möglichst hoch sein. Hohe Wirkungsgrade bei der Produktion von großen Energiemengen ließen sich aber mit der damaligen Technik nur über große Kraftwerke realisieren. Große Kraftwerke mit hohen Investitionsbeträgen können aber nur von großen Unternehmen gebaut und betrieben werden.
- **Versorgungssicherheit**
  Strom soll an jedem Ort zu jeder Zeit zur Verfügung stehen. Stromfluss entsteht aufgrund einer Spannung, einer Potenzialdifferenz. Damit an jedem Punkt zu jeder Zeit Strom zur Verfügung steht, mussten große vernetzte Strukturen aufgebaut werden. Es entstanden große Übertragungs- und Verteilnetze, die sich inzwischen über ganz Europa spannen. Große Netze können aber nur von großen Unternehmen gebaut und betrieben werden.

Die Umsetzung der beiden Grundforderungen sowie die Gebietsabsicherung durch das Energiewirtschaftsgesetz führten zu großen monopolartigen Strukturen in der Energiewelt. Nach und nach entstanden die großen Energiekonzerne!

Die entstandenen Strukturen haben die Vorgaben nach preiswerter und sicherer Energie hervorragend erfüllt. Monopolstrukturen sind jedoch oft träge und uneffektiv. Es findet kein oder kaum Wettbewerb statt. Aber die deutsche Politik und die Gesellschaft haben dies in Kauf genommen. In der Kernenergiediskussion in den Achtzigerjahren gab es einen Aufkleber: „Wozu Kraftwerke? Bei uns kommt der Strom aus der Steckdose!"

In diesen großen monopolartigen Marktstrukturen war und ist die Rolle der mittelständischen Unternehmen auf eine Zulieferrolle beschränkt.

Stabil und langfristig planbar

Die Vorgabe einer „sicheren Energieversorgung" verbunden mit der großtechnischen Umsetzung zog noch eine weitere Konsequenz nach sich. Die Prozesse der Erzeugung und Verteilung des Stroms mussten äußerst stabil und langfristig planbar laufen. Die Stromversorgung wurde in Grundlast, Mittellast und Spitzenlast aufgeteilt, um die zeitlichen Schwankungen des Strombedarfs durch unterschiedliche Kraftwerkstypen abdecken zu können. Die Netze wurden in Höchst- und Hochspannungsnetze zur Fernübertragung und in Mittel- und Niederspannungsnetze zur Verteilung gegliedert, es wurden technische Systeme zur Netzstabilisierung entwickelt und sehr viel Aufwand getrieben, um das Ziel zu erreichen.

Und das Ziel wurde erreicht. Die Stromversorgung in Deutschland zählt zu den sichersten und verlässlichsten auf der Welt. Die deutsche Ingenieurskunst hat ein technisch funktionales und bis ins kleinste Detail beherrschtes System geschaffen, mit dem Kraftwerke und Netze selbst auf kleinste Veränderungen im Verbrauch zielgerecht gefahren werden können. Das muss man wirklich anerkennen, mit dem verfügbaren Stand der Technik wurde das Optimum herausgeholt.

Dieses System, und mit ihm alle die in ihm arbeiten, wurde auf *Stabilität, Langfristigkeit und Planbarkeit* hin ausgelegt, optimiert und getrimmt. Und jetzt kommen die regenerativen Energien mit *Volatilität*, mit *Unberechenbarkeit* und mit *Kleinteiligkeit*. Der Anspruch, die „Erneuerbaren in das System zu integrieren", den beispielsweise der Bundesverband der Deutschen Industrie erhebt (Abschn. 6.1), kann gar nicht funktionieren. Hier stehen zwei völlig unterschiedliche Welten nebeneinander.

Die alte Welt kenne ich gut. Die neue gilt es zu erkunden.

Literatur

1   B. Diekmann und E. Rosenthal, Energie – Physikalische Grundlagen ihrer Erzeugung, Umwandlung und Nutzung, Wiesbaden: Springer Spektrum, 2014.
2   J. Unger und A. Hurtado, Energie, Ökologie und Unvernunft, Wiesbaden: Springer Spektrum, 2013.

Wendemanöver 3

Beim Segeln gibt es zur Kursänderung zwei verschiedene Manöver: die Wende und die Halse. Bei einer Halse treibt das Boot vor dem Wind, die Segel weit ausgefiert, fast 90° zur Seite stehend. Man ändert den Kurs, indem man langsam mit dem Heck durch den Wind geht, das Segel dichtholt, straff haltend auf die andere Seite des Bootes legt und wieder öffnet. Kursänderung ja, aber nur einige Grad, nach der Halse treibt man weiter vor dem Wind. Eine Wende ist da schon sportlicher und mit einem größeren Kurswechsel verbunden. Der Wind kommt von vorne, man segelt hart am Wind, wie die Segler sagen. Das Boot wird mit dem Bug so nah wie möglich an die Windrichtung gebracht, aber weiter als etwa 45° kommt man physikalisch bedingt kaum heran, sonst steht man im Wind. Die Segel sind dichtgeholt und liegen schlank an der Mittellinie des Bootes. Das Schiff neigt sich zur Seite, es krängt, man segelt sportlich am Wind. Eine Wende ist ein schnelles Manöver. Dem Ruf „Klar zur Wende?" folgt das schlagartige Umlegen des Ruders auf die andere Seite, der Bug geht durch den Wind, die Segel müssen zügig auf die andere Seite gelegt werden, man ist wieder hart am Wind – aber diesmal mindestens 45° zur anderen Seite. Man hat den Kurs in kurzer Zeit um rund 90° geändert – man segelt in eine andere Richtung.

Energiewende? Schlagartige Kursänderung? Wer hat wann das Ruder herumgerissen und die Richtung geändert? Viele Menschen in Deutschland verbinden die Energiewende mit dem Beschluss zum Abschalten der Kernkraftwerke nach dem Reaktorunfall von Fukushima im März 2011. War das die Wende? Die regenerativen Energien werden doch schon länger genutzt, wenn auch nicht so intensiv wie heute. Und die Klimadebatten laufen auch schon seit vielen Jahren. Aber wann passierte denn dann die Wende? Ist es überhaupt eine Wende oder vollzieht sich ein eher stetiger Wandel?

Ich nehme die Fragen mit auf meine Expeditionsliste. Es wird nicht nur der aktuelle Status zu untersuchen sein, sondern auch die Entwicklungen dorthin. Wer hat wann mit welchen Aktivitäten begonnen? Wann wurden erste Anlagen gebaut und wann ging der

© Springer Fachmedien Wiesbaden 2016
J. Gochermann, *Expedition Energiewende*, DOI 10.1007/978-3-658-09852-0_3

Aufschwung der regenerativen Energien los? Welche Entscheidungen haben die Energie-unternehmen wann getroffen und aufgrund welcher Motivation? Was hat die Politik vor-gegeben, welche Gesetze und Regelungen haben den Wandel in der Energiewelt voran-getrieben?

3.1 Wann begann die Energiewende?

Auf welchen Ursprung sich die Ökologiedebatten und damit auch die Diskussionen um die zukünftige Energiepolitik zurückführen lassen, ist nicht so einfach festzuhalten. Wahr-scheinlich gab es viele unterschiedliche Strömungen, welche zum Nachdenken anregten oder wachrüttelten. Für die heutigen Diskussionen über die Gestaltung der Energiewende scheint es auf den ersten Blick auch gar nicht so sehr von Belang zu sein, wo die Wurzeln der Energiewende liegen. Gleichwohl lohnt sich ein kurzer Rückblick, um zu verstehen, warum sich mancher Akteur, ob auf politischer oder wirtschaftlicher Ebene, in einer be-stimmten Art und Weise verhält und wodurch seine Motivation womöglich begründet ist.

Club of Rome – Die Grenzen des Wachstums
Die Nachkriegszeit war geprägt von Wachstum und wirtschaftlichem Aufschwung. Über die Auswirkungen und die Lebensweise in den Industriegebieten habe ich schon zu Beginn meiner Reise nachgedacht (Kap. 1). An der sichtbaren Belastung der Umwelt, insbesonde-re durch die rauchenden Schlote der Energieerzeugungsanlagen und der Industrie, konnte man schon erkennen, dass es so auf Dauer nicht würde weitergehen können. Willy Brandts „Der Himmel über der Ruhr soll wieder blau werden." griff diese Bedenken politisch auf.
   Wissenschaftlich rüttelte damals eine Studie des Club of Rome viele wach: *The Limits of Growth – Die Grenzen des Wachstums*. Die 1972 beim 3. St. Gallener Symposium vorgestellte Studie zeigte auf, dass individuelles lokales Handeln auch globale Auswir-kungen hat, die jedoch nicht dem Zeithorizont des Handelnden entsprechen. Die zentralen Schlussfolgerungen des Berichtes waren: Wenn die gegenwärtige Zunahme der Weltbe-völkerung, der Industrialisierung, der Umweltverschmutzung, der Nahrungsmittelpro-duktion und der Ausbeutung von natürlichen Rohstoffen unverändert anhält, werden die absoluten Wachstumsgrenzen auf der Erde im Laufe der nächsten hundert Jahre erreicht [1]. Die Studie wurde im Auftrag des Club of Rome erstellt, ein 1968 gegründeter Zusam-menschluss von Experten verschiedenster Disziplinen aus mehr als 30 Ländern, und mit 1 Mio. D-Mark von der Volkswagenstiftung finanziert.
   Ob die Szenariovorhersagen nun zutreffend waren oder nicht, ist nicht das Entschei-dende. Die Studie wurde in den folgenden 40 Jahren immer wieder neu aufgelegt, verbes-sert und verfeinert. Viel bedeutender war, dass sie eine heftige Diskussion sowohl unter Wissenschaftlern aber auch in Teilen der Wirtschaft auslöste. Unbestritten kann man heute sagen, dass diese Veröffentlichung wachgerüttelt hat – wenn auch nicht gleich alle.

Gruhl – Ein Planet wird geplündert

Ein deutsches Buch, heute als Umweltklassiker bezeichnet, zeigte, dass die Warnungen des Club of Rome auch in der deutschen Politik Gehör fanden – zumindest bei einigen. Der CDU-Bundestagsabgeordnete und damaliger Vorsitzender der Arbeitsgruppe Umweltvorsorge in der CDU/CSU-Bundestagsfraktion Herbert Gruhl veröffentlichte 1975 das Buch *Ein Planet wird geplündert – Die Schreckensbilanz unserer Politik*. Darin schreibt er:

> Nicht mehr der Mensch bestimmt den Fortgang der Geschichte, sondern die Grenzen dieses Planeten Erde legen alle Bedingungen fest für das, was hier noch möglich ist. ... Die jetzige totale Wendung bedeutet, daß der Mensch nicht mehr von seinem Standpunkt aus handeln kann, sondern von den Grenzen unserer Erde ausgehend denken und handeln muß. Wir nennen diese radikale Umkehr die Planetarische Wende. Das bisherige Denken ging von den Wünschen und Bedürfnissen des Menschen aus. Er fragte sich: Was will ich noch alles? Das neue Denken muß von den Grenzen dieses Planeten ausgehen und führt zu dem Ergebnis: Was könnte der Mensch vielleicht noch? [2, S. 225 f.]

Anstelle eines leichtgläubigen Vertrauens in ein immerwährendes wirtschaftliches Wachstum und den technischen Fortschritt appellierte Gruhl – teilweise in Anlehnung an Ludwig Erhards Politik des Maßhaltens – an eine Ethik des Verzichts, der Bescheidenheit und die Umkehr zu traditionellen Werten wie Familie und Heimat. Diese Haltung umschrieb er mit dem 1988 von ihm geprägten Begriff des „Naturkonservatismus" [3].Und er benutzte das Wort *Wende* im Sinne von Kurswechsel.

Die Energiewende-Studie des Öko-Instituts Freiburg

Der Zeitpunkt des Beginns der Energiewende ist schwierig festzulegen, solange noch nicht klar ist, was mit *Energiewende* eigentlich gemeint ist. Nach eigenen Aussagen belegte das Freiburger Öko-Institut im Jahr 1980 erstmals den Begriff der Energiewende. Wissenschaftler beschrieben den Aufbruch in ein neues Energiezeitalter, in dem Wachstum und Wohlstand auch ohne Erdöl und Uran möglich seien. In dem zum 01. Januar 1981 erschienenen Taschenbuch *Energiewende – Wachstum und Wohlstand ohne Erdöl und Uran* entkoppelten die Wissenschaftler des Öko-Instituts nach eigenem Bekunden erstmalig wirtschaftliches Wachstum von Strom- und anderem Energieverbrauch und zeigten Strategien auf, dies zu erreichen. Neben Energieeffizienz als Lösungsansatz sollte die dann noch benötigte Energie über sog. „sich erneuernde Primärenergieträger" erzeugt werden. Die Rede war von Sonnenenergie sowie von Wind- und Wasserkraft. Aber auch Kraftwärmekopplung und Blockheizkraftwerke spielten im alternativen Energieszenario für Haushalte, Industrie und den Verkehr eine wichtige Rolle [4].

In seinem damaligen Report zeigte das Öko-Institut nach eigenen Aussagen *Strategien* auf, um ein neues Energiezeitalter zu erreichen. Sicherlich ein bemerkenswerter Blick in die zukünftige Energiewelt. Strategien beschreiben den möglichen Weg zum Ziel, gehen muss man ihn erst noch. Der Bericht hat sicherlich eine breitere und tiefere Diskussion über die Notwendigkeit angestoßen, unser Energieverhalten zu verändern. Die Antiatomkraftbewegung und die Ökologiebewegungen der 1980er-Jahre sind deutlicher Beleg dafür. Aber war das schon die Wende? Wohl eher eine vorbereitende Aktion. Das Öko-Institut feierte den 35. Jahrestag der Energiewende jedenfalls am 28. März 2015 in Berlin mit einer Festveranstaltung im Berliner Umspannwerk am Alexanderplatz. Man feierte die „Halbzeit der Energiewende", 35 Jahre habe man schon hinter sich, bis zur Erreichung der klimapolitischen Ziele im Jahr 2050 seien es noch einmal 35 Jahre [5]. 70 Jahre Energiewende? Mit „Ruderherumreißen" hat das nicht viel gemein.

Integration der erneuerbaren Energien – das Stromeinspeisegesetz

Technologien zu alternativen Energieformen und Energietechnologien wurden in den Achtzigerjahren sowohl auf Forschungsebene wie auch im Pioniereinsatz von einigen wenigen verfolgt. Definiert man den Wendezeitpunkt als „Akzeptanz der erneuerbaren Energien als echte Alternative", dann ist das Jahr 1991 sicherlich ein Markstein. Am 01. Januar trat das *Gesetz über die Einspeisung von Strom aus erneuerbaren Energien in das öffentliche Netz* (Stromeinspeisungsgesetz) in Kraft, das der Bundestag am 07. Dezember 1990 beschlossen hatte. Es regelte erstmals die Verpflichtung der Elektrizitätsversorgungsunternehmen, elektrische Energie aus regenerativen Quellen abnehmen und vergüten zu müssen. Entworfen wurde es von den beiden Politikern Matthias Engelsberger (CSU) und Wolfgang Daniels (Grüne). Andreas Berchem hat die damalige Geschichte 2006 in einem Artikel der „Zeit online" derart lebendig und spannend dargestellt, dass ich weite Teile aus ihr gerne wörtlich zitieren möchte, zum Nachlesen und Schmunzeln:

> Eigentlich mochte Matthias Engelsberger die Grünen nicht, doch diesmal sprang er über seinen Schatten. Er hatte einen Plan, und dafür brauchte er einen Verbündeten. Als der CSU-Abgeordnete seinen Kollegen Wolfgang Daniels von den Grünen ansprach, beschäftigte ihn die Idee für das Stromeinspeisegesetz schon eine Weile. Doch wusste er nicht, wie er sie verwirklichen sollte. Es war 1990, das letzte Jahr seiner letzten Legislaturperiode im Bundestag. Dort hatte Engelsberger 21 Jahre im Hintergrund gewirkt, war selten aus dem Schatten getreten. Nun wollte er nicht gehen, ohne etwas zu hinterlassen.
>
> Das Strom-Einspeise-Gesetz, wie Engelsberger es entwarf, gibt es zwar nicht mehr. Aber seine Idee bildete den Anfang einer außerordentlichen Erfolgsgeschichte. Als Grundlage für das Erneuerbare-Energien-Gesetz setzte sie international Maßstäbe zur Förderung des Ökostroms. Bis heute wurde das Modell von Matthias Engelsberger in 19 EU-Staaten kopiert. Viele Jahre lang hatte sich der CSU-Mann aus Siegsdorf bei Traunstein im Streit mit den Stromversorgern aufgerieben. Für den Verband der bayrischen Wasserkraftwerke verhandelte er die Preise, die die Netzbetreiber für Strom aus Wasserkraft bezahlen sollten. Dabei feilschten die Stromkonzerne unerbittlich um Minimalbeträge. Engelsberger fühlte sich unfair behandelt. Schon vor der Jahrhundertwende hatte das Kraftwerk, das damals noch seinem Vater gehörte, die kleine Gemeinde Siegsdorf mit Elektrizität versorgt. Doch die großen energiepolitischen Themen jener Tage hießen Kohle-Verstromung und Atomkraft. Strom aus Wasserkraft wurde kaum beachtet.
>
> „Wir waren der billige August der Stromindustrie", sagt Markus Engelsberger, der Sohn des 2005 verstorbenen Politikers. Die Versorger scheuten sich damals nicht, ihre Preise durchzusetzen. Rund acht Pfennig gab es für eine Kilowattstunde Strom aus Wasserkraft – „weniger als die Stromkonzerne für ihren eigenen Strom ausgeben mussten", sagt Markus Engelsberger. Der Grüne Wolfgang Daniels und der CSU-Mann Engelsberger hatten zwei Gemeinsamkeiten: Beide hatten ihre Wahlkreise in Bayern und beide waren Naturwissenschaftler, damals

noch eine Seltenheit im Bundestag. Daniels, der gerne einmal im Pullover im Parlament saß und über die Proteste gegen die atomare Wiederaufbereitungsanlage in Wackersdorf zur Politik gefunden hatte, ließ sich schnell von der Idee einer Festvergütung für ökologischen Strom begeistern. Das ungleiche Paar arbeitete einen Entwurf aus.

Als der fertig war, wusste Engelsberger nicht, wie er das Gesetz einbringen sollte. „Schreib doch einfach alles auf und nimm es zu einer namentlichen Abstimmung mit", empfahl Daniels seinem neuen Partner. Als sich nach der nächsten Fraktionssitzung 70 Namen unter dem kurzen Schriftsatz fanden, war Engelsberger „total überrascht", erinnert sich Daniels. Die Fraktion zog mit, doch der damalige Fraktionsgeschäftsführer Jürgen Rüttgers wurde unruhig. Ein Grüner und ein Unions-Mann machten gemeinsam Politik! Er zitierte Daniels und Engelsberger zu sich und fragte sie, worum es ihnen ginge. „Nur um die Sache", sagte Engelsberger. Rüttgers wunderte sich und stimmte zu. Doch er verlangte, dass das Gesetz als Antrag der CDU/CSU-Fraktion in den Bundestag eingebracht würde. Die Grünen mussten draußen bleiben!

Noch im selben Jahr wurde das Gesetz beschlossen und trat am 1. Januar 1991 als Stromeinspeisegesetz in Kraft. ...

Die meisten Parlamentarier betrachteten das Stromeinspeisegesetz als Bonbon für ökologisch Bewegte. Was waren schon 50 Millionen Mark, die das Gesetz im ersten Jahr kostete, gegen die vielen Milliarden, die in der Energiewirtschaft umgesetzt wurden. „Herr Engelsberger, was wollen sie denn mit den paar Windrädern?", wurde er oft gefragt, erinnert sich sein Sohn.

In der Parlamentsdebatte bezeichnete der SPD-Abgeordnete Dietrich Sperling das Einspeisegesetz als „kleine Zehenwackelei". Doch die Ökostrombranche nahm schnell Fahrt auf. Während sich 1991 noch weniger als 1000 Windräder in Deutschland drehten, gab es 1999 schon über 10.000. Heute sind es sogar mehr als 18.000 Propeller. ...

Aus Brüssel kamen zunächst vor allem kritische Töne. 1996 forderte der damalige EU-Wettbewerbskommissar Karel van Miert eine Änderung des Gesetzes. In seinen Augen handelte es sich um illegale Subventionen. Ein Vorwurf, gegen den sich die Initiatoren immer wieder wehren mussten, dem der Europäische Gerichtshof jedoch 2001 endgültig widersprach. Inzwischen schlägt die EU-Kommission andere Töne an: In einem Kommissionsbericht vom Dezember wird das deutsche Modell ausdrücklich gelobt. Der Ausbau der erneuerbaren Energien gelinge in Deutschland „besonders wirksam und kostengünstig".

Im Ausland gilt das Konzept der festen Vergütung als vorbildlich. Bisher übernahmen 18 EU-Staaten den deutschen Ansatz in ihre Gesetzbücher. Auch in Japan, Brasilien und China findet er Anwendung. ...

Von dem internationalen Interesse profitiert auch Wolfgang Daniels. Nach dem Rückzug aus der Politik berät der Grüne nun Investoren, die Windparks errichten wollen. Von Sachsen aus reist er dafür durch die Welt. Deutsches Fachwissen ist gefragt, die deutsche Windindustrie liegt im internationalen Vergleich auf dem ersten Platz. „Diese starke Position ist vor allem dem Stromeinspeisegesetz zu verdanken", sagt Matthias Hochstätter vom Bundesverband Windenergie. In den 90ern konnte sich eine mittelständische Industrie etablieren, die heute den Weltmarkt dominiert. Weltweit wurden 2005 etwa 10,6 Milliarden Euro mit dem Bau von Windenergie-Anlagen umgesetzt. Der deutsche Anteil davon beträgt mehr als vier Milliarden.[6]

In dieser Story scheint der Ursprung der Energiewende beschrieben zu sein! Zumindest der auf dem politischen Parkett. Ein unbekannter CSU-Abgeordneter und ein oppositioneller Grüner haben die Energiewende auf die Bahn gebracht?

3.2   Die Menschen verändern das Klima

Luftbelastung und Waldsterben

Der Himmel über der Ruhr solle wieder blau werden, hatte einst Willy Brand gesagt. Dass wir durch die Verbrennung fossiler Energieträger, allen voran Kohle, die Luft belasteten, war zumindest in den Industrieregionen klar erkennbar. Anfang der 1970er-Jahre bildeten sich zahlreiche Bürgerinitiativen, die für eine Verminderung der Luftbelastung und den Schutz der Umwelt eintraten. Zunächst wurde die relative Belastung durch den Bau höherer Schornsteine verringert, die Schadstoffe wurden einfach über ein größeres Gebiet verteilt. Bald erkannte man jedoch, dass man die insgesamt eingebrachte Menge reduzieren musste und dass dies mit den bisherigen rechtlichen Instrumenten, beispielsweise mit der Gewerbeordnung, nicht möglich war. Im Jahr 1974 wurde das *Gesetz zum Schutz vor schädlichen Umwelteinwirkungen durch Luftverunreinigungen, Geräusche, Erschütterungen und ähnliche Vorgänge* (Bundesimmissionsschutzgesetz) verabschiedet, mit dessen Hilfe man auch die Emissionen begrenzen konnte.

Es war aber nicht nur der Staub, der die Umwelt beeinträchtigte. Mit dem Rauchgas wurden auch andere Schadstoffe in die Luft abgegeben, etwa Kohlendioxid (CO_2), Stickoxide (NO_x), Schwefeldioxid (SO_2), Methan (CH_4) oder Fluorchlorkohlenwasserstoffe (FCKW). Über deren Wirkung in der Atmosphäre, insbesondere die langfristige, war man sich in weiten Kreisen damals nicht bewusst.

Ein wesentlicher Treiber für die Umweltgesetzgebung und die Entwicklung technischer Lösungen war sicherlich Anfang der 1980er-Jahre das *Waldsterben*. „Die ersten großen Wälder werden schon in den nächsten fünf Jahren sterben. Sie sind nicht mehr zu retten," sagte Bernhard Ulrich, damals Professor für forstliche Bodenkunde und Waldernährung in Göttingen, im Jahr 1981 und machte die Luftverschmutzung dafür verantwortlich. Seine Prognose versetzte die Nation in Panik. „Saurer Regen über Deutschland. Der Wald stirbt", titelte der „Spiegel". „Über allen Wipfeln ist Gift", schrieb der „Stern". Und die „Zeit" kommentierte: „Am Ausmaß des Waldsterbens könnte heute nicht einmal der ungläubige Thomas zweifeln." [7]. Bei der Bundestagswahl 1983 wird das Waldsterben zum politischen Thema, die Grünen ziehen am 06. März 1983 erstmals ins Parlament ein. Ihre Abgeordnete Marieluise Beck überreichte Helmut Kohl zur Wahl statt Blumen einen verdorrten Tannenzweig. Und der Kanzler springt auf den Zug auf. „Die Schäden in unseren Wäldern sind alarmierend", sagt er in seiner Regierungserklärung. „Die Bürger erwarten zu Recht wirksame Gegenmaßnahmen." Den Worten folgen Taten. Die schwarz-gelbe Bundesregierung beschließt bereits im Mai die *Großfeuerungsanlagenverordnung*, die u. a. den Einbau von Filtern zur Rauchgasentschwefelung vorschreibt. Hubschrauber werfen tonnenweise Kalk über den Wäldern ab, um die Böden zu entsäuern. Die EU einigt sich auf verbindliche Abgaswerte für Pkw, später werden Luftreinhaltepläne eingeführt und Katalysatoren vorgeschrieben [7].

Im Folgenden wurden Technologien zur Rauchgasentstaubung, zur Rauchgasentschwefelung (DeSOx) und zur Rauchgasentstickung (DeNox) entwickelt und großtechnisch umgesetzt. Die dem Kessel eines Kohlekraftwerks heute nachgeschalteten Reinigungsanlagen sind oft größer als das eigentliche Kraftwerkherzstück. Es entstand eine neue Großtechnologiebranche.

Das Ozonloch über der Antarktis

Die Maßnahmen zeigten Wirkung. Der Himmel über der Ruhr wurde wieder blauer. Unsere Wälder sind zwar immer noch in Teilen geschädigt, aber der Wald lebt noch. Die Belastung der Atmosphäre war jedoch noch nicht gebannt. Seit Anfang der Achtzigerjahre beobachteten Wissenschaftler, dass innerhalb weniger Wochen nach dem Sonnenaufgang in der Antarktis die Ozonkonzentration über dem Pol einbricht, sich dann aber in den kommenden Monaten wieder erholt. Die Tiefe des Einbruchs nahm jedoch innerhalb weniger Jahre drastisch zu [8]. Das Ozonloch war entdeckt! Bereits in den Siebzigerjahren hatten die späteren Nobelpreisträger Mario J. Molina und Frank Sherwood Rowland vor der Anreicherung der schwer abbaubaren Fluorchlorkohlenwasserstoffe in der Atmosphäre gewarnt [9]. Die Wissenschaftler hatten Alarm geschlagen. Und das Bemerkenswerteste: Nur zwei Jahre nachdem das Ozonloch entdeckt wurde, verständigten sich 46 Staaten auf einen verbindlichen, schrittweisen Verzicht von FCKW und anderen ozonschädigenden Gasen, die u. a. in Kühlflüssigkeiten und Spraydosen eingesetzt wurden. Inzwischen haben sich nahezu alle Staaten angeschlossen, es gelangt kaum noch FCKW in die Atmosphäre [8].

Die Treibhausgase und die Erderwärmung

Das FCKW-Problem konnte scheinbar gelöst werden, aber wir emittieren weiterhin andere klimaschädliche Gase, allen voran Kohlendioxid CO_2 und Methan CH_4. Dabei sind die beiden Treibhausgase für das Leben auf unserer Erde zunächst einmal sehr wichtig. Gemeinsam mit dem Wasserdampf H_2O haben sie in der Atmosphäre die Eigenschaft, die von der Sonne kommende kurzwellige Strahlung nahezu ungehindert durchzulassen, die von der Erde abgestrahlte langwelligere Wärmestrahlung aber nicht. So kann sich der untere Teil der Atmosphäre auf lebensnotwendige Temperaturen erwärmen, die Treibhausgase verhindern ein Auskühlen der Erde. Man bezeichnet dies als *natürlichen Treibhauseffekt*.

Mit der Industrialisierung hat der Mensch begonnen, vermehrt CO_2 und CH_4 zu produzieren und freizusetzen. Damit verstärkter er den natürlichen Treibhauseffekt um den anthropogenen, den von Menschen gemachten. In den letzten fünfzig Jahren stieg die jährliche Durchschnittstemperatur auf der Erde doppelt so schnell an wie in den letzten hundert Jahren. Bereits 1979 fand die erste Weltklimakonferenz statt, der in den Jahren 1980, 1983 und 1985 Arbeitstreffen in Villach, Österreich folgten. In Villach kam 1985 eine internationale Gruppe von Wissenschaftlern zu dem Schluss, dass in der ersten Hälfte des folgenden Jahrhunderts ein Anstieg der globalen Mitteltemperatur auftreten würde, der beispiellos in der Geschichte der Menschheit wäre. Diese Expertengruppe empfahl zugleich eine enge Zusammenarbeit von Wissenschaftlern und Politikern zur Ausarbeitung von Maßnahmen gegen die drohende Klimaänderung [10]. 1988 gründeten die Weltorganisation für Meteorologie (WMO) und das Umweltprogramm der Vereinten Nationen (UNEP) den Zwischenstaatlichen Ausschuss für Klimaänderungen – den sog. Weltklimarat (Intergovernmental Panel on Climate Change, IPCC). Die Klimaveränderung ist als globale Aufgabe erkannt worden.

Es hat in den 1990er-Jahren viele zum Teil hitzige Debatten um den Klimawandel gegeben. Den apokalyptischen Warnungen vor dem Ansteigen der Meere und der Überflutung ganzer Länder standen die Verharmloser gegenüber, die der Erde eine selbstregulierende Wirkung zusprachen. Anfangs waren zudem die Modellrechnungen zur Klimaentwicklung noch sehr unsicher. So konnten aufgrund der beschränkten Rechenkapazität damals in den Modellen die Ozeane, die bei der Temperaturregulierung und der CO_2-Aufnahme eine große Rolle spielen, nur in den obersten Schichten berücksichtigt werden.

Das Kyoto-Protokoll
Dennoch – das Problem war erkannt und die Ursachen weitgehend auch. Die Staatengemeinschaft musste handeln. Auf der 3. Vertragsstaatenkonferenz der Klimarahmenkonvention in Kyoto 1997 (COP 3) wurde ein Protokoll verabschiedet, das als Meilenstein in der internationalen Klimapolitik gilt: das *Kyoto-Protokoll*. Es enthielt erstmals rechtsverbindliche Begrenzungs- und Reduzierungsverpflichtungen für die Industrieländer. Mittlerweile haben 191 Staaten das Protokoll ratifiziert, darunter alle EU-Mitgliedstaaten sowie wichtige Schwellenländer wie Brasilien, China und Südkorea. Die USA hat das Kyoto-Protokoll zwar 1998 unterzeichnet, aber bis heute nicht ratifiziert. Kanada ist im Jahr 2013 ausgetreten. Damit das Kyoto-Protokoll völkerrechtlich wirksam werden konnte, mussten mindestens 55 Staaten der Klimarahmenkonvention, die zusammen mindestens 55 % der gesamten CO_2-Emissionen der Industrieländer aus dem Jahr 1990 verursachten, das Protokoll ratifizieren. Mit der Ratifizierung durch Russland, das 1990 für rund 16 % der CO_2-Emissionen der Industrieländer verantwortlich war, konnte das Kyoto-Protokoll 2005 in Kraft treten. Konkrete Details zur Umsetzung des Protokolls legte die Klimakonferenz in Kyoto 1997 aber nicht fest. Diese wurden in nachfolgenden Klimakonferenzen geklärt [11]. Deutschland hat das Protokoll am 31. Mai 2002 ratifiziert und sich damit verpflichtet, den Ausstoß an Treibhausgasen im Zeitraum 2008 bis 2012 um 21 % gegenüber dem Stand von 1990 zu senken. Mit einer Reduktion von 23,6 % gegenüber 1990 wurde das Ziel im Jahr 2012 sogar übererfüllt [11].

Die Klimaziele der Europäischen Union
Die Umsetzung des Kyoto-Protokolls hat letztendlich zu gemeinsamen Klimazielen innerhalb der Europäischen Union geführt. Beim Europäischen Rat in Brüssel vom 23.–24. Oktober 2014 haben sich die Mitgliedstaaten nach mehrmonatigen Verhandlungen auf einen neuen EU-Klima- und Energierahmen bis 2030 verständigt. Hauptelemente der Beschlüsse sind:

- ein verbindliches Ziel für EU-interne Emissionsminderungen von mindestens 40 % gegenüber 1990,
- ein verbindliches EU-Ziel für einen Anteil erneuerbarer Energien am Energieverbrauch von mindestens 27 %,
- ein indikatives Energieeffizienzziel in Höhe von mindestens 27 % Energieeinsparungen bis 2030. Das Energieeffizienzziel soll zudem bis 2020 überprüft werden, mit der Option, es auf 30 % anzuheben.

Zudem hat sich der Rat für eine Reform des Emissionshandels auf Basis der Kommissionsvorschläge (Einführung einer Marktstabilitätsreserve) ausgesprochen [12].

Die Beschlüsse des Europäischen Rates setzen damit zu wesentlichen Teilen auf den Vorschlägen der Europäischen Kommission zum 2030-Rahmen auf. Diese hatte im Januar 2014 in ihrer Mitteilung „Rahmen für die Klima- und Energiepolitik im Zeitraum 2020–2030" ein EU-internes Treibhausgasminderungsziel für 2030 in Höhe von minus 40 % gegenüber 1990 sowie ein verbindliches EU-Ziel für den Ausbau erneuerbarer Energien für 2030 in Höhe von 27 % vorgeschlagen. Wie das EU-Ziel auf die Mitgliedstaaten heruntergebrochen werden sollte, ließ die Kommission dabei noch offen [12].

Der G7-Gipfel auf Schloss Elmau
Bundeskanzlerin Angela Merkel gab zwar zu, sie „hätte sich ein höheres Ziel vorstellen können". Aber die Einigung auf diese Klimaziele war sicherlich ein wesentlicher Schritt zur Reduktion der Treibhausgase. Und die Kanzlerin legte nach. Als Gastgeberin des G7-Gipfels der wichtigsten Wirtschaftsstaaten der Welt im bayrischen Schloss Elmau im Juni 2015 setze sie die globale Klimapolitik auf die Tagesordnung. In der Abschlusserklärung des Gipfels erkennen die Staats- und Regierungschef an, darunter auch der US-amerikanische Präsident Obama, dass die Herausforderung des Klimawandels nur durch eine globale Herangehensweise gemeistert werden könne:

> [Es …] sollten alle Länder in die Lage versetzt werden, im Einklang mit dem globalen Ziel, den Anstieg der weltweiten Durchschnittstemperatur unter 2° Celsius zu halten, einen kohlenstoffarmen und belastbaren Entwicklungspfad einzuschlagen. In Anbetracht dieses Ziels und eingedenk der aktuellen Ergebnisse des IPCC betonen wir, dass tiefe Einschnitte bei den weltweiten Treibhausgasemissionen erforderlich sind, einhergehend mit einer Dekarbonisierung der Weltwirtschaft im Laufe dieses Jahrhunderts. …
> Wir verpflichten uns, unseren Teil dazu beizutragen, langfristig eine kohlenstoffarme Weltwirtschaft zu erreichen, auch durch die Entwicklung und den Einsatz innovativer Technologien, und streben bis 2050 einen Umbau der Energiewirtschaft an; wir laden alle Länder ein, sich uns in diesem Unterfangen anzuschließen. Wir verpflichten uns zu diesem Zweck ferner zur Entwicklung langfristiger nationaler kohlenstoffarmer Strategien. … [13, S. 17]

Eine Dekarbonisierung der Weltwirtschaft noch in diesem Jahrhundert – das ist wahrlich ein ehrgeiziges Ziel. Und es gibt auch klar die Richtung für die deutsche Energiepolitik vor.

3.3 Die Grenzen der Kerntechnologie

Ein großer Treiber der deutschen Energiewende ist sicherlich die Ablehnung der Nutzung der Kernenergie. Viele Menschen sind davon überzeugt, dass die Kerntechnologie zu große Risiken beinhalte, als dass man sie sicher betreiben könne. Ebenso gibt es sehr viele, die den Betrieb durchaus für verantwortbar halten und die technischen Risiken als beherrschbar ansehen. Von Anbeginn der Nutzung der Kernenergie gab es in Deutschland strikte Ablehner, die sich öffentlich gegen die Kernenergie wandten. Im Laufe der Jahre entstand eine breite Antiatomkraftbewegung, die öffentliche Proteste und spektakuläre Demonstrationen organisierte. Aber es gab auch die breite Masse der Bevölkerung, die es akzeptierte, mit der Atomkraft zu leben. Diese liefere sauberen und preiswerten Strom und die Technik hätten die deutschen Ingenieure wohl im Griff. Und doch wuchs im Laufe der Jahre die Zahl der Skeptiker und Ablehner der Kernenergie, sie wurde lediglich als Übergangstechnologie akzeptiert, denn ganz wohl fühlte man sich mit ihr nicht. Die Frage der Akzeptanz einer solchen Technologie wird aber nicht nach demokratischen Mehrheitsmustern entschieden, sondern aufgrund von Grundeinstellungen und Erfahrungen. Und die waren nicht nur positiv.

Die ungelöste Endlagerproblematik
Die bei der Kernspaltung entstehenden Abfallprodukte unterscheiden sich von herkömmlichen industriellen Abfällen. Nukleare Abfälle produzieren radioaktive Strahlung und Wärme. Die Nachzerfallswärme muss permanent abgeführt werden. Als Maß für das Abklingverhalten der Radioaktivität und der damit verknüpften Nachzerfallswärme wird die Halbwertszeit verwendet, die Zeit nach der die Aktivität auf die Hälfte des Anfangswertes zurückgegangen ist [14, S. 67]. Beim Zerfall entstehen dabei zum einen Isotope mit Halbwertszeiten von wenigen Jahrzehnten. Diese Substanzen müssten für einige Jahrhunderte so gelagert werden, dass die gefährlichen Substanzen nicht in die Biosphäre gelangen können. Bei solchen Zeiträumen wären jedoch bereits etliche Generationen von Menschen betroffen, und Phänomene wie die Korrosion von Behältern oder die Schädigung von Behältern durch Strahlenwirkungen sowie durch äußere Einflüsse wären möglich. Zum anderen fallen auch Spaltprodukte mit wesentlich längeren Halbwertszeiten an, etwa Stoffe wie Plutonium 239 (Halbwertszeit über 24.000 Jahre) und andere Transurane, teils sogar mit Halbwertszeiten von Millionen von Jahren [15].

Diese Substanzen können nicht mehr vom Menschen überwacht gelagert werden, sie übersteigen sämtliche biologisch abschätzbaren Lebenszeiten der Menschheit. Sie müssen sicher endgelagert werden. Aber es gibt noch keine Endlager. Über mehrere Jahrzehnte war die Suche nach einem Endlager für den Atommüll der deutschen Kraftwerke politisches und gesellschaftliches Streitthema. Kristallisationspunkt war und ist das geplante Atommüllendlager in Gorleben im niedersächsischen Wendland, nahe der Grenze zu Brandenburg. Bereits seit 1977 wird hier ein großer unterirdischer Salzstock auf seine Eignung untersucht. Man könnte allein über die Geschichte Gorlebens mehrere Bücher schreiben.

Ebenfalls in Niedersachsen, etwa zehn Kilometer südöstlich von Wolfenbüttel, befindet sich ein weiteres Atommülllager. Die Schachtanlage Asse, ein ehemaliges Salzbergwerk, wurde als Forschungsbergwerk betrieben. Dabei wurde die Endlagerung radioaktiver Abfälle großtechnisch erprobt. Zwischen 1967 und 1978 wurden schwach- und mittelradioaktive Abfälle aus Atomkraftwerken, Forschungseinrichtungen und der kerntechnischen Industrie eingelagert. Weil das Grubengebäude inzwischen in Teilen instabil ist und Wasser einsickert, plant das Bundesamt für Strahlenschutz die Rückholung der Fässer. Aber wohin mit den 126.000 Fässern [16]?

Und eine Lösung ist noch nicht in Sicht. Im April 2014 gab die Endlagersuchkommission des Bundestags einen ernüchternden Sachstandsbericht ab. Bis „2170 oder später", so lange könnte sich die Endlagerung des deutschen Atommülls noch hinziehen. Nach Ansicht des Vorsitzenden der Endlagersuchkommission des Bundestages, Michael Müller (SPD), müsse daher in den kommenden Jahrzehnten mit einem Kostenanstieg auf 50 bis 70 Mrd. € gerechnet werden, sagte er der „Frankfurter Rundschau". „Auf den Staat kommen erhebliche finanzielle Risiken zu", so Müller. Denn die vier Konzerne am deutschen Strommarkt E.ON, RWE, EnBW und Vattenfall haben nur etwa 36 Mrd. für die Folgekosten ihrer Atomkraftwerke zurückgelegt. Dieses Geld werde aller Voraussicht aber nicht für den Abriss der Atomkraftwerke und die Zwischen- und Endlagerung des Atommülls reichen [17]. Haben die Konzerne ihre Kernenergiegewinne auf Kosten der Zukunft gemacht?

Auch wenn es nach Ansicht vieler Fachleute und Techniker möglich sein sollte, den radioaktiven Abfall dauerhaft und sicher in den Tiefen eines Salzstocks zu lagern, so mangelt es doch an der grundsätzlichen gesellschaftlichen Akzeptanz dieses Vorgehens. Die endgültige Einlagerung des jetzt bereits vorhandenen und noch in den Kernkraftwerken befindlichen atomaren Mülls, einschließlich der strahlenden Teile aus dem Rückbau der Kraftwerke, wird von einer Mehrheit wohl noch toleriert. Eine weitere Produktion atomaren Restmülls findet aber wohl zumindest in Deutschland keine Zustimmung mehr.

Die Reaktorunfälle in Tschernobyl und Fukushima
Schon vor Jahrzehnten hat man in Deutschland auf die Weiterentwicklung bestimmter Kernenergietechnologien verzichtet. Das in Deutschland entwickelte und am damaligen Kernforschungszentrum Jülich erprobte Kugelhaufenkonzept von Rudolf Schulten wurde nicht weiterverfolgt. Stattdessen exportierte man das Know-how nach Südafrika, wo zumindest noch vor einigen Jahren an zwei großen und etwa 60 kleineren Reaktoren entwickelt wurde, wie ich persönlich bei einem Besuch 2009 im ESCOM-Forschungszentrum überrascht feststellen konnte. Am Niederrhein in Kalkar steht eine der größten Industrieruinen Europas. Der „Schnelle Brüter" ist nie in Betrieb genommen worden, heute wird er als Freizeit- und Vergnügungspark genutzt. Die Konzepte wurden aus politischen, sicherheitstechnischen oder wirtschaftlichen Gründen verworfen.

Gleichwohl hielt man an der bewährten Druckwasser- und Siedewassertechnologie fest. Die in Deutschland mit dieser Technologie betriebenen Reaktoren waren und sind nach Überzeugung vieler beherrschbar und sicher. Ein Grund für dieses Vertrauen ist der negative Reaktivitätskoeffizient. „Bei einem Leistungsanstieg, der zwangsläufig zu einer Temperaturerhöhung des Brennstoffs führt, werden vermehr Neutronen absorbiert, so dass eine unbegrenzte Eskalation der Leistung naturgesetzlich unmöglich wird," lese ich bei Unger und Hutardo [14, S. 46]. Alle kommerziell in Deutschland betriebenen Druckwasser- oder Siedewasserreaktoren hätten solch einen negativen Reaktivitätskoeffizienten.

Der Reaktorunfall im russischen Tschernobyl am 26. April 1986 löste zunächst Alarm in Deutschland aus (Abschn. 1.1). Gleichwohl konnten die Physiker und Ingenieure die deutsche Öffentlichkeit doch schnell weitgehend beruhigen. Zum einen hatte der Reaktor vom Typ Tschernobyl keinen negativen, sondern einen *positiven* Reaktivitätskoeffizienten, sodass sich der Reaktor hochschaukeln konnte. Zum anderen stellte sich heraus, dass die Reaktorbediener ein Experiment durchgeführt hatten, bei dem nach und nach auch sicherheitsrelevante Techniken ausgeschaltet wurden. Es war also nur russische Technik und Schludrigkeit, so etwas könne in Deutschland nicht passieren.

Dennoch bleibt die Frage im Raum stehen, warum dieser bisher größte Reaktorunfall mit direkten Folgen radioaktiven Niederschlags auch in Deutschland nicht zu einem Umdenken und zu einer Wende geführt hat – zumindest nicht auf breiter Front. Die Katastrophe hat sehr wohl in die Politik hineingewirkt und ich glaube bei einigen Politikern zumindest ein Nachdenken, wenn nicht sogar vielleicht ein Umdenken angestoßen. Das Restrisiko, welches die Antiatomkraftbewegung stets als Argument gegen einen verantwortbaren Betrieb ins Feld geführt hatte, war Realität geworden. Der Begriff der *Kernenergie als Übergangsenergie* bekam plötzlich eine reale Bedeutung.

Gut 25 Jahre später, am 09. März 2011, sollte ein weiterer Kernkraftwerksunfall direkte politische Auswirkungen haben. Nach einem Erdbeben und einer nachfolgenden Tsunamiflutwelle, kam es in drei Blöcken des japanischen Kernkraftwerks in Fukushima zur Kernschmelze. Vier Blöcke wurden durch Explosionen, bei denen große Mengen Radioaktivität freigesetzt wurden, komplett zerstört. Die Welt hielt tagelang den Atem an. Anders als beim Tschernobyl-Unfall von 1986 war die inzwischen digital vernetzte Welt live dabei, als in einer der fortschrittlichsten Industrienationen der Super-GAU, der größte anzunehmende Unfall mit Kontamination der Umwelt eintrat. Wenige Tage danach wurden in Deutschland die ersten Kernkraftwerke älterer Bauart abgeschaltet – die Politik reagierte schnell (Abschn. 4.1).

War Fukushima der Anlass für die Energiewende? Der Ausstieg aus der Atomenergie wurde zwar bereits im Jahr 2000 im Atomkonsens der Bundesregierung mit der Stromindustrie grundsätzlich beschlossen. Aber noch vor wenigen Monaten, am 28. Oktober 2010, hatte der Bundestag mit den Stimmen von CDU/CSU und FDP die Laufzeiten der Kernkraftwerke um 8 bis 14 Jahre verlängert. Allerdings standen die Klimaziele schon seit einigen Jahren fest, die Anzahl der erneuerbaren Energieanlagen war deutlich gestiegen und das Erneuerbare-Energien-Gesetz (EEG) hatte sich bereits zum aktiven Steuerungsinstrument etabliert. Die Technologien zur Nutzung der regenerativen Energien, insbesondere die Erzeugungstechnologien der Photovoltaik, der Windkraftanlagen und der Biogasanlagen, waren inzwischen ausgereift und vielerorts am Markt eingesetzt. Sie boten erstmals eine glaubhafte Alternative zur Kernenergie.

Die Wende begann also sicherlich früher. Fukushima hat sie lediglich beschleunigt. Ich werde bei meiner Expedition also auch herauszufinden haben, wann die Wende wirklich in den Köpfen und Taten der Handelnden losging. Wer früh dabei war und wer die Entwicklung vielleicht verschlafen hat. Das werden spannende Aspekte sein.

3.4   Gesetze und Regelungen seit 1990

Bevor ich in der realen Energiewelt auf die Suche nach den Veränderungen gehe, schaue ich mir zunächst die Entwicklung der deutschen Gesetzgebung an. Gefühlt hatte man den Eindruck, dass die Energiepolitik in den letzten 20 Jahren vor Fukushima kaum auf der Tagesordnung stand. In den Neunzigerjahren dominierten zunächst die Themen der Deutschen Einheit und des Aufbaus Ost. Und auch sonst wurde im Bundestag viel über Sozialpolitik, über Renten und den Bundeswehreinsatz im Ausland debattiert, aber Energiepolitik stand nicht im Mittelpunkt – gefühlt zumindest. Es war ja auch alles in Ordnung. Der Strom war sicher und preiswert, die – teils schon abgeschriebenen – Kraftwerke liefen und bescherten den Stromkonzernen Milliardengewinne und dem Staat satte Steuereinnahmen.

Ach ja, da war noch das Thema der regenerativen Energien, für das insbesondere die Partei Bündnis 90/Die Grünen sich stark machte. Als sie 1999 mit in die Regierung kam, entwickelt sie unverzüglich zur Förderung der neuen Energiegewinnung das EEG, das Erneuerbare-Energien-Gesetz. Die Förderung der Regenerativen fand Anklang und wurde von vielen begrüßt. Zumeist wurden sie aber immer nur als zusätzlicher kleiner Anteil gesehen und nicht als Ersatz. Zumindest bis Mitte des letzten Jahrzehnts waren die Regenerativen mehr ein grünes Pflänzchen als eine tatsächliche Alternative zum bestehenden Energiesystem.

Bei meiner Recherche nach energierelevanten Gesetzen bin ich überrascht, wie viele Gesetze und Regelungen in der Zeit seit 1990 beschlossen wurden (die wesentlichen sind in Tab. 3.1 aufgelistet). Demnach fing die gesetzliche Wahrnehmung der erneuerbaren Energien bereits im Dezember 1990 mit dem *Gesetz über die Einspeisung von Strom aus erneuerbaren Energien in das öffentliche Netz* (Stromeinspeisungsgesetz, in Kraft getreten am 01.01.1991) an. Es folgte die Umsetzung der EU-Richtlinie zum Energiebinnenmarkt in nationales Recht durch das neue Energiewirtschaftsgesetz Ende 1997. Es sollte zur *Liberalisierung* des Energiemarktes und zu mehr Wettbewerb führen. Die rot-grüne Bundesregierung löste das alte Stromeinspeisegesetz dann 2000 durch das *Gesetz für den Ausbau erneuerbarer Energien* (Erneuerbare-Energien-Gesetz, EEG) ab. Nun galt für die Erneuerbaren das Vorrangprinzip, die Förderung wurde durch feste Vergütungssätze geregelt, unabhängig von Strompreisschwankungen an den Märkten (Abschn. 4.5.1). Das EEG wurde in der Folge immer wieder novelliert und verändert, es dient als Steuerungsinstrument zum Ausbau der Erneuerbaren.

In der Öffentlichkeit wurde das EEG breit diskutiert und so vollzog sich eine wesentliche Änderung im Energierecht weniger auffallend. Mit der Novellierung des Energiewirtschaftsgesetzes EnWG am 13. Juli 2005 schien Deutschland lediglich das EU-Gemeinschaftsrecht für die leitungsgebundene Energieversorgung in nationales Recht umzusetzen. Es sah eine wirtschaftliche und rechtliche Trennung der Energieerzeugung und des Netzbetriebs vor – Unbundling ist das Fachwort. Große Energieversorger mit mehr als 100.000 angeschlossenen Kunden mussten sich rechtlich aufteilen. So entstanden neue Netzgesellschaften und neue Erzeugungsgesellschaften, sowohl auf Konzernebene als auch bei den großen Stadtwerken und Regionalversorgern.

Tab. 3.1 Für die Energiewende wichtige Gesetze und Regelungen seit 1990

Beschluss am	Gesetzliche Regelung	Wesentliche Auswirkungen	Regierung
07.12.1990	Gesetz über die Einspeisung von Strom aus erneuerbaren Energien in das öffentliche Netz (Stromeinspeisungsgesetz)	Verpflichtung der Elektrizitätsversorgungsunternehmen, elektrische Energie aus regenerativen Quellen abzunehmen und zu vergüten	CDU/CSU-FDP
28.11.1997	Neuregelung des Energiewirtschaftsrechts – Gesetz über die Elektrizitäts- und Gasversorgung (Energiewirtschaftsgesetz)	Umsetzung der EU-Richtlinie zum Energiebinnenmarkt, Liberalisierung des Energiemarktes, mehr Wettbewerb	CDU/CSU-FDP
29.03.2000	Gesetz für den Ausbau erneuerbarer Energien (Erneuerbare-Energien-Gesetz, EEG)	Einführung des Vorrangprinzips zur Einspeisung regenerativen Stroms sowie feste Vergütungssätze auch bei sich ändernden Strompreisen	SPD-B'90/Die Grünen
14.06.2000	Vereinbarung zwischen der Bundesregierung und den Energieversorgungsunternehmen (Atomkonsens)	Ausstieg aus der Atomkraftnutzung und Festlegung von Laufzeiten	SPD-B'90/Die Grünen
21.07.2004	Novellierung des EEG	Änderungen der Höhe der Fördersätze, bessere juristische Stellung der Betreiber von EEG-Anlagen gegenüber den örtlichen Netzbetreibern	SPD-B'90/Die Grünen
13.07.2005	Novelle des Energiewirtschaftsgesetzes EnWG	Umsetzung des EU-Gemeinschaftsrechts für die leitungsgebundene Energieversorgung in nationales Recht – Unbundling	SPD-B'90/Die Grünen
		Abschaffung der traditionellen Anschluss- und Versorgungspflicht der bisherigen Monopolversorger	
25.10.2008	Novellierung des EEG inkl. Gesetz zur Förderung Erneuerbarer Energien im Wärmebereich (EEWärmeG)	Zahlreiche detaillierte Neuerungen, Anzahl der Paragrafen steigt von 22 auf 66 an	CDU/CSU-SPD
		Regelungen zur Verwendung von erneuerbaren Energien im Bereich der Wärme- und Kälteerzeugung, Zielfestlegung bis 2020: Anteil erneuerbarer Energien für die Wärmeerzeugung 14 %	

Tab. 3.1 (Fortsetzung)

Beschluss am	Gesetzliche Regelung	Wesentliche Auswirkungen	Regierung
28.09.2010	Energiekonzept der Bundesregierung	Festlegung der Klima- und Energieziele für die Jahre 2020, 2030 und 2050	CDU/CSU-FDP
28.10.2010	11. Änderung des Atomgesetzes	Verlängerung der Restlaufzeiten der Atomkraftwerke zwischen 8 und 14 Jahren	CDU/CSU-FDP
30.06.2011	Umfassende Novelle des EEG	Neuregelung der Bonisysteme für die Bioenergie	CDU/CSU-FDP
		Direktvermarktung und Marktprämienmodell	
		Begrenzung des Grünstromprivilegs für die Elektrizitätsversorger	
		Anpassungen bei den Vergütungssätzen Wind an Land, Wind auf See, Photovoltaik und Biomasse	
14.03.2011	Atom-Moratorium der Bundesregierung	Abschalten der sieben ältesten Kernkraftwerke sowie KKW Krümmel	CDU/CSU-FDP
		Sicherheitsüberprüfung aller 17 deutschen Kernkraftwerke	
30.06.2011	13. Novellierung des Atomgesetzes	Ausstieg aus der Kernenergie und Verkürzung der Restlaufzeiten	CDU/CSU-FDP
01.04.2012	Photovoltaik-Novelle	Umfangreiche Änderungen bei der Vergütung von Photovoltaikstrom	CDU/CSU-FDP
		Neugestaltung der Vergütungsklassen	
		Begrenzung des Ausbauziels	
		Zubauabhängige Steuerung der Degression („atmender Deckel")	
27.06.2014	Novellierung des EEG	Zahlreiche Änderungen und Umsetzung der Vereinbarungen des Koalitionsvertrages	CDU/CSU-SPD

Die Änderung des EnWG hatte aber noch weitergehende Konsequenzen. Zum einen
erweitert es das Zielsystem. Zu den traditionellen Zielsetzungen der Versorgungssicherheit und Preisgünstigkeit sowie dem bereits mit der Liberalisierung kodifizierten Ziel der
Umweltverträglichkeit kamen die Ziele der Energieeffizienz und der Verbraucherfreundlichkeit hinzu. Zum anderen bringt es für die Energiekonzerne neben dem Unbundling
eine noch tiefergehende Veränderung. Im § 35 wird der Energievertrieb angesprochen.
Die traditionelle *Allgemeine (Anschluss- und) Versorgungspflicht* der ehemaligen Gebiets-
monopolisten wird abgelöst. Zukünftig, nach einer Übergangszeit bis 2007, besteht nun
für den Marktführer eines jeden Versorgungsgebiets die Pflicht zur Grundversorgung aller
Haushaltskunden zu allgemeinen Bedingungen und Preisen[18]. Die monopolartige Vor-
machtstellung der großen Energiekonzerne wurde aufgebrochen.

Spätestens jetzt kam Bewegung in die Märkte. Das EnWG beschloss zwar keine Wende,
aber es machte den Weg frei für sie. Um in der Sprache der Segler zu bleiben: Leinen los!

Literatur

1. Wikipedia, „Die Grenzen des Wachstums, " [Online]. Available: https://de.wikipedia.org/wiki/
Die_Grenzen_des_Wachstums. [Zugriff am 15.07.2015].
2. H. Gruhl, Ein Planet wird geplündert – Die Schreckensbilanz unserer Politik, Frankfurt a. M.:
Fischer Verlag, 1975.
3. E. Weeber, „Herbert Gruhl – Ein Planet wird geplündert," [Online]. Available: http://www.lang-
elieder.de/lit-gruhl75.html. [Zugriff am 15.07.2015].
4. Öko-Institut e. V., „Energiewende gestern: Ursprünge," [Online]. Available: http://www.ener-
giewende.de/start/. [Zugriff am 15.07.2015].
5. Öko-Institut e. V., „Festveranstaltung ‚Halbzeit Energiewende?'," [Online]. Available: http://
www.energiewende.de/veranstaltungen/#. [Zugriff am 15.07.2015].
6. A. Berchem, „Das unterschätzte Gesetz," ZEIT ONLINE, 22.09.2006. [Online]. Available:
http://pdf.zeit.de/online/2006/39/EEG.pdf. [Zugriff am 15.07.2015].
7. C. Hecking, „Umweltschutz: Was wurde eigentlich aus dem Waldsterben?," SPIEGEL ONLINE,
03.01.2015. [Online]. Available: http://www.spiegel.de/wissenschaft/natur/umweltschutz-was-
wurde-aus-dem-waldsterben-a-1009580.html. [Zugriff am 16.07.2015].
8. M. Pennekamp, „Abschied vom Ozonloch," F.A.Z. Wirtschaft, 13.08.2014. [Online]. Available:
http://www.faz.net/aktuell/wirtschaft/menschen-wirtschaft/vergangenheit-abschied-vom-ozon-
loch-13094502-p2.html?printPagedArticle=true#pageIndex_2. [Zugriff am 16.07.2015].
9. M. Groß, „Nobelpreis für Chemie – Mechanismen des Ozonschwunds in der Stratosphäre,"
Spektrum der Wissenschaft, S. 18, 01.12.1995.
10. Umweltbundesamt, „Geschichtliche Eckdaten der Erforschung des Treibhauseffektes,"
01.09.2014. [Online]. Available: http://www.umweltbundesamt.de/themen/klima-energie/kli-
mawandel/klima-treibhauseffekt. [Zugriff am 16.07.2015].
11. Bundesministerium für Umwelt, Naturschutz, Bau und Reaktorsicherheit, „Kyoto-Protokoll,"
25.08.2014. [Online]. Available: http://www.bmub.bund.de/themen/klima-energie/klimaschutz/
internationale-klimapolitik/kyoto-protokoll/. [Zugriff am 16.07.2015].
12. Bundesministerium für Wirtschaft und Energie, „Europäische Energiepolitik," [Online]. Available: http://www.bmwi.de/DE/Themen/Energie/Europaische-und-internationale-Energiepolitik/
europaeische-energiepolitik.html. [Zugriff am 16.07.2015].

13. „Abschlusserklärung G7-Gipfel (Arbeitsübersetzung)," 7.–8. Juni 2015. [Online]. Available: https://www.g7germany.de/Content/DE/_Anlagen/G8_G20/2015-06-08-g7-abschluss-deu. pdf?__blob=publicationFile&v=4. [Zugriff am 16.07.2015].

14. J. Unger und A. Hurtado, Energie, Ökologie und Unvernunft, Wiesbaden: Springer Spektrum, 2013.

15. R. Paschotta, „RP-Energie-Lexikon: Radioaktiver Abfall," [Online]. Available: https://www. energie-lexikon.info/radioaktiver_abfall.html. [Zugriff am 16.07.2015].

16. F.A.Z. Frankfurter Allgemeine Zeitung online, „Atommüll muss womöglich in der Asse bleiben," 16.05.2015. [Online]. Available: http://www.faz.net/aktuell/politik/inland/probleme-bei-bergung-atommuell-muss-womoeglich-in-der-asse-bleiben-13595392.html. [Zugriff am 16.07.2015].

17. C. Eichfelder, „Atommüll-Endlager erst ,2170 oder später'," Süddeutsche Zeitung, 20.4.2015. [Online]. Available: http://www.sueddeutsche.de/wirtschaft/energiepolitik-atommuell-endlager-erst-oder-spaeter-1.2443344. [Zugriff am 16.07.2015].

18. N. Eickhoff und V. Leïla Holzer, „Das neue Energiewirtschaftsgesetz – Regelungen für einen erweiterten Zielkatalog," Wirtschaftsdienst, S. 268–276, 04.2006.

Die Energiewende verstehen

4

Zur Vorbereitung einer erfolgreichen Expedition gehört ein möglichst gutes Verständnis des Untersuchungsgegenstandes. Das Forschungsfeld muss bekannt und verstanden worden sein, damit man auf dem Expeditionsweg die zu untersuchenden Objekte richtig identifiziert und hinsichtlich ihrer Bedeutung für die Forschungsfrage korrekt bewertet. Ich brauche quasi einen Maßstab, eine Messlatte. Zur Vorbereitung meiner Expedition muss ich mich zunächst mit der Zielsetzung der Energiewende, ihrer Struktur und den gesetzten oder gegebenen Randbedingungen auseinandersetzen.

Das bedeutet zunächst, dass ich die Ziele der Politik kennen muss, die letztendlich die derzeitige Dynamik ausgelöst haben. Um sich nicht in Details zu verstricken, muss man sodann versuchen, die Energiewende übergeordnet zu verstehen, zu abstrahieren. Und nicht zuletzt sollte ich einen Überblick haben, was bislang von der Politik auf den Weg gebracht wurde und wo wir heute stehen.

Bevor ich mit der Expedition starten kann, muss ich also erst einmal viel lesen, recherchieren und kombinieren. Aber wie gesagt, eine gute Expedition bedarf einer intensiven Vorbereitung.

4.1 Ziele der Politik

4.1.1 Politische Motivation der Kanzlerin

Mit dem Moratorium vom 14. März 2011 hat die Bundesregierung und allen voran die damalige Kanzlerin Angela Merkel (CDU) das energiepolitische Ruder herumgerissen. Nur drei Tage nach dem Reaktorunfall in Fukushima verkündete sie, dass die ältesten deutschen Atommeiler unverzüglich vom Netz gingen. Das war sicherlich eine wesentliche Initialzündung für die Dynamik, die wir heute in der Energiewende spüren. Die nächsten

© Springer Fachmedien Wiesbaden 2016
J. Gochermann, *Expedition Energiewende,* DOI 10.1007/978-3-658-09852-0_4

Weichenstellungen geschahen dann bereits drei Monate später mit der 13. Novellierung des Atomgesetzes, welches am 30. Juni 2011 im Deutschen Bundestag diskutiert und beschlossen wurde.

Die Geschwindigkeit, mit der die Politik die Entscheidungen zur Energiepolitik in 2011 traf, hat viele überrascht. Was war die politische Motivation insbesondere für die Kanzlerin? Schnell kam in diesen Tagen die Mutmaßung auf, die energiepolitische Entscheidung zum Ausstieg aus der Kernenergie wäre nur ein plumpes Wahlkampfmanöver kurz vor der für die Union auf der Kippe stehenden Landtagswahl in Baden-Württemberg[1]. Es handele sich, so einige Kritiker, lediglich um eine populistische Entscheidung von Wahlkampf führenden Politikern. Das Gefühl, die Energiewende sei ja gar nicht so ernst gemeint, hielt sich daher auch bei einigen Akteuren noch länger. Insbesondere bei den großen Energiekonzernen glaubte man zunächst nicht so recht an die Ernsthaftigkeit der Richtungsänderung.

Eine Entscheidung mit derart tiefgreifenden Veränderungen, einfach nur populistisch? Ich kann mir nicht vorstellen, dass die damals Handelnden so verantwortungslos gewesen sein sollen. Aber wie kann ich herausfinden, was damals in den Köpfen der Verantwortlichen vorging? Am einfachsten wäre es, sie zu fragen. Aber wäre das nicht vermessen, bei der Kanzlerin anzuklopfen und zu fragen: „Sagen Sie mal, was haben Sie sich eigentlich damals dabei gedacht…?" Unabhängig davon, dass ich in den Terminplan der Kanzlerin wohl nicht hineinpassen würde.

Ich könnte andere fragen, die damals dabei waren, Dr. Norbert Röttgen zum Beispiel. Den damaligen Bundesumweltminister kenne ich noch aus der Jungen Union. Er hat sich, seit er nicht mehr Bundesumweltminister ist, jedoch noch kein einziges Mal zur Energiewende in Deutschland geäußert. Ich versuche es dennoch, schreibe ihn an und bekomme zeitnah eine wirklich freundliche und meine Buchidee lobende E-Mail zurück. Aber zu damals äußern wolle er sich nicht. Kann ich verstehen, schade.

Also schaue ich mir zunächst auf YouTube die Regierungserklärung der Kanzlerin vom 17. März 2011 an. Dort hat sie dem Parlament und der Öffentlichkeit erklärt, warum sie die Aussetzung der Laufzeitverlängerung der Kernkraftwerke und die sich daraus ableitenden Veränderungen für richtig hält. Im Plenarprotokoll des Deutschen Bundestages kann man die Regierungserklärung, mit allen Kommentierungen der Abgeordneten, nachlesen [1]. Der Reaktorunfall von Fukushima bedeute nicht nur eine Katastrophe für Japan, so die Kanzlerin, er sei ein Einschnitt für die ganze Welt, für Europa und auch für Deutschland. Man könne und werde nicht einfach zur Tagesordnung übergehen. Es habe sich eine neue Lage ergeben und da müsse gehandelt werden. Und sie habe gehandelt, so die Kanzlerin. Das ist führungsstark, finde ich. Fast schon militärisch. Lage aufnehmen, analysieren, Entscheidungen treffen, das Steuer nötigenfalls herumreißen.

Aber so einfach macht sich Merkel das Herumreißen des Steuers nicht. In ihrer Regierungserklärung stellt sie nicht einfach das Bisherige infrage und steuert auf etwas Neues

---

[1] Die Wahlen fanden am 27. März 2011 statt. Die jahrzehntelange Mehrheit der Union in Baden-Württemberg fiel und bescherte der Bundesrepublik den ersten grünen Ministerpräsidenten.

zu. Schon im ersten Teil ihrer Regierungserklärung wird sie ungewöhnlich deutlich und entschieden ([1], S. 10884):

> Ja, es bleibt wahr: Wir wissen, wie sicher unsere Kernkraftwerke sind. Sie gehören zu den weltweit sichersten, und ich lehne es auch weiterhin ab, zwar die Kernkraftwerke in Deutschland abzuschalten, aber dann Strom aus Kernkraftwerken anderer Länder zu beziehen. Das ist mit mir nicht zu machen.
>
> Ja, es bleibt wahr: Ein Industrieland wie Deutschland, die größte Wirtschaftsnation Europas, kann nicht von jetzt auf gleich vollständig auf Kernenergie als Brückentechnologie verzichten, wenn wir unseren Energieverbrauch weiter eigenständig zuverlässig decken wollen.
>
> Ich möchte an dieser Stelle … noch einmal eines festhalten: In Deutschland gibt es einen Konsens aller Parteien, dass wir keine neuen Kernkraftwerke bauen und dass die Kernkraft eine Brückentechnologie ist, dass die Kernkraft ausläuft. Was wir brauchen, ist ein Ausstieg mit Augenmaß.
>
> Ein Land wie Deutschland hat im Übrigen auch den Verpflichtungen zum Schutz unseres Klimas weiter gerecht zu werden; denn der Klimawandel ist und bleibt eine der großen Herausforderungen der Menschheit. Es geht nicht an, dass wir an einem Tag den Klimawandel als eines der größten Probleme der Menschheit klassifizieren und an einem anderen Tag so tun, als ob das alles nicht gilt. Wir müssen schon mit einer Zunge sprechen.
>
> Ja, es bleibt auch wahr: Energie in Deutschland muss für die Menschen bezahlbar sein, und wir haben kein Problem gelöst, wenn Arbeitsplätze in andere Länder abwandern, wo die Sicherheit der Kernkraftwerke nicht besser, vielleicht sogar noch geringer ist.

In diesen kurzen Sätzen sind alle Leitziele oder zumindest die Maßstäbe, an denen die Energiewende gemessen wird, enthalten. Kernenergie als Brückentechnologie zu titulieren impliziert gleichermaßen die Forderung nach Alternativen. Ausstieg mit Augenmaß heißt, wir brauchen einen Zeitplan. Den Energieverbrauch eigenständig decken, Energie bezahlbar halten, aber gleichzeitig die Klimaziele fest im Auge behalten – hierin stecken die später als „Zieldreieck" beschriebenen Grundanforderungen an unsere Energieversorgung: Bezahlbarkeit – Versorgungssicherheit – Umweltverträglichkeit.

Und gleich anschließend dann diese Aussage:

> Die Bundesregierung konnte und kann trotz all dieser unbestrittenen Fakten nicht einfach zur Tagesordnung übergehen, und zwar aus einem alles überragenden Grund: Die unfassbaren Ereignisse in Japan lehren uns, dass etwas, was nach allen wissenschaftlichen Maßstäben für unmöglich gehalten wurde, doch möglich werden konnte. Sie lehren uns, dass Risiken, die für absolut unwahrscheinlich gehalten wurden, doch nicht vollends unwahrscheinlich waren, sondern Realität wurden ([1], S. 10884).

Risiken, die für absolut unwahrscheinlich gehalten werden, aber dennoch eintreten? Das ist Merkels Umschreibung des in der Kernenergieauseinandersetzung seit Jahrzehnten als stärkste Waffe gegen die Kernenergie eingesetzten Wortes: Restrisiko! Einer der Hauptgründe, warum Ökologieverbände, viele gesellschaftliche und kirchliche Gruppen und nicht zuletzt die Partei Bündnis 90/Die Grünen die Kernenergie für nicht verantwortbar halten. Restrisiko, ihr schärfstes Schwert in der Auseinandersetzung. Die zahlreichen

Podiumsdiskussionen der Achtzigerjahre fallen mir wieder ein. Und dieses Wort hat die Kanzlerin nun übernommen. Das ist ebenso überraschend wie politisch bemerkenswert. Nicht weil sie damit den Grünen eines ihrer Hauptthemen weggenommen hat – das war zugegebenermaßen politisch schon ziemlich geschickt. Sie beendet mit der Ablehnung des Restrisikos die jahrzehntelange Diskussion um die Verantwortbarkeit der Kernenergie – sie zieht einen Schlussstrich.

Die Bundeskanzlerin gibt in dieser Regierungserklärung, nur wenige Tage nach Fukushima, aber nicht nur die großen Ziele vor, sie präsentiert auch schon Vorgaben für ganz konkrete Handlungsfelder.

> Wir werden deshalb die bewusst ehrgeizig kurz bemessene Zeit des Moratoriums nutzen, um die Energiewende voranzutreiben und, wo immer möglich, zu beschleunigen. Denn wir wollen so schnell wie möglich das Zeitalter der erneuerbaren Energien erreichen – das ist unser Ziel –, und das mit einem Ausstieg mit Augenmaß. …
> Wir wollen den Ausbau der erneuerbaren Energien und der notwendigen Netzinfrastruktur noch schneller voranbringen. …
> Schon bald wird ein großes KfW-Programm starten, mit dem wir den Startschuss für neue Investitionen in Offshorewindparks geben.
> Eine wichtige – ich sage: eine unabdingbare – Voraussetzung ist auch der Ausbau der Stromnetze. Wer erneuerbare Energien will, darf sich dem Bau der dafür erforderlichen großen Stromtrassen, die neu errichtet werden müssen, nicht verweigern.
> Wir müssen in der Perspektive auch über ein System debattieren, das Strom aus erneuerbaren Energien flexibel zum Verbraucher bringt, ihn bedarfsgerecht speichert und jederzeit verfügbar verteilt.Nicht zuletzt ist die Steigerung der Energieeffizienz unverzichtbar, und zwar durch moderne Technologien in allen Bereichen, vom Verbraucher bis zur Industrie.
> Für all das brauchen wir – das ist mir besonders wichtig – breite Unterstützung und Akzeptanz in der Gesellschaft. Wir wollen kein Dagegen, sondern ein Dafür. ([1], S. 10887).

Diese detaillierten Aussagen geben klare Vorgaben für die Gestaltung und Realisierung der Energiewende. Nahezu alle wesentlichen Aspekte, die auch heute diskutiert werden, sind in dieser kurzen Regierungserklärung enthalten. Und das wenige Tage nachdem sich die Lage durch Fukushima grundlegend geändert hat. Man könne fast meinen, die Pläne hätten schon in der Schublade gelegen.

Sicherlich wird Dr. Angela Merkel, die zu dem Zeitpunkt ja auch CDU-Chefin war, auch politisch-taktisch gedacht haben. Sie hat sehr wohl registriert, dass – jenseits aller technischen und wirtschaftlichen Argumente – die Akzeptanz für die Kernenergie in der Bevölkerung fort ist und auch nicht mehr zurückgeholt werden kann. Jedenfalls wäre das für eine politische Partei weder eine angemessene noch eine erfolgversprechende Aufgabe. Also hat sie das Heft in die Hand genommen. Ihre Botschaft lautet: *„Kommt mit, ich führe Euch in das Zeitalter der erneuerbaren Energien!"*

Sie wird diese Entscheidung sicherlich nicht getroffen haben, ohne sich vorab verantwortlich ein Bild von diesem „neuen Zeitalter" und dem Weg dorthin gemacht zu haben. Es wäre schon spannend zu erfahren, welche Bilder sie damals im Kopf hatte. Neben der Verantwortung für die Natur und die Umwelt werden sicherlich auch wirtschaftspolitische Motive im Raum gestanden haben. Der Umbau des Energiesystems würde für viele neue Marktteilnehmer neue Chancen bieten, mehr Pluralität und mehr Flexibilität bringen. Mit den neuen Technologien könnte Deutschland vielleicht weltweit Technologieführer werden. Und wenn die Energiewende gelänge, würde Deutschland weltweit Ansehen und Akzeptanz erfahren.

Aber, wie gesagt, alles Vermutungen. Um das herauszufinden, werde ich mich wohl doch direkt an die Kanzlerin wenden müssen. Ich entschließe mich dazu, sie nicht direkt anzuschreiben, sondern meine Fragen zunächst an ihre unmittelbare Umgebung im Kanzleramt zu adressieren – an Peter Altmaier. Der Kanzleramtsminister war zuvor Bundesumweltminister und ist ein enger Vertrauter der Kanzlerin. Ich kenne ihn, habe in der MIT-Bundeskommission Energie mit ihm diskutieren dürfen und als Tagungspräsident ihn auf einem Kreisparteitag in Coesfeld begrüßt und mit ihm auf dem Podium gesessen. Außerdem waren wir früher zur gleichen Zeit in der Jungen Union aktiv, er im Saarland, ich in NRW.

4.1.2 Ziele des neuen Energiekonzepts

Dass die Kanzlerin in ihrer Regierungserklärung den Pfad in das Zeitalter der erneuerbaren Energie so konkret beschreiben konnte, hat einen Hintergrund. Das Konzept der Energiewende stand nämlich bereits fest. Im Herbst des Vorjahres, am 28. September 2010, hatte die Bundesregierung ein auf verschiedenen wissenschaftlichen Szenarien begründetes „Energiekonzept für eine umweltschonende, zuverlässige und bezahlbare Energieversorgung" beschlossen [2]. Das Konzept bestätigt zunächst das bereits durch die Novellierung des Energiewirtschaftsgesetzes 2005 vorgegebene Zielsystem:

*   Versorgungssicherheit,
*   Preisgünstigkeit,
*   Umweltverträglichkeit,
*   Energieeffizienz,
*   Verbraucherfreundlichkeit.

Es stellt aber von nun an die erneuerbaren Energien in den Mittelpunkt. Gleich das erste Kapitel des Energiekonzepts der Bundesregierung lautet: „Erneuerbare Energien als eine tragende Säule zukünftiger Energieversorgung".

Anlass für die Neuausrichtung der deutschen Energiepolitik war die weltweite Forderung nach Senkung der klimaschädlichen Treibhausgase, allen voran Kohlendioxid CO_2 (Abschn. 3.2). Dieses Ziel hatte sich die Bundesregierung ernsthaft zu eigen gemacht und eine Vorreiterrolle auf internationalem Parkett angestrebt. Es verwundert daher nicht, dass in diesem Konzept an oberster Stelle Prozentzahlen zur Reduktion der Treibhausgasemissionen stehen: Einsparung von mindestens 80 % der jährlichen Treibhausgasemissionen bis 2050, 40 % bis zum Jahr 2020, jeweils bezogen auf die Menge in 1990. Oft wird auch eine weitere Zahl kommuniziert: 80 % des Bruttostromverbrauchs soll im Jahr 2050 aus regenerativen Energien stammen. Dass dieses Energiekonzept darüber hinaus über 20 quantitative Zielgrößen enthält, wissen die wenigsten. Das Konzept gibt nicht nur Vorgaben für die Stromerzeugung, sondern gleichermaßen für die Wärmeversorgung, den Verkehr und für die allgemeine Energieeffizienz (Abb. 4.1), ([3], S. 7).

Diese Zielvorgaben haben es in sich. Am überraschendsten ist das Energieeinsparungsziel: Der Primärenergieverbrauch in Deutschland soll bis zum Jahr 2050 um 50 % gegenüber 2008 sinken.

50 %? Das ist die Hälfte! Unsere Industrienation soll in knapp vier Jahrzehnten mit der Hälfte der bisherigen Energiemenge auskommen? Und das bei qualitativem und quantitativem Wachstum? Das nenne ich sportlich. Während der Energiehunger in der Welt wächst, machen wir auf schlank. Das ist eine technologische, wirtschaftliche und soziale Herausforderung erster Güte.

Aber mal sachlich. Was bedeutet diese Forderung, verbunden mit den ehrgeizigen Klimazielen und dem bis dato schon beschlossenem langfristigem Ausstieg aus der Kernenergie? Und das alles in dem Zielsystem bezahlbar, sicher und umweltverträglich? Es bedeutet zum einen die massive Nutzung regenerativer Energieträger. Deren Anteil ist mit 60 % am Bruttoendenergieverbrauch (nicht nur Strom) entsprechend hoch angesetzt. Wir werden demnach auch regenerative Energien außerhalb der Stromproduktion nutzen müssen, etwa im Verkehr oder im Bereich der Wärmeversorgung.

Die Forderung nach Halbierung unseres Energieverbrauchs ist zugleich auch eine technologische Herausforderung. Um die Energieeffizienz zu steigern, bedarf es nicht nur neuer Energiekonzepte in Unternehmen und Haushalten. Wir werden auch neue technische Möglichkeiten entwickeln müssen, um bewusster mit Energie umgehen zu können,

	2011	2020		2050	
Treibhausgasemissionen					
Treibhausgasemissionen			2030	2040	2050
(gegenüber 1990)	-26,4%	-40%	-55%	-70%	-80 bis -95%
Effizienz					
Primärenergieverbrauch (gegenüber 2008)	-6,0%	-20%	-50%		
Energieproduktivität	2,0 % pro Jahr		2,1% pro Jahr		
(Endenergieverbrauch)	(2008-2011)		(2008 - 2050)		
Brutto-Stromverbrauch (gegenüber 2008)	-2,1%	-10%	-25%		
Anteil der Stromerzeugung aus	15,4%	25%	-		
Kraft-Wärme-Kopplung	(2010)				
Gebäudebestand					
Wärmebedarf	k.A.	-20%	-		
Primärenergiebedarf	k.A.	-	in der Größenordnung von -80%		
Sanierungsrate	rund 1% pro Jahr	Verdopplung auf 2% pro Jahr			
Verkehrsbereich					
Endenergieverbrauch (gegenüber 2005)	rund -0,5%	-10%	-40%		
Anzahl Elektrofahrzeuge			2030	-	
	ca. 6.600	1 Mio.	6 Mio.		
Erneuerbare Energien					
Anteil am Bruttostromverbrauch			2030	2040	2050
	20,3%	mind. 35%	mind. 50%	mind. 65%	mind. 80%
Anteil am Bruttoendenergieverbrauch			2030	2040	2050
	12,1%	18%	30%	45%	60%

Abb. 4.1 Status quo und quantitative Ziele der Energiewende. (Quelle: Daten aus [3])

ohne Einschränkung unseres Lebensstandards zu haben. Da Energie alle Lebensbereiche betrifft, könnte dieses ambitionierte Energiekonzept ein riesiges Innovationsprogramm für die Bundesrepublik Deutschland sein.

Das Konzept enthält neben den Kernzielen auch zentrale Strategien, mit denen die Energiewende vorangebracht werden soll. Darunter definiert es sog. Steuerungsziele, welche die Kernziele auf die einzelnen Handlungsziele herunterbrechen ([4], S. 97). Und es gibt Messlatten vor, an denen man sich bei der Wegauswahl orientieren soll. Wer auch immer nach einem „Masterplan" der Energiewende ruft, der möge sich doch erst einmal das Energiekonzept aus 2010 anschauen. Er wird viele Handlungshinweise bekommen.

Spätestens beim Blick in das Energiekonzept der konservativ-liberalen Bundesregierung aus dem Jahr 2010 wird klar, die Energiewende hat nicht erst mit Fukushima begonnen. Der Weg in das regenerative Zeitalter war schon beschrieben, der Richtungswechsel schon vorgegeben. Die Entscheidungen nach Fukushima haben die Energiewende nur beschleunigt. Mit ihren politischen Entscheidungen hat die Bundeskanzlerin nur einige Bremser ausgeschaltet und Gas gegeben. Sie hat Fukushima politisch-taktisch genutzt, um einen aus Überzeugung eingeschlagenen Weg unumkehrbar zu machen.

4.2 Paradigmenwechsel der Energiewende

Die Politik hat mehrere grundlegende Entscheidungen getroffen. Die Laufzeit der Kernkraftwerke wurde nicht nur drastisch reduziert, faktisch wurde beschlossen, die Kernenergie endgültig zu ersetzen. Und es wurde beschlossen, dass der Anteil der erneuerbaren Energien sowohl am Bruttostromverbrauch als auch am Bruttoendenergieverbrauch bis zum Jahr 2050 drastisch steigen soll. Darüber hinaus wurden weitere energiepolitische Ziele und Vorgaben festgelegt, die weit über das Thema Stromerzeugung hinausgehen (Abschn. 4.1.2). Dennoch verstehen viele unter der Energiewende lediglich das Ersetzen der ungewollten Kernkraft durch die vermeintlich problemfreien erneuerbaren Energien (Abb. 4.2).

Kernkraftwerke weg – Sonne, Wind und Bio ran! Es ist offensichtlich, dass dies ohne Änderungen der Systeme nicht funktionieren kann. Kernkraftwerke sind große, träge Energieerzeugungssysteme, sie liefern konstant und viel Strom und lassen sich nicht kurzfristig rauf- oder runterfahren. Daher wurden sie, wie im Kap. 2 beschrieben, als Grundlasterzeuger eingesetzt. Die meisten erneuerbaren Energien sind jedoch volatil, sie schwanken stark. Dies gilt insbesondere für die Solar- und für die Windenergie. Einen konstanten großen Energieblock durch viele kleine schwankende Systeme zu ersetzen, ohne dass dies Einfluss auf die sich anschließenden Verteilersysteme und Nutzungsstrukturen hat, kann nicht ohne Weiteres funktionieren. Und natürlich wurde in den letzten Jahren von vielen Vertretern der Energiewirtschaft genau so argumentiert.

Abb. 4.2 Falsche Vorstellung
von der Energiewende: Es geht
nicht allein um den Wechsel
der Primärenergieträger

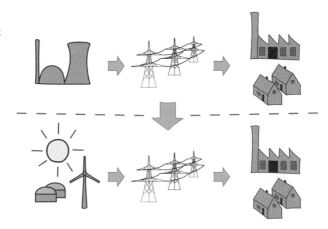

Argumentation: Kein Ersatz der Kernenergie durch die Erneuerbaren möglich

Unsere Kraftwerksstrukturen sind aufgeteilt in Grundlast-, Mittellast- und Spitzenlast-kraftwerke. Will man die Kernenergie einfach durch regenerative Energien ersetzen, so führt eine vereinfachende Sichtweise unweigerlich zu der Frage der „Grundlastfähigkeit" der erneuerbaren Energien. Die volatilen, nicht regelmäßig verfügbaren erneuerbaren Energien müssten die konstant verfügbare Kernenergie als Grundlast ersetzen. Geht das überhaupt? Man könnte versuchen, die regenerativen Systeme intelligent zu koppeln und zu steuern, um aus ihnen quasi einen Grundlastblock zu basteln. Das wäre – aus Sicht vieler Beteiligter – ganz prima. Man bräuchte nichts oder nur wenig an den bestehenden Systemen verändern. Die Verteilernetze würden etwas anders genutzt und auf der Ver-brauchsseite könnte fast alles so bleiben, wie es ist. Man könnte die Kunden bedienen und versorgen wie bisher – und bräuchte auch kein neues Geschäftsmodell.

Natürlich ginge dies nur, wenn auch die entsprechenden Speichertechnologien zur Ver-fügung ständen. Auch bei relativ konstant produzierenden Offshorewindparks wird es Zei-ten geben, in denen der Bedarf an Strom mit der zur Verfügung stehenden Menge aus re-generativer Erzeugung nicht gedeckt werden kann. Man bräuchte große Speicher, um die erforderlichen Mengen puffern und regeln zu können. Derartige Speicher gibt es: Pump-speicherkraftwerke. Bei der Betrachtung der Topografie Deutschlands und unserer Sied-lungsdichte stellt man aber schnell fest, dass wir in Deutschland nicht in ausreichender Anzahl Pumpspeicherkraftwerke würden bauen können. Zumindest nicht in natürlichen topografischen Lagen. Man könnte die alten Bergwerkstollen der Kohlezechen nutzen … Nein, diese Ideen führen nicht weiter. Ohne Speichertechnologien kein Ausgleich der Vo-latilität der Regenerativen. Damit auch keine Grundlastfähigkeit. Also ist auch kein Ersatz der Kernenergie durch regenerative Energien möglich. Man müsste demnach soweit wie möglich am Alten festhalten und möglichst viel von den bisherigen Strukturen weiternut-zen. Treibt man diese Argumentation auf die Spitze, so gelangt man im Extremfall zu der Forderung nach neuen, inhärent sicheren Kerntechnologien, mit denen man die bisherige risikobehaftete Kerntechnik ersetzen könnte [5].

Gegenposition: Die Energiewende findet auf der Verbrauchsseite statt

Also, so einfach ist die Energiewende wohl nicht. Aber was ist sie dann? Wie lässt sich die „Wende" charakterisieren? Wenn die Energiewende nicht einfach auf der Erzeugerseite stattfindet, wo dann? In Gesprächen mit Experten habe ich immer wieder die Aussage gehört: „Die Energiewende findet auf der Verbrauchsseite statt."

Smart Home fällt mir als Schlagwort ein. Die intelligente Regelung aller Stromverbraucher in den privaten Haushalten, um so Energie zu sparen oder sie dann zu verbrauchen, wenn auf der Erzeugerseite ein Überangebot besteht. Selbst der große RWE-Konzern scheint die Wende auf der Verbraucherseite zu sehen. In seiner Imagekampagne „vo**RWE**g gehen" nimmt die Welt des steuerbaren privaten Verbrauchs eine besondere Stellung ein. Mit RWE SmartHome hat der Energieversorger sogar das Endgerätegeschäft für sich entdeckt. Über einen Onlineshop können private Haushaltskunden Geräte für die „intelligente Haussteuerung" erwerben. Für Einsteiger gibt es das RWE SmartHome Starterpaket, das Solarpaket bindet die Solaranlage auf dem Dach mit ein, es gibt ein Sicherheitspaket, Außen- und Innenkameras … Nach Energiewende sieht mir das nicht aus, eher schon nach digitaler Wohnkultur. RWE selbst bewirbt SmartHome als „benutzerfreundliche Hausautomatisierung für jeden Haushalt …, die die zeitgemäße Haussteuerung von elektrischen Geräten und der Heizung ermöglicht" [6].

Was bedeutet dann die Aussage, die Energiewende fände auf der Verbrauchsseite statt? Eine Möglichkeit wäre, dass sich der Verbrauch von Energie sowohl vom Umfang als auch vom Zeitpunkt nach der Verfügbarkeit der dann regenerativ erzeugten Energie richtet. Also die stromintensiven Haushaltsgeräte wie Waschmaschine, Trockner, E-Herd dann einschalten, wenn das Stromangebot hoch ist? Immerhin ist die Verfügbarkeit von Strom aus Photovoltaikanlagen tagsüber hoch und könnte den höheren Tagesverbrauch vielleicht decken. Wären alle Haushaltsgeräte steuerbar, so könnte man die Lastkurven möglicherweise dem Stromangebot anpassen. Aber wie viel Einsparung lässt sich in einem normalen Privathaushalt erzielen? Die dena – Deutsche Energie-Agentur GmbH kam 2011 zu einer Abschätzung des „technischen Potentials für Lastabwurf" von nur gut 5 % [7]. Damit allein lassen sich die Zielvorgaben nicht erreichen.

Mehr Potenzial hingegen ist vermutlich da, wo auch mehr Energie verbraucht wird, in produzierenden Unternehmen und in der Industrie. Demand Site Management und Lastverschiebung sind die Schlagworte. Ich habe vor drei Jahren ein Forschungsprojekt an der Fachhochschule Dortmund besucht. Professor Udo Gieseler hatte darin das Einsparpotenzial eines produzierenden Unternehmens aus Bonn und die Möglichkeiten der Versorgung des Betriebes mit erneuerbaren Energien untersucht. Das Ergebnis ist mir nicht aus dem Kopf gegangen. Er entdeckte Einsparpotenziale von bis zu 50 % (!) und fand zudem heraus, dass „eine Vollversorgung durch erneuerbare Energien nach Umsetzung aller Effizienzmaßnahmen realisiert werden" könne [8]. Ein Indiz dafür, wie viel Einsparpotenzial auf der einen Seite in unseren produzierenden Unternehmen vorhanden sein mag. Aber auch auf der anderen Seite eine neugierig machende Aussage, dass auch energieabhängige und konstant laufende Produktions- und Fertigungsprozesse durch regenerative Quellen versorgt werden könnten.

Dezentralität: Erzeugung näher an den Ort des Verbrauchs

Als Ziel der Energiewende wird auch oft genannt, dass man die Energieerzeugung dezentral organisieren wolle. Klar, Solaranlagen sind auf zahlreichen Häuser- und Firmendächern, Windkraftanlagen stehen verteilt in ländlichen Regionen, Biogasanlagen sind außerhalb der Ballungsgebiete an die Landwirtschaft gekoppelt und Wasserkraft lässt sich nur dort nutzen, wo das Wasser fließt. Die Nutzung der regenerativen Energie scheint also vom Grundprinzip her die Dezentralität hervorzurufen. Zumindest die stromgewinnenden regenerativen Solar-, Wind-, Biomasse- und Wasserkrafttechnologien scheinen einen dezentralen Ansatz zu begründen. Allerdings finden sich in Deutschland auch großflächige Solaranlagen, insbesondere in Bayern, große Offshorewindparks in der Nordsee und nahezu wie kleine Kraftwerke anmutende Biogasanlagenkomplexe mit bis zu 20 gekoppelten Anlagen. Insbesondere bei den Offshorewindparks und bei den großen Solarfarmen kann man nicht mehr von reiner Dezentralität sprechen. Die Technologie der Stromerzeugung ist es also nicht, die Dezentralität hervorruft. Aber was dann?

Ich erinnere mich an die Ökobewegungen der 1980er-Jahre. „Back to the roots", zurück zu den Wurzeln wurde da propagiert. Man solle nur das anbauen, was man auch selber verzehre, nur die Energie nutzen, die man auch selber benötige, sich einschränken, um Energie zu sparen. Keine industrielle Großproduktion, keine Massentierhaltung, Eier von freilaufenden Hühnern. Als „weltfremd" und als „Ökospinnereien" wurden solche Gedanken damals abgetan – von mir übrigens auch. Die bereits 1972 erschienene Studie des Club of Rome über die Endlichkeit der irdischen Ressourcen *The Limits to Growth* und Bücher wie das im September 1975 erschienenes Sachbuch des damaligen CDU-Bundestagsabgeordneten Herbert Gruhl *Ein Planet wird geplündert. Die Schreckensbilanz unserer Politik*, sollten die Messlatten zur Bewertung des politischen Handelns definieren. Mir war das damals suspekt, zu eindimensional.

Dennoch, auf einer kleinskaligen Ebene waren in den damaligen Positionierungen doch sehr viele wahre Ansätze vorhanden. Aber eben nur auf dieser Mikroebene. Energiepolitik spielte sich aber auf der Makroebene ab. Es war wahrscheinlich ein von vornherein aussichtsloser Versuch, über die Kleinteiligkeit von unten heraus das große, stabile Energiesystem zu verändern.

Und heute? In den Regalen der Supermärkte finden wir selbstverständlich Eier aus Freilandhaltung. Biomärkte sind nichts Exotisches mehr, sondern ganz normaler Bestandteil unseres Lebensmittelhandels. Nachhaltigkeit ist ein zunehmend akzeptiertes und ernst gemeintes Kriterium geworden. Wenngleich leider noch nicht bei allen Mitgliedern unserer Gesellschaft und nicht in allen Handlungsbereichen.

Und in der Energiepolitik? Nachdem 20 Jahre lang keine wesentlichen Veränderungen stattfanden, haben die Entscheidungen der großen Politik, quasi von oben kommend, genau diesen Aspekt aufgegriffen. Dezentralität war nicht das Ziel, als die Bundespolitik beschloss, die Kernenergie endgültig at acta zu legen. Vielmehr bot sie einen neuen Ansatz, alten Maßstäben im Einklang mit den bisherigen Strukturen zur Geltung zu verhelfen. Kann man ein „von oben" zentral organisiertes System mit den Möglichkeiten kleinteiliger Lösungen, die „von unten" kommen verbinden?

Abb. 4.3 Paradigmenwechsel:
Die Erzeugung von Energie
rückt näher an den Verbrauch
heran. Die Folge davon ist
Dezentralität

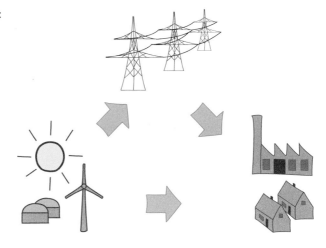

Mit dem Entschluss, die Kernkraftwerke abzuschalten, hat die Politik gleichermaßen den Weg freigemacht, die alten kleinskaligen Ansätze umsetzen zu können. Der Energiewende scheint ein grundsätzlicher Paradigmenwechsel zugrunde zu liegen (Abb. 4.3): *Bringe die Erzeugung von Energie näher an den Verbrauch!*

Durch das Infragestellen der zentralen, durch Großtechnologien „gesicherten" Energieversorgung wurde dieser Paradigmenwechsel eingeläutet. Lasst uns die neuen technologischen und gesellschaftlich weitgehend akzeptierten Möglichkeiten nutzen, um überall dort, wo es möglich ist, die Energie, die wir benötigen, auch selbst zu erzeugen oder zu gewinnen. Die *Folge* dieses Paradigmenwechsels ist Dezentralität, sie ist nicht das eigentliche Ziel.

Dieser Paradigmenwechsel ist naturkonsistent. Die Energie, welche die Natur zum Leben benötigt, ist auch nicht an wenigen Orten konzentriert. Sie ist dispers, wir finden sie an den unterschiedlichsten Orten auf unserem Globus. Als Sonnenenergie in Form von höherenergetischer Strahlung oder als Wärmestrahlung, in Form des Windes vom lauen Lüftchen bis zum vernichtenden Orkan, als Erdwärme, im Fluss des Wassers und in der Kraft der Gezeiten. Energie ist verteilt um uns herum, auf den Spitzen der Berge und sogar noch in den Tiefen der Ozeane. Aber sie ist nicht konstant verfügbar, sie ist volatil. Ob durch den Tag- und Nachtwechsel, die Jahreszeiten oder das Wetter, so richtig kalkulierbar ist die natürliche Energie nicht. Nur in einem Punkt: Insgesamt erreicht uns allein durch die Sonnenstrahlung täglich ein Vielfaches der Energiemenge, die unsere gesamte teilindustrialisierte Welt benötigt.

Die Natur und auch der Mensch haben sich seit Jahrtausenden auf die Volatilität der Energieverfügbarkeit eingestellt, sie haben mit ihr und nach ihr gelebt. Die Nutzung dieser Energieformen, die wir heute als erneuerbare oder regenerative Energien bezeichnen, ist von ihrer Natur her dezentral. Wir schöpfen die Energie dort ab, wo sie zur Verfügung steht und dann, wenn sie verfügbar ist. Insofern ist das Sammeln der Energie in großen Solarfarmen oder Windparks, um sie dann wieder zu verteilen, nicht die natürlichste Art

der Energienutzung. Die für die Verteilung benötigte Infrastruktur kann den Globalwir-
kungsgrad deutlich einschränken ([5], S. 143).

Energiewende = Technologiewende?
Die Abkehr von der ursprünglichen Dezentralität begann mit der Beherrschung des Feuers
durch den Menschen. Feuer ist nichts anderes als das Freisetzen von gespeicherter Energie, ob in Holz von den Bäumen oder in den über Jahrmillionen konzentrierten Formen
der Kohle oder des Erdöls. Mit dem Feuer konnte man die Energie zum gewünschten Zeitpunkt dort nutzbar machen, wo man sie brauchte. Ein Lagerfeuer zum Wärmen, ein Herd-
feuer zum Kochen, das Feuer in der Dampfmaschine zur Erzeugung von mechanischer
Energie, bis hin zum Großkraftwerk, welches den Strom für Hundertausende Menschen
erzeugt. Die Vorteile, sich der gespeicherten Energie zu bedienen, liegen auf der Hand.
Zum einen wird man unabhängig von Zeit und Ort der Energiegewinnung. Und zum anderen lassen sich durch die Konzentration der Energieumwandlung große Mengen mit einem
hohen Wirkungsgrad und einem hohen Erntefaktor kostengünstig gewinnen.

Gleichwohl ist die Frage ebenso berechtigt, warum sich die dezentrale Nutzung der
Naturenergien bisher nicht als führende Form der Energiegewinnung hat durchsetzen können. Immerhin wurden die dafür erforderlichen Technologien in Form von Windmühlen
zur Verarbeitung von Getreide, Kleinwindkraftanlagen zum Betrieb von Pumpen zur Feld-
bewässerung oder Wasserrädern zum Antrieb von mechanischen Anlagen über Jahrhunderte weltweit erfolgreich entwickelt und eingesetzt. Und ohne die Nutzung des Windes
zum Antrieb von Segelbooten wären Nord- und Südamerika wahrscheinlich erst Jahrhunderte später entdeckt worden.

Abgesehen von einer natürlichen Bequemlichkeit der Menschheit – es gibt auch heute
viele Bootsinhaber, die lieber den Motor anschmeißen, als gegen den Wind zu kämpfen –
abgesehen also von der leichteren Nutzung der gespeicherten Energie waren es sicherlich
technische und wirtschaftliche Gründe, welche die zentrale Abschöpfung der konzentriert
gespeicherten Energie priorisierten. Die Technologien zur dezentralen Energieabschöp-
fung konnten, sofern sie denn überhaupt verfügbar waren, längst nicht die Wirkungsgrade
vorweisen und die großen Mengen Energie erzeugen, welche die konventionellen Kraftwerke und Motoren lieferten. Die zentrale Abschöpfung war schlichtweg wirtschaftlicher
– zumindest auf kurze Sicht beurteilt. Die Folgekosten in Form von Klimaveränderungen,
Ressourcenraubbau und Abfallproblematik mal nicht mitbetrachtet.

Und heute? Die meisten Technologien zur Nutzung der Wind- oder Sonnenenergie sind
ausgereift, längst aus den Kinderschuhen heraus, in vielen Bereichen sogar schon allgemein zugängliche Basistechnologien. Der rasante Anstieg an realisierten regenerativen
Projekten in den vergangenen Jahren zeigt, dass diese Technologien beherrschbar sind.
Aber sind sie auch schon wirtschaftlich? Auch ohne Förderung durch den Staat? Jedenfalls sind die technologischen Grundlagen für die dezentrale Nutzung der natürlichen
Energieressourcen auf einem weitaus höheren Stand als noch von einigen Jahrzehnten. Ist
die Energiewende also auch eine *Technologiewende*?

4.3 Die neue Energiewelt

Die politische Zielvorgabe, den Energiebedarf zum überwiegenden Teil aus dezentral verfügbaren regenerativen Energien zu bestreiten, formt eine neue Energiewelt. Die bislang verfügbaren Strukturen sind auf die zentrale, großtechnische Erzeugung von Strom und auf die großflächige Verteilung von Energie ausgelegt. Die bisherige Energiewelt war und ist verbunden mit kapitalintensiver Infrastruktur. Die großen Einzelinvestitionen, beispielsweise in Kraftwerke, Stromübertragungsnetze oder Gasnetze, konnten zumeist nur von großen Unternehmen vorgenommen werden. Die Konzentration auf einige wenige Großunternehmen forderte unweigerlich eine stärkere Regulierung der Energiemärkte.

Wie wird die neue Energiewelt aussehen? Zwei grundlegende Ausrichtungen werden das Bild bestimmen: *Kundenorientierung* und *Kleinteiligkeit*.

Vom Kilowattstundenverkauf zur Kundenorientierung
Bei den Energieprodukten wie etwa Strom, Gas oder Wärme handelt es sich überwiegend um Commodity, um Handelsprodukte also. Die Energiemärkte waren und sind überwiegend Handelsmärkte. Der Fokus liegt auf der großtechnischen Produktion der Ware Strom und auf der großflächigen Distribution. Die Vertriebsstrukturen der Energieversorgungsunternehmen sind auf den Verkauf der Ware ausgerichtet. Die Vertriebler in der Fläche waren bisher oft nur „Kilowattstundenverkäufer". In einem Commodity-Markt, typisch für die meisten Konsumgütermärkte, wird die diskrete Endkundenbeziehung zumeist vernachlässigt. Nicht der einzelne Endkunde steht im Fokus, sondern die Verteilung der Ware an möglichst viele Kunden. Der Kunde ist überwiegend anonym, zumindest der Privatkunde.

Das belegt auch die Tatsache, dass in vielen Energieversorgungsunternehmen jahrelang nicht von „Kunden", sondern von „Zählpunkten" gesprochen wurde. Der Kunde war ein reiner Stromabnehmer, charakterisiert und identifiziert durch eine Zählernummer. Gilt das auch für die rund 880 Verteilnetzbetreiber? Die meisten Stadtwerke sind aus kommunalen Strukturen heraus gebildet und seit jeher nah am Kunden. Ich erinnere mich an die Sitzungen des Aufsichtsrats meines Heimatstadtwerkes, dem ich 15 Jahre lang angehörte. Die vorgelegten Statistiken und Veränderungsangaben waren, zumindest bei den Gewerbekunden und Landwirten, bis auf Einzelfälle heruntergebrochen und der Vertrieb kannte diese Kunden meist recht gut.

Wissen die Stadtwerke deshalb mehr über ihre Kunden? In Bezug auf die reine Stromversorgung und die Entwicklung der Abnahmemengen sind sicherlich alle Stadtwerke in Deutschland gut informiert. Das ist ihr Kerngeschäft – Strom verkaufen. Aber wie gut kennen sie die darüber hinausgehenden Bedarfe und Wünsche? Vor ein paar Jahren habe ich mit mehreren Stadtwerken eine Studie zur Ermittlung des Bedarfs an neuen Dienstleistungen durchgeführt. Geplant war eine digitale Befragung von möglichst vielen Haushalts- und Gewerbekunden. Kein Problem, Onlinebefragungstool entwickeln, E-Mail mit Link an die Kunden verschicken, Befragung auswerten. E-Mail? Der Blick in die Kundendaten war ernüchternd. Die E-Mail-Adresse war von nur ganz wenigen Kunden bekannt,

auch bei den Geschäftskunden. Selbst Telefonnummern waren Mangelware. Von den versorgten Kunden, oder sollte man lieber Zählpunkte sagen, existierten nur die notwendigs-
ten für die Stromlieferung erforderlichen Angaben.

Neue Marktteilnehmer und neue Bedarfe
Mit der Energiewende ändert sich die Rolle der reinen Stromabnehmer. Die Marktstruktur
wird kleinteiliger und viele neue Akteure treten als Player in den Markt ein. Erstmals können nun Kundensegmente im Bereich Geschäftskunden und Haushaltskunden aktiv in ihre
eigene Energiewelt investieren. Anfangs waren es in meiner Umgebung die Landwirte,
die zunächst ein kleines Windrad zur Eigenversorgung bauten, später dann ihre Flächen
nutzen, um große Windenergieanlagen zu errichten und den Strom ins öffentliche Netz
einzuspeisen. Die Dachflächen der Wirtschaftsgebäude sind heute fast überall im Münsterland mit Photovoltaikanlagen bepflastert. Die Landwirte wurden nach und nach auch
zu Energiewirten. Privatpersonen installieren Photovoltaikanlagen auf ihren Hausdächern,
betreiben Miniblockheizkraftwerke (BHKW), legen sich Speicher zu, nutzen Erdwärme
und installieren intelligente Haustechnik.

Sie alle haben völlig neue Anforderungen, die über die ursprüngliche Stromversorgung
weit hinausgehen. Die Anforderung ist heute nicht mehr die möglichst standardisierte
Stromlieferung, in der neuen Energiewelt geht es um kundenspezifische Lösungen. Aus
dem einfachen Konsumenten, der als Endverbraucher lediglich Strom verbrauchte, wird
ein Prosument[2], der selbst produziert und höhere Ansprüche an die Leistungserbringung
stellt. Neue Dienstleistungen, etwa in der Energieberatung oder im Stromhandel, werden nachgefragt. Neue Technologien müssen auf kleinteiliger Ebene entwickelt werden.
Klassischerweise sind die bisherigen „Versorger" auf diese Nachfrage nur unzureichend
vorbereitet. Anbieter dieser neuen, kleinteiligen Endkundenlösung kommen aus branchenfremden Industrien mit meist stark ausgeprägter Kundenorientierung und Dienstleistungsausrichtung. Es werden verstärkt Dienstleistungen nachgefragt und der reine Verkauf des
Stroms aus der Steckdose wird zum Beipackprodukt. Das Endkundengeschäft wird kleinteiliger, serviceorientierter und regionaler [9]. Die ehemaligen Versorger werden neue Geschäftsmodelle entwickeln müssen.

Abbildung 4.4 stellt die wesentlichen Charakteristika der beiden Energiewelten gegenüber. Die Gegenüberstellung wurde von Ralf Klöpfer, Vertriebsvorstand der MVV Energie AG, erstellt [9]. Sie deckt sich mit meinen Erfahrungen. Mit der Energiewende findet
ein tiefgehender Wandel der Märkte statt, vom Konsumgütermarkt mit anonymen Kunden
hin zu einem kundenorientierten Markt mit zahlreichen aktiven Akteuren. Dieser Wandel
stellt für die ehemaligen Versorger eine von vielen so nicht erwartete Herausforderung
dar; das ist ein anspruchsvoller Prozess. Dieser Wandel bringt aber auch viele neue Chancen mit sich – für neue Akteure im Energiemarkt, für die mittelständischen Unternehmen,
für die Stadtwerke und für die privaten Endkunden.

---

[2] engl. prosumer: Verbraucher („con*sumer*"), der gleichzeitig Produzent („*pro*ducer") ist.

Abb. 4.4 Zentrale kontra dezentrale Welt – Charakteristika. (Quelle: Adapt. nach [9])

Zentrale Welt	Dezentrale Welt
assetorientiert	**kundenorientiert**
großtechnische Erzeugung, Netze, große Speicher, Commodity-Märkte, Steuerung von Großverbrauchern	dezentrale Erzeugung, KWK, Arealnetze, dezentrale Speicher, Verbrauchssteuerung, Smart Home
• Assets: Anlagen und Betriebsmittel	• Assets: Kunden, Know-how, IT
• hohe und langfristige Kapitalbindung	• geringe kurzfristige Kapitalbindung
• Klumpenrisiken	• hohe Risikostreuung
• Commodity-Produkt	• Innovative Lösungen statt Produkte
• große Player oder Partnerschaften	• KMU als Wettbewerber
• rationale große Prosumer	• hoher Dienstleistungsanteil
• einige tausend Akteure und Anlagen in Deutschland	• viele irrationale kleine Prosumer
	• einige Millionen Akteure und Anlagen in Deutschland
➜ **Stagnation oder Internationalisierung**	➜ **Wachstumsmärkte mit Innovationen**

4.4   Die vier Ebenen der Energiewende

4.4.1   Komplexität verringern

„Im Prinzip finde ich den Ausbau der erneuerbaren Energien ja richtig. Aber wir müssen das doch im internationalen Kontext sehen. Solange andere Staaten um uns herum preiswerte Energie aus Kohle und Kernenergie gewinnen, haben wir einen Wettbewerbsnachteil." Die Aussage meines Freundes, der als leitender Ingenieur bei einem der großen Kraftwerksbetreiber arbeitet, klingt nachdenklich, vielleicht auch ein bisschen fragend. Ja, der Umstieg auf die erneuerbaren Energien und die Reduktion der insgesamt benutzten Energiemenge kostet Geld. Der Einsatz der neuen Technologien, die Gestaltung der neuen Infrastruktur, die Entwicklung neuer Regeln und der Abbau der konventionellen Energien, all das ist wahrscheinlich teuer. Und die dagegen zu haltende Berechnung des Nutzens aus der CO_2-Reduktion, aus der Vermeidung von Schäden und aus der Nachhaltigkeit ist diffus und nicht so einfach vorzunehmen.

Ich habe in den letzten Monaten sehr viele Bücher und Artikel gelesen, in denen sich wirklich sach- und fachkundige Experten, die ich zumeist auch sehr schätze, zur Umsetzbarkeit der Energiewende geäußert haben. Sehr oft liest man Aussagen wie: „… nur so … lässt sich das Problem lösen", „Ohne … wird es nicht funktionieren" oder „Wenn wir dies tun …, dann wird das … passieren". Und ganz oft habe ich gelesen, dass man sich „mehr Zeit lassen" solle. Solche Aussagen werden meist dann geäußert, wenn sich die Betroffenen unschlüssig sind. Wenn sie vielleicht spüren, dass es klappen könnte, aber selbst nicht genau wissen wie. Das ist völlig normal und menschlich.

Der Umbau unseres Energiesystems schließt so viele verschiedene Aspekte ein, berührt so viele unterschiedliche Interessen, und hat nahezu unübersichtlich viele Randbedingungen und Wirkungen. Kurzum, die Energiewende ist eine äußerst komplexe Aufgabe. Vielleicht die komplexeste, die unser Industriestaat bislang meistern musste. Komplexität ist jedoch handhabbar, das haben wir in unserer hochtechnisierten und gebildeten Welt mehrfach unter Beweis gestellt. Wir organisieren riesige Datenmengen, vernetzen die Welt, steuern große Unternehmen mit Kreativität, bringen Computer dazu, in Millisekundenbruchteilen Prozesse durchzuführen, für die wir ohne sie eine Ewigkeit gebraucht hätten. Also, warum sollten wir die Energiewende nicht schaffen, nur weil sie komplex ist?

Komplexität ist eine blöde Sache. Man weiß, „alles hängt mit allem zusammen", irgendwie. Aber man kann nicht alle Zusammenhänge verifizieren, sie sind nicht offensichtlich, wenig transparent. Da helfen die Naturwissenschaften und die normale Lebenserfahrung weiter. Es gibt das Prinzip des „Separierens von Problemen". Ich habe es in meinem Physikstudium, aber auch im ganz konkreten Leben kennengelernt. In der Mathematik versucht man das Verhalten von Systemen, die über komplexe Gleichungen beschrieben werden, dadurch zu verstehen, indem man immer nur einen Parameter verändert, während man die anderen konstant hält (z. B. beim partiellen Differenzieren). Wohlwissend, dass sich bei Veränderung des einen normalerweise auch der andere verändern würde. Im normalen Leben ist das auch so. Oft steht man vor einem Berg von miteinander kombinierten Problemen. Man weiß genau, wenn ich jetzt hier etwas verändere, dann bewegt sich da oben auch etwas. Und wenn ich an der anderen Stelle versuche, eine Lösung hinzubekommen, beeinflusse ich wieder einen anderen Bereich. Alles hängt eben mit allem zusammen. Das führt oft dazu, dass Menschen starr und hilflos vor dem Berg stehen und sich nicht trauen, an irgendeiner Stelle anzufangen.

Das Zauberwort heißt „Reduktion von Komplexität". Oder umgangssprachlich: Sieh die Dinge einfach! Zunächst zerlegt man das Gesamtproblem in Teilprobleme. Dann erarbeitet man für die einzelnen Teilprobleme eigenständige Lösungen, wohlwissend, dass man dadurch Einfluss auf andere, gerade nicht im Blickfeld stehende Bereiche nimmt. Das erfordert Mut. Am Ende hat man ein Nebeneinander von Einzellösungen, aus denen man nun eine Gesamtlösung bauen muss. Dazu muss man allerdings die Zusammenhänge zwischen den Problembereichen kennen. Oder neudeutsch: Man muss die Schnittstellen kennen und sie richtig verbinden können. Kann man diese Vorgehensweise nutzen, um die Komplexität der Energiewende zu reduzieren? Sicherlich. Aber wo fängt man an?

4.4.2   Die Energiewende zerlegen

Ich sitze im Zug von Dülmen nach Dortmund, wo ich meine Tochter besuchen will. Keine lange Fahrzeit, knapp eine Stunde. Ich habe mir etwas zu lesen eingepackt, keinen Roman, sondern Unterlagen des Bundeswirtschaftsministeriums zur Energiewende. Die kann man sich über das Internet bestellen. Sie werden übrigens von einer Behinderteneinrichtung in Bonn verschickt. Find ich prima, dass der Bund solche Dienstleister einsetzt. Ich fange an, die Broschüre „Energie in Deutschland" [3] durchzuarbeiten. Wie immer mit Textmarker und Kugelschreiber – nach mir kann keiner diese Broschüre mehr lesen. Sie stammt aus dem Februar 2013 und spiegelt in der Einleitung noch nicht so ganz die Dynamik in der Energiewende wider. In der Einleitung zum ersten Kapitel wird noch sehr stark differenziert zwischen äußeren Randbedingungen und den Entwicklungen in Deutschland. Zwischen Komplexität und Polarität wird ein neuer Weg gesucht.

Ganz toll und übersichtlich präsentiert der Bericht des Bundeswirtschaftsministeriums jedoch die von der Politik gesetzten Ziele (Abschn. 4.1.2). Und erläutert auch den Weg, diese zu erreichen:

Um diese Ziele zu erreichen, sind erhebliche Anstrengungen erforderlich. Entscheidend für den Umbau des Energiesystems ist der Ausbau der Stromnetze. Denn die erneuerbaren Energien werden oft weit von den Verbrauchszentren entfernt produziert. Dies gilt insbesondere für die Windenergie, die hauptsächlich in Norddeutschland erzeugt wird und dann in den Süden und Westen des Landes transportiert werden muss. ([3], S. 7)

Ich lese die Aussage zweimal. Und schreibe an den Rand „Widerspruch zum Paradigmenwechsel" (Abschn. 4.2). Die Erzeugung von Strom aus erneuerbaren Energien liegt weit entfernt vom Verbrauch? Ja, das stimmt, wenn man große Windparks, offshore oder onshore, betrachtet. Die Argumentation des Bundeswirtschaftsministeriums ist insofern schlüssig und korrekt. Und stimmt auch mit dem überein, was ich in meiner jetzigen Heimat, dem Münsterland, im Verhältnis zu meiner ehemaligen Heimat, dem Ruhrgebiet erkenne. Hier im Münsterland stehen viele Windkraftanlagen und Biogasanlagen. Im Ruhrgebiet oder in anderen Ballungszentren würden die nichts nutzen. Man kann halt in Großstädten keine Windparks errichten. Transportieren wir also auch Strom vom Land in die Ballungsgebiete?

Ich versuche, die unterschiedlichen Problembereiche zu trennen. Das Argument der internationalen Einbindung bewegt mich ebenso, wie die vielen kleinen Aktivitäten überall vor Ort in Deutschland, von denen ich lese oder im Fernsehen erfahre. Jede Argumentation ist aus ihrer spezifischen Sicht richtig und nachvollziehbar. Und sie wird jeweils getragen von sehr vielen Menschen, die Sach- und Fachkenntnisse haben. Wie passt das alles zusammen?

Ich versuche, die Komplexität zu reduzieren. Und ich erkenne, dass es sich nicht um *eine* Energiewende handelt, sondern dass sich der Wandel auf *vier verschiedenen Ebenen* vollzieht. Alle vier haben unterschiedliche Kennzeichen und Aufgabenstellungen. In allen vier Ebenen passieren aber vor allem völlig unterschiedliche Veränderungen (Abb. 4.5).

Internationale Ebene
Auf der internationalen Ebene findet ein Wandel hinsichtlich der Verantwortung im Umgang mit Energie statt. Viele Länder der Welt sind von Bodenschätzen wie Kohle, Gas oder Erdöl abhängig, deren Lagerstätten an weit entfernt liegenden Orten auf der Welt liegen. Unabhängig vom hohen Transportaufwand mit riesigen Schiffen oder durch Pipelines, ist die weltweit gerechte Verteilung dieser zumeist endlichen Rohstoffe auf längere Sicht ein immer größer werdendes Problem. Reiche Länder können sich die Rohstoffe leisten, es findet eine Umverteilung statt. Auf Dauer müssen auch und gerade die energieverbrauchenden Länder der Welt mehr Eigenverantwortung für die benötigte Energie übernehmen. Bisherige billige Importe müssen zumindest ein Stück weit durch eigenverantwortliche Energiekonzepte ersetzt werden. Das wird sicherlich nicht von heute auf morgen gehen und bestimmt noch Jahrzehnte dauern – aber ändern wird es sich.

Die gemeinsamen Herausforderungen auf der weltweiten internationalen Ebene liegen in der Reduktion des CO_2-Ausstoßes sowie anderer Belastungen der Umwelt und in der Vernetzung der Aktivitäten, um diese Ziele zu erreichen. Da werden sicherlich starke, weit entwickelte Staaten und Volkswirtschaften Vorreiterrollen übernehmen müssen, während

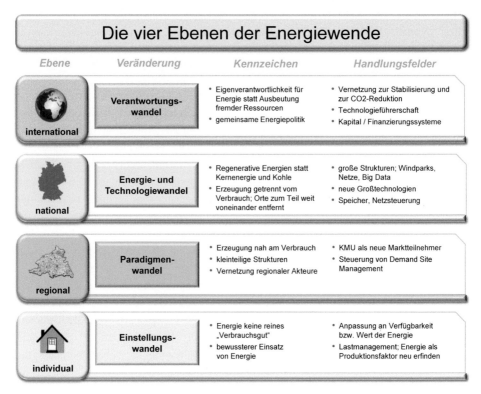

Abb. 4.5 Die vier Ebenen der Energiewende und die Bereiche, in denen der Wandel stattfindet

andere schwächere Staaten noch konventionell unterwegs sind. Diese neue Verantwortung wird auch zu neuen Technologieführerschaften führen und wird die Kapital- und Finanzierungssysteme verändern.

Die Bundesrepublik Deutschland und ihre Regierung haben in diesem Internationalisierungsprozess durch den Ausstieg aus der Kernenergie eine besondere Vorreiter- aber auch Verantwortungsrolle übernommen. Ein technologisches Spitzenland mit einer stabilen Volkswirtschaft und weltweit leistungsfähigen Unternehmen und Forschungseinrichtungen darf sich solch einer Aufgabe stellen, ja muss es vielleicht auch.

Nationale Ebene

Die Veränderungen auf der nationalen, also auf der bundesdeutschen Ebene, finden im Energie- und Technologiebereich statt. Die Entscheidungen der Politik, die Kernenergie nicht mehr zu nutzen und stattdessen massiv auf die regenerativen Energien zu setzen, wechselt nicht nur die Energieart. Der Ausbau der regenerativen Energien bewirkt auch deutliche Technologieveränderungen.

Die nationalen Elemente der Energiewende sind die der großen Systeme. Die Regelungen der Politik und die Ausgestaltung der Märkte haben die bundesweite Versorgung mit Energie zum Ziel. In diesen großen Systemen sind die Erzeugung und der Verbrauch der Energie an unterschiedlichen Orten. Neben Großanlagen wie Wind- und Solarparks sind es vor allen Dingen die Netze, die auf dieser Ebene funktionieren müssen. Neue Großstrukturen wird es auch im Bereich der Datennutzung geben. Die Überwachung und Steuerung der in Zukunft viel volatileren Netze erzeugt riesige Datenmengen – Big Data ist die Herausforderung. Solch große Strukturen und Vorhaben können nicht von kleinen Unternehmen getragen werden. Hier gibt es neue wie bestehende Aufgabenfelder, die von den großen Energiekonzernen mit ihrem Know-how übernommen werden können.

Die Aufgabe der nationalen Ebene besteht also zu einen in der Schaffung der Randbedingungen für die benötigten großen Systeme und Strukturen und zum anderen in der Förderung der benötigten Technologien und deren Anwendung.

Eigentlich sollte die nationale Ebene eine *europäische* sein. Da aber der angestrebte „*Gemeinsame europäische Energiemarkt*" längst noch nicht umgesetzt ist, funktionieren die Mechanismen noch nicht europaweit. Noch nicht.

Regionale Ebene

Zwischen der nationalen und der individuellen Ebene entsteht durch die Energiewende eine neue Ebene, die regionale. Genauer gesagt war sie auch in der alten Energiewelt schon da. Allerdings wurde sie von Energieversorgern und Stadtwerken lediglich zur Stromverteilung genutzt („Verteilnetzbetreiber"). Hier findet nun der Paradigmenwechsel statt, die Erzeugung von Energie kommt nah an den Verbrauch. Überall dort, wo es technisch und wirtschaftlich machbar ist, kann Energie gewonnen und verwendet werden. Neue Energiemarktteilnehmer treten hinzu, Landwirte werden zu Energiewirten, kleine und mittlere Unternehmen bieten neue Technologien und Produkte rund um die Energieerzeugung und Verwendung an, neue Dienstleister entstehen, der Stromverbrauch wird regional gemanagt. Der bislang klar strukturierte und überschaubare Stromverteilmarkt wird mehrdirektional und kleinteilig.

Die Hauptaufgaben sind die Koordination der verschiedensten diskreten Akteure und die übergeordnete Organisation des Demand Site Management, also das Aufeinanderabstimmen von Energieangebot und Energiebedarf auf einer regionalen und überschaubaren Ebene. Die Lösung dieser Aufgabe ist eine regionale, keine nationale.

Individuale Ebene

Auf der untersten Ebene findet Wandel zum bewussteren Umgang mit Energie statt. Ziel ist nicht nur die Einsparung von Energie. Es findet ein Wandel vom bloßen „Verbrauchen" von Energie zum „bewussten Verwenden" statt. Energie als Teil unserer Lebens- und Produktionswelt, nicht nur als Voraussetzung dafür. Dies betrifft sowohl private Haushalte, Stichwort Smart Home, aber ebenso die Unternehmen, öffentliche Einrichtungen und alle Energiebenutzer. Die Verwendung von Energie richtet sich stärker an der Verfügbarkeit und an ihrem Wert. In den produzierenden Unternehmen wird die Energie als Produktionsfaktor neu erfunden.

In diesem Segment hat der Staat die wenigsten Regelungsaufgaben. Ganz im Gegenteil, es müssen zahlreiche bestehende Hemmnisse abgebaut werden, damit sich die Flexibilität und die Individualität richtig entfalten können.

4.4.3   Plausibilität und Schnittstellenproblematik

Ich bin in Dortmund angekommen und schaue erstaunt auf mein DIN-A4 großes Blatt Papier, auf das ich die vier Ebenen der Energiewende skizziert habe. Stimmt das Modell? Ist es wirklich so einfach zu trennen? Ich versuche, die Themen, die in den Medien auftauchen und die vielen Beispiele, die ich in den letzten Jahren im Kopf gesammelt habe, auf den vier Ebenen abzubilden. Funktioniert. Auf den ersten Blick sind keine Widersprüche zu entdecken.

Die großen Energiekonzerne lassen sich leicht auf der nationalen und ein Stück weit auch auf der internationalen Ebene einordnen. Mit ihren Kompetenzen und Strukturen – vielleicht nicht ganz mit der jetzigen Größe – passen sie zu den anstehenden Aufgaben. Die Politik kann „von oben" die Rahmenbedingungen schaffen, die Technologiewende und die Aufgaben auf der regionalen und auf der individuellen Ebene lassen sich durch regionale Strukturen, marktwirtschaftlichen Wettbewerb und Eigeninitiative der Handelnden bewältigen.

Die untere Ebene, die der individuellen Energiewende, deckt auch die Forderungen der Ökologiebewegung des letzten Jahrhunderts ab. Nur dass es jetzt nicht einfach um Energieverzicht geht, sondern um den bewussten Umgang mit Energie.

Es lassen sich auch Schlagworte der Energiewende abbilden. Smart Grids und Smart Metering verbinden beispielsweise die nationale und die regionale Ebene. Smart Home hingegen spielt sich eher zwischen regional und individual ab.

Es scheint also zu passen. Und die vier Ebenen erklären auch ein Stück weit, warum die Energiewende von vielen nicht verstanden oder zumindest mit unruhigem Gefühl beobachtet wird. Wenn man nämlich versucht, die Aufgaben der Energiewende im Ganzen zu behandeln, also quasi senkrecht über alle Ebenen hinweg, so wird man zwangsläufig über Widersprüche und Gegensätze stolpern. Die Wende-Aspekte und -Aufgaben sind in den einzelnen Ebenen einfach zu unterschiedlich.

Zurück zum Komplexitätsproblem. Auf diesen vier Ebenen können sich nun unterschiedlichste Akteure an die Bewältigung der verschiedenen Aufgaben machen. Aber wie kommen wir zu einer Gesamtlösung? Die Lösungen der einzelnen Ebenen sind ja nicht unabhängig voneinander. Wenn beispielsweise auf der nationalen Ebene die Netze nicht richtig strukturiert sind, kann sich auch die regionale Ebene nicht richtig einbinden. Und wenn die Kosten für die Technologien oder für die Übernahme der internationalen Verantwortung volkswirtschaftlich zu hoch sind, dann wird auch der individuell bewusste Umgang mit Energie wirtschaftlich nicht spürbar sein. Was in meinem Modell also noch fehlt, ist die Abstimmung der vier Ebenen aufeinander. Ein typisches Schnittstellenproblem. Nur, wer soll es lösen? Welche Schnittstellen gibt es und wie kann man sie aufeinander abstimmen?

Ist das System der Energiewende durch die vier Ebenen nun komplexer oder einfacher geworden? Auf jeden Fall erleichtern mir die vier Ebenen die Orientierung während der

Expedition. Solange ich Aktivitäten, Maßnahmen oder Ideen einer Ebene zuordnen kann, kann ich unter den Randbedingungen dieser spezifischen Ebene Bewertungen vornehmen und Schlussfolgerungen ziehen, ohne zugleich in direkten Konflikt mit einer anderen Ebene zu geraten. Das Untersuchungsfeld „Energiewende" ist mir nun ziemlich klar. Fehlt nur noch die Analyse des Ausgangszustandes, bevor die Reise beginnen kann. Wo stehen wir heute, was ist bereits geschehen, was ist auf den Weg gebracht worden?

4.5 Was bisher auf den Weg gebracht wurde

4.5.1 Rechtlicher und ordnungspolitischer Rahmen

Das Energiekonzept der Bundesregierung und seine darin enthaltenen Zielvorgaben bilden die politische Basis der Energiewende. Die Umsetzung muss durch viele unterschiedliche Akteure im ganzen Land geschehen. Gleichwohl muss die Politik den rechtlichen und ordnungspolitischen Rahmen vorgeben. Die ersten maßgeblichen Regelungen wurden bereits am 7. Dezember 1990 durch das Stromeinspeisungsgesetz (StromEinspG, BGBl. I S. 2633), im Langtitel *Gesetz über die Einspeisung von Strom aus erneuerbaren Energien in das öffentliche Netz* geschaffen. Es regelte erstmals die Verpflichtung der Elektrizitätsversorgungsunternehmen, elektrische Energie aus regenerativen Quellen abnehmen und vergüten zu müssen. Aus ihm ist das wohl inzwischen bekannteste Energiegesetz hervorgegangen, das *Gesetz für den Ausbau erneuerbarer Energien*, kurz: das Erneuerbare-Energien-Gesetz (EEG). Es trat am 1. April 2000 in Kraft und wurde seitdem mehrfach verändert, zuletzt am 22. Dezember 2014.

Bekannt ist es den meisten Bürgerinnen und Bürgern wohl über die „EEG-Umlage", die alle Stromkunden über den Strompreis zahlen und die zu einer Erhöhung der Verbraucherpreise geführt hat. Das Gesetz sichert den Betreibern von erneuerbaren Energieanlagen, die Strom in das Netz speisen, sog. EEG-Anlagen, auf 20 Jahre eine feste Vergütung des eingespeisten Stroms zu. Da diese Vergütung höher ist, als der Strompreis am Strommarkt, wird die Differenz über die EEG-Umlage von allen Stromverbrauchern erhoben. Von fast allen – über die Ausnahmen für bestimmte Industriebereiche ist ja hinlänglich diskutiert worden.

In der Grundkonstruktion dieser Umlage, die von der damaligen rot-grünen Bundesregierung auf den Weg gebracht wurde, steckt jedoch ein Konstruktionsfehler. Man ging von der Annahme aus, dass die Strompreise aufgrund der weltweiten Entwicklung und des Energiehungers in der Welt mittelfristig steigen würden. Die Differenz zwischen dem Marktpreis und der Einspeisevergütung würde dann im Laufe der Zeit immer geringer. Der damalige Bundesumweltminister Jürgen Trittin von Bündnis 90/Die Grünen ließ sich aufgrund dieser Erwartung im Juli 2004 anlässlich des Inkrafttretens des EEG zu der vielzitierten Aussage hinreißen:

Es bleibt dabei, dass die Förderung erneuerbarer Energien einen durchschnittlichen Haushalt nur rund 1 Euro im Monat kostet – so viel wie eine Kugel Eis. [10]

In 2015 beträgt die EEG-Umlage rund 6,2 Cent/kWh [11]. Ein durchschnittlicher Privathaushalt mit einem Verbrauch rund 4.000 kWh/Jahr [12] bezahlt demnach gut 20 € im Monat für die EEG-Umlage – eine teure Eiskugel. Nicht zuletzt aus diesem Grund hat die derzeitige Bundesregierung mit der Novellierung des EEG in 2014 auch die Reißleine gezogen und die Förderung der regenerativen Energien von der gesetzlich garantierten Einspeisevergütung auf neue, marktorientiertere Füße gestellt.

Neben dem EEG wurden in den vergangenen Jahren zahlreiche weitere Gesetze und Verordnungen auf den Weg gebracht, die zur Weiterentwicklung und zum Umbau unseres Energiesystems führen sollen: die Novellierung des Kraft-Wärme-Kopplung-Gesetzes, die Reserverkraftwerksverordnung, das Energieleitungsbauausbaugesetz (EnLAG), das Netzausbaubeschleunigungsgesetz (NABEG), der Offshore-Netzentwicklungsplan (O-NEP), das Bundesbedarfsplangesetz (BBPlG), die Systemstabilitätsverordnung, die Anreizregulierungsverordnung, die Offshore-Haftungsumlage, die Lastabschaltverordnung (AbLaV) und, und, und … Als Nichtfachmann blickt man durch all diese Regelungen und Details schon nicht mehr durch, vielleicht manch Betroffener aus der Energiewirtschaft auch nicht mehr.

Das Bundeswirtschaftsministerium hat daher umfangreiches Material zusammengestellt, um auch dem interessierten Laien Ziele und Fakten der Energiewende darzustellen. Einige wesentliche Publikationen seien hier genannt und zur Vertiefung empfohlen:

- Erster Fortschrittsbericht zur Energiewende – Die Energie der Zukunft (Dezember 2014).
- Nationaler Aktionsplan Energieeffizienz – Mehr aus Energie machen (Dezember 2014).
- Ein Strommarkt für die Energiewende – Diskussionspapier des Bundesministeriums für Wirtschaft und Energie (Grünbuch, Oktober 2014) sowie Ergebnispapier (Weißbuch, Juli 2015).
- Zweiter Monitoringbericht „Energie der Zukunft" (März 2014).
- Energie in Deutschland – Trends und Hintergründe zur Energieversorgung (Februar 2013).

Alle Veröffentlichungen können auf den Internetseiten des Bundeswirtschaftsministeriums [13] digital heruntergeladen oder als Broschüre bestellt werden.

In der alltäglichen Diskussion steht zumeist die Ausgestaltung all der Gesetze und Verordnungen im Vordergrund. Und bei der Vielzahl der Regelmechanismen kann man da schon mal verwirrt sein. Ich steige daher nicht zu tief in diese Welt ein. Bei meiner Expedition werde ich sicherlich die Wirkungen dieser Regeln und Rahmenbedingungen von den Betroffenen erläutert bekommen.

Abb. 4.6 Anteil der erneuerbaren Energien am Bruttoendenergieverbrauch. (Quelle:
Daten aus [4])

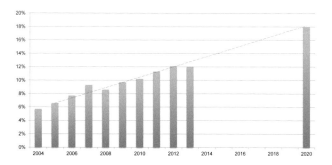

4.5.2   Ausbau der erneuerbaren Energien

Der Anteil der regenerativen Energien an der Energieerzeugung ist in den vergangenen
Jahren merklich gestiegen. Mit einer leichten Stagnation in 2013 scheint der Ausbau
der Erneuerbaren im Gesamtenergiesystem auf dem richtigen Kurs zu liegen [4]. Das
18 %-Ziel für 2020 scheint auf den ersten Blick zumindest nicht unrealistisch zu sein
(Abb. 4.6).

Stromerzeugung und -verbrauch
Noch deutlicher fällt das Bild aus, wenn man sich die Stromproduktion in Deutschland
anschaut (Abb. 4.7). Hier konnten die erneuerbaren Energien im Jahr 2014 zum ersten Mal
die Führung übernehmen – zumindest im Einzelvergleich mit den anderen Energieträgern.
Mit 25,8 % lagen die Erneuerbaren knapp vor der Braunkohle mit 25,6 %. Nun ja, fasst
man die Braunkohle und die Steinkohle als Energieträger „Kohle" zusammen, so ist sie
mit 43,6 % immer noch Deutschlands größte Stromquelle. Aber die regenerativen Quellen
haben in den letzten Jahren rasant aufgeholt ([14], S. 12).

Abb. 4.7 Bruttostromerzeugung nach Energieträgern
2014. (Quelle: Daten aus [14])

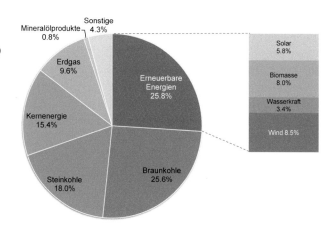

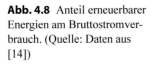 **Abb. 4.8** Anteil erneuerbarer
Energien am Bruttostromver-
brauch. (Quelle: Daten aus
[14])

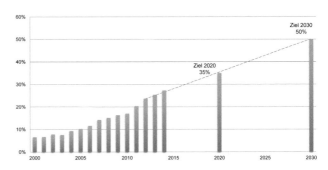

Zielkriterium im Energiekonzept ist jedoch nicht der Anteil an der Strom*erzeugung,*
sondern am Strom*verbrauch*. Bis 2020 soll dieser Anteil mindestens 35 % ausmachen,
bis 2030 mindestens 50 % und bis 2050 dann mindestens 80 %. Und wo stehen wir heute?
(Abb. 4.8).

Der Anteil der regenerativen Energien an unserer tatsächlichen Stromversorgung, also
das was beim Verbraucher ankommt, ist in den vergangenen zehn Jahren von damals unter
10 % deutlich gestiegen. Im Jahr 2014 betrug er 27,3 %, war somit noch etwas höher als
die Erzeugungsquote ([14], S. 12). Damit scheint auch diese Entwicklung im Zielkorridor
zu liegen. Allerdings sind wir erst am Anfang des Weges und der Ausbau der Regenerativen hat – politisch gewollt und finanziell stark gefördert – gerade in den vergangenen
zehn Jahren überproportional zugenommen. Für einen weiteren Ausbau müssen auch die
Flächen zur Nutzung und die Technologien zur effizienten Umsetzung vorhanden sein.
Einfach linear „weiter so" wird nicht ganz einfach werden.

Wärme
Auch der Verbrauch von Wärme aus erneuerbaren Energien steigt. Mit über der Hälfte
des gesamten Endenergieverbrauchs stellt der Wärmemarkt (Raumwärme, Prozesswärme, Warmwasser) den bedeutendsten Verbrauchssektor in Deutschland dar. Der absolute
Verbrauch von Wärme aus erneuerbaren Energien ist seit 2010 etwa konstant und beträgt
knapp über 9 % ([4], S. 15). Dabei wird die meiste regenerative Wärme mit rund 88 % aus
Biomasse gewonnen.

Auch Solarthermie und Wärmepumpen gewinnen weiter an Bedeutung, Sie decken gemeinsam fast 12 % des Wärmeverbrauchs aus erneuerbaren Energien ab. Etwa die Hälfte
aller Neubauten nutzt heute bereits erneuerbare Energien für die Wärmeerzeugung.

Verkehr
Der Endenergieverbrauch im Verkehr soll nach den Plänen des Energiekonzeptes im Jahr
2020 um 10 % niedriger liegen als im Bezugsjahr 2005. Tatsächlich sind wir davon mehr
als noch ein Stückchen entfernt, in den letzten Jahren verlief der Trend sogar gegenläu-
fig. Der Endenergieverbrauch im Verkehr, er wird maßgeblich durch den Straßenverkehr
hervorgerufen, lag in 2013 sogar 1 % über dem Wert von 2005. Damit liegen wir zwar
immer noch rund 6 % unter dem Spitzenwert aus 1999, aber sicher noch nicht auf der
Zielgeraden.

Allerdings ist die Verkehrsleistung seitdem deutlich gestiegen, stärker als der Endenergieverbrauch. Dies bedeutet, dass die Energieeffizienz im Verkehr gestiegen und der
spezifische Energieverbrauch zurückgegangen sind. Na immerhin, ein kleiner Lichtblick.

Bei der Anzahl der Elektrofahrzeuge läuft es auch noch nicht so rund. Eine Million
strombetriebene Fahrzeuge sollen im Jahr 2020 auf Deutschlands Straßen emissionsfrei
und leise rollen. Zum Vergleich: Am 01.01.2015 waren in Deutschland insgesamt rund
53,7 Mio. Fahrzeuge zugelassen, darunter rund 44,4 Mio. Pkw [15]. Eine Million wäre
also knapp 2 %, klingt nicht sehr viel. Allerdings hinken die tatsächlichen Zahlen doch
deutlich hinterher. Am Ende des Jahres 2014 waren laut Statistik des Kraftfahrt-Bundes-
amtes lediglich 18.948 reine Elektrofahrzeuge zugelassen, davon mit jeweils über 4000
die meisten in Bayern und in Baden-Württemberg. Noch nicht einmal 20.000 Elektrofahrzeuge? Das ist weniger als ein halbes Prozent aller Fahrzeuge in Deutschland. Hinzu
kommen allerdings noch über Hunderttausend Hybridfahrzeuge[3]. Mit Flüssiggas fahren
übrigens knapp 500.000 Pkw und mit Erdgas sind etwas über 80.000 unterwegs [16].

4.5.3   Aktuelle Bewertung der Energiewende

Die Energiewende ist alles andere als eine überhastet getroffene Entscheidung nach dem
Reaktorunfall von Fukushima. Das hinter ihr stehende, von der Politik formulierte Energiekonzept beleuchtet viele Aspekte, scheint in wesentlichen Teilen gut durchdacht zu
sein. Es schließt an die bisherigen Entwicklungen im Energiesektor an, versucht Fehl-
entwicklungen zu korrigieren und setzt Schwerpunkte neu. Es gibt ehrgeizige Ziele vor,
dessen Erreichen viele Bereiche unserer Wirtschaft und Gesellschaft nicht nur betrifft,
sondern wahrscheinlich auch deutlich verändern wird.

Der Start der Energiewende scheint in weiten Teilen gelungen. Zumindest die Rolle
und der Anteil der erneuerbaren Energien in unserem Energiesystem entsprechen in den
ersten Jahren den Zielvorgaben. Auch die Korrektur des EEG hin zu mehr Marktorientie-
rung ist sicherlich ein richtiger Ansatz, der aber weiterentwickelt werden muss. Im Bereich Wärme und Verkehr ist der Start noch nicht so fulminant gelungen. Hier liegen noch
eine Reihe von Baustellen vor der Politik und der Wirtschaft.

All die prognostizierten Entwicklungen und die Pfade hin zu den Zielwerten müssen
aber von vielen unterschiedlichen Marktteilnehmern auch tatsächlich umgesetzt werden.
Die Politik kann hierfür nur die Rahmen vorgeben und Anreize schaffen, zwingen kann
sie niemanden. Nehmen die Marktteilnehmer die Ziele überhaupt an? Wollen sie sie erreichen? Oder suchen sie sich Ausweichpfade und Alternativen? Ich muss raus in die deutsche Energiewelt, nur so kann ich diese Fragen beantworten.

---

[3] Hybrid(-fahrzeug): Fahrzeug mit mindestens zwei unterschiedlichen Antriebsarten.In der Praxis
handelt es sich dabei vor allem um Hybridfahrzeuge mit einem Verbrennungs- und Elektromotor
(laut Kraftfahrt-Bundesamt).

Literatur

1. Deutscher Bundestag, „Plenarprotokoll 17/96, Stenographischer Bericht 96. Sitzung," Berlin, 2011.
2. Bundesregierung, „Energiekonzept für eine umweltschonende, zuverlässige und bezahlbare Energieversorgung," 2010. [Online]. Available: http://www.bundesregierung.de/ContentArchiv/DE/Archiv17/_Anlagen/2012/02/energiekonzept-final.pdf?__blob=publicationFile&v=5. [Zugriff am 15.05.2015].
3. Bundesministerium für Wirtschaft und Technologie, Öffentlichkeitsarbeit, „Energie in Deutschland, Trends und Hintergründe zur Energieversorgung," Berlin, 02/2013.
4. Bundesministerium für Wirtschaft und Energie, „Ein gutes Stück Arbeit. Die Energie der Zukunft. Erster Fortschrittbericht zur Energiewende," Berlin, 2014.
5. J. Unger und A. Hurtado, Energie, Ökologie und Unvernunft, Wiesbaden: Springer Spektrum, 2013.
6. RWE Effizienz GmbH, „VoRWEggehen mit RWE SmartHome," [Online]. Available: http://www.rwe-smarthome.de. [Zugriff am 05.05.2015].
7. A.-C. Agricola, „Demand Side Management (DSM) in Deutschland – Potenziale und Märkte," 27.09.2011. [Online]. Available: http://www.dena.de/fileadmin/user_upload/Veranstaltungen/2011/Vortraege_Verteilnetze/Agricola.pdf. [Zugriff am 22.09.2015]
8. U. Gieseler, „Auf dem Weg zu energieautarken Werken: Entwicklung innovativer Strategien zur Steigerung der Energieeffizienz und zum Einsatz von regenerativen Energien in der Produktion," Fachhochschule Dortmund, 2011.
9. R. Klöpfer, „Wie der Frosch im Kochtopf den Absprung nicht verpasst," *e|m|w Energie. Markt. Wettbewerb.*, S. 18–21, 5/2013.
10. Bundesministerium für Umwelt, Naturschutz, Bau und Reaktorsicherheit, „Pressemitteilung: Erneuerbare Energiegesetz tritt in Kraft," 30.07.2004. [Online]. Available: http://www.bmub. bund.de/presse/pressemitteilungen/pm/artikel/erneuerbare-energien-gesetz-tritt-in-kraft/. [Zugriff am 15.05.2015].
11. Bundesregierung, „Energiewende: EEG-Umlage sinkt 2015," 15.10.2014. [Online]. Available: http://www.bundesregierung.de/Content/DE/Artikel/2014/10/2014-10-15-eeg-umlage-2015. html. [Zugriff am 16.05.2015].
12. Energiewende - die Stromsparinitiative, „Stromverbrauch im Haushalt: Durchschnitt & Einspartipps," [Online]. Available: http://www.die-stromsparinitiative.de/stromkosten/stromverbrauch-pro-haushalt/. [Zugriff am 16.05.2015].
13. Bundesministerium für Wirtschaft und Energie, „Publikationen des Bundesministeriums für Wirtschaft und Energie," [Online]. Available: http://www.bmwi.de/DE/Mediathek/publikationen.html. [Zugriff am 22.09.2015]
14. AGORA, „Die Energiewende im Stromsektor: Stand der Dinge 2014," [Online]. Available: http://www.agora-energiewende.de/fileadmin/downloads/publikationen/Analysen/Jahresauswertung_2014/Agora_Energiewende_Jahresauswertung_2014_DE.pdf. [Zugriff am 15.05.2015].
15. Kraftfahrt-Bundesamt, „Bestand am 1. Januar 2015 nach Fahrzeugklassen," 01.01.2015. [Online]. Available: http://www.kba.de/DE/Statistik/Fahrzeuge/Bestand/FahrzeugklassenAufbauarten/2015_b_fzkl_eckdaten_absolut.html?nn=652402. [Zugriff am 16.05.2015].
16. Kraftfahrt-Bundesamt, „Bestand an Pkw am 1. Januar 2015 nach ausgewählten Kraftstoffarten," 01.01.2015. [Online]. Available: http://www.kba.de/DE/Statistik/Fahrzeuge/Bestand/Umwelt/2014_b_umwelt_dusl_absolut.html?nn=663524. [Zugriff am 16.05.2015].

Der Strommarkt und die Stromkonzerne 5

5.1 Veränderungen im deutschen Strommarkt

Die übergeordnete Motivation für die Energiewende liegt in der Reduzierung der Treibhausgase und der Eindämmung des Klimawandels. Die größten Verursacher der weltweiten Klimaveränderung sind dabei die Energiewirtschaft mit rund 40%, die Industrie mit rund 20% und der Verkehr mit gut 16% (Abb. 5.1), [1, S. 22]. In allen Sektoren müssen Anstrengungen unternommen werden, um den Ausstoß der Klimagase zu reduzieren. Insgesamt entsteht aber der überwiegende Anteil der Treibhausgase durch die bisherige konventionelle Erzeugung des Stroms. Strom ist über alle Sektoren, ob Industrie, Gewerbe oder privater Haushalt, der Energieträger Nr. 1. Lediglich im Verkehr spielt der Strom bis heute eine untergeordnete Rolle. Der durch die Energiewende ausgelöste Umbau der Energiewirtschaft betrifft vorrangig den Sektor Stromerzeugung und Stromverteilung, insbesondere aufgrund der Kernkraftwerke, der konventionellen Kraftwerke und der Stromnetze. Der Fokus dieses Kapitels liegt daher auf dem Stromsektor. Zur Gesamtheit der Energiewende gehören auch der Wärmemarkt und der Sektor Verkehr (Abschn. 9.3).

Mit der Betrachtung der Großkraftwerke und der Übertragungsnetze befinden wir uns auf der **nationalen Ebene der Energiewende**. Diese Bühne wird seit langem von der Politik und den großen Energieversorgungskonzernen bespielt. Neben der Energieindustrie findet man hier auch alle großen deutschen Industrien, ob Automotive, Anlagen- und Maschinenbau oder chemische Industrie. Auch die Bahn mit ihren überregionalen Stromnetzen agiert national.

Die Reise durch die Energiewende startet daher mit der Betrachtung des übergeordneten Strommarktes, den großen Energiekonzernen und den Reaktionen der deutschen Industrie auf die Energiewende, bevor dann im nächsten Expeditionsabschnitt die regionalen Energieversorger, die Stadtwerke und die Verteilnetze die regionale Ebene der Energiewende aufspannen werden.

© Springer Fachmedien Wiesbaden 2016
J. Gochermann, *Expedition Energiewende*, DOI 10.1007/978-3-658-09852-0_5

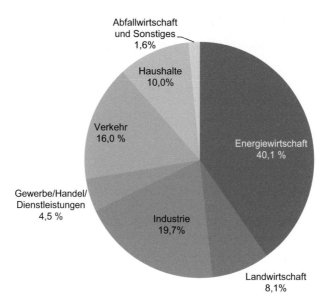

Abb. 5.1 Treibhausgasemissionen in Deutschland nach Sektoren (2012). (Quelle: Daten aus [1])

5.1.1   Energieversorger

Die Strom- und Gasversorgung in Deutschland ist historisch aus vielen lokalen Versorgungsnetzen entstanden, die seit dem Ende des 19. Jahrhunderts überwiegend von kommunalen Trägern, zumeist den Stadt- und Gemeindewerken, betrieben wurden. Die Versorgung der Städte und Gemeinden wurde damals überwiegend dezentral organisiert. Erst später wurden diese Netze nach und nach überregional vernetzt [2, S. 11]. So unterscheiden wir heute zwischen überregionalen Übertragungsnetzen (Höchstspannungsnetze mit 380 kV bzw. 220 kV und Hochspannungsnetze mit 110 kV) und den eher regional strukturierten Verteilnetzen (Mittelspannungsnetze mit 10–50 kV).

Auf dem Strommarkt entstanden vier große Stromerzeugungs- und Versorgungsunternehmen. Diese vier – **RWE**, **E.ON**, **EnBW** und **Vattenfall** bzw. deren Vorgängerunternehmen – betrieben früher nicht nur die großen Kraftwerke, sondern auch die großen Übertragungsnetze und Teile der regionalen Verteilnetze unter einem Dach. Die Liberalisierung des Strommarktes und das damit verbundene *Unbundling*, also die Trennung von Kraftwerken und Netzen, sowie die Novellierung des Energiewirtschaftsgesetzes im Jahr 2010, führte zwar zu geänderten Besitzverhältnissen bei den Stromnetzen, nach wie vor gibt es aber laut Bericht der Bundesnetzagentur nur vier große Übertragungsnetzbetreiber (**TenneT TSO**, **50 Hertz Transmission**, **Amprion** und **TransnetBW**). Deren Netzgebiete entsprechen im Wesentlichen den früheren Versorgungsgebieten der vier großen Energiekonzerne (Abb. 5.2).

Die Verteilung vor Ort wird von 884 Verteilnetzbetreibern übernommen, 92 % von ihnen haben weniger als 100.000 angeschlossene Kunden, 80 % betreiben Netze mit Lei-

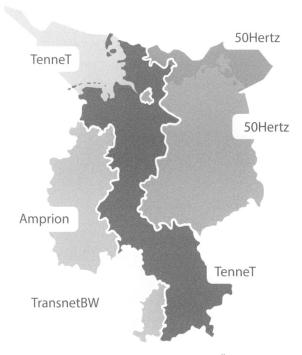

Abb. 5.2 Ehemalige Regelnetzbetreibungsgebiete und heutige Übertragungsnetzgebiete stimmen räumlich überein (Amprion/RWE, TenneT/E.ON, TransnetBW/EnBW, 50 Hz/Vattenfall). (Quelle: Die Übertragungsnetzbetreiber 2015; mit freundl. Genehmigung)

tungslängen kleiner als 1000 km [3, S. 25] – typischerweise kommunale Stadtwerke und regionale Versorger. Der deutsche Strommarkt setzt sich also zusammen aus:

- 4 großen Übertragungsnetzbetreibern,
- 72 mittelgroßen Verteilnetzbetreibern und
- 812 kleineren Verteilnetzbetreibern (unter 100.000 Anschlusskunden).

Die Struktur ist seit Jahren nahezu konstant, die Anzahl der Verteilnetzbetreiber schwankt nur im Unter-ein-Prozent-Bereich. Zu den mittelgroßen Netzbetreibern gehören größere Stadtwerke, etwa in den Ballungsgebieten München, Köln oder im Rhein-Main-Gebiet, aber auch größere regionale Versorger wie etwa die N-ERGIE AG in Nürnberg, die EWE AG in Oldenburg oder die Pfalzwerke AG in Ludwigshafen. Die Größe und Bedeutung des jeweiligen Versorgungsunternehmens orientierte sich an der gelieferten Strommenge, der sog. Stromabgabemenge, an Letztverbraucher. Eine von den Stromversorgern immer wieder gern präsentierte Liste war die Liste der „Zehn größten Stromversorger in Deutschland". Die ersten vier Plätze wurden stets von den vier großen Energiekonzernen belegt, mit insgesamt rund 44 % Marktanteil. Dahinter lieferten sich die großen Stadtwerke und

Tab. 5.1 Rangfolge der zehn größten deutschen Stromversorger im Jahr 2010. (Quelle: Daten aus [4]; Alle Angaben Stand 2010)

Rang	Stromanbieter	Stromabgabe in Milliarden kWh	Marktanteil Strom (%)
1	RWE AG	86,1	15,9
2	EnBW AG	68,9	12,7
3	E.ON AG	59,7	11,0
4	Vattenfall Europe AG	23,6	4,4
5	EWE AG (Oldenburg)	11,0	2,0
6	RheinEnergie AG (Köln)	10,7	2,0
7	MVV Energie AG (Mannheim)	9,1	1,7
8	N-ERGIE AG (Nürnberg)	7,6	1,4
9	Pfalzwerke AG (Ludwigshafen)	5,9	1,1
10	SWM Stadtwerke München	5,2	1,0

Regionalversorger gerne einen munteren Wettbewerb um die Plätze 5 bis 10. Vor Fukushima, im Jahr 2010, sah die Top-Ten-Liste wie folgt aus (Tab. 5.1), [4]:

Keine neue Rangliste?
Soweit die Situation im Jahr 2010. Und heute? Zeigt die Energiewende schon Auswirkungen auf die Rangfolge der großen deutschen Stromversorger? Ich mache mich auf die Suche nach einer neueren Tabelle. Die Jahresabschlüsse 2014 der Unternehmen liegen alle vor, also wird es doch sicherlich eine neue Rangfolge geben. Erste Quelle: Internet. Meinen Studenten versuche ich immer klar zu machen, dass man über das Internet nicht alles findet – auch wenn es existiert. Ich mache diese Erfahrung jetzt erneut. Egal mit welchen Suchbegriffen ich in die virtuelle Datenwelt eintauche, bei der Suche nach den zehn größten Stromanbietern bzw. Stromversorgern in Deutschland bleibe ich immer wieder an dem Ranking aus 2010 hängen. Das kann doch nicht sein! Haben die Energieversorger die Freude am sportlichen Vergleichswettkampf verloren? Die vier großen Konzerne dürften noch an der Spitze stehen. Aber was ist mit den großen Stadtwerken, ändert sich dort etwas?

Ich gebe das Googeln genervt auf. Am besten wende ich mich an die entsprechenden Verbände, die werden wohl die passenden Informationen haben. Ich schreibe den Verband Kommunaler Unternehmen e. V. (VKU) in Berlin an. In ihm sind nahezu alle Stadtwerke Deutschlands Mitglied. Vom Referenten für Markt- und Datenanalysen erhalte ich die Information, dass man keine allgemeinen Statistiken zu energiewirtschaftlichen Themen führe, sondern ausschließlich Daten der Mitgliedsunternehmen erhebe. Zudem würden vom VKU auch keine unternehmensspezifischen Daten veröffentlicht, sondern ausschließlich kumulierte Daten. O. k., dann mal ran an den Bundesverband der Energie- und Wasserwirtschaft e. V. (BDEW), auf dessen Angaben beruht immerhin die 2010er-Tabelle. Auch hier eine schnelle, aber ebenso ernüchternde Antwort vom Fachgebietsleiter Marktstrukturen und Marktentwicklung: Eine aktuellere Liste in dieser aufbereiteten

Form gebe es derzeit leider nicht. Und die 2010er-Werte seien seiner Ansicht nach auch nicht mehr wirklich verwendbar, dazu gebe es zu viele Änderungen seither. Zudem sei die Konzernabgrenzung schwierig, je nachdem wie Beteiligungen konsolidiert würden (z. B. Vollkonsolidierung vs. Dominanzmethode). Um aktuellere Daten zu erhalten, helfe im Prinzip nur eine Recherche der Geschäftsberichte der Unternehmen. Aktuelle Daten zur Marktkonzentration im Endkundenmarkt Strom lieferten jedoch die Monitoringberichte der Bundesnetzagentur. Im Bericht 2013 seien noch die Einzelwerte der größten vier Unternehmen angegeben, im Bericht 2014 leider nur noch mit Anteilen getrennt für RLM-Kunden und SLP-Kunden[1].

Nun gut, dann frage ich halt bei den großen Stadtwerken nach, die werden sich doch sicherlich mit den anderen Marktteilnehmern vergleichen. Oder zumindest können sie mir ihre aktuellen Stromabsatzzahlen nennen, dann kann ich mir eine eigene Tabelle basteln. Ich rufe die Stadtwerke München an, Pressestelle. Nicht ohne jedoch vorher einen Blick in den Geschäftsbericht des Jahres 2014 [5] geworfen zu haben. Im Konzernlagebericht finde ich auf S. 50 in der Tabelle „Umsatz und Absatz" die Information, dass der Stromabsatz von 17.547 GWh in 2013 auf 20.236 GWh in 2014 gestiegen sei. Das passt aber jetzt so gar nicht zu meiner Rankingtabelle aus 2010. Dort sind die Stadtwerke München aufgelistet mit einer Stromabsatzmenge von 5,2 Mrd. kWh, das sind nur 5200 GWh, nicht 20.000. Eine Vervierfachung in nur vier Jahren? Von der Pressestelle der Stadtwerke München erfahre ich am Telefon, dass dies die einzige Zahl sei, die man kommuniziere. In der angegebenen Strommenge seien auch die Mengen des Stromhandels mit enthalten. Näheres könne man mir nicht sagen.

Nächster Versuch, N-ERGIE in Nürnberg. Auf den Internetseiten des Nürnberger Unternehmens finde ich die grobe Angabe, dass das Unternehmen rund 10.000 Mio. kWh Strom pro Jahr an seine Kunden abgebe [6]. Das sind 10 Mrd. kWh, für den achten Platz im Ranking 2010 reichte damals ein Absatz von 7,6 Mrd. kWh – ein Anstieg von immerhin 30 %.

Ich nehme mir den Geschäftsbericht der Mainova AG vor, der Frankfurter Stadtwerke [7]. Sie tauchten zwar nicht in der Top-Ten-Liste auf, sind mir aber bereits als aktiver und innovativer Versorger aufgefallen. Gleich auf der ersten Seite des Geschäftsberichtes finde ich unter der Rubrik „Unsere Kennzahlen im Überblick" die gesuchten Angaben zum Stromabsatz – und das sogar von 2010 bis 2014! Vor fünf Jahren betrug der Stromabsatz demnach 8,6 Mrd. kWh. Das hätte eigentlich für Platz 8 in meiner 2010er-Liste reichen sollen, Mainova steht dort aber nicht drin. Der Anstieg bis auf 10,8 Mrd. kWh in 2014 beträgt satte 25 %, in den Jahren müsste sich dann einiges getan haben. So ganz eindeutig scheinen mir die 2010er-Daten und die damalige Reihenfolge in Tab. 5.1 wohl nicht zu sein.

---

[1] RLM ist die Abkürzung für *Registrierende Leistungsmessung* oder auch *Registrierende Lastgangmessung* und wird in der Regel bei Kunden mit einem Verbrauch von über 100 MWh elektrischer Energie bzw. mehr als 1,5 GWh Gas angewendet. Bei kleineren Kunden werden hingegen *Standardlastprofile* (SLP) zu Grunde gelegt.

Noch eine Stichprobe, RheinEnergie AG in Köln. Der Geschäftsbericht aus den Jahren 2011 liefert mir die Stromabsatzmenge auch für 2010. Ohne „Vermarktung Eigenerzeugung" und ohne „Stromhandel" lieferte die RheinEnergie AG damals rund 12,5 Mrd. kWh an ihre Kunden [8]. Das ist etwas mehr als in der 2010er-Tabelle, passt aber in etwa. Letzter Test, MVV Energie AG in Mannheim. Der Zehnjahresübersicht im Geschäftsbericht 2013/2014 kann ich entnehmen, dass jährlich etwa zwischen 10 und 11,7 Mrd. kWh an die Kunden geliefert werden [9, S. 186]. Größenordnung passt also, die genaue Zahl nicht.

Eine offizielle Rankingliste der deutschen Stromversorger, so wie früher, gibt es scheinbar nicht mehr. Der Grund hierfür liegt offenbar in den starken Marktveränderungen, die sich seit einigen Jahren vollziehen. Es geht nicht mehr nur allein um Stromabsatz. Die Versorgungsunternehmen und die Versorgungsstrukturen verändern sich so stark, dass die Vergleichbarkeit zu den früheren Strukturen nur noch schwer herstellbar ist. Die Energiewende schreitet voran.

5.1.2   Erzeugungs- und Absatzentwicklung der großen Stromkonzerne

Ob mit oder ohne aktuelle Rangliste der Energie*versorger*, fest steht, dass die vier großen Energiekonzerne RWE, E.ON, Vattenfall und EnBW bislang auch die vier größten Strom*erzeuger* waren. In den Jahren 2003 und 2004 belief sich der Anteil dieser vier Konzerne an der produzierten Nettostrommenge auf 90 %, wovon allein RWE und E.ON 60 % abdeckten [10, S. 60]. Der langfristige Atomausstieg war seit 2002 durch die Novellierung des Atomgesetzes beschlossen. Dies war aber nicht gleichbedeutend mit einem Wechsel hin zu mehr regenerativen Energien. Die großen Kraftwerksbetreiber planten munter den Bau neuer konventioneller Kraftwerke. Im Monitoringbericht 2007 der Bundesnetzagentur kann man lesen:

> Aufgrund des in den nächsten Jahren steigenden Ersatzbedarfs für bestehende Kraftwerke, des vereinbarten Ausstiegs aus der Kernenergie und vor dem Hintergrund des nationalen Allokationsplanes II werden gegenwärtig eine große Zahl thermischer Kraftwerke mit einer installierten Gesamt-Leistung von ca. 29 GW projektiert bzw. sind bereits im Bau. In diesem Zusammenhang sorgt auch die neue KraftNAV[2] für größere Planungssicherheit aller Beteiligten bei Kraftwerksinvestitionen. Ein Großteil der Kraftwerke soll im Rhein-Ruhr-Gebiet und in Norddeutschland errichtet und an das Übertragungsnetz angeschlossen werden. Im Laufe des Jahres 2006 haben mehrere Unternehmen die Bundesnetzagentur um Vermittlung und Unterstützung bei der Gewährung von Netzanschluss an das Übertragungsnetz für diese neuen konventionellen Kraftwerke gebeten. [10, S. 61]

Von Energiewende noch keine Spur. Ersatz der zukünftig wegfallenden Kernkraftwerke durch konventionelle thermische Kraftwerke. Und das nicht an den Orten, an denen die meisten Kernkraftwerke ausfallen werden, sondern im Ballungsraum Rhein-Ruhr und in

---

[2] Verordnung zur Regelung des Netzanschlusses von Anlagen zur Erzeugung von elektrischer Energie (Kraftwerks-Netzanschlussverordnung – KraftNAV) vom 26.06.2007.

Abb. 5.3 Gesamtstromverbrauch in Deutschland in Terawattstunden. (Quelle: Daten
aus [13])

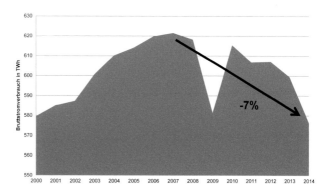

Norddeutschland. Die Planungen folgten offenbar dem Szenario der Festigung und Beibehaltung der bestehenden Marktstrukturen bei simplem Austausch der Erzeugungstechno-
logie – und das auf konventioneller Basis.

Doch seitdem verändert sich der Stromerzeugungs- und Stromabsatzmarkt. Stieg der
Stromverbrauch seit 1993 noch bis 2006 jedes Jahr moderat an, stagnierte er danach zunächst und ist inzwischen tendenziell rückläufig. Die genaueren Zahlen kann man den
Monitoringberichten der Bundesnetzagentur entnehmen. Allerdings ist die Vergleichbarkeit über die Jahre schwierig, da in den Jahren wechselnde Bezugsgrößen verwendet wurden (Erzeugung, Netzeinspeisung, Endkundenabsatz etc.). Eine Übersicht bis 2014 finde
ich bei der Agora Energiewende, einer gemeinsamen Initiative der Stiftung Mercator und
der European Climate Foundation [13], (Abb. 5.3):

Vom Maximum im Jahre 2007 bis 2014 sank der Gesamtstromverbrauch in Deutschland um rund 7 %. Deutlich ist die Abwärtstendenz gerade für die Jahre 2012 bis 2014
zu erkennen. Ziele des Energiekonzeptes der Bundesregierung (Abschn. 4.1.2) sind eine
Reduktion um 10 % bis 2020 und um 25 % bis zum Jahr 2050 – nicht unrealistisch.

Darüber hinaus drängen immer mehr neue Erzeugungsanlagen in den Markt. Dadurch
verlieren die großen Konzerne Marktanteile und ihr Absatz geht überproportional zurück.
Während die Stromerzeugung für den deutschen Markt von 2010 bis 2013 um 5,0 %
zurückging, war der Rückgang der von den vier Großen produzierten Strommenge mit
16,5 % mehr als dreimal so stark (Abb. 5.4).

Der Anteil der nicht von den vier Großen erzeugten Strommenge an der Gesamtnettos-
tromerzeugung in Deutschland stieg in nur drei Jahren von 16 auf 26 % [3, S. 30]. Grund
ist die Zunahme der „anderen" Erzeuger – eine Vielzahl von neuen Stromproduzenten, die
im Wesentlichen Strom aus regenerativen Energien erzeugen.

Dies spiegelt sich auch bei den betriebenen Kraftwerkskapazitäten wider. Der Anteil
der vier Großen an den deutschlandweit installierten Stromerzeugungskapazitäten ist von
77 % im Jahr 2010 auf 68 % im Jahr 2013 gesunken [3, S. 31]. Insgesamt verlieren die
Großen im Strommarkt an Bedeutung. In nur zehn Jahren, von 2003 bis 2013, sank ihr
Marktanteil im deutschen Strommarkt von 90 auf 74 %. Es tut sich etwas im Markt!

Abb. 5.4 Stromerzeugung
in Deutschland 2010–2013 in
Terawattstunden. (Quelle: Aus
[3, S. 31])

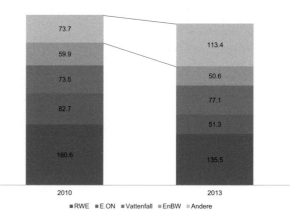

5.1.3   Neue dezentrale Energieerzeuger

Die Verschiebung der Stromerzeugung weg von den klassischen Energieträgern hin zu
den erneuerbaren Energien zieht auch deutliche Strukturänderungen auf der Erzeugerseite
nach sich. Bei den Erneuerbaren-Anlagen handelt es sich weit überwiegend um kleine und
mittlere Anlagen. Zwar werden bereits Windparks in der Nordsee betrieben, die meisten
Kapazitäten befinden sich aber noch im Aufbau. Auch gibt es größere Solarfarmen, insbesondere im Süden Deutschlands, die großflächig die Sonnenstrahlung photovoltaisch zu
Strom umwandeln. Der größte Anteil des regenerativen Stroms kommt jedoch aus einer
Vielzahl von Einzelanlagen. Die meisten von ihnen nehmen die Einspeisevergütung nach
dem Erneuerbare-Energien-Gesetz (EEG) in Anspruch, sodass man diese Statistik gut zur
Beurteilung der Anlagenanzahl heranziehen kann. Ende 2013 wurden demnach insgesamt
fast 1,5 Mio. EEG-Anlagen in Deutschland betrieben (Tab. 5.2), die den erzeugten Strom
ins Netz einspeisten. Dahinter steht eine große Zahl von Betreibern. Ob Kommunen oder
Landwirte, ob Privatpersonen oder mittelständische Unternehmen, bei allen handelt es
sich um neue Marktteilnehmer, die mehr oder weniger unternehmerisch aktiv in der neuen
Energiewelt mitwirken. Über eine Mio. neue Akteure in einem bislang oligopolistisch
strukturierten Markt. Selbst wenn diese vielen kleinen Marktteilnehmer individuell keine
große Marktmacht besitzen, verändert ihre hohe Anzahl und ihre breite Verteilung über
das ganze Land die bisherige Marktstruktur doch erheblich.

Tab. 5.2 Anzahl der EEG-Anlagen in Deutschland 2013. (Quelle: Daten aus [11])

Erneuerbare Energieträger nach dem EEG								
Art der Anlage	*Wasser*	*Deponie-, Klär- & Grubengas*	*Biomasse*	*Geother-mie*	*Wind onshore*	*Wind offshore*	*Solar*	*Summe*
Installierte Anlagen ins-ges. (Anzahl)	6.972	686	13.420	8	22.746	113	1.429.860	1.473.805

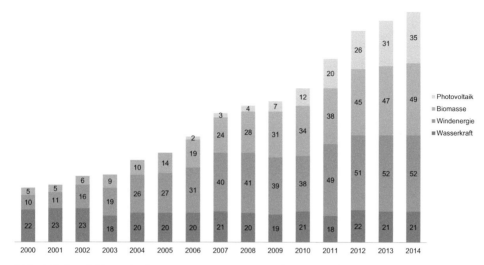

Abb. 5.5 Entwicklung der Stromerzeugung aus erneuerbaren Energien 2000–2014 nach Technologien. (Quellen: Daten aus [12, 13])

Der Zuwachs der erneuerbaren Energieanlagen ist in den letzten Jahren offensichtlich. In meiner Heimat, dem Münsterland, konnte man dies gut beobachten. Erst einzelne kleinere Windkraftanlagen, meist auf Landwirtschaftsbetrieben, dann größere Anlagen in Gruppen, die Anzahl der mit Solarzellen bestückten Dächer nahm zu und in der Landschaft tauchten immer mehr grüne vom Methangas aufgeblähte Kuppeln der Biogasanlagen auf. Dabei haben die verschiedenen regenerativen Energieträger unterschiedliche Entwicklungen genommen [12, S. 17, 13, S. 7–8], wie Abb. 5.5 zeigt.

Die Wasserkraft liefert seit fast 15 Jahren einen konstanten Beitrag von etwa 21 Terawattstunden (TWh). Die Strommenge, die aus Windenergie gewonnen wird, hat sich dagegen im gleichen Zeitraum von 10 auf 52 TWh verfünffacht, die aus Biomasse sogar verzehnfacht. Die Photovoltaik taucht erst ab Mitte des letzten Jahrzehnts in der Statistik auf, offenbar als direkte Folge der neuen EEG-Förderung. Der Zuwachs an Strom aus erneuerbaren Energien wurde also wesentlich von drei der vier Energieträger – Sonne, Wind und Biomasse – generiert. Da die Förderung der Biogasanlagen mit der 2012er-Novelle des EEG erheblich eingeschränkt wurde, wird der weitere Zuwachs vor allem aus der Photovoltaik und der Windenergie kommen, wozu insbesondere der Ausbau der Offshore-Windenergieparks beitragen wird.

5.1.4   Erneuerbare Energien versus konventionelle Energieträger

Der Anstieg des Anteils des erneuerbaren Stroms liegt auf Kurs (s. Abb. 4.8). Gleichwohl haben die Betreiber konventioneller Energieerzeugungsanlagen offenbar nicht damit gerechnet. Um ein ausgewogenes und den Plänen des Energiekonzepts der Bundes-

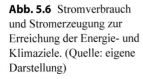

Abb. 5.6 Stromverbrauch und Stromerzeugung zur Erreichung der Energie- und Klimaziele. (Quelle: eigene Darstellung)

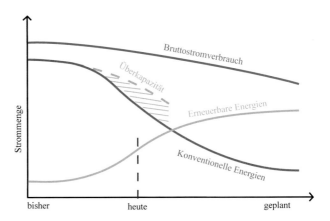

regierung entsprechendes Verhältnis zwischen erneuerbaren und klassischen Energien zu haben, hätte der Anteil der konventionellen Energien an der Stromerzeugung in gleichem Maße absinken müssen. Abbildung 5.6 zeigt schematisch – aber weitgehend maßstabsgetreu – wie stark ihr Anteil hätte sinken müssen. Während früher nur ein geringer Teil des Stroms aus regenerativen Energien gewonnen wurde, sind wir heute schon auf dem Weg zur 30 %-Marke. Die 50 %-Marke soll 2030 erreicht werden, für 2050 ist das Verhältnis 80:20 angestrebt. Da aber immer noch viele konventionelle Kraftwerke am Netz sind, ergibt sich zwangsläufig eine Überkapazität, ein Grund für die schlechte Auslastung der noch bestehenden Kohle- und Gaskraftwerke. Immer mehr konventionelle Kraftwerke arbeiten unwirtschaftlich. Aus Sicht der großen Energieerzeuger geht der Übergang zu den Regenerativen zu schnell. Dies liegt aber nicht allein an der Wachstumsgeschwindigkeit der erneuerbaren Energien, sondern vielmehr auch an der Trägheit der konventionellen.

5.1.5   Veränderungen bei den Marktteilnehmern

Im Februar besuche ich regelmäßig die E-world in Essen. Die Organisatoren selbst bezeichnen die Messe als „Leitmesse der europäischen Energiebranche". Früher, so erzählen mir alte Hasen aus der Energiewirtschaft, sei die Messe die Bühne für die großen Kraftwerksbetreiber und Stromkonzerne gewesen. Erneuerbare Energien gab es kaum. Wind und Solar hatten ihre eigenen kleinen Messen, die Erneuerbaren-Branche fühlte sich auf der E-world irgendwie nicht richtig aufgehoben. Auch heute stehen nicht die „grünen Unternehmen" im Mittelpunkt. Vergeblich sucht man nach großen Windenergieanlagen oder Solarmodulen. Dominant sind nach wie vor die riesigen Messestände von RWE, E.ON, Siemens oder GDF Suez. Auch die großen regionalen Energieversorger trumpfen kräftig auf – MVV, Mainova, Stadtwerke München, RheinEnergie – die Liste der Top Ten ist vertreten. Ich habe den Eindruck, dass das Messe-Engagement der kleineren Stadtwerke in den vergangenen Jahren abgenommen hat. In den früheren Jahren habe ich die Messe auch immer dafür genutzt, um durch Befragungen und Standgespräche Informationen

Abb. 5.7 Angebote der Aussteller auf der Messe E-world 2014 in Prozent. (Quelle: Daten der con|energy agentur GmbH)

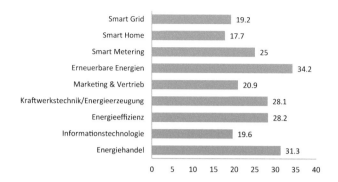

über die Aktivitäten und Pläne der Stadtwerke herauszubekommen. Die Messe war und ist ein guter Marktindikator.

Solaranlagenhersteller finde ich nicht auf der Messe. Auch die deutschen Windenergieanlagenhersteller, etwa Enercon aus Aurich oder Nordex aus Hamburg, sind nicht vertreten. Dennoch scheinen die Themen „Erneuerbare Energien" und „Energiewende" allgegenwärtig. Überall begegnet man Begriffen wie Smart Grid, Smart Home, Smart Metering. Und kaum ein Unternehmen, welches nicht zumindest den Hinweis auf seine Aktivitäten und sein Engagement bezüglich regenerativer Energien hochhält. Aber anders, als vielleicht noch vor zehn Jahren. Damals war es einfach „en vouge" sich ein wenig grünen Umweltschutzanstrich zu geben. Die Messeauftritte der Energieunternehmen wecken bei mir ein anderes Gefühl. Es ist beinahe so, als wollten sie signalisieren: „Wir sind auch dabei, erneuerbare Energien sind uns wichtig, vergesst uns nicht bei der Energiewende!". Insbesondere beim RWE-Stand kommt dieses Gefühl auf. Die klassischen Energie- und Kraftwerkstechnologien findet man nicht mehr auf dem Stand. Dafür E-Mobility und viel Smart Home. Mein Eindruck ist, dass dies alles auch schon in den letzten beiden Jahren nahezu unverändert präsentiert wurde. Auch am E.ON-Stand wenig konkrete Positionierung. Auch hier eher der Eindruck, dass man noch auf der Suche nach der richtigen Positionierung ist.

Die Messeauswertungen aus den Jahren 2014 und 2015 untermauern meinen Eindruck (Abb. 5.7), [14]. Kraftwerkstechnik und Energieerzeugung stehen nicht mehr im Mittelpunkt. Ein Drittel der Unternehmen bietet Leistungen im Bereich der Erneuerbaren an, Themen wie Energiehandel oder Energieeffizienz haben die alten Kraftwerksthemen überholt. Auffällig ist jedoch der Zuwachs an Ausstellern, die sich mit Dienstleistungen rund um die Flexibilisierung und Dezentralisierung des neuen Energiemarktes tummeln. Seit einigen Jahren bündelt der Veranstalter con|energy diese neuen Anbieter im Ausstellungsbereich „Smart Energy". Von den insgesamt 640 Ausstellern im Jahr 2015, die aus 25 Nationen kamen, wurden 134 Aussteller dem neuen Bereich zugeordnet. Dieser Anteil hat in den vergangenen Jahren von anfangs knapp 30 in den Jahren 2010–2012 steil zugenommen (2013: 60, 2014: 83). Auch mein persönlicher Eindruck über die Entwicklung der letzten fünf Jahre ist, dass insbesondere die Zahl kleiner Unternehmen, Technologieunternehmen wie Dienstleister, deutlich zugenommen hat. Die Kleinteiligkeit des zukünftigen Energiemarktes spiegelt sich in der Ausstellerstruktur deutlich wider.

5.2   Reaktionen der großen Energiekonzerne

5.2.1   Von der Energiewende kalt erwischt?

„EnBW steckt tief in den roten Zahlen", „RWE – Betrieblicher Gewinn sinkt um ein Viertel", „E.ON hofft auf bessere Zeiten" – drei Artikelüberschriften auf ein und derselben Seite [15]. Den ehemals so starken Energiekonzernen geht es schlecht. Die Strompreise sind im Keller, die Kraftwerke nicht ausgelastet, die Unternehmen schreiben Verluste. „Die Krise hat eine neue Dimension erreicht," stellt RWE-Vorstandschef Peter Terium auf der Hauptversammlung 2015 fest [16].

Immer mehr Strom wird aus erneuerbaren Energien gewonnen, 2014 waren es bereits 25,8 % (Abschn. 4.5.2). Aufgrund des Einspeisevorrangs musste bisher zunächst der erneuerbare Strom im System verbraucht werden. Die bisherigen Garanten der Mittellastversorgung, die Kohle- und Gaskraftwerke, müssen immer öfter heruntergefahren werden. Viele von ihnen werden zunehmend nur noch als Stabilitätsreserve benötigt und sind damit in den meisten Fällen nicht mehr wirtschaftlich zu betreiben.

Aufgrund der zunehmenden Differenz zwischen Gas- und Steinkohlepreisen und des sinkenden CO_2-Preises drängen zudem die Kohlekraftwerke die umweltfreundlicheren Gaskraftwerke aus dem Markt. Alte Kohlekraftwerke und neue Gaskraftwerke hatten in den Jahren 2010 und 2011 ähnliche Erzeugungskosten (kurzfristige Grenzkosten) in Höhe von rund 45 €/MWh. Doch während die kurzfristigen Grenzkosten von Kohlekraftwerken in den Jahren 2012 und 2013 deutlich zurückgingen (Grenzkosten von etwa 33 €/MWh für alte Steinkohlekraftwerke), haben sich die kurzfristigen Grenzkosten von Gaskraftwerken erhöht (Grenzkosten von etwa 50 €/MWh für neue Gaskraftwerke) [17, S. 12]. Dies führte allein von 2010 bis 2013 zu einem Rückgang der Stromproduktion aus Erdgas um −22,5 % und einem Anstieg der Kohlestromproduktion um +23,1 %. Als Folge sind alte und uneffektive Braunkohlekraftwerke am Netz, während eines der modernsten Gaskraftwerke – in Irsching – mit einem Wirkungsgrad von 60 % nicht ans Netz geht [18]. Läuft da etwas völlig aus dem Ruder?

Die Energiewende hat die großen Stromerzeuger voll erwischt. Aber kam das alles überraschend? Seit dem Reaktorunfall von Fukushima in 2011 verfolge ich interessiert die Reaktionen der großen Energiekonzerne. Ohne eine detaillierte Analyse vorgenommen zu haben, scheint mir das Verhalten der Energieriesen in den letzten Jahren in drei Phasen unterteilbar.

Phase 1 – Ungläubigkeit und Verharmlosung
Das Moratorium zum kurzfristigen Abschalten der ältesten Kernkraftwerke wurde sichtlich überrascht und etwas ungläubig über die Ernsthaftigkeit des neuen Kurses aufge-

nommen. Spätestens als die Laufzeitverkürzung der deutschen Kernkraftwerke mit der Novellierung des Atomgesetzes am 30. Juni 2011 (Abschn. 4.1.1) beschlossen wurde, hätten die Energieunternehmen jedoch merken müssen, wie ernst es der Politik mit dem neuen Kurs ist. Jedoch hatte man in dieser Zeit den Eindruck, dass die Konzerne die neue Entwicklung nicht wahrhaben wollten. Manch einer der Konzernvorstände mag gedacht haben, das würde sowieso alles nicht so heiß gegessen, wie es gekocht würde, die Politik würde schon irgendwann wieder zurückrudern. Und außerdem hätten die volatilen erneuerbaren Energien ohnehin kaum eine Chance, die großen, kontinuierlich liefernden und verlässlichen Kraftwerke abzulösen. Ich erinnere mich an den Auftritt des damaligen RWE-Vorstandsvorsitzenden Dr. Jürgen Großmann auf der E-world 2012 in Essen. Großmann war ein Verfechter der Kernenergie und forderte eine Laufzeitverlängerung für Kernkraftwerke. Unbeirrt von den Zielsetzungen der Politik verharrte er in Diskussionen in den alten Energie- und Denkstrukturen. Sein Auftritt wirkte nicht nur trotzig, für mich klang auch eine Portion Ungläubigkeit mit über das, was da um ihn herum geschah.

Phase 2 – Realität wird sichtbar
Die Erkenntnis, dass es die Politik ernst meint, wächst langsam. Die Konzerne nehmen die Themen „Regenerative Energien" und „Neue Energiewelt" zögernd mit in ihre Konzepte auf. Die bisherigen Aktivitäten im Feld der Erneuerbaren, die unbestritten bei allen Konzernen vorhanden waren, werden nach vorne gestellt, das Präfix „Smart" wird zum Modewort in der Energiewirtschaft. Der Eindruck einer Wende kommt aber noch nicht auf.

Zugleich erkennen die Konzerne die riesigen finanziellen Belastungen, die auf sie zukommen. Die Laufzeitverkürzung der Kernkraftwerke verringert auch den Zeitraum, um Rücklagen für den Rückbau zu bilden. Forderungen an den Staat kommen auf, die Kosten zumindest teilweise zu übernehmen.

Phase 3 – Kurskorrektur
Spätestens seit 2014 haben alle großen Stromkonzerne die Situation tatsächlich adaptiert und suchen nach Reaktionsmöglichkeiten. Fast monatlich kann man von neuen Ansätzen oder Strategien lesen. Die strategischen Ansätze für die Wendemanöver der Konzerne unterscheiden sich dabei erheblich. Während Vattenfall lediglich die wenig zukunftsfähige Braunkohlesparte abstoßen und verkaufen will, teilt E.ON den Konzern in zwei Gesellschaften auf. RWE stellt seine Führungsstruktur und -kultur auf den Kopf und will den Konzern von innen heraus neu erfinden. Und EnBW setzt voll und ganz auf Regenerative. Zumindest die Existenz der erneuerbaren Energien wird jetzt nicht nur ernst genommen, sondern – zumindest verbal – auch als Zukunftschance begriffen.

Wirtschaftliche Schwierigkeiten
Den großen Energieerzeugungs- und Energieversorgungsunternehmen ging es in den vergangenen Jahrzehnten gut, sehr gut sogar. Weitgehend planbare und geregelte Märkte, wenig Wettbewerb, Umlage der Kosten auf die Preise und andere angenehme Randbedingungen, von denen so mancher Mittelständler im täglichen Marktkampf träumt. Satte

Gewinne und zu große Strukturen mit überflüssigen Führungsebenen waren die Folge. Im Vergleich mit anderen Industriezweigen wurden durchweg überdurchschnittliche Gehälter gezahlt, manchmal beinahe unverschämt hoch, wenn man sich anschaut, wie wenig risikoreich das entsprechende „unternehmerische" Handeln war. Die Konzerne hatten überflüssigen „Speck angelegt", wie man in der Branche selbstkritisch zugibt. An den nun eingeschlagenen Einsparprogrammen werden die Unternehmen daher nicht zugrunde gehen.

Die wirtschaftlichen Schwierigkeiten, in denen die großen Energieerzeuger aktuell stecken, hängen sicherlich mit der Schnelligkeit der Veränderungen durch das Abschalten der Kernkraftwerke sowie mit der 2011 eingeführten Brennelementesteuer[3] zusammen. Aber vielleicht auch mit verpassten Chancen in den Jahren zuvor. Zudem hinterlässt die Nutzung der Kernenergie riesige Altlasten. Für den Rückbau der Kernkraftwerke sind zwar Rücklagen gebildet worden. Aber ob die ausreichend sind? Durch die drastische Verkürzung der Restlaufzeiten steht auch weniger Zeit zum Auffüllen dieser Rücklagen zur Verfügung. Zudem ist fraglich, ob die früher gebildeten Rücklagen in der angemessenen Höhe vorgenommen wurden. Und das hat steuerliche Gründe. Während die Energieerzeuger gerne hohe Rücklagen gebildet hätten, um damit ihre Steuerschuld zu senken, bestanden die Finanzbehörden auf einer Minimalisierung der Rücklagen, um dem Staat mehr Steuereinnahmen zu bescheren. Sollten die Rücklagen also am Ende nicht ausreichen, um die Kernenergie zurückzubauen, darf sich der Staat nicht beschweren, wenn er einspringen muss.

Welches Zukunftskonzept der großen Energiekonzerne erfolgreich sein wird, weiß man nicht. Und welche Rolle die Großen in der neuen Energiewelt spielen werden, steht auch noch nicht fest. Aber die Transformationsprozesse sind spannend. Ich möchte sie näher beleuchten und aus erster Hand erfahren, wie die Konzerne reagieren, was sie bereits auf den Weg gebracht haben und was sie noch vorhaben. Auf der nationalen Ebene der Energiewende führt die Expedition also zunächst zu den Stromkonzernen.

5.2.2   E.ON – Aufspaltung und Aufbruch

Veränderungen frühzeitig erkannt
„Das Leitbild (der Politik) wird von uns voll angenommen. Es beginnt nun eine neue Epoche und Deutschland ist dabei Vorreiter" [19]. Dr. Stephan Ramesohl war 2011 Vice President Technology & Innovation bei E.ON, der oberste Innovationsmanager also. Ich traf ihn im August 2011, wenige Monate nach dem Reaktorunfall von Fukushima [19]. Für ihn war damals schon klar, dass sich die Energiewirtschaft im Umbruch befinde. Die Energie-

---

[3] Die Brennelementesteuer heißt korrekt „Kernbrennstoffsteuer" und wurde mit Wirkung vom 01.01.2011 durch das Kernbrennstoffsteuergesetzes (KernbrStG) eingeführt. Vom 01. Januar 2011 bis zum 31. Dezember 2016 wird der Verbrauch von Kernbrennstoff (Uran 233 und 235 sowie Plutonium 239 und 241), der zur gewerblichen Erzeugung von elektrischem Strom verwendet wird, besteuert. Es wurde mit jährlichen Einnahmen von rund 2,3 Mrd. € kalkuliert.

welt würde viel dezentraler und viel mittelständischer. Es seien viel mehr Wettbewerber am Start, die Komplexität würde geringer, die Technikhürden niedriger, das benötigte Kapital geringer. Für die Energiekonzerne bedeute dies auch ein kulturelles Umdenken. Interne Prozesse müssten mittelständischer werden, man müsse stärker in Projekten denken.

Der Mittelstand rücke auch als Kundenzielgruppe in den Vordergrund. Aber wie könne man in Kontakt zu ihm kommen? Und welche Leistungen könnte E.ON den Mittelständlern anbieten? Den Zugang könne man möglicherweise über die Regionalversorger gewinnen. Man sei schließlich überall in der Fläche vertreten. Aber sind die Vertriebler auch als Lösungsentwickler geeignet? Bisher seien es meist reine „Kilowattstunden-Verkäufer". Dr. Ramesohl hatte die neuen Randbedingungen bereits damals weitgehend erfasst, wenngleich an vielen Stellen noch keine Lösungsansätze vorhanden waren. Nur mit der Zeitskala, auf der die Wende ablaufen würde, hatte sich Stephan Ramesohl verschätzt: „Das konventionelle Geschäft erodiert zwar, es verschwindet aber nicht über Nacht. Wir haben Zeit uns neu einzustellen. Die dezentrale Welt wird zunächst das Alte nicht verdrängen" [19]. Manchmal geht es halt schneller als gedacht.

Am Tag zuvor hatte sein Vorstandschef Johannes Teyssen in einer Pressekonferenz bereits einen massiven Rückgang bei allen wesentlichen Ergebniskennzahlen im ersten Halbjahr 2011 und den erstmaligen Verlust in einem Quartal bekanntgegeben. Die wesentlichen Gründe hierfür seien die Novelle des Atomgesetzes mit den vorzeitigen, ungeplanten Stilllegungen von Kernkraftwerken in Deutschland, sowie die Brennelementesteuer, die das Ergebnis mit rund 1,9 Mrd. € belasteten, negative Ergebnisse aus langfristigen Gasbezugsverträgen sowie geringere Erlöse im Stromhandelsgeschäft. Positiv entwickelt hätten sich hingegen die Erdgasförderung, die Stromerzeugung in Russland und vor allem die erneuerbaren Energien [20].

Der Radikalschnitt – E.ON teilt sich

Es ist Ende Januar 2015. Die Bundeskommission Energie der Mittelstands- und Wirtschaftsvereinigung, der ich angehören darf, trifft sich zu einer Sitzung im Infocenter am Kraftwerk in Datteln am Nordrand des Ruhrgebietes. Seit Jahren kann das modernste Kohlekraftwerk der Welt nicht fertiggestellt werden, aus planungsrechtlichen Gründen. Ich war schon mehrmals hier, kenne die Thematik. Das Kraftwerk gehört zur E.ON SE. Zu Beginn der Arbeitssitzung begrüßt uns daher Sebastian Veit aus dem Bereich der E.ON Unternehmenskommunikation (Head of International Markets, Political and Regulatory Affairs). Er hat eine kurze Powerpoint-Präsentation vorbereitet, um uns über die aktuelle Lage bei E.ON zu informieren. Das ist bei Sitzungen so üblich und meist auch sehr informativ, weil man kurz und knapp an aktuelle Informationen kommt. Nicht immer, manchmal hört man auch aus Höflichkeit zu.

Heute nicht. Schon nach wenigen Folien wirft er die neue Struktur von E.ON an die Wand (Abb. 5.8). Nein, keine weit verästelte Struktur mit der E.ON SE an der Spitze. Zwei völlig getrennte Unternehmen – E.ON und eine „neue Gesellschaft". Die grundsätzliche Aufspaltung war schon im Dezember in den Medien bekannt gegeben worden, aber so klar hatte ich das noch nicht vor mir gesehen. Es kam mir vor wie eine Zellteilung. Unter

Unterschiedliche Chancen, Denkweisen und Fähigkeiten

Abb. 5.8 Grundstruktur der neuen E.ON in der ersten veröffentlichten Form. (Quelle: Pressekonferenz am 01.12.14; mit freundl. Genehmigung von E.ON SE)

dem Namen E.ON würden sich ab dem 01.01.2016 rund 40.000 Mitarbeiter um erneuerbare Energien, um die Netze und um Kundenlösungen und Vertrieb kümmern. Die restlichen 20.000 Mitarbeiter betrieben das alte E.ON-Kerngeschäft mit den konventionellen Kraftwerken, mit dem globalen Welthandel und dem Bereich Exploration & Produktion. Und das alles unter dem damals noch unbekannten neuen Namen.

„Zwei Unternehmen für zwei unterschiedliche Energiewelten", lesen wir auf der Folie. Der Entscheidung zur Aufspaltung war ein Anfang 2014 gestarteter Strategieprozess vorausgegangen, den man auch als geheime Kommandosache bezeichnen kann. Ein Workshop des engsten Führungskreises kam zu dem Ergebnis, dass der Konzern in der damaligen Form nicht zukunftsfähig sei. Man müsse sich entweder beschränken auf das klassische Kraftwerksgeschäft oder auf das neue Ökobusiness [21]. Keine Berechnung unter der Prämisse des Erhalts der Konzernstruktur führte zu einem befriedigenden Ergebnis. Ein Kernteam aus Spezialisten reiste in geheimer Mission zu anderen Industrieunternehmen, die bereits erfolgreiche große Abspaltungen hinter sich hatten, etwa Siemens oder Bayer. Keiner aber hatte sich derart radikal von seinem Kern verabschiedet, um in ein neues Feld zu gehen. Am 30. November 2014 gab der Aufsichtsrat grünes Licht für die Aufspaltung, am 01. Dezember wurde es in einer Pressekonferenz der Öffentlichkeit vorgestellt. Diese Folien hatten wir nun vor uns auf der Leinwand.

2015 – das Jahr der Transformation

Die neue Strategie „Empowering Customers – Shaping Markets" wurde im Jahr 2014 ausgearbeitet. Am 01.01.2016 soll E.ON in der neuen Struktur starten. Das Jahr 2015 sei also das „Jahr der Transformation", so Finanzvorstand Klaus Schäfer anlässlich der Bilanzpressekonferenz. Dass dies mit enormen inneren Anstrengungen verbunden ist, liegt auf der Hand. Zum Aufspaltungstag müssen allein drei unterschiedliche Bilanzen vorgelegt werden: eine für den alten Gesamtkonzern und je eine für die beiden neuen Gesellschaften. Strukturen müssen definiert und Mitarbeiter alten oder neuen Aufgaben zugewiesen werden. Und natürlich müssen auch die Anteilseigner, die Aktionäre, diesen Kurs mitgehen. Anfang Mai 2015 schwor E.ON Vorstandschef Johannes Teyssen in der Essener Grugahalle seine Aktionäre auf den radikalen Wandel ein. Die Aufspaltung findet aber nicht nur Zustimmung. Viele Aktionäre verstehen nicht, warum das bisherige Kerngeschäft, der Betrieb der großen Kraftwerke, abgespalten werden soll. Gerade die Kraftwerke hatten doch schon zu Veba-Zeiten die größten Gewinne abgeworfen [22, S. 24]. E.ON werde sich ganz darauf konzentrieren, so Teyssen, die Energiezukunft zu gestalten. Erneuerbare Energien sowie die Netze seien die Eckpfeiler der Energieversorgung von morgen. In diesen Märkten werde man in Zukunft wachsen und Werte schaffen.

Aber wie soll das funktionieren? Womit soll die neue E.ON Geld verdienen? Und wenn das alte E.ON-Kraftwerksgeschäft nicht die Zukunft ist, wie soll dieses Unternehmen dann überleben? Alexander Elsmann von der Schutzgemeinschaft der Kapitalanleger hatte auf der E.ON-Hauptversammlung noch Erklärungsbedarf:

> Wie man aus zwei Schwachen einen Starken macht, kann ich mir vorstellen, aber dass man aus einem Schwachen zwei Starke machen kann, dafür fehlt mir die Vorstellungskraft. [22]

Thomas Hechtfischer von der Deutschen Schutzvereinigung für Wertpapierbesitz (DSW) sieht in der Kraftwerksgesellschaft, die den Namen Uniper tragen wird, eine „Bad Company", ähnlich der „Bad Bank" in der Finanzwirtschaft, in die alle Risiken und Verluste hineinverlagert wurden. „Welche Probleme werden durch die Abspaltung denn gelöst?", fragte Hechtfischer auf der Hauptversammlung. Die Kohle- und Gaskraftwerke blieben unrentabel. E.ON habe eben zu lange gezögert und in der Vergangenheit viel falsch gemacht [22, S. 24].

Im Handelsblatt-Gespräch erläutert Johannes Teyssen seine Motivation für den radikalen Wandel. Die Energiewirtschaft verändere sich radikal. Alte Gesetzmäßigkeiten würden aus den Angeln gehoben: Bisher stieg die Energienachfrage mit dem Wirtschaftswachstum, bisher mussten Kraftwerke möglichst groß sein, bisher wurde Strom am besten zentral erzeugt. Das alles ändere sich jetzt im Rekordtempo. Einen historischen Umbruch wie derzeit in der Energiewirtschaft habe bisher noch keine klassische Industriebranche erlebt. Und: In Zeiten des Umbruchs müsse man radikal reagieren. Für den Energiekonzern sei es gar nicht ungewöhnlich, sich neu zu erfinden. Das Vorgängerunternehmen Veba sei ein Konglomerat gewesen aus Energie-, Chemie- und Telekommunikationsgeschäften.

Nach der Fusion mit Viag im Jahr 2000 sei E.ON dann zum Stromriesen geworden und 2003 durch die Übernahme der Ruhrgas zum Strom- und Gasunternehmen. Teyssen:

> Jetzt erfinden wir uns eben wieder neu. [22, S. 64]

Also noch mal zusammenfassend. Die alten Geschäftsmodelle und Technologien werden im neuen Unternehmen Uniper zusammengefasst. Die E.ON SE konzentriert sich in Zukunft auf die Felder *Erneuerbare Energien*, *Netze* und *Kundenlösungen*. Ob Uniper auf Dauer wirtschaftlich eine Zukunft hat, mag ich nicht zu beurteilen. Der neue Chef, Klaus Schäfer, wird sicherlich die Kosten drücken und unrentable Kraftwerke vom Netz nehmen müssen. Immerhin hat er noch einige ertragreiche Bereiche unter seinem Dach, etwa die Wasserkraft, die 2014 immerhin einen Gewinn von 680 Mio. € erzielte. Mit der Sparte „Exploration und Produktion von Gas" kommt über eine Milliarde Gewinn hinzu, und auch der Energiehandel wirft leichte Gewinne ab [22, S. 21].

Wie aber sieht das Geschäftsmodell der neuen E.ON aus? Gut, mit dem Betrieb der Netze kann man Geld verdienen, egal mit welcher Technologie der Strom gewonnen und eingespeist wird. Aber in welchen Feldern will E.ON bei den Regenerativen Gewinne generieren und auf welcher Zeitskala? Im Handelsblatt-Interview hatte E.ON-Chef Teyssen gesagt, er habe aufgehört, langfristig zu planen. Wo kommen also kurzfristig die Erträge her? Und was versteht E.ON genau unter „Kundenlösungen"? Ich habe Klärungsbedarf und verabrede mich mit Sebastian Veit. Ich fahre nach Düsseldorf zur Noch-E.ON-Zentrale. Zukünftig wird hier der Sitz von Uniper sein, „E.ON neu" geht nach Essen. Ob dann die Adresse von Uniper in Düsseldorf auch noch „E.ON-Platz 1" lauten wird?

Die neue E.ON – Geschäftsmodell Erneuerbare?

„Empowering Customers – Shaping Markets" – in diesen vier Worten spiegelt sich die neue E.ON-Ausrichtung und zugleich die Aufteilung des Konzerns wider, erfahre ich. Sebastian Veit erläutert mir, was die Pressemitteilungen der vergangenen Wochen bereits verkündet hatten [23]. Die beiden zukünftigen Unternehmen E.ON und Uniper fokussierten auf völlig unterschiedliche Marktstrukturen. Bei Uniper stehe das System im Fokus, bei der E.ON der einzelne Kunde. Uniper werde sich auf die großen Systeme der Energieerzeugung, der Energiebeschaffung und der Energieflüsse von Kohle, Gas und Öl konzentrieren. Das Unternehmen werde dafür sorgen, dass Versorgungssicherheit und Verlässlichkeit weiterhin garantiert und Energie sicher und verlässlich geliefert würde. Zu den Geschäftsfeldern gehöre demnach neben den Großkraftwerken auch der internationale große Handel mit allem, was in der Energiewelt gehandelt würde (Strom, Gas, CO_2 etc.). Der große Bereich der Wasserkraft gehöre auch zu Uniper, da die Laufwasserkraftwerke und Pumpspeicherkraftwerke planbar betrieben werden könnten und die Ware Strom hier noch als Handelsware produziert würde.

Die Märkte der neuen E.ON würden nach einer „völlig anderen Businesslogik" funktionieren. In den Märkten der neuen Energiewelt ginge es um Produkte und Leistungen für völlig unterschiedliche Kunden, Privat- wie Unternehmenskunden, mit unterschiedlichsten Bedarfen. Entwicklungen vollziehen sich hier auf viel kürzeren Zeitskalen, die Risiken sind anders als beim Bau und Betriebs eines Kraftwerks. In diesen Märkten treten völlig neue Wettbewerber auf die Bühne, etwa die Googles dieser Welt und die Telekommunikationsunternehmen. In einigen Feldern brauche man neue Geschäftsmodelle, andere Teile seien im bisherigen Konzern bereits vorhanden. Die operativen Einheiten der E.ON werden dann in den drei großen Geschäftsfeldern zu finden sein:

- Einheiten zum Thema Kundenlösungen, in dem sich Themenfelder wie KWK-Lösungen, virtuelle Kraftwerke oder Demand Side Management wiederfinden (z. B. E.ON Connecting Energies),
- Einheiten, die sich mit erneuerbaren Energien beschäftigen (heute E.ON Climate & Renewables),
- die Verteilnetze in Deutschland, Schweden, Osteuropa und der Türkei, die heute den größten Gewinnbringer bei E.ON darstellen, sowie der gesamte Stromvertrieb.

Das erklärt auch die Zuordnung der Länder Russland und Brasilien zur Uniper, während die Türkei zukünftig zur E.ON zählen soll (Abb. 5.8). In Russland ist E.ON im Bereich der Gasexploration und Gasproduktion engagiert und in Brasilien durch die 43 %ige Beteiligung an der brasilianischen ENEVA an der Stromerzeugung und am Stromhandel beteiligt. Beides Bereiche, die der neuen Uniper zuzuordnen sind. In der Türkei hingegen stehen das Netz und die Stromverteilung im Vordergrund [24].

Das Erneuerbare-Energien-Engagement
Die Energiewende habe E.ON schon lange vor Fukushima auf der Agenda gehabt. „Erneuerbare Energien sind für uns ein zentraler Wachstumsschwerpunkt in Europa, aber auch international. Bis 2020 wollen wir den Anteil erneuerbarer Energien an unserer gesamten Stromerzeugung auf mehr als 20 % steigern", lese ich auf den E.ON-Internetseiten [25]. Bereits 2007, also lange vor Fukushima, wurde die E.ON Climate & Renewables (EC&R) mit Sitz in Essen gegründet.

Zurzeit betreibe EC&R circa 5,7 GW an erneuerbarer Erzeugungskapazität und sei weltweit die Nr. 8 im Bereich Onshorewinderzeugung. Darüber hinaus sei man der weltweit drittgrößte Betreiber im Bereich Offshorewind. Zusammen mit den Partnern DONG Energy und Masdar betreibe EC&R den weltweit größten Windpark, London Array (630 MW), der sich vor der Küste von Kent befindet. Seit der Gründung im Jahr 2007 habe EC&R bereits mehr als 9 Mrd. € investiert [26].

Der Schwerpunkt lag dabei auf Investitionen in die Windenergienutzung. In Europa und in den USA betreibt EC&R Onshorewindparks mit einer Kapazität von mehr als 4 GW. Und man wolle sich weiterhin auf weiteres Wachstum in den USA, United Kingdom, Skandinavien und Polen konzentrieren. Jedes Jahr sollen im Schnitt 350 MW an neuer Onshorewindkapazität gebaut werden. E.ON ist Eigentümer oder Partner in sechs Offshorewindparks in europäischen Gewässern, wie z. B. Rødsand II in Dänemark und London Array im UK. Jedes Jahr sollen im Schnitt 150 MW an neuer Offshorewindkapazität hinzukommen. Allerdings arbeitet E.ON auch daran, das Solargeschäft zum gleichen Reifegrad wie das Windgeschäft zu bringen. Der Konzern besitzt 60 MW Solaranlagen und 50 MW CSP-Kapazität (Concentrated Solar Power) in Spanien, Italien und Frankreich, sowie 20 MW in den USA. Jedes Jahr sollen im Schnitt 70 MW neue Solarkapazität dazukommen [26].

E.ON ist auch schon lange in der Nutzung der Wasserkraft engagiert. Der Konzern betreibt insgesamt 212 Wasserkraftwerke in Schweden, Deutschland, Italien und Spanien mit einer installierten Kraftwerksleistung von etwa 6100 MW. Mit dieser Flotte werden jährlich 18,5 TWh Strom erzeugt [27].

Insgesamt ist das Erneuerbaren-Portfolio bei E.ON also schon ganz gut gefüllt. Und mit der Wasserkraft hat man auch eine stabile Säule für die Uniper. Könnte vielleicht klappen.

Der Teilungsprozess
Die Strukturumwandlung läuft. Am 01.01.2016 soll die neue Uniper zunächst als 100 %ige Tochter der E.ON SE gegründet werden. In der Hauptversammlung 2016 am 08. Juni 2016 wird der E.ON-Vorstand die Aktionäre dann um Zustimmung zur mehrheitlichen Abspaltung der Geschäftsanteile zugunsten der Aktionäre bitten [23]. Intern läuft der Teilungsprozess aber bereits – durchaus eine organisatorische und auch finanzielle Herausforderung.

Abb. 5.9 Bald in zwei verschiedenen Unternehmen: E.ON-Kraftwerk in Scholven und E.ON-Windkraftanlagen. (Quelle: E.ON Kraftwerk Scholven; mit freundl. Genehmigung von E.ON SE)

Die Teilung des Konzerns erscheint auch mir sinnvoll. E.ON verfolgt damit eine Fo-kussierungsstrategie. Uniper fokussiert sich auf das auf Stabilität und Langfristigkeit an-gelegte Systemgeschäft, E.ON bedient die neue volatile und kleinteiligere Energiewelt, in der andere Risiken und Zeitskalen vorherrschen. Die beiden Märkte funktionieren nach unterschiedlichen Logiken, was zu meinen unterschiedlichen Ebenen der Energiewende passt (s. Abb. 4.5). Wenn man beide Geschäftsmodelle unter einem Dach betriebe, könnte dies den Betrieb möglicherweise lähmen. Außerdem werden sich beide Welten wohl noch weiter voneinander entfernen. E.ON scheint sich aber sicher, dass die Uniper-Welt noch lange Bestand haben werde. Die beiden unterschiedlichen Welten auch in unterschied-lichen Unternehmen abzubilden, scheint demnach eine folgerichtige Konsequenz zu sein (Abb. 5.9).

5.2.3 RWE – Das Unternehmen neu erfinden

Die RWE AG mit Sitz in Essen blickt auf eine wahrlich stattliche Historie zurück. Seit fast 120 Jahren produziert und vertreibt der Konzern, der bis 1990 Rheinisch-Westfäli-sches Elektrizitätswerk hieß, Energie vorwiegend im Westen Deutschlands. RWE betreibt zahlreiche Kraftwerke, überwiegend mit den Energieträgern Braun- und Steinkohle, aber auch Kernkraftwerke. RWE ist seit Jahrzehnten eine feste Institution im Rheinland und in Westfalen. Dazu trägt auch bei, dass 25 % der Anteile von RWE im Besitz von Kommunen sind. Die jährliche Dividende war für viele Kämmerer eine verlässliche und fest einge-plante Einnahmeposition. Und die bricht jetzt weg.

„RWE steht vor einem Abhang" [16], titelt die FAZ anlässlich der Hauptversammlung der Aktiengesellschaft im April 2015. Es ging dort nicht nur um nackte Zahlen, es ging um die Neuausrichtung des Konzerns und um seine Zukunftsfähigkeit. Vorstandsvorsitzender Peter Terium will den Kurs persönlich vorgeben:

> Die Krise ist bei weitem noch nicht ausgestanden und die Zeiten werden sogar noch rauer werden. Umso wichtiger ist es, dass ich RWE mit klaren Zielsetzungen wieder in ein ruhiges Fahrwasser bringen werde. [28]

Das ist auch nötig – die Anleger sind zwar noch recht zurückhaltend, aber hochgradig be-unruhigt. Marc Tüngler von der Deutschen Schutzvereinigung für Wertpapierbesitz e. V. begründet die Sorge:

> RWE hat zwar angekündigt, sich verstärkt auf erneuerbare Energien, das Netzgeschäft und seine Expansion ins Ausland zu konzentrieren, doch vielen ist das zu wenig. … Man muss ganz neue Ideen haben. Und jetzt kommen wir zum eigentlichen Problem von RWE: RWE hat keine neuen Ideen. Und erst recht kein Geld, um diese neuen Ideen dann auch zu finan-zieren. [28]

Starker Tobak, deckt sich aber mit meinen Erfahrungen aus den vergangenen zwei bis drei Jahren. So richtig viel Neues hat der Konzern in der Energiewende noch nicht auf die Spur gebracht – zumindest nicht für einen Außenstehenden erkennbar. Das Thema SmartHome wurde zwar werbetechnisch groß besetzt, intern hört man aber, dass das Geschäft längst nicht so läuft, wie geplant. Und die wenigen Kunden fragen bereits nach, wann denn endlich einmal neue Komponenten und Leistungen angeboten würden. Der Messestand auf der diesjährigen E-world mit SmartHome und etwas E-Mobility sieht fast genauso aus wie in den Vorjahren. Von Veränderung oder gar Umbruch ist wenig zu spüren.

Es mag ja vielleicht sein, dass die Konzernlenker intern bereits mehr verändert haben, als man von außen sieht. Ich tauche also ein in die Konzernwelt. Durch zahlreiche Einzelkontakte in die verschiedenen Konzernbereiche und durch meine Tätigkeit als Hochschullehrer bekomme ich immer wieder mit, wie es intern bei RWE läuft. In Besprechungen mit meinen Bachloranden in deren Abteilungen fällt dann schon mal öfter der neue Slogan: „Wir sind RWE" – oder besser: „We are RWE (ar dabbel-ju i)", man ist ja schließlich international. Bei der Abkürzung NWOW (en wau) hake ich nach. NWOW steht für „New way of working". Aha, die neue Art zu arbeiten also. Aber warum eine neue Art? Reagiert RWE auf die äußeren Veränderungen mit einer Änderung der Unternehmenskultur?

In der Tat hat RWE zunächst einen völlig anderen Ansatz als E.ON. Das Unternehmen wird nicht aufgespalten, man will „eine RWE" bleiben. Das Ruder wird vielmehr intern herumgerissen, man will mit neuen Denk- und Führungsweisen das Unternehmen neu aufstellen. Die Zeitschrift „team: Die RWE Mitarbeiterzeitschrift" macht die Neuausrichtung zum Kernthema ihrer Oktoberausgabe 2014. In vier großen Beiträgen mit hochkarätigen Interviewpartnern wird der neue Kurs abgesteckt. Konzernchef Peter Terium, Chefstratege Thomas Birr, Vertriebschef Carl-Ernst Giesting und Chef-Innovation-Manager Erwin von Laethem spannen die Themenfelder der neuen RWE auf [29].

Vorstandschef Peter Terium stellt zunächst fest, dass die alten Rezepte nicht mehr funktionierten und gibt zugleich die beiden Stränge zum Kurswechsel vor. Da sei zum einen die Strategie, die erst im Kreis der Top 15, dann mit den Top 50 und anschließend beim Konzerntreffen mit den 300 Spitzenkräften gemeinsam erarbeitet worden sei. Die Beschreibung der Strategie überlässt er seinem Chefstrategen ein paar Seiten später in der RWE-Mitarbeiterzeitschrift. Terium besetzt den anderen Strang: die Themen Strukturen und Führungskultur. Die bisherigen Hierarchien von ganz oben bis ganz unten würden RWE in der künftigen Welt einfach zu langsam machen. Bis eine Idee durch alle Instanzen genehmigt wäre, sei die Chance oft vertan, so Terium. Man müsse die Wege verkürzen. Außerdem wolle er eine offene Feedbackkultur. Jeder solle mitdiskutieren und sich einbringen. Terium:

> Unsere Zukunft ist so komplex, da gibt es kein Vorstandsteam, das die Lösung parat hat. … Glauben Sie mir, es gibt nichts Besseres als die geballte Intelligenz der gesamten Organisation. [29, S. 5]

Aus seinen aufmunternden Forderungen kann man ableiten, wie denn wohl die Führungskultur bislang gewesen sein mag. Ich habe unterschiedliche Führungsebenen im Konzern kennengelernt und frage mich ernsthaft, ob diese Veränderung in den Köpfen wirklich konzernweit klappen kann.

Terium positioniert aber auch seine RWE im neuen Energiemarkt:

> Wir müssen äußerst komplexe Anforderungen meistern. Das kann kein Start-up-Unternehmen aus einer Garage heraus leisten. Dazu benötigt man große, kompetente Unternehmen, die sich in diesem Umfeld allerdings neu erfinden müssen. Deshalb stehen bei RWE der Kulturwandel und Innovationen ganz oben auf der Prioritätenliste. [29, S. 4]

Das Unternehmen „neu erfinden". RWE reagiert auf die Inversion des Energiemarktes mit einer Invertierung des eigenen Unternehmens. Der Laden wird sozusagen auf links gekrempelt, die Pyramide umgedreht, wie es ein paar Seiten weiter der Vorstandsvorsitzende der RWE Vertrieb AG ausdrückt. Was das wirklich heißt, RWE neu zu erfinden, erhoffe ich bei einem späteren Gespräch mit einem der obersten Innovationsmanager zu erfahren.

Strategie
Zunächst interessiert mich aber die Konzernstrategie, die mit so vielen Führungskräften gemeinsam erarbeitet worden sei. Als übergeordnetes Ziel gibt Thomas Birr, Leiter Strategie, vor:

> Unsere Mission heißt: Die Energiewelt der Zukunft gestalten und ein leistungsstarkes Unternehmen werden. [29, S. 11]

Ein „leistungsstarkes" Unternehmen *werden*? Derzeit ist RWE also kein leistungsstarkes Unternehmen – zumindest nicht in der neuen Energiewelt. RWE fängt zwar nicht bei Null an, aber ziemlich weit unten, ein „Start-up-Konzern". Wesentliches Strategieelement sei die Kundenorientierung. Die Frage des Redakteurs, wofür die Menschen in Zukunft RWE brauchten, beantwortet Birr so:

> In der *Vergangenheit* bestand unser Geschäftsmodell darin, Netze und Kraftwerke vollständig zu besitzen, zu betreiben und die Produkte und Dienstleistungen mit eigenen Ressourcen herzustellen und zu vertreiben. *Heute* leben wir in einer Welt mit starker dezentraler Erzeugungskapazität aus erneuerbaren Energiequellen. Und *morgen* ist der Kunde nicht einfach Konsument oder „Abnehmer" unserer Energielieferungen. Er produziert selbst, er speichert, er bezieht von Dritten und er verkauft an Dritte. [29, S. 11]

Aha, das ist also schon mal angekommen. Der Markt hat sich gewandelt vom Commodity-Markt hin zum kundenorientierten Leistungsmarkt (Abschn. 4.3). Aber warum brauchen die Menschen zukünftig RWE? Thomas Birr meint, der Kunde erwartete „komfortable Produkte zur Steuerung seiner Energieverbraucher" und er erwarte „Sicherheitsdienstleistungen". Ich frage mich, woher er das so genau weiß, bislang war das Wissen über die neuen Bedürfnisse der Kunden im Konzern nicht sehr verbreitet. Hierüber gibt es in der neuen Energiewelt zwar erste Studien, die Forderungen nach „komfortablen Produkten zur Steuerung der Energieverbraucher" und „Sicherheitsdienstleistungen" sind aber nach meiner Kenntnis nicht immer die mit der höchsten Priorität. Aber dann kommt es:

> … und er (der Kunde) möchte teilhaben an dem großen Projekt „der Energiewende". [29, S. 12]

Na prima! Da ist sie wieder, die alte gluckenhafte Denkweise eines Großkonzerns. Die Energiewende sind wir und der Bürger darf daran teilhaben! Noch vor ein paar Jahren hat man die ganze Wende nicht ernst genommen und jetzt will man der Hauptdarsteller sein? Birr weiter:

> Dieses ganze System braucht einen Systemmanager, jemanden, der die immer komplexeren Energie- und Datenströme organisiert. So werden wir (RWE) immer weniger Anlageneigentümer, sondern in erster Linie Systemmanager sein. [12, S. 12]

Typisch Konzern, da wird wieder in großen Strukturen gedacht mit *einem* zentralen Systemmanager.

Und der Chefstratege ist überzeugt davon, dass RWE viele der Fähigkeiten, die man als Systemmanager braucht, auch hat. Das Know-how, das man sich in der 120-jährigen Geschichte aufgebaut habe, liefere einen großen Teil des Fundaments für die Zukunft. Natürlich gebe es auch noch Fähigkeiten, die man noch nicht habe und erst noch entwickeln müsse, oder die man gemeinsam mit einem Partner am Markt bedienen würde.

Neben der Bedeutung der Kunden für RWE, die man mit Effizienz im Vertrieb, mit der Orientierung an Kundenbedürfnissen und über Innovationen erreichen will, stehen die Themen **Stromhandel** und **Internationalisierung** auf der Zielagenda. Da es weltweit immer noch zwei Milliarden Menschen ohne zuverlässigen, bezahlbaren Zugang zu Energie gebe, sei Energie global ein vitales Wachstumsgeschäft. RWE wolle sein internationales Handelsgeschäft ausweiten und „neue innovative Geschäftsmodelle zum Nutzen des Konzerns ausprobieren". Nicht zum Nutzen des Kunden? Ob das Geschäftsmodell aufgeht? Die preiswerte regenerative Energie aufnehmen, „veredeln" und dann den weltweiten Bedarfen zuführen? Warum sollte die Energie aus Regenerativen nicht vielleicht direkt vor Ort gewonnen werden?

SmartHome als neues RWE-Produkt
Chefstratege Thomas Birr hat im Interview mit der Mitarbeiterzeitschrift „team:" den Kunden den Bedarf an „komfortablen Produkten zur Steuerung der Energieverbraucher" und „Sicherheitsdienstleistungen" unterstellt. Offenbar hieraus abgeleitet, hat RWE schon seit März 2010 den Endkunden neben Strom und den bisherigen Energiedienstleistungen echte Hardwareprodukte angeboten. Das Angebot läuft unter der Marke „RWE SmartHome" und bietet „benutzerfreundliche Hausautomatisierung für jeden Haushalt". RWE SmartHome ermöglicht die zeitgemäße Haussteuerung von elektrischen Geräten und der Heizung [30, 31], (Abb. 5.10).

Abb. 5.10 RWE-Werbe-
kampagne für SmartHo-
me-Produkte – Zielgruppe
Endkundenmarkt. (Quelle:
RWE Effizienz GmbH; mit
freundl. Genehmigung)

Über das Internet und entsprechende Endgeräte ließen sich so alle möglichen elektrischen Geräte im Haus oder in der Wohnung steuern. Einfach durch Plug-and-play-Technik
zu installieren und auch ohne RWE-Stromvertrag nutzbar. Über die Internetseiten kann
der SmartHome-Kunde „zahlreiche intelligente Geräte" online bestellen: Heizköperther-
mostat, Wandsender, Tür-Fenster-Sensor, Zwischenstecker (dimmbar), Bewegungssen-
sor, Unterputzrolladensteuerung, Raumthermostat und, und, und ... Es handelt sich dabei
überwiegend um auch sonst am Markt verfügbare Elektroprodukte, die man auch über
andere Wege erwerben kann. RWE kauft sie ein und verkauft sie an den Endkunden weiter. Von diesen Handelsspannen leben ansonsten zahlreiche Elektriker, Installateure und
andere Handwerker, bei denen die meisten Haus- und Wohnungsbesitzer derartige Produkte normalerweise ordern würden. Bleibt die entscheidende Frage, warum Endkunden
diese Produkte ausgerechnet bei RWE kaufen sollten? Einfach zu installieren durch Plug-
and-play-Technik, „... ohne die Hilfe des Fachmanns". Auf der Internetseite steht weiter:
„Informieren Sie sich über unsere Angebote und passen Sie Ihre Hausautomatisierung
Ihren individuellen Bedürfnissen an." Keine Beratung, keine umfassende Dienstleistung?
Keine Lösungskompetenz? RWE bleibt mit SmartHome offenbar im angestammten Com-
modity-Segment stecken. Kein Wunder, dass der erwartete Geschäftserfolg bislang offen-

bar ausblieb. Im Übrigen adressiert RWE mit diesem Angebot Leistungen auf der vierten Ebene der Energiewende, der individualen Ebene. Die Kompetenzen von RWE lagen in der Vergangenheit aber auf der nationalen Ebene. Schuster bleib bei deinem Leisten!

Ausrichtung auf neue Märkte – Innovation@RWE
Neben der Kundenorientierung, der Führungskultur und der Internationalisierung sind Innovationen eine weitere Säule der neuen RWE-Strategie. Das Thema Innovationen ist im RWE-Konzern bisher sehr inhomogen strukturiert. Um eine gebündelte Innovations-offensive erfolgreich durchziehen zu können, bedarf es eines Promotors. Peter Terium gewinnt im April 2014 seinen Nachfolger auf dem CEO-Sessel der niederländischen RWE Essent N.V., Erwin van Laethem, für diesen Job. Van Laethem bleibt weiterhin CEO in den Niederlanden, wird aber zugleich „Chief Innovation Officer RWE Group" (CIO). Er soll ein Team aus den besten Leuten im Konzern aufbauen und die Innovationsoffensive vorantreiben. Und wie es sich für einen Konzern gehört, hat man auch einen modern klin-genden Titel für das neue Programm gewählt: „Innovation@RWE". Van Laethem nennt im Interview mit der Mitarbeiterzeitschrift „team:" drei Ziele der Offensive:

> Wir wollen neue Geschäftsmodelle entwickeln … Wir wollen RWE als Innovationsführer etablieren … Und wir wollen gute Ideen aufspüren und zügig zur Marktreife bringen. [29, S. 15]

Nun ja, das sind klassische Innovationsziele, wie man sie in zahlreichen anderen Unter-nehmen ebenso formuliert. Die fortschreitende Dezentralisierung der Energieversorgung verändere das Marktumfeld, so van Laethem. Und die Kunden „woll(t)en erneuerbare Energien nutzen und such(t)en neue (Selbst-)Versorgungsmodelle". Mmh, deckt sich nicht so ganz mit den Kundenbedarfen, die der Chefstratege Birr nannte, aber mal ab-warten. Derzeit stelle man ein Team für das „Innovation Hub" zusammen. Dieses werde „u. a. Netzwerke und Allianzen aufbauen – mit Kollegen bei RWE und mit Externen" [29, S. 15].

Ich möchte mehr über Innovation@RWE erfahren und verabrede mich mit Harald Kemmann, Leiter des Innovationsmanagements bei der RWE Effizienz GmbH in Dort-mund [32]. Ich treffe Harald Kemmann in seinem Büro in Dortmund. In seinem Büro? Ein kleines kahles Standardbüro, ohne Bilder an den weißen Wänden, Schreibtisch, Schrank, irgendwie langweilig. Ich weiß, unten im Keller gibt es den RWE-Kreativitätsraum, ge-füllt mit Stellwänden, Flipcharts, gemütlichen Sitzgelegenheiten, einer Kaffeemaschine und vielen bunten, kreativen Charts. Aber sieht so das Büro eines Innovationsmanagers aus? Eigentlich habe er gar kein festes Büro, klärt Harald Kemmann mich auf, er sei mal hier mal da, oft in der Zentrale in Essen, viel auf Reisen, so ein richtiges Büro brauche er gar nicht.

Kemmann kommt von außen, kein waschechter RWEler. Der Elektroingenieur war früher bei einem Tier-1-Zulieferer in der Automobilindustrie tätig und hat mechatronische Einheiten für Autos entwickelt. 36 Patente habe er, erzählt er beiläufig. Unter anderem habe er wesentliche Elemente für den Funkautoschlüssel erfunden, der 1992 bei BMW erstmals in der 7er-Baureihe eingebaut wurde. In fast allen Fahrzeugtypen auf der Welt sei seine Technologie mit drin. Zeitweise nannte man ihn auch „Mister Transponder Europe". Nach zwölf Jahren Automotive dann acht Jahre Gebäudetechnik, bevor er 2012 zur RWE kam, als „erste operative Instanz im Innovationsmanagement bei RWE". Kemmann ist heute einer der führenden Köpfe im Innovationsteam um Erwin van Laethem. Und es war gut, so sagt er, dass er nicht oben in der Konzernspitze saß, sondern hier bei der RWE Effizienz. So sei er die ganze Zeit „unter dem Radar" geblieben und habe viele Gespräche viel entspannter führen können. Es habe „etwas gedauert, konzernweit Innovationen zu machen und darüber zu reden".

Kemmann beschreibt die Situation drastisch und glasklar:

> Wir sitzen auf einer „burning platform" – und wenn wir nichts machen, geht RWE unter. [32]

Dessen sei sich auch jeder der Verantwortlichen bewusst. Die Vorgabe an alle laute daher: Ihr müsst innovieren! Es reiche auch nicht aus, nur die Kultur zu ändern. „Wir müssen ‚bottom up' kreatives neues Geschäft entwickeln." Irgendwie hinge RWE immer noch an Commodity, disruptive Veränderungen gingen noch nicht.

Wir definieren Energie neu!
Kemmann legt mir die Strategie und die Ziele von Innovation@RWE offen. Die Wertschöpfungskette habe sich verändert. Früher habe man den Kunden „Elektronen verkauft", zukünftig ginge es um Bits und Bytes in beide Richtungen. „Energize your life", laute das Motto. „Wir definieren Energie neu!", so sein Credo. Die Gruppe um Erwin van Laethem habe daher Kontakt zu den unterschiedlichsten Zukunftsbranchen aufgenommen. Man war im Silicon Valley, habe mit Google und Amazon gesprochen und habe in Israel gelernt, wie dort Innovationen von Start-ups umgesetzt werden. Über 20 interne Projekte seien schon auf die Spur gebracht worden. Vier Leuchttürme machen die Innovationsoffensive inhaltlich aus:

- Holistic Energy Management,
- Big Data,
- Disruptive Digital,
- Smart Connected.

Es geht um digitale Zukunft, um Bits und Bytes, um die digitale Kundenbegleitung, um das Internet der Dinge. RWE könne das Google der Energiebranche werden. Dafür baue man zahlreiche Kontakte und Netzwerke außerhalb der klassischen Energiebranche auf. RWE könne „groß" und „komplex" werden und die Kunden würden RWE vertrauen. Derzeit würde viel Geld in die neue Innovationsstrategie gesteckt. Kemmann:

> Wir sind wie eine Rakete, beim Start muss wahnsinnig viel Energie aufgewendet werden, und wir heben gerade ab. [32]

Kemmann ist sich sicher:

> Wir werden viel Geld machen mit Dingen, die wir heute noch nicht haben – außerhalb von
> RWE oder innerhalb oder mit neuen Firmen. Wir erfinden RWE einfach neu!

Unter dem einheitlichen Dach der RWE AG entsteht eine „neue RWE", neben den alten
Kraftwerken, den Netzen und dem bisherigen Commodity-Geschäft. Auf einem Schaubild
an der Tür kann man die neue Struktur schon erahnen: Eine große RWE-Welt-Kugel, die
sich mit den neuen *außerhalb* stehenden Innovationsfeldern austauscht und von diesen be-
fruchtet wird. Entstehen hier auch zwei Unternehmen wie bei E.ON? Die alte RWE und die
neu erfundene? Wenige Wochen später schließt RWE-Chef Terium auf der Hauptversammlung erstmals eine Aufspaltung nicht mehr aus. Er behielt sich ausdrücklich vor, „eine
Aufspaltung zu prüfen, sollten sich die Marktbedingungen weiter verschlechtern" [16].

Innovation und Unternehmensentwicklung
Harald Kemmann hatte angedeutet, dass der Vorstandschef Peter Terium in Kürze mit
dem Innovationskonzept an die Öffentlichkeit gehen würde. Ich warte gespannt. Dann
die interne Mitteilung „team:online": Erwin van Laethem verlässt den RWE-Konzern.
Die beiden Bereiche „Innovation" und „Strategie/Unternehmensentwicklung" werden in
einem neuen Bereich „Innovation und Unternehmensentwicklung" zusammengeführt und
von Thomas Birr geleitet. Vorstandschef Peter Terium wird zitiert mit der Aussage:

> Innovationen sind der Brennstoff für die Zukunft unseres Unternehmens. Die Grundlagen
> für eine innovationsfreundliche, zukunftsgerichtete RWE sind geschaffen, u. a. haben wir
> vier Leuchtturmbereiche für Innovationen definiert, Außenstellen im Silicon Valley und in
> Israel aufgebaut und die Zusammenarbeit mit Entwicklern und Start-ups intensiviert. Durch
> die Zusammenlegung dieser Aktivitäten mit der Strategie-/Unternehmensentwicklung bün-
> deln wir unsere Kräfte und mobilisieren zusätzliche Ressourcen, um die Transformation des
> gesamten Konzerns in Richtung einer reaktionsschnelleren, leistungsfähigeren Organisation
> weiter voranzutreiben. Kurz gesagt: Jetzt starten wir richtig durch! [33]

Na, da darf man mal gespannt sein. Nach strategisch wohlüberlegtem Kurs klingt das
für mich nicht. Der Innovationsbereich wurde erst 2014 ins Leben gerufen und ein Chief
Innovation Officer (CIO), der nach gut einem Jahr den Konzern wieder verlässt, scheint
auch nicht den richtigen Antrieb gebracht zu haben. Mir fällt das Bild Harald Kemmanns
von der Rakete wieder ein, die am Start wahnsinnig viel Energie benötigt, aber nur langsam abhebt. Wollen wir hoffen, dass diese Rakete nicht ins Trudeln gerät.

5.2.4   EnBW – Energiewende im grünen Ländle

Freiburg ist die sonnenreichste Stadt Deutschlands und weit über die Grenzen hinaus
als „solar city" bekannt. Die Nutzung der Solarenergie und die Entwicklung nachhalti-

ger Konzepte hat hier Tradition. Das Fraunhofer-Institut für Solare Energiesysteme ISE forscht und entwickelt in Freiburg und bereits seit 1977 hat hier das Öko-Institut seinen Sitz. Im Gemeinderat sind die Grünen die stärkste Fraktion und stellen auch den Oberbürgermeister. Das Land Baden-Württemberg wird erstmals seit 2011 von einem grünen Ministerpräsidenten und einer grün-roten Koalition geführt. Ende 2010 kaufte das Land Baden-Württemberg unter viel öffentlichem Aufsehen für 4,7 Mrd. € die bis dahin vom französischen Konzern Électricité de France (EDF) gehaltenen Anteile am Energiekonzern EnBW Energie Baden-Württemberg AG und hält über eine Beteiligungsgesellschaft heute rund 47 % der Anteile [34, S. 46]. Man darf vermuten, dass das Thema Energiewende im Südwesten der Republik eine besondere Rolle spielt.

Klimapolitik des Landes
Bevor ich mich mit dem Energiekonzern EnBW befasse, möchte ich wissen, in welchem politischen Umfeld das Unternehmen agiert. Das Land ist fast zur Hälfte Eigentümer des Energieversorgers. Das Unternehmen wird sich wohl an den Energiezielen des Landes orientieren müssen. Auf den Internetseiten des Umweltministeriums finde ich das „Portal Umwelt BW" mit zahlreichen Links zu den unterschiedlichsten thematischen Seiten. Über den Auswahlbegriff „Klima" gelange ich auf die Seite „Informationsangebote zum Thema Klima" mit über 100 weiteren Vernetzungen [35]. Scheint sich viel zu tun im Ländle. Unter „50-80-90" finde ich die landespolitischen Ziele bis 2050:

- 50 % geringerer Verbrauch als im Jahr 2010,
- 80 % erneuerbare Energien,
- 90 % weniger Treibhausgase.

„Deutschland redet von der Energiewende – wir machen sie gemeinsam", kann man als Statement lesen. Und in der Tat gehen die Ziele noch über die der Bundespolitik hinaus. Der Atomausstieg sei ein großer Schritt in Richtung zukunftsfähiger Energieversorgung. Baden-Württemberg gehe aber noch ein Stück weiter und strebe an, 80 % der Energie im Land im Jahr 2050 aus erneuerbaren Energien zu gewinnen. Für die Stromerzeugung würden Wind und Sonne die Hauptträger sein. Für die Wärmeversorgung sollen Solarkollektoren, Umweltwärme und Geothermie den entscheidenden Beitrag leisten. Dadurch würden die Rohstoffimporte sinken und Baden-Württemberg würde unabhängiger von deren Preisanstieg auf dem Weltmarkt [36]. Klingt schon fast nach Energieautarkie.

Das Ministerium präsentiert unter dem Motto „E! Energiewende machen wir" zahlreiche Beispiele, wo und wie an den unterschiedlichsten Orten im Land Energieprojekte umgesetzt würden. Ich finde viele Einzellösungen, die ich auch an anderen Orten in Deutschland gesehen habe. Nutzung von industrieller Abwärme zum Heizen, energetische Sanierung von Gebäuden, Bürgergenossenschaften zum Bau und Betrieb von erneuerbaren Energieanlagen sowie jede Menge öffentlichkeitswirksame Aktionen in unterschiedlichen Kommunen. Der Bereich „Forschung für die Energiewende" genießt einen hohen Stellenwert, anders als in anderen Regionen der Republik. Ich schaue mir das Video „So

funktioniert das neue Klimaschutzgesetz" an [37]. Erschreckend oberflächlich, ein Werbevideo auf dem Niveau von Fünftklässlern: „Die Ziele stehen damit fest. Wir wissen, wo
wir hinwollen. Und den Weg, den wir gehen müssen, haben wir uns schon überlegt." Diese
Wege finde man im „Integrierten Energie- und Klimaschutzkonzept", so das Werbevideo.
Ansonsten entsteht der Eindruck einer schönen heilen Energiewelt, in die man einfach nur
guten Mutes hineinschlendern müsse. Mich erinnert dieses Video an manche „Öko-Träu-
merei" der Siebziger- und Achtzigerjahre des letzten Jahrhunderts.

Die Neuausrichtung der EnBW Energie Baden-Württemberg AG
Auf den Internetseiten des Energieversorgers findet man eine klare Positionierung: „Wir
treiben die Energiewende in Deutschland voran." EnBW sei dem Land Baden-Württemberg auf besondere Weise verbunden. Es sei vorrangiges Ziel, den Heimatmarkt zuverlässig mit Energie zu versorgen und die Bestrebungen von Bürgern, Kommunen und Unternehmen nach einer dezentralen und selbstverantworteten Energieversorgung als Partner
zu unterstützen [38].

Ich verabrede mich mit Dr. Tobias Mirbach zu einem längeren Telefongespräch. Er leitet seit Anfang Januar 2015 einen der drei neu geschaffenen Strategiebereiche, den Bereich
„Unternehmensentwicklung und Nachhaltigkeit". Die beiden anderen Strategiebereiche
sind „Konzernstrategie" und „Energiewirtschaft und Positionierung". Dr. Mirbach stammt
nicht aus dem „Ländle", der Niederrheiner war zuvor bei E.ON. Die starke Beteiligung
des Landes präge natürlich auch die Strategie des Unternehmens, räumt Mirbach ein. Das
Unternehmen habe sich 2012 völlig neu ausgerichtet. Mit Dr. Frank Mastiaux wurde 2012
bewusst ein Fürsprecher der regenerativen Energien zum Vorstandsvorsitzenden berufen.
Mastiaux hatte zuvor bei E.ON den Bereich Climate & Renewables aufgebaut. Es wurde
die Strategie „EnBW 2020" entwickelt und ab 2013 das Unternehmen unter dem Motto
Energiewende. Sicher. Machen." neu ausgerichtet [39]. „Als einziger der vier großen
Energiekonzerne bekennen wir uns deutlich zur Energiewende", stellt Mirbach fest. Man
wolle die Energiewende entlang der ganzen Wertschöpfungskette umsetzen, von der Erzeugung bis hin zum Vertrieb. Dabei stehe die Versorgungssicherheit ganz oben auf der
Agenda, die sei ausgesprochen wichtig für Baden-Württembergs Industrie. Bisher sei man
mit nur 15 min Stromausfall pro Einwohner und Jahr Spitzenreiter in Deutschland – und
das solle auch so bleiben.

Tab. 5.3 Zielkennzahlen der Strategie EnBW 2020 in den vier Geschäftsfeldern

Geschäftsfeld	Leistungskennzahl: Anteil am bereinigten („adjusted") EBITDA in Mrd. €/in %	
	Ist 2014	Ziel 2020
Vertriebe	0,2/11	0,4/15
Netze	0,9/41	1,0/40
Erneuerbare Energien	0,2/9	0,7/30
Erzeugung und Handel	0,9/42	0,3/15

Damit das gelinge, habe man sich zunächst klare und konkrete Ausbauziele bis 2020 gesetzt und diese auch breit kommuniziert und erläutert. Er sei von dieser Transparenz überrascht gewesen, als er bei EnBW anfing, berichtet Tobias Mirbach. Diese Ziele gliederten sich in finanzielle, aber auch in nicht finanzielle Kennzahlen, die sich in insgesamt fünf Zieldimensionen aufspannen lassen:

- **Finanzen:**
  Der Gewinn (EBITDA) soll bis 2020 mit rund 2,4 Mrd. € leicht ansteigen, die Kreditbonität und der Unternehmenswert sollen stabil bleiben.
- **Kunden:**
  Die Nähe zum Kunden und die Kundenzufriedenheit sollen steigen, ebenso die Markenattraktivität von EnBW und von Yello, die Versorgungssicherheit genieße höchste Priorität.
- **Mitarbeiter:**
  Die Verbundenheit (Commitment) der Mitarbeiter soll weiter gesteigert werden, die Zahl der Arbeitsunfälle soll sinken.
- **Umwelt:**
  Der Anteil der erneuerbaren Energien an der Erzeugungskapazität solle sich gegenüber 2012 verdoppeln. Dabei sollen Wind-Onshore und -Offshore sowie die Wasserkraft im Vordergrund stehen.

O. k., nachvollziehbar, aber nicht besonders spannend. So richtig aufschlussreich ist jedoch die fünfte Dimension **Strategie**. In Tab. 5.3 sind die heutige und zukünftige Ergebnisverteilung für die vier Geschäftsbereiche jeweils in absoluten Werten in Mrd. € sowie ihr Anteil am Gesamtergebnis in Prozent angegeben:
Der Gewinn aus dem Vertrieb soll sich in absoluten Zahlen zwar verdoppeln, trägt aber nicht wesentlich mehr zum Gesamtergebnis bei. Der Gewinnanteil aus dem Netzbetrieb bleibt gleich. Den Strategiewechsel kann man in den unteren zwei Zeilen der Tab. 5.3 ablesen. Die „konventionelle" Erzeugung und der Handel gehen von 42 auf 15 % zurück, während der Anteil des Gewinns aus den Erneuerbaren von 9 auf 30 % steigen soll. Das ist deutlich. Aber es sind „Ziele", genauer gesagt sogar nur Zielkennzahlen. Doch wie sieht die Strategie aus, die dahinter steckt? Wie will EnBW diese Ziele erreichen? Die Absicht, mit den Erneuerbaren Geld zu verdienen, hat E.ON auch, an den Konzepten dazu arbeite man ja bekanntlich noch. Ist EnBW hier weiter?
Die übergeordnete Strategie fasst EnBW in dem sog. „Strategiehaus EnBW 2020" zusammen (Abb. 5.11). Sie basiert auf zwei Säulen, den „zwei Herzschlägen", wie Mirbach die interne Sprachweise wiedergibt. Auf der einen Seite die *„Nähe zum Kunden"* mit dem Endkundengeschäft, mit Energiedienstleistungen, zunehmend auch für die Zielgruppe Gemeinden und Stadtwerke, und mit dem gesamten Feld Handel und Origination. Gerade die Kundenorientierung sei EnBW wichtig, betont Mirbach im Gespräch. Der reine Commodity-Markt schrumpfe, man müsse Lösungen anbieten, etwa Dienstleistungen zur Optimierung von Energieerzeugung und Energieeffizienz in Häusern mit eigener Solaranlage.

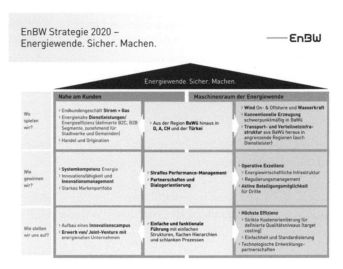

Abb. 5.11 Die übergeordnete Strategie der EnBW im Strategiehaus 2020. (Quelle: EnBW 2014; mit freundl. Genehmigung der EnBW Energie Baden-Württemberg AG)

Ein großes Feld sei das Contracting, insbesondere für Industrie- und Gewerbekunden, die bislang keine eigene Energieerzeugung hätten. EnBW würde damit Anlagen beim Kunden errichten und auch betreiben. Um derartige Energiedienstleistungen anbieten zu können, habe die EnBW extra ein Tochterunternehmen gegründet, die EnBW Sales & Solution GmbH. Insgesamt helfe man den Unternehmen bei der Optimierung ihres Energieportfolios, bei der Eigenerzeugung, berate und unterstütze bei Einrichtung einer KWK-Anlage, eines Blockheizwerks (BHKW) oder gar einer Gasturbine, und vieles mehr. Das Thema Demand Site Management werde ebenfalls mit abgedeckt.

Im Strategiehaus steht als Voraussetzung für die Umsetzung der Strategie „Innovationsfähigkeit". Ob denn diese Innovationsfähigkeit zur Entwicklung von Kundenlösungen bei den Mitarbeitern vorhanden sei, will ich wissen, schließlich war das Geschäft früher mal anders? Einige der Fähigkeiten und Kompetenzen, die man jetzt benötige, so Dr. Mirbach, habe man in der Tat früher nicht gebraucht. Hier bestehe sicherlich noch Nachholbedarf, das sei eine Riesenherausforderung. Es fehle an manchen Stellen noch das „mittelständische Unternehmertum". Man wolle aber die hohe Innovationsfähigkeit seiner Ingenieure nutzen. Das Unternehmen verfüge über viele, sehr gute Ingenieure, die zugegebenermaßen ihre Innovationsfähigkeit bislang im konventionellen Bereich unter Beweis gestellt haben. Diese Fähigkeiten wolle man auch für die neuen Aufgaben nutzen.

Wind- und Wasserkraft

Die zweite Säule haben die Strategen „*Maschinenraum der Energiewende*" genannt. Hier finden wir die Bereiche der Windenergie und der Wasserkraft, die konventionelle Erzeugung und die Transport- und Verteilnetze. Eine Aufteilung nach anderen Ansätzen als bei E.ON.

Abb. 5.12 Animation des geplanten EnBW Windparks Baltic 2. (Quelle: EnBW 2015; mit freundl. Genehmigung der EnBW Energie Baden-Württemberg AG)

Der Großteil des heutigen Ökostroms kommt aus den beiden Offshorewindparks Baltic I und Baltic II, die in der Ostsee stehend zusammen mehr als 400 MW Leistung beisteuern (Abb. 5.12). Darüber hinaus ist noch ein weiterer reiner EnBW-Offshorewindpark in Planung. Der Windpark EnBW Hohe See (ehemals Hochsee-Windpark Nordsee) ist ein geplanter Offshorewindpark 90 km nördlich von Borkum und 100 km nordwestlich von Helgoland. In einer ersten Projektphase sollen dort 80 Windenergieanlagen mit einer Leistung von jeweils 5 MW entstehen. Die installierte EnBW-Offshoreleistung würde sich dadurch verdoppeln. Das Projekt liegt aber wegen juristischer Unsicherheiten derzeit auf Eis. EnBW setzt stark auf die Offshorewindenergie. Und dafür geht man aus dem Ländle auch schon einmal hoch in den Norden. Im EnBW-Bericht „FortSchritte" lese ich schmunzelnd Storys von EnBW-Mitarbeitern, die ihrem Land den Rücken kehrten, um im hohen Norden am Bau der Windparks mitzuarbeiten [40, S. 26–29]. Der Vergleich mit früheren Seefahrern kommt mir in den Kopf, die auszogen, um die Neue Welt zu entdecken.

Im Onshorebereich, also bei Windrädern auf dem Festland, will man nachlegen. Die Windverhältnisse seien in Baden-Württemberg nicht so günstig wie in den norddeutschen Bundesländern, aber an starken Standorten, wolle man sich beteiligen. Insgesamt habe man sich das Ziel gesetzt, bis 2020 mindesten 1.000 MW aus Onshoreanlagen zu gewinnen.

EnBW setzt schon seit vielen Jahrzehnten auf die Nutzung der Wasserkraft. Mit der Begradigung des Rheins wurde auch die Stromgewinnung aus Wasserkraft möglich. 1928 begann Frankreich mit dem Bau des Rheinseitenkanals zwischen Basel und Breisach, an dem vier Kraftwerke entstanden. Insbesondere am Oberrhein – zwischen Basel und Karlsruhe – produzieren zehn große Wasserkraftwerke jährlich rund 9 Mrd. kWh Strom. Mit ihren Staustufen- und Schutzdämmen regulieren sie zudem auch die Wassermengen, die der Rhein mit sich führt, und leisten einen wichtigen Beitrag zum Hochwasserschutz [41]. Insgesamt betreibt und unterhält die EnBW 67 Laufwasser- und Pumpspeicherkraftwerke insbesondere am Rhein, an der Iller und am Neckar sowie an kleineren Flüssen verteilt in Baden-Württemberg (Abb. 5.13).

Abb. 5.13 Deutschlands
größtes Laufwasserkraftwerk,
das Rheinkraftwerk Iffezheim.
Im Jahr 2013 wurde eine fünfte
Turbine eingebaut und verfügt damit über eine installierte Leistung von 148 MW.
(Quelle: EnBW 2015; mit
freundl. Genehmigung der
EnBW Energie Baden-Würt-
temberg AG)

Zwar gibt es kaum Potenzial für neue Standorte, gleichwohl will man aber die bestehenden Kraftwerke ertüchtigen. So z. B. das Rudolf-Fettweis-Werk in Forbach. Das
Lauf-, Speicher- und Pumpspeicherkraftwerk besteht aus vier Einzelkraftwerken, die zwischen 1914 und 1926 gebaut wurden. Es habe großes Potenzial, um die Speicherkapazität
in Deutschland zu erhöhen und damit zur Energiewende beizutragen. Deswegen habe man
in den letzten Monaten ein Konzept entwickelt, wie die bestehende Anlage zu einem modernen leistungsfähigen Pumpspeicherkraftwerk ausgebaut werden kann [42].

Übertragungsnetze
Die EnBW ist der einzige der vier großen Energiekonzerne, der seine Übertragungsnetze
nicht an Dritte verkauft hat (Abschn. 5.1.1). Die Transnet BW GmbH, die das Übertragungsnetz in Baden-Württemberg betreibt, ist eine 100 %ige Tochter der EnBW AG. Man
habe die Übertragungsnetze ganz bewusst behalten, erläutert mir Dr. Tobias Mirbach, um
möglichst flexibel zu sein und um die ganze Wertschöpfungskette abdecken zu können.
Von den neuen großen Übertragungstrassen, die gebaut werden müssen, um den Windenergiestrom von der Nord- und Ostsee in den Süden zu bringen, sei man zugegebenermaßen nicht sehr stark betroffen. Lediglich ein kleiner Teil liege auf dem Landesgebiet.
Man nutze vielmehr bestehende 220 kV- bzw. 380 kV-Leitungen, sodass man mit den
Stromlieferungen an die Standorte der heutigen Kernkraftwerke anknüpfen könne, von wo
aus die Weiterleitung geregelt sei.

Innovation & Forschung
Das Thema Innovation hat mich ja schon bei RWE besonders interessiert. Innovation@
RWE wurde als Initiative gestartet, um vor allen Dingen neue Technologie- und Geschäftsfelder zu identifizieren und zu erschließen. Bei EnBW finde ich den Innovations-
begriff fester verankert.
Auf den Internetseiten der EnBW findet man unter „Unternehmen – Konzern" einen
eigenen Reiter „Innovation & Forschung". Es werden zahlreiche konkrete Beispiele für

Forschungs- und Entwicklungsprojekte gezeigt, etwa zu der Frage wie die Offshorewind-kraft und die Netze in Einklang gebracht werden können, welche Potenziale in der Tiefen-geothermie stecken, ob sich Power-to-Gas als Langzeitspeicher eignen und rechnen oder wie ein Gewächshaus energieautark betrieben werden kann [43].

Was hatte Dr. Mirbach im Gespräch gesagt? Die EnBW habe als einziger sehr „kon-krete Ziele" formuliert. Konkret – ja, das ist auch der Eindruck, den ich am Ende meiner Reise durch die EnBW-Welt habe. Sicherlich wird vieles positiver dargestellt, als es ist, aber in Baden-Württemberg wird offenbar intensiv an der Energiewende gearbeitet.

5.2.5 Vattenfall – raus aus der Braunkohle

Hamburg, die ostdeutschen Bundesländer und Berlin werden von Vattenfall versorgt. Vat-tenfall gehört zu 100 % dem schwedischen Staat und ist einer der größten Stromerzeuger und Wärmeproduzenten in Europa. Die Kernländer außerhalb der skandinavischen Länder sind Großbritannien, Deutschland und die Niederlande. Die großen Braunkohlereviere in der Lausitz und die damit verbundenen Kraftwerke gehören zu Vattenfall. Im Februar 2015 lauteten die Schlagzeilen: „Vattenfall verkauft die Braunkohle!" Der Kohletagebau in der Lausitz stehe „vor einem fundamentalen strukturellen Wandel", lese ich von Vat-tenfall-Chef Magnus Hall. Es gebe in der Region auch ein wachsendes Bewusstsein, so Hall, dass die Arbeitsplätze im deutschen Kohletagebau früher oder später verschwinden werden [44]. Aufschrei in der Braunkohlebelegschaft und in der Politik.

Vattenfall macht Schlagzeilen. Auch schon im Jahr zuvor, als das Unternehmen sei-ne Mehrheitsanteile am Stromnetzbetreiber Stromnetz Hamburg GmbH an die Freie und Hansestadt Hamburg abgeben musste. Die Hamburger Bevölkerung hatte zuvor in einer Abstimmung entschieden, die Netze zurückzukaufen. Immer wieder tauchen Überschrif-ten auf, in denen sich Vattenfall von Unternehmensteilen oder Beteiligungen trennt: das Heizkraftwerk Amager, die Anteile an der polnischen Enea S.A., die Vattenfall Europe PowerConsult GmbH, der Verkauf der Müllverwertung Borsigstraße GmbH in Hamburg usw. [45, S. 6–7]. Offenbar baut der schwedische Konzern um.

Ich möchte mehr wissen und schreibe die Presseabteilung in Berlin an. Ich schriebe ein Buch – ob man mir Informationen zur Energiewende und zur Reaktion des Konzerns auf die Energiewende geben könne und ob ich zu einem Gespräch nach Berlin kommen dürfe. Wenige Tage später die Antwort – Absage auf breiter Front. Aus „Zeit- und Kapazi-tätsgründen" würden sie es nicht schaffen, ein Gespräch mit mir zu führen. Oh, da scheint ja richtig was los zu sein im Hause Vattenfall. Noch nicht einmal ein paar Informationen zu den angefragten Themen schickt man mir zu. Der Vertreter der Pressestelle weist mich jedoch „auf unsere umfassende und informative Internetseite www.vattenfall.de" hin, auf der ich „alle Informationen zum Unternehmen etc. finden" könne. Das kommentiere ich jetzt mal nicht.

Finanz- und Nachhaltigkeitsziele

Schade, keine Erläuterung der Strategie und der Planungen aus erster Hand, wie bei den anderen drei Energiekonzernen. Vielleicht liegt es daran, dass es sich um ein schwedisches Unternehmen handelt. Also mache ich mich im Internet und in Publikationen auf die Suche. Auf den Internetseiten finde ich die übergeordnete Zielsetzung: *„Die Vorgabe für Vattenfall liegt in der Erwirtschaftung einer Marktrendite durch den Betrieb eines Energieunternehmens, der es dem Unternehmen ermöglicht, sich als ein führender Entwickler einer nachhaltigen Energieerzeugung zu etablieren"* [46]. Es werden im Folgenden klare Zielkennzahlen für die Rentabilität, die Kapitalstruktur und die Dividendenpolitik vorgegeben. Diese Finanzziele wurden von den Eigentümern und dem Board of Directors festgelegt, lese ich im Geschäftsbericht 2014 [45, S. 22].

Die dann folgenden drei Nachhaltigkeitsziele wurden jedoch nur vom Board of Directors beschlossen, übrigens bereits im Oktober 2012. Das erste Ziel, das schon im Jahr 2010 festgelegt wurde, umfasst die Senkung der CO_2-Emissionen des Konzerns auf 65 Mio. t bis 2020, um Vattenfalls Erzeugungsportfolio nachhaltiger zu machen. Als zweites Ziel soll Vattenfalls Wachstum bei der regenerativen Energieerzeugung bis 2020 höher sein als der Marktdurchschnitt, wodurch der Wandel hin zu einem nachhaltigeren Energiesystem beschleunigt werden soll. Das dürfte nicht schwierig sein, denn das derzeitige Niveau bei den regenerativen Energien ist gering. Das dritte Nachhaltigkeitsziel lautet „Verbesserung der Energieeffizienz" und wurde als kurzfristiges Ziel für 2014 festgelegt, um den Energieverbrauch durch interne und externe Maßnahmen um durchschnittlich 1 GWh Primärenergie pro Tag – also 365 GWh im Jahr 2014 – zu senken. Für 2015 wurden als entsprechendes Ziel 440 GWh festgelegt [45, S. 22]. Vattenfalls Nachhaltigkeitsziele klingen wenig ambitioniert. Es wird auch betont, dass diese Ziele „in den gleichen Bereichen formuliert [wurden] … wie die 20-20-20-Ziele der EU." Mehr nicht. Mehr nicht?

Erst zum 01. Januar 2014 hatte sich Vattenfall eine neue, regionale Struktur gegeben [45, S. 4]. Es wurden die beiden geografischen Regionen „Nordic" mit den skandinavischen Ländern und „Continental/UK" mit Deutschland, den Niederlanden und Großbritannien definiert. Deren Energieversorgungsstrukturen unterscheiden sich deutlich (Abb. 5.14). Während sich die skandinavischen Länder nahezu ausschließlich aus den

Abb. 5.14 Unterschiedliche Struktur der Vattenfall-Stromerzeugung in den skandinavischen Ländern sowie in Deutschland, Großbritannien und den Niederlanden. (Quelle: Daten aus [45, S. 4] Angaben in Prozent)

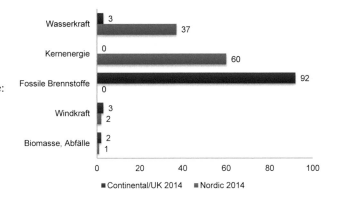

CO_2-freien Quellen Kernenergie (60 %) und Wasserkraft (37 %) versorgen, basiert die Stromversorgung in Continental/UK fast ausschließlich auf fossilen Brennstoffen (92 %). Ein Großteil davon macht die Braunkohle in der Lausitz aus. Dass diese hohe Abhängigkeit von den fossilen Erzeugungsarten auf Dauer zu Konflikten mit den Klimaschutzzielen der Bundesregierung führen wird, dürfte den Schweden schnell klar geworden sein. Im Herbst 2014 wurde Vattenfalls Portfoliostrategie geprüft mit dem Ergebnis, dass untersucht werden soll, ob das Braunkohlegeschäft in Deutschland verkauft werden kann. Die anderen Geschäftsteile der Region Continental/UK – wie die KWK-Anlagen, Fernwärme, Stromverteilung und Windenergie – sollten aber weiterhin als wichtige Teile des Kerngeschäfts bei Vattenfall bleiben [46].

Im Februar 2015 dann die Ankündigung, dass man die Braunkohle verkaufen wolle, zum 01. April 2015 folgt die neue Aufteilung in die sechs Business Areas:

- Erzeugung,
- Verteilung,
- Vertrieb,
- Energiehandel,
- Forschung und Entwicklung,
- Märkte.

Und eine neue Strategie wurde formuliert. Die übergeordnete Strategie von Vattenfall konzentriert sich auf die Verstärkung der Kundenorientierung und auf den Übergang zu einem nachhaltigeren Energieportfolio. Parallel dazu muss Vattenfall in der Lage sein, für den Eigentümer eine Marktrendite zu erwirtschaften und sich auf lange Sicht als finanzkräftiges Unternehmen zu behaupten, so die Information auf der Website [47]. Die neue Strategie gliedert sich dabei in drei Bereiche [45, S. 19]:

- nachhaltiger Verbrauch,
- nachhaltige Erzeugung,
- nachhaltige Ertragslage.

Die diesen Bereichen schlagwortartig zugeordneten Ziele und Strategieansätze sind allerdings derart unscharf gehalten, dass sie wenig konkrete Ansätze erkennen lassen.

Windenergie – Offshoreanlagen DanTysk und Sandbank
Die beiden Stromerzeugungsstrukturen von Nordic und Continental/UK (Abb. 5.14) zeigen, wie gering der Anteil regenerativer Energien bei den Schweden ist. Nur 2–3 % des Stroms werden aus Windenergie gewonnen, etwa ähnlich wenig aus Biomasse und aus Abfällen. Dabei berichten die Konzernlenker in ihrem Geschäftsbericht 2014 ausführlich von einem dramatischen Wandel der Energiemärkte, der bereits mit der Finanz- und Wirtschaftskrise 2008/2009 begonnen hätte [45, S. 12]. Photovoltaik spielt für die Schweden offenbar keine Rolle, was bei der geografischen Lage des Landes nachvollziehbar ist. Zur

Windkraft finde ich jedoch Angaben auf den Webseiten [48]. Man betreibe über 1.000 Turbinen in Schweden, Dänemark, Deutschland, den Niederlanden und Großbritannien, mit denen jährlich insgesamt rund 4 TWh Strom erzeugt würden. Es gibt einige Windpark-projekte in Schweden und Großbritannien, alles mittlere Onshoreprojekte.

Inzwischen investiert man jedoch auch in Offshoreanlagen. In Deutschland entstand in den letzten Jahren etwa 70 km westlich von Sylt der Offshorewindpark DanTysk, der am 04. Dezember 2014 erstmalig Strom ins Netz speiste. Am 30. April 2015 erfolgte dann die offizielle Inbetriebnahme mit dem Bundesminister für Wirtschaft und Energie Sigmar Gabriel und dem schwedischen Minister für Wirtschaft und Innovation Mikael Damberg [49]. Der Windpark DanTysk hat eine installierte Gesamtleistung von 288 MW und ist ein Gemeinschaftsprojekt von Vattenfall mit den Stadtwerken München. Ein Windpark gleicher Leistung ist derzeit in der Planung. Im August 2014 entschied sich Vattenfall zum Bau des Offshorewindparks Sandbank (288 MW) westlich von DanTysk. Sandbank wird 72 Windturbinen umfassen und soll 2017 in Betrieb genommen werden. Wie bei DanTysk ist auch Sandbank wieder ein Gemeinschaftsprojekt von Vattenfall und den Stadtwerken München.

Auch an anderen Zukunftsthemen der Energiewende wird gearbeitet. Auf den Inter-netseiten finde ich Themen wie FlexGen – flexible Kraftwerkssteuerung, Smart Home, Sustainable Cities, Virtuelles Kraftwerk, Energiespeicher, Elektromobilität, Wasserstoff-technologie, Energieeffizienz, Kraftwärmekopplung und Smart Grids. Die Themen stehen schon auf der Tagesordnung, wenngleich offenbar noch nicht im Vordergrund.

Vattenfall reagiert auf die deutsche Energiewende also im Wesentlichen mit dem Aus-stieg aus der Braunkohle und mit dem Ausbau der Windenergie in einem allerdings nach wie vor breit aufgestellten Energiemix. Kein Treiber der Energiewende.

5.2.6 Zukunft der Energiekonzerne

Das war schon mal ein erkenntnisreicher Expeditionsabschnitt. Die vier großen Energie-konzerne reagieren unterschiedlich auf die sich verändernden Energiewelten. E.ON spal-tet den Konzern in zwei auf unterschiedlichen Geschäftsmodellen basierende unabhängi-ge Unternehmen. RWE invertiert quasi und versucht, die Energiewende im Inneren durch eine neue Führungskultur und durch völlig neue innovative Geschäftsfelder abzubilden. Vattenfall trennt sich von der unter CO_2-Aspekten nicht mehr haltbaren Braunkohle, bleibt aber ansonsten bei seinem bestehenden Energiemix. Und EnBW reißt das Ruder herum und will die Wende hin zu den regenerativen Energien noch besser schaffen als der Rest der Republik.

Gleichwohl erkenne ich auch Gemeinsamkeiten. Da steht an erster Stelle die Kunden-orientierung. Der reine Commodity-Markt geht zurück, im Vordergrund stehen Kunden-lösungen und Dienstleistungen rund um alle Themen der Energie. Alle vier sehen den Wandel des Marktes und wollen sich darauf einstellen. Ich habe da so meine Zweifel. Das System der alten Energiewelt war ausgerichtet auf Stabilität, auf Langfristigkeit und auf

Planbarkeit. Die Kraftwerke, die Netze und das ganze System wurden mit einer unglaub-lichen Präzision über lange Zeiten und in großen Dimensionen gefahren. Eine Glanzleis-tung aller Beteiligten. Die Konzerne wurden hiernach ausgerichtet und ihre Mitarbeiter entsprechend ausgebildet. Die neue Energiewelt ist jedoch geprägt von Kurzfristigkeit, von Volatilitäten und von nicht planbaren Randbedingungen. Und sie ist viel kleinteiliger und mit viel mehr Akteuren versehen. Eine ganz andere Art des Arbeitens und des Ge-schäftemachens. Die Konzerne wollen auf diese neue Art des Geschäfts umschulen, aber das wird nicht so schnell gehen. Es wird einige Jahre, vielleicht sogar Jahrzehnte brau-chen, bis die alten Denkstrukturen endgültig aufgebrochen sind.

Und wer sagt uns denn, dass für diese kleinteiligere Struktur überhaupt große Kon-zernstrukturen benötigt werden? Ja, es gibt auch in der neuen Welt neue Großaufgaben. Etwa das Handling und das Verarbeiten der großen Datenmengen – Big Data. Mit der alt-gewohnten Selbstherrlichkeit wollen die bisherigen Energiekonzerne nun diese Aufgaben übernehmen. Aber warum sollen diese Aufgabe alte Energiekonzerne übernehmen? Es gibt in Deutschland und weltweit viele andere Unternehmen, die mit großen Datenmengen arbeiten können, ob im Telekommunikationsmarkt, im Internetgeschäft oder in den welt-weiten Konsumgütergeschäften.

Die Energieriesen werden bestehen bleiben, es gibt auf der nationalen und internatio-nalen Ebene genügend größere Handlungsfelder, bei denen sie ihr Know-how und ihre Er-fahrungen anwenden können. Aber sie werden schrumpfen. Große Teile ihrer bisherigen Aktivitäten werden von anderen, großen wie kleinen Playern übernommen. Und dieser Wandel kommt schnell. So schnell, dass die behäbigen und unbeweglichen Energieriesen sich nicht gleichermaßen schnell werden anpassen können. Die schmerzhaften Jahre ha-ben gerade erst angefangen.

5.3   Neue Anforderungen an die Stromnetze

Sie gehören zu unserem Landschaftsbild seit Jahrzehnten dazu, ob man sie mag oder nicht: große Strommasten und Überlandleitungen. Sie sind das sichtbare Zeichen für die großräumige Vernetzung unserer Industriegesellschaft. Weit über die Grenzen Deutsch-lands hinaus sind wir in ganz Europa mit anderen Stromerzeugern und Stromverbrauchern verbunden. Großräumige Strukturen, die zur Stabilität und zur Versorgungssicherheit ge-braucht wurden. Auch in der neuen, dezentraleren Energiewelt stellt die Verteilung des Stroms eine wesentliche Herausforderung dar. Auf der regionalen Ebene dient sie dem Ausgleich zwischen der Verfügbarkeit der Energie und den Bedarfen der vielen indivi-duellen Netzteilnehmer. Überschüssiger Strom bei einem Erzeuger kann zum Ort des Be-darfs transportiert werden. Damit wird der Gesamtbedarf für Erzeugungskapazität, Last-management und Speicher minimiert. Diese regionalen Netze wurden für den Transport des Stroms vom zentralen Kraftwerk hin zu den dispersen Verbrauchern geplant und be-trieben. Für die neue Dezentralität und die disperse Einspeisung von Strom aus regene-rativen Erzeugungsanlagen sind diese Netze nur bedingt geeignet. Hier besteht zum Teil erheblicher Aus- und Umbaubedarf, den die über 880 Verteilnetzbetreiber in Angriff nehmen müssen. Es wird sicherlich spannend sein zu sehen, wie die Stadtwerke und regionalen Energieversorger auf die jeweils regional unterschiedlichen Anforderungen reagieren. Auf unserer Expeditionsreise werden wir einige von ihnen aufsuchen (Kap. 8).

Neue Anforderungen an die Übertragungsnetze

Auf der nationalen Ebene kommen allerdings auch erhebliche Anforderungen auf die großen Übertragungsnetze zu. Deutschlands Höchstspannungsnetz ist geplant worden auf Basis der räumlichen Verteilung der Stromabnehmer (Lasten) und der Standorte der bisher betriebenen Großkraftwerke, Kohle- wie Kernkraftwerke. Ein großer Teil der Lastzentren befindet sich im Süden und Westen des Landes, dort liegen auch die Standorte der meisten Kraftwerke. Trotz großer Übertragungsnetze hat man bei der Kraftwerksplanung darauf geachtet, dass die Großkraftwerke in der Nähe von großen Verbrauchsgebieten errichtet werden. An den meisten Verbrauchsorten in Deutschland befindet sich irgendwo im Umkreis von 100 km ein Großkraftwerk.

Die Standorte von Kohle- und von Kernkraftwerken sind nicht auf alle Regionen Deutschlands gleichermaßen verteilt. Für die Entscheidungen, ein Kohlekraftwerk oder ein Kernkraftwerk zu bauen, waren strukturelle und politische Gründe sowie die Verfügbarkeit von heimischen Energieträgern, im Wesentlichen der Stein- und Braunkohle, entscheidend. So nutzt das Kohleland Nordrhein-Westfalen seit Jahrzehnten die dortigen Stein- und Braunkohlevorkommen zur Verstromung, während Länder wie Bayern, Baden-Württemberg oder Niedersachsen Vorreiter bei der Nutzung der Kernenergie waren. Die meisten Atomreaktoren stehen im Süden der Republik und ganz im Norden (Niedersachsen, Schleswig Holstein, vorwiegend zur Versorgung der Region Hamburg, sowie Greifswald in Mecklenburg-Vorpommern). Das Abschalten aller Kernkraftwerke bis 2022 stellt insbesondere Bayern und Baden-Württemberg vor Probleme. Während sich der Norden reichlich aus der Offshorestromerzeugung der großen Windparks wird bedienen können, fehlen derartige Ressourcen in Bayern und Baden-Württemberg. Zwar hat insbesondere Bayern in den vergangenen Jahren zahlreiche großflächige Solarfarmen errichtet, weder die Energiemenge noch die zeitliche Verfügbarkeit sind aber geeignet, diese Kernkraftwerke zu ersetzen. Da Bayern aus politischen Gründen den Ausbau der Windenergienutzung in den letzten Jahren bremste, tut sich dort nun ein Versorgungsproblem auf. In den küstenferneren ostdeutschen Ländern besteht ein ähnliches Problem, allerdings wird zum einen der Ausbau der regenerativen Energien deutlich vorangetrieben, zum anderen existieren im Osten Deutschlands aufgrund der wirtschaftlichen Entwicklung der letzten Jahrzehnte nicht so viele Lastzentren wie im Süden und Westen der Republik.

Die Politik setzt mit der Novellierung des EEG 2014 verstärkt auf die Nutzung der Windenergie. Die Ausbauziele sehen einen jährlichen Zubau von 2.500 MW auf dem Land (Onshore) und Gesamtleistungen aus Anlagen im Meer (Offshore) von 6.500 MW in 2020 und sogar 15.000 MW in 2030 vor. Diese Offshoreleistung allein entspricht in etwa der installierten Stromerzeugungskapazität aller deutscher Kernkraftwerke im Jahr 2005 [50, S. 23]. Die neuen Großkraftwerksstandorte der Windenergie liegen hoch im Norden, wäh-

rend die meisten Lastzentren im Süden und Westen sind. Der regenerative Strom aus dem
Norden muss also in großen Mengen über die Übertragungsnetze nach Süden gebracht
werden. Für diese Mengen sind und waren die Netze aber nicht ausgelegt. Das war auch
schon vor Fukushima klar. Bereits 2009 wurde daher erstmals der Bedarf an neuen und
auszubauenden Stromnetzen im *Gesetz zum Ausbau von Energieleitungen* (EnLAG) festgehalten.

Das Energiewirtschaftsgesetz (EnWG) schreibt verbindlich vor, dass die Übertragungsnetzbetreiber jedes Jahr einen Blick in die Zukunft werfen müssen. Die wichtigsten
Fragen dabei sind:

- Wird der Stromverbrauch ab- oder zunehmen?
- Schreitet der Ausbau der verschiedenen erneuerbaren Energien schneller, gleichblei-
  bend oder langsamer voran als heute?
- Wie viel installierte Leistung wird bei den einzelnen Energieträgern (z. B. Steinkohle,
  Gas, Wasserkraft) jeweils zur Verfügung stehen?
- Wie wird Strom mit den europäischen Nachbarländern ausgetauscht?

Aus verschiedenen Daten wird ein sog. Szenariorahmen entwickelt. Er umfasst mindestens drei unterschiedliche Szenarien für die folgenden zehn Jahre. Zusammen sollen diese
die Bandbreite wahrscheinlicher Entwicklungen der deutschen Energielandschaft abbilden. Zu einem der Szenarien soll zudem auch die Entwicklungen der nächsten 20 Jahre
prognostiziert werden [51].

Diesen Szenariorahmen legen die Übertragungsnetzbetreiber jährlich der Bundesnetzagentur vor, der von dieser dann genehmigt werden muss. In ihm sind auch die erforderlichen Neubauprojekte aufgeführt. Egal welchen Szenarioansatz man wählt, das Ergebnis
ist in der Tendenz immer gleich: Wir brauchen große neue Verbindungen von Nord nach
Süd, die über mehrere Bundesländer hinweg verlaufen. Der Ausbaubedarf neuer Lei-
tungstrassen liegt je nach Szenario zwischen 3.600 und 3.800 km, davon sind 2.200 bzw.
2.300 km sog. HGÜ-Korridore, in denen Höchstspannungsgleichstrom übertragen werden
soll. In den prognostizierten Neubaustrecken ist auch der deutsche Anteil von drei geplanten Gleichstrom-Interkonnektoren nach Belgien, Dänemark und Norwegen mit einer
landseitigen Länge von rund 200 km enthalten. Das Volumen der Investitionen beträgt
in den nächsten zehn Jahren ca. 22–23 Mrd. €. Das entspricht in etwa dem Volumen der
EEG-Umlage allein im Jahr 2013 [52, S. 82].

Der Netzentwicklungsplan gibt dabei keine genaue Trassenführung vor. Vielmehr zeigt
er, welche Verbindungspunkte durch überregionale Leitungen miteinander verbunden
werden müssen (Abb. 5.15). Der genaue Verlauf der zumeist als Überlandleitungen geplanten Stromautobahnen muss von den jeweiligen Planungsbehörden umgesetzt werden.
Von dem Bau der Leitungen – egal ob Überlandleitung oder Erdverkabelung – werden verschiedenste Beteiligte betroffen sein. In Bayern hat sich die Politik der ersten aufkommenden Betroffenen bereits angenommen. Die Landespolitik hat sich zwar nicht grundsätzlich gegen neue Stromtrassen ausgesprochen, diese sollten aber nur dort gebaut werden,

Abb. 5.15 Stand des Ausbaus
von Leitungsvorhaben nach
dem Bundesbedarfsplangesetz
(BBPlG) zum ersten Quartal
2015. (Quelle: Bundesnetzagentur 2015; mit freundl.
Genehmigung)

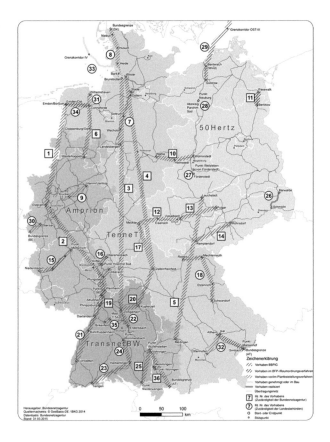

wo unbedingt erforderlich. In den Medien konnte man verdutzt verfolgen, wie Bayerns
Wirtschaftsministerin Ilse Aigner, deren Ziel eigentlich sein sollte, sicheren Strom für die
bayrische Wirtschaft aus dem Norden zu erhalten, gegen neue Trassen in Bayern wetterte.
„Nicht in Bayern, lieber durch Hessen!" [53] – und die dortige Bevölkerung belästigen.
Was für ein Kirchturmdenken!

Bei uns in Deutschland dauern überregionale Versorgungsplanungen, egal ob Daten-
autobahnen, Stromtrassen oder Verkehrswege lange, zu lange, wie manche finden. Selbstverständlich müssen Planungen, die in den Lebensraum von Menschen eingreifen, ordent-
lich geprüft und den Betroffenen Einspruchsrechte gewährt werden. Aber beim Ausbau
der Übertragungsnetze fehlt einfach die Zeit dafür. Um die insgesamt akzeptierten Klimaziele und den Ausbau der erneuerbaren Energien zu erreichen, müssen die Stromtrassen-
projekte zügig umgesetzt werden.

Um die Verfahren zu beschleunigen, hat der Bundestag am 28. Juli 2011 das *Netzausbaubeschleunigungsgesetz Übertragungsnetz (NABEG)* beschlossen. Das Bundeswirtschaftsministerium erklärt Ziel und Vorgehensweise dieses Gesetzes im ersten Fortschrittsbericht zur Energiewende wie folgt [54, S. 135]:

Mit dem Netzausbaubeschleunigungsgesetz soll der Ausbau des Übertragungsnetzes beschleunigt werden. Das Netzausbaubeschleunigungsgesetz Übertragungsnetz (NABEG) soll eine Grundlage für einen rechtssicheren, transparenten, effizienten und umweltverträglichen Ausbau des Übertragungsnetzes sowie dessen Ertüchtigung schaffen. Für die im Bundesbedarfsplan als länderübergreifend oder grenzüberschreitend gekennzeichneten Höchstspannungsleitungen führt die Bundesnetzagentur auf Antrag die Bundesfachplanung durch. Dabei ist eine Strategische Umweltprüfung (SUP) vorgesehen. In der Bundesfachplanung werden der Verlauf eines raumverträglichen Trassenkorridors sowie die an den Landesgrenzen gelegenen Länderübergangspunkte bestimmt. Die Entscheidung der Bundesfachplanung ist für die nachfolgenden Planfeststellungsverfahren verbindlich. Auf Grundlage der Ergebnisse der Bundesfachplanung führt die Bundesnetzagentur auf Antrag Planfeststellungsverfahren durch. Im Planfeststellungsverfahren wird der genaue Verlauf der Trasse innerhalb des Trassenkorridors bestimmt. Dabei wird eine Umweltverträglichkeitsprüfung (UVP) durchgeführt. Sowohl in der Bundesfachplanung als auch im Planfeststellungsverfahren ist eine besondere Einbindung der Öffentlichkeit vorgesehen, beispielsweise durch öffentliche Antragskonferenzen. Das Verfahren der Bundesfachplanung wurde erstmals mit Antrag des Übertragungsnetzbetreibers 50 Hz Transmission für eine von Bertikow nach Pasewalk geplante Höchstspannungsleitung im September 2014 begonnen. Alle übrigen Vorhaben aus dem Bundesbedarfsplan befinden sich in noch vorgelagerten Stadien.

So wichtig solch eine Verfahrensänderung auch ist, den Widerstand gegen neue Stromleitungen wird ein Gesetz nicht brechen können. Die zeitnahe Realisierung der neuen Nord-Süd-Leitungen ist jedoch eine wesentliche Voraussetzung für die Versorgungssicherheit ganzer Regionen. Rechtlich lassen sich die Trassen aufgrund der nötigen Daseinsvorsorge wahrscheinlich durchsetzen. Als wesentliches Element der Energiewende sollte dies aber mit einer möglichst breiten Akzeptanz in der Gesellschaft geschehen, um das Netzwerkprojekt Energiewende nicht zu gefährden. Ein „Stuttgart 21" können wir uns bei der Energiewende nicht erlauben.

Offshore-Netzentwicklungspläne
Die Offshorewindparks liegen in der Regel einige zig Kilometer vor unseren Küsten in der offenen See. Um den Strom zu den Übertragungsnetzen aufs Festland zu transportieren, bedarf es einer gesonderten Anschlussverkabelung. Dass beim Netzausbau im Offshorebereich dabei besondere Umstände zu berücksichtigen sind, liegt auf der Hand. Vor allen Dingen sind Naturschutzbelange und Schifffahrtswege, aber auch die Eignung des Meeresgrunds für die Verlegung von Kabeln zu beachten.

Auf der Grundlage des Energiewirtschaftsgesetzes wird daher seit einigen Jahren auch ein eigener Offshore-Netzentwicklungsplan (O-NEP) erstellt. Die Zuständigkeitsbereiche der Übertragungsnetzbetreiber wurden daher auf die Gebiete in der Nord- und Ostsee ausgeweitet und entsprechend den Betreibern der angrenzenden Regelzonen zugewiesen (Abb. 5.2), [55]. Wie der Netzentwicklungsplan (NEP) an Land wird auch der O-NEP jährlich erstellt und mit dem Onshore-NEP abgestimmt. Mit dem 2013 erstmals beschlossenen O-NEP wurde laut Bundeswirtschaftsministerium ein Systemwechsel vollzogen [54, S. 135–136]. Während zuvor die Leitungsplanung von der Investitionsentscheidung eines konkreten Windparkbetreibers ausgelöst wurde, erfolge nunmehr die Planung auf der Grundlage des genehmigten Szenariorahmens und des so ermittelten Bedarfs für Anbindungsleitungen.

Mit den neuen Regelungen des Energiewirtschaftsgesetzes solle durch den Offshore-Netzentwicklungsplan ein System etabliert werden, in dem die neu zu errichtenden Anbindungsleitungen sog. „Cluster" erschließen. Bei Clustern handele es sich um mehrere Offshorewindparks, die in räumlichem Zusammenhang stehen und die ein zusammenhängendes Gebiet bilden, sodass sie über eine Sammelanbindung angebunden werden können. Soweit die Sicht des Bundeswirtschaftsministeriums. Und wie verhalten sich die geforderten Übertragungsnetzbetreiber?

Aktivitäten der Übertragungsnetzbetreiber
Die Liberalisierung der europäischen Strommärkte und das damit einhergehende *Unbundling*, also die Entkopplung von Stromerzeugern und Netzbetreibern, haben zum Verkauf und zur Auslagerung der Netze der großen Energiekonzerne geführt. Wie richtig und wichtig diese Trennung war, zeigt sich nun bei der Umsetzung der Energiewende. Die Netzbetreiber sind glücklicherweise nicht oder nur wenig von den strukturellen und wirtschaftlichen Umbrüchen der vier ehemals starken Stromerzeuger betroffen. Man stelle sich vor, die Stromkonzerne wären noch die Betreiber der Netze. Während die Netze wachsen und den neuen Strukturen der Energiewende angepasst werden sollen, werden die bisherigen Kraftwerke und Technologien zurückgefahren. Damit verschwinden auch die gewohnten alten Strukturen. Ein Transformationsprozess, der unter dem Dach *eines* Stromkonzerns unweigerlich zu Widersprüchen und gar zu einer Zerreißprobe führen würde. In dieser Struktur würden wir die Energiewende nicht oder nur sehr langsam schaffen.

Die vier Übertragungsnetzbetreiber 50 Hz Transmission, Amprion, TransnetBW und TenneT TSO betreiben zusammen die Internetseiten „Netzentwicklungsplan Strom". Auf ihnen bekennen sie sich zu dem „*gesellschaftlichen Auftrag durch das Energiewirtschaftsgesetz*", ein „*sicheres, zuverlässiges und leistungsfähiges Energieversorgungsnetz diskriminierungsfrei zu betreiben, zu warten und bedarfsgerecht zu optimieren, zu verstärken und auszubauen*" [56]. Ihre vier Hauptaufgaben charakterisieren sie wie folgt:

1. **Infrastruktur**:
   Betrieb, Instandhaltung, Planung und Ausbau der Infrastruktur on- und offshore für den Stromtransport.
2. **Marktentwickler**:
   Katalysator für die Entwicklung des Strommarkts.
3. **Systemsteuerung**:
   Verantwortlich für den sicheren Betrieb des gesamten elektrischen Systembetriebs, 24 h am Tag.
4. **Treuhänder**:
   Zuständig für die finanzielle Abwicklung für Erneuerbare Energien (EEG) und für die Kraft-Wärme-Kopplung (KWK)

Ganz schön umfangreiches Aufgabenpaket. Für ein kleines Unternehmen wäre es sicherlich zu groß. Mit Unternehmensgrößen von 340 bis 1.000 Mitarbeitern sind die vier Übertragungsnetzbetreiber jedoch weit entfernt von den Großkonzernstrukturen der Energieerzeuger. Und hoffentlich flexibel genug für die sich ändernden Anforderungen der Energiewende. Für die auf der nationalen Ebene der Energiewende anfallenden Verteilungsaufgaben scheint mir die Struktur zumindest passend.

Literatur

1. Bundesministerium für Umwelt, Naturschutz, Bau und Reaktorsicherheit, „Klimaschutz in Zahlen – Fakten, Trends und Impulse deutscher Klimapolitik," Berlin, Juni 2014.
2. M. Rövekamp, Energiewende – Raus aus dem Chaos, Münster: Edition Octopus im Verlagshaus Monsenstein und Vannerdat, 2014.
3. Bundesnetzagentur, „Monitoringbericht 2014," Bonn, 14. November 2014.
4. BDEW Bundesverband der Energie und Wasserwirtschaft e. V., zitiert nach: Stromvergleich 1000, http://www.stromvergleich1000.de/top-10-stromanbieter-deutschland/ [Zugegriffen am 30. April 2015], 2010.
5. Stadtwerke München GmbH, Auf uns kann man sich verlassen – Geschäftsbericht 2014, München, 2015.
6. N-ERGIE AG, „Die N-ERGIE – Wer wir sind – was wir tun.," [Online]. Available: https://www.n-ergie.de/header/die-n-ergie.html. [Zugriff am 30.04.2015].
7. Mainova AG, Geschäftsbericht 2014 – Leistung, die Werte schafft, Frankfurt/M., 2015.
8. RheinEnergie AG, Geschäftsbericht 2011, Köln, 2012.
9. MVV Energie AG, Geschäftsbericht 2013/14, Mannheim, 2014.
10. Bundesnetzagentur, „Monitoringbericht 2007," Bonn, 2007.
11. Bundesnetzagentur, „Anzahl der EEG-Anlagen in Deutschland, Mitteilung per E-Mail," 29.05.2015.
12. Bundesministerium für Wirtschaft und Energie, „Zweiter Monitoring-Bericht ‚Energie der Zukunft‘," Berlin, März 2014.
13. Agora Energiewende, „Die Energiewende im Stromsektor: Stand der Dinge 2014," 07. 01. 2015. [Online]. Available: http://www.agora-energiewende.de/fileadmin/downloads/publikationen/Analysen/Jahresauswertung_2014/Agora_Energiewende_Jahresauswertung_2014_DE.pdf. [Zugriff am 15.05.2015].
14. con|energy Agentur GmbH, „Infobroschüre E-world Energy & Water 2016," 2015. [Online]. Available: http://www.e-world-essen.com/fileadmin/downloads/broschueren/E-world_2016_Infobroschuere_DE.pdf. [Zugriff am 20.07.2015].
15. ZfK – Zeitung für Kommunale Wirtschaft, Nr. 4/2015, S. 12, April 2015.
16. „RWE steht vor einem Abhang," *F.A.Z. – Frankfurter Allgemeine Zeitung*, Nr. 24.04.15, S. 21, 2015.
17. P. Graichen und C. Redl, „Das deutsche Energiewende-Paradox: Ursachen und Herausforderungen," Agora Energiewende, Berlin, 04/2014.
18. F.A.Z. online, „Irrsinn in Irsching," 17. 03. 2015. [Online]. Available: http://www.faz.net/aktuell/wirtschaft/wirtschaftspolitik/eon-kraftwerk-irsching-das-scheitern-der-energiewende-13483187.html. [Zugriff am 04.06.2015].
19. S. Ramesohl, Vice President Technology & Innovation E.ON AG. [Interview]. 11.08.2011.
20. E.ON Pressemitteilung, „E.ON vor großen Herausforderungen," Düsseldorf, 10.08.11.
21. D. Student, „Zweistromland," *manager magazin,* S. 40–44, Mai 2015.

22. Handelsblatt, 08. 05. 2015.
23. E.ON AG, Pressemitteilung: E.ON treibt Konzernumbau voran: Wichtige Struktur- und Personalentscheidungen getroffen, Düsseldorf, 27.04.2015.
24. E.ON AG, „Nachhaltigkeit: Engagement der Regionen," [Online]. Available: http://www.eon.com/de/nachhaltigkeit/regionale-aktivitaeten.html. [Zugriff am 28.06.2015].
25. E.ON AG, „Zuverlässig zur klimaschonenden Energieversorgung," [Online]. Available: http://www.eon.com/de/nachhaltigkeit/umwelt/klimaschutz/portfolioentwicklung.html. [Zugriff am 28.06.2015].
26. E.ON AG, „We make clean energy better," [Online]. Available: http://www.eon.com/de/ueber-uns/struktur/unternehmenssuche/e-dot-on-renewables.html. [Zugriff am 28.06.2015].
27. E.ON AG, „Wir machen aus Wasser saubere Energie," [Online]. Available: http://www.eon.com/de/geschaeftsfelder/renewable-energy-source/wasser/wasserkraftwerke.html. [Zugriff am 28. 06. 2015].
28. n-tv wirtschaft, „RWE befindet sich in tiefer Krise (und dortige Videos)," 23. 04. 2015. [Online]. Available: http://www.n-tv.de/wirtschaft/RWE-befindet-sich-in-tiefer-Krise-article14965321.html. [Zugriff am 04.06.2015].
29. *team: Die RWE Mitarbeiterzeitung,* Oktober 2014, S. 4 ff.
30. RWE AG, „Was ist RWE SmartHome?," [Online]. Available: https://www.rwe-smarthome.de/web/cms/de/457156/smarthome/informieren/was-ist-rwe-smarthome/. [Zugriff am 04.06.2015].
31. RWE Vertrieb AG und RWE Effizienz GmbH, Broschüre: Die Energiesteuerung für zuhause: RWE SmartHome, Dortmund, 2015.
32. H. Kemmann, *Innovation@RWE.* [Interview]. 20.04.2015.
33. RWE AG, „RWE treibt strategische Neuausrichtung weiter," team:ONLINE – Die schnelle Mitarbeiterinformation für den RWE-Konzern, 05.05.2015.
34. EnBW Energie Baden-Württemberg AG, „Jahresabschluss des EnBW-Konzerns 2014," Karlsruhe, Februar 2015.
35. Ministerium für Umwelt, Klima und Energiewirtschaft Baden-Württemberg (UM), „Informationsangebote zum Thema Klima," [Online]. Available: http://www.umwelt-bw.de/klimaschutz. [Zugriff am 04.07.2015].
36. Ministerium für Umwelt, Klima und Energiewirtschaft Baden-Württemberg (UM), „7x Klimaschutz," [Online]. Available: http://energiewende.baden-wuerttemberg.de/de/wissen/unsere-ziele-50-80-90/unsere-kernziele/. [Zugriff am 04.07.2015].
37. Ministerium für Umwelt, Klima und Energiewirtschaft Baden-Württemberg (UM), „So funktioniert das neue Klimaschutzkonzept," [Online]. Available: http://energiewende.baden-wuerttemberg.de/de/wissen/initiativen-zur-landesregierung/klimaschutzgesetz/. [Zugriff am 04.07.2015].
38. EnBW Energie Baden-Württemberg AG, „Energiewende. Sicher. Machen," [Online]. Available: https://www.enbw.com/unternehmen/konzern/ueber-uns/index.html. [Zugriff am 04.07.2015].
39. T. Mirbach, Leiter Unternehmensentwicklung und Nachhaltigkeit EnBW. [Interview]. 03.07.2015.
40. EnBW Energie Baden-Württemberg AG, „FortSchritte – Gesagt, getan," Karlsruhe, 2014.
41. EnBW Energie Baden-Württemberg AG, „Laufwasserkraftwerke am Oberrhein," [Online]. Available: https://www.enbw.com/unternehmen/konzern/energieerzeugung/erneuerbare-energien/wasser/standorte.html. [Zugriff am 04.07.2015].
42. EnBW Energie Baden-Württemberg AG, „Pumpspeicherkraftwerk Forbach," [Online]. Available: https://www.enbw.com/unternehmen/konzern/energieerzeugung/neubau-und-projekte/pumpspeicherkraftwerk-forbach/index.html. [Zugriff am 04.07.2015].

43. EnBW Energie Baden-Württemberg AG, „Erneuerbare Energien noch besser ausschöpfen," [Online]. Available: https://www.enbw.com/unternehmen/konzern/innovation-forschung/projekte-erneuerbare-energien/index.html. [Zugriff am 04.07.2015].

44. S. Schultz, „Energiewende: Vattenfall stimmt deutsche Mitarbeiter auf Kohle-Aus ein," *SPIEGEL ONLINE*, 01.05.2015.

45. Vattenfall AB, „Geschäfts- und Nachhaltigkeitsbericht 2014," Stockholm, Schweden, 2015.

46. Vattenfall AB, „Ziele und Zielerreichung," [Online]. Available: http://corporate.vattenfall.de/uber-uns/vision-und-strategie/ziele-und-umsetzung/. [Zugriff am 04.07.2015].

47. Vattenfall AB, „Die Strategie und die strategischen Schwerpunktbereiche von Vattenfall," [Online]. Available: http://corporate.vattenfall.de/uber-uns/vision-und-strategie/. [Zugriff am 04.07.2015].

48. Vattenfall AB, „Windkraft," [Online]. Available: http://corporate.vattenfall.de/uber-uns/geschaftsfelder/erzeugung/windkraft/. [Zugriff am 04.07.2015].

49. DanTysk Offshore Wind GmbH, „Dan Tysk – Fakten & Chronologie," [Online]. Available: http://www.dantysk.de/der-windpark/fakten-chronologie.html. [Zugriff am 04.07.2015].

50. Bundesministerium für Wirtschaft und Energie, Energie in Deutschland – Trends und Hintergründe zur Energieversorgung, Berlin, Februar 2013.

51. Bundesnetzagentur, „Netze zukunftssicher gestalten – Szenarien der Energieversorgung," [Online]. Available: http://www.netzausbau.de/cln_1422/DE/Verfahren/Szenariorahmen/Szenariorahmen-node.html. [Zugriff am 30.05.2015].

52. www.netzentwicklung.de (Übertragungsnetzbetreiber), „Netzentwicklungsplan Strom – Zweiter Entwurf," 04. 11. 2014. [Online]. Available: http://www.netzentwicklungsplan.de/_NEP_file_transfer/NEP_2014_2_Entwurf_Teil1.pdf. [Zugriff am 30.05.2015].

53. Spiegel Online, „Aigner-Plan zum Netzausbau: Nicht in meinem Bundesland!," 16. 05. 2015. [Online]. Available: http://www.spiegel.de/wirtschaft/soziales/stromtrasse-ilse-aigner-will-hessen-statt-bayern-belasten-a-1034080.html. [Zugriff am 30.05.2015].

54. Bundesministerium für Wirtschaft und Energie, „Erster Fortschrittsbericht," Berlin, Dezember 2014.

55. Netzentwicklungsplan Strom (Übertragungsnetzbetreiber), „Der Offshore-Netzentwicklungsplan," [Online]. Available: http://www.netzentwicklungsplan.de/content/o-nep. [Zugriff am 30.05.2015].

56. Netzentwicklungsplan Strom (Übertragungsnetzbetreiber), „Die Übertragungsnetzbetreiber," [Online]. Available: http://www.netzentwicklungsplan.de/content/die-%C3%BCbertragungsnetzbetreiber. [Zugriff am 30.05.2015].

Energiewende in der Industrie

6.1 Industrie und Großunternehmen

6.1.1 Der Beitrag des BDI zur Energiewende

Die deutsche Industrie ist im Bundesverband der Deutschen Industrie (BDI) organisiert. Auf seinen Internetseiten kann man lesen:

> Der BDI als Spitzenverband der deutschen Industrie und der industrienahen Dienstleister in Deutschland spricht für 36 Branchenverbände. Er repräsentiert die politischen Interessen von über 100.000 Unternehmen mit gut acht Millionen Beschäftigten gegenüber Politik und Öffentlichkeit. [1]

Die Ziele des Verbandes liegen auf einer übergeordneten Ebene: Internationale Wettbewerbsfähigkeit – Industrieland Deutschland stärken – Höheres und nachhaltiges Wachstum – Klares ordnungspolitisches Fundament. Es gibt auch eine Rubrik „Energie, Klima und Umwelt" mit Stellungnahmen zu aktuellen Tagesfragen. Unter „Nationale Energiepolitik" und „Energie und Klimakonzept" finde ich zahlreiche Links zum *Energie- und Klimakonzept der Bundesregierung* – bis auf eine Ausnahme alle aus dem Jahr 2010, im Vorfeld der Beschlussfassung in Berlin. Interessiert lese ich die „Eckpunkte des BDI zum geplanten Energiekonzept der Bundesregierung" vom 23. August 2010 [2]. Was sagte die Industrie im Vorfeld zum Energie- und Klimakonzept der Bundesregierung? Die Stellungnahme bleibt zunächst auf einer strategischen Ebene:

- Energiemix technologieoffen gestalten.
- Der Markt muss entscheiden, der Staat den Rahmen setzen.

© Springer Fachmedien Wiesbaden 2016
J. Gochermann, *Expedition Energiewende,* DOI 10.1007/978-3-658-09852-0_6

- Wertschöpfungsketten in Deutschland erhalten – staatliche Belastungen auf Industriestrom senken.
- Das Energiekonzept muss europakompatibel sein.
- Effizienzziele realistisch setzen und marktwirtschaftlich gestalten.

Ordnungspolitisch sauber – aber auch keine Überraschung. Spannender wird der Teil „Nachhaltigen Energiemix gestalten". Wohlbemerkt, geschrieben ein halbes Jahr vor Fukushima. Und im Energiekonzept der Bundesregierung werden die Klima- und Energieziele bis zum Jahr 2050 festgelegt (Abschn. 4.1). Die bisherige Förderung der regenerativen Energien wird vom BDI zwar kritisiert, aber deren Ausbau unterstützt. Künftig müsse es jedoch verstärkt auch um Netzausbau, Speichertechnologien und Energieforschung gehen. Ziel müsse der Erhalt und der Ausbau der internationalen Technologieführerschaft bei den erneuerbaren Energien und bei deren Einbindung in das Gesamtsystem der Stromversorgung sein [2]. Kann man mitgehen.

Die Positionen zur Kohle- und Kernenergie klingen dagegen wie aus längst vergangenen Zeiten:

> Der Bau neuer, hocheffizienter Kohlekraftwerke … als Ersatz für ältere Kraftwerke muss auch künftig in Deutschland möglich sein. Kohlekraftwerke tragen international die Hauptlast der Stromerzeugung. [2, S. 4]

Da hat sich die Welt in fünf Jahren aber ganz schön geändert. Heute redet die Politik mit der Wirtschaft nicht über den Neubau von Kohlekraftwerken, sondern über den Rückbau. Und zur Kernenergie:

> Die Kernenergie trägt maßgeblich zur Erreichung der Klimaziele bei. Zugleich hat sie neben der Kohle eine tragende Rolle, um wetterunabhängig die zuverlässige Stromversorgung sicherzustellen (grundlastfähige Versorgung). Die Laufzeitbegrenzung der deutschen Kernkraftwerke ist eine Kapitalvernichtung. … Aus diesen Gründen muss die Laufzeitbegrenzung zurückgenommen werden. …
> Mit der Ausgestaltung der Laufzeitverlängerung muss gleichzeitig eine Prüfung der längerfristigen Entwicklung des Erzeugungsmarktes erfolgen, damit der Energiemix der Zukunft gestaltet und vorbereitet werden kann. [2, S. 4]

Was bedeutet denn das? Eine weitere Verlängerung für die Kernenergie?

BDI Kompetenzinitiative Energie

Der BDI hat die „Kompetenzinitiative Energie" initiiert. In ihr habe, so der Informationstext auf den eigens eingerichteten Interseiten [3], die deutsche Industrie ihr praktisches Fachwissen mit der Expertise der Wissenschaft gebündelt. Die kontinuierlich erarbeiteten Ergebnisse lieferten eine umfangreiche Faktenbasis, die helfen solle, die Zukunft der Energiewende besser zu verstehen sowie die Energiewende zum Erfolg zu führen. Die Ergebnisse würden der Politik und der Öffentlichkeit zur Verfügung gestellt und sollten dazu beitragen, die Gestaltung der Energiewende konstruktiv voranzutreiben. Die deutsche Industrie wolle die erfolgreiche Energiewende. Die Industrie in ihrer Vielfalt sei es aber auch, die die Energiewende ganz praktisch „bauen" und dafür neue Energiesysteme, Technologien und Materialien entwickeln müsse. Zugleich sei sie selbst – als Teil des Wirtschaftsstandorts Deutschland – auf eine sichere, wettbewerbsfähige und umweltverträgliche Energieversorgung angewiesen. Für eine erfolgreiche Energiewende gelte es, frühzeitig Chancen und Risiken dieses auf die nächsten 40 Jahre angelegten gesellschaftlichen Großprojekts zu erkennen, um auf neue, unerwartete Entwicklungen rechtzeitig reagieren zu können [3].

Die Internetseite ist aufwendig und hypermodern gestaltet. Was allerdings das Finden von Fakten nicht gerade erleichtert. Ich stoße auf viele Beiträge aus dem Jahr 2013, nicht gerade hochaktuell. Wirklich spannend und nützlich ist die Rubrik „Zeitstrahl". Beginnend mit dem 20. Januar 2010 werden politische und wirtschaftliche Ereignisse zum Thema Energiewende auf einem interaktiven Zeitstrahl mit Datum markiert und kurz beschrieben. Letzter Eintrag: 16. Januar 2013.

Im Oktober 2013 veröffentlichte der BDI seine Positionen zur Energiewende in einem als „Grundsatzpapier" gedachten Bericht unter dem Titel „Energiewende ganzheitlich denken". Weiterentwickelt wurden diese Positionen Ende 2014 zu den „Handlungsempfehlungen des BDI zum Strommarktdesign" [4]. Die Positionierung ist dabei in beiden Berichten eindeutig. Im Vordergrund stehen die Versorgungssicherheit sowie die Preisgünstigkeit der Energie. Diese könnten nur auf einer europäischen Ebene gelöst werden:

> Der Erhalt des hohen Versorgungssicherheitsniveaus zu jedem Zeitpunkt kann für ein Industrieland wie Deutschland nicht zur Disposition stehen. Dabei sollte diese Versorgungssicherheit möglichst marktnah und effizient durch entsprechende Preissignale bereitgestellt werden. Gleichzeitig gilt: Nur ein tatsächlich europäisches Energiesystem trägt zur Diversifizierung und zur Versorgungssicherheit bei. Eine nationale oder regionale „Energieautarkie" ist dagegen ineffizient und für die Versorgungssicherheit kontraproduktiv. [4]

Neben richtigen und wichtigen ordnungspolitischen Forderungen und Feststellungen wird aber auch die Positionierung gegenüber den erneuerbaren Energien deutlich. Über die Direktvermarktung des Stroms aus den Regenerativen sowie die Förderung mittels einer Marktprämie, die für Technologien in einem frühen Stadium ihres Lebenszyklus technologiespezifisch zu gestalten sei, wolle man die „erneuerbaren Energien *in den Markt integrieren*" [5]. In den Markt integrieren – keine Wende, nur eine Ergänzung? Sind die erneuerbaren Energien eine Konkurrenz? Keine Chance?

BDI-Energiewende-Navigator
Seit 2012 führt der BDI jährlich eine Befragung bei Industrieunternehmen und in der Bevölkerung durch zum Stand der Energiewende und veröffentlicht die Ergebnisse im sog. „BDI-Energiewende-Navigator". Mit Ampelfarben werden verschiedenste Aspekte der Umsetzung und der Einstellung zur Energiewende in den Themenfeldern Klima- und

Umweltverträglichkeit, Wirtschaftlichkeit, Versorgungssicherheit, Akzeptanz und Innovation bewertet. Überschrift der Zusammenfassung im Navigator 2014: „Umsetzungsstand der Energiewende – negative Trends überwiegen" [6]. In allen Feldern mit Ausnahme der Versorgungssicherheit, so die Auffassung der Industrie nach diesem Monitoring, habe sich die Situation in 2014 verschlechtert. In den Jahren 2013 und 2014 waren in manchen Feldern noch steigende Tendenzen festzustellen gewesen [6, S. 27]. Die Ampelfarben stehen überwiegend auf Rot.

Ich lese mich noch weiter durch die Schlagzeilen und Presseberichte auf den BDI-Seiten und finde wenig Konstruktives zur Energiewende. Unter „Faktencheck Energie und Klima" auf der Seite „Nationale Energiepolitik" sogar nur ein Dokument aus dem August 2010 (!), in dem über die Vereinbarkeit von Kernkraftwerken mit dem Ausbau der Erneuerbaren sinniert wird. Die hochaktuelle Frage wird diskutiert „Kann man ein 1.000 Megawatt-Kernkraftwerk durch 1.000 Megawatt-Windenergieanlagen ersetzen?" Ich reibe mir verwundert die Augen. Ist das alles, was die deutsche Industrie zur Energiewende beisteuert? Wo sind die konstruktiven Konzepte, wo die visionären Vorstellungen?

6.1.2   Folgen der Energiewende für die deutsche Industrie

Studie des Instituts der deutschen Wirtschaft
Das Institut der deutschen Wirtschaft in Köln ist ein Forschungsinstitut, getragen von rund 110 deutschen Wirtschafts- und Arbeitgeberverbänden sowie Einzelunternehmen. Es bekennt sich nachdrücklich zur sozialen Marktwirtschaft und führt Untersuchungen in den verschiedensten Themenfeldern rund um die Wirtschaft, den Arbeitsmarkt, Staat und Gesellschaft, Unternehmen und Branchen als auch Umwelt und Energie durch. Bereits 2013 hat das Institut die „Folgen der Energiewende für die deutsche Industrie" untersucht [7].

Im ersten Teil bekannte Argumente gegen das derzeitige Design der Energiewende, die Markteingriffe der Politik und Szenarien für das zukünftige Marktdesign. Bemerkenswert finde ich die Befragung von *Wirtschaftswissenschaftlern* nach den *technischen Herausforderungen* der Energiewende. Die Nichttechniker wurden befragt, ob sie „damit rechneten, dass bis zum Jahr 2022 die notwendigen *technischen* Voraussetzungen für die Energiewende geschaffen sein würden" und zwar hinsichtlich der Technologien „Energiespeicher", „Stromnetze", „Erneuerbare Energien" und „Fossile Kraftwerke". Man muss nicht unbedingt Marktforschung studiert haben, um Zweifel an dieser Befragung hinsichtlich Validität und Reliabilität zu haben.

Im zweiten Teil der Untersuchung werden dann tatsächliche oder erwartete Auswirkungen der Energiewende untersucht. Dabei werden die vier wichtigsten Branchen des verarbeitenden Gewerbes betrachtet, die zugleich auch noch einen merklichen Anteil am Energieverbrauch haben (in Klammern: Anteil am Stromverbrauch 2010), [7, S. 25]:

- Metallerzeugung/-bearbeitung, Herstellung von Metallerzeugnissen (24,5 %),
- Chemie (19,0 %),
- Elektronik/Kraftfahrzeugbau (13,7 %),
- Maschinenbau (5,5 %).

Hauptauswirkung ist laut der Studie die Energiekostensteigerung. Über 80 % der befragten Unternehmen gaben damals schon an, merkliche Steigerungen der Energiekosten zu verzeichnen, was nahezu ausschließlich auf die Zusatzbelastungen durch Steuern und Abgaben zurückzuführen sei. Während rund ein Viertel der Unternehmen in der Energiewende eine Bedrohung bestehender Märkte sieht, erwarten ebenso viele Firmen eine Erhöhung der Marktchancen und mittelfristig sogar Umsatzsteigerungen. Die Bedrohungen werden vornehmlich in den Märkten Chemie und Metall befürchtet, während die Elektro- und Kraftfahrzeugindustrie eher Chancen in der Energiewende sieht [7, S. 23].

Schaut man etwas genauer auf die Geschäftsfelder, in denen neue Möglichkeiten vermutet werden, so sind dies im verarbeitenden Gewerbe die Erzeugungstechnologien an sich (Windkraft, Solar, Biomasse, Biogas) und vor allem der große Bereich der Energieeffizienz. Die Dienstleistungsbranchen sehen zudem Chancen in spezifischen Beratungsleistungen, etwa Green IT [7, S. 36]. Alles in allem, so kommt die Studie zum Schluss, birgt die Energiewende Risiken und Chancen. Die Erwartungshaltungen sind zwar gedämpft, aber vorhanden.

6.1.3   Reaktionen von Industrieunternehmen auf die Energiewende

Die Reaktionen und die Interessen der großen Industrieunternehmen in der Energiewende sind vielschichtig. Ihnen geht es zum einen um die Produktion und den Absatz ihrer derzeitigen bisherigen Produkte und Dienstleistungen. Sofern die Energiewende hierbei zu negativen Einwirkungen führen könnte, wird dagegengehalten. Darum kümmern sich die entsprechenden Organisationen und Verbände. Zum anderen sind die meisten Unternehmen stets auf der Suche nach neuen Geschäftsfeldern und Absatzmärkten. Innovative Chancen durch die Energiewende werden dann aufgenommen, wenn sie entsprechendes Absatz- und Marktpotenzial versprechen.

Siemens präsentiert seine Produkte und Leistungen für die Energiewende auf einer eigenen Internetseite [8]. Keine Kritik, sondern Hinweise auf technische Lösungen und Produkte. Die „Energiesysteme seien überall auf der Welt im Wandel. Oft auf unterschiedliche Weise, doch die Ziele sind ähnlich", so ein Firmenvideo. Energie solle breit verfügbar, sicher, sauber und bezahlbar sein. Vor allem Deutschland stehe vor einem Jahrhundertprojekt. Die Energiewende sei „eine Chance für die Märkte von morgen und eine historische Herausforderung zugleich." Bei den folgenden Technologien werden die Erneuerbaren als Erstes genannt. Sie würden zukünftig einen Großteil des Stroms liefern, wird im Video festgehalten – wobei im Bild ein Siemens-Windrad gezeigt wird. Hier wird, zumindest verbal, die Energiewende angenommen und als Zukunftschance dargestellt.

Während zugleich Siemens-Vorstandschef Joe Kaeser auf einer Ölkonferenz in Housten über die deutsche Energiepolitik spottet:

> Die Förderung von Photovoltaik in Deutschland ist so sinnvoll wie der Anbau von Ananas in Alaska. [9]

Bei der **Chemiebranche** findet man nicht sofort positiv gestimmte Meldungen. Der weltgrößte Chemiekonzern BASF polterte sogar 2014 offen gegen die Politik. BASF-Chef Kurt Bock wetterte „im Ausland herrsche nur Hohn und Spott über die deutsche Energiewende" [10]. Die erneuerbaren Energien müssten endlich aus dem „Streichelzoo" in den Markt entlassen werden. BASF werde in den kommenden Jahren weniger in Deutschland investieren als bisher. Als Vorbild nannte Bock Amerika, wo sein Konzern ein neues Werk baue, um vom günstigen Schiefergas zu profitieren. Das dort im großen Stil betriebene Fracking beweise, „dass Energie nicht teuer sein muss, um einen Beitrag zum Klimaschutz zu leisten". Fracking als Alternative zu deutschen Energiewende – nicht besonders einfallsreich.

Und die **Automobilindustrie**? Auf der einen Seite greift die Energiewende sehr direkt ihre Produkte an. Mit rund 16 % ist der Sektor Verkehr an der Emission von Treibhausgasen beteiligt. Auch der Verkehrsbereich wird zu deutlichen Reduzierungen kommen müssen, damit das Gesamtziel der Verringerung der Treibhausgase um 80 % bis zum Jahr 2050 erreicht werden kann. Eine entschlossene Reaktion der großen Automobilhersteller habe ich bislang nicht erkennen können. Auf der anderen Seite kommt mit der Energiewende auch das Thema Elektromobilität auf. Zugegebenermaßen etwas schleppend, aber immerhin. Verbunden mit anderen gesellschaftlichen Trends, etwa des wachsenden Zuzugs der Bevölkerung in die größeren Städte oder der Tatsache, dass der heranwachsenden „Generation Y" das Auto als Statussymbol nicht mehr so viel bedeutet, tun sich doch neue Märkte für die Automobilisten auf. Auch hier erkenne ich noch kein entschlossenes Handeln. Ja, viele Autohersteller haben – auf die Schnelle – auch E-Autos mit in ihr Programm genommen. Wo aber bleibt die Innovationsdynamik der deutschen Automobilunternehmen? Statt intensiv in die Batterieforschung zu investieren, steigt Daimler beim amerikanischen Elektrofahrzeughersteller Tesla aus und verkauft seine Anteile.

Ruhen sich die großen Industrieunternehmen auf ihrer Marktmacht aus? Nach dem Motto, wir sind für Deutschlands Wirtschaft und die Arbeitsplätze so wichtig, uns wird die Politik schon nichts anhaben. Oder verschlafen die Konzerne hier gerade eine Entwicklung?

6.2   Energieintensive Unternehmen

6.2.1   Bedeutung der energieintensiven Industrien

In den Diskussionen um die Befreiung von der EEG-Abgabe wird immer wieder über die sog. „energieintensiven Industrien" diskutiert. Die energieintensiven Industrien machen einen wesentlichen Teil des verarbeitenden Gewerbes in Deutschland aus. Der Anteil der

energieintensiven Sektoren Baustoffe, Chemie, Glas, Nichteisenmetalle, Papier und Stahl
an der gesamten Bruttowertschöpfung des verarbeitenden Gewerbes liegt bei etwa 18 %.
In diesen Sektoren sind rund 800.000 Mitarbeiter beschäftigt. Das sind rund 14 % der Beschäftigten des verarbeitenden Gewerbes. Sie liefern Grundstoffe für Produkte unseres
täglichen Gebrauchs:

- das Papier, auf dem Zeitungen und Bücher gedruckt werden,
- den Zement und Beton, die Stahlträger und die Fenster, mit denen Häuser gebaut werden,
- Glasfaserkabel, Flüssigkristalle (LCD), Flachglaspaneele für TV-Geräte, Monitore und
  Notebooks für die heutigen Kommunikationstechnologien [11].

Eine eindeutige Definition wann ein Unternehmen als „energieintensiv" einzustufen ist,
gibt es nicht. Zudem muss zwischen *energieintensiv* und *stromintensiv* unterschieden werden, da oftmals fossile Brennstoffe zur Energieerzeugung eingesetzt werden. Zur Ein-
stufung wird oft der Anteil der Energiekosten an der Bruttowertschöpfung oder am Pro-
duktionswert als Maßstab genommen. Nach der Energiesteuerrichtlinie der EU gilt man
bereits ab einem Anteil von 3 % als energieintensiv. Bei den Ausgleichsregelungen des
EEG zählt ein Unternehmen als „stromintensiv", wenn der Anteil der Stromkosten an der
Bruttowertschöpfung über 14 % liegt.

Energiekosten sind ein wichtiger Faktor für die Wettbewerbsfähigkeit. Hinsichtlich des
Strompreises sieht sich die Industrie in Deutschland einem deutlichen Wettbewerbsnach-
teil im Vergleich zu ausländischen Unternehmen gegenüber, dies gilt sowohl EU-intern als
auch im Vergleich zu vielen industriell geprägten Drittstaaten und den Schwellenländern.
Industriestrompreise in Deutschland sind im Durchschnitt etwa doppelt so hoch wie in den
USA und 50 % höher als in Frankreich.

Erste Auswirkung von im internationalen Vergleich zu hohen Energiekosten sei bereits
ein Prozess schleichender Desinvestition der energieintensiven Industrien, wie eine Studie
des Instituts der deutschen Wirtschaft beschreibt [7]. Seit dem Jahr 2000 sei es demnach in
den energieintensiven Industrien kaum zu einem Ersatz der Abschreibungen durch Neuin-
vestitionen gekommen. Hinzu kämen zahlreiche Beispiele von Unternehmen, die sich vor
allem aufgrund der Energiekosten gegen Deutschland als Standort für neue Investitionen
entschieden hätten.

Ohne die Erzeugnisse der energieintensiven Industrien sei zudem die Energiewende
gar nicht zu schaffen, so das Bundeswirtschaftsministerium [11]. Für den Ringgenera-
tor eines Windrads würden alleine etwa 200 km Kupferdraht benötigt. Aus der Che-
mie- und der Glasindustrie kämen die glasfaser- und karbonfaserverstärkten Kunststoffe für die Rotoren. Für das Fundament und die Türme würden Stahl und Beton
benötigt. Ganz ähnlich sehe es auch für die Produktion von Photovoltaikanlagen aus.
Nach Angaben des Bundesverbands Glasindustrie in Europa könne eine Minderung
von 100 Mio. t CO_2-Emissionen jährlich durch den Einbau von energieeffizientem Glas
in Gebäuden erreicht werden. Dieses Glas müsse natürlich zunächst energieintensiv produziert werden. Die Wirtschaftsvereinigung Metalle gibt an, dass für ein Elektroauto mit

durchschnittlicher Lithium-Ionen-Batterie gegenüber einem Fahrzeug mit Verbrennungs-
motor pro Fahrzeug 60 kg mehr Kupfer, 50 kg mehr Aluminium, 20 kg mehr Stahl und
10 kg mehr Nickel benötigt werden [11].

Aufgrund der hohen Bedeutung der energieintensiven Industrien ist für das Bundeswirtschaftsministerium klar, dass Begrenzungen der Belastungen durch die EEG-Umlage
erforderlich seien. Ja, das leuchtet ein. Bereits bei einem früheren Besuch in 2014 beim
Aluminiumhersteller TRIMET in Essen hatte ich erfahren, dass die volle EEG-Umlage,
müsste sie denn gezahlt werden, ein Vielfaches des Jahresgewinns des Unternehmens aus-
mache. Könnte das Unternehmen am Markt keine höheren Preise durchsetzen, würde es
Verluste schreiben. Wahrlich kein nachhaltiger Effekt. Dennoch muss die Frage erlaubt
sein, woran man die volkswirtschaftliche Bedeutung der Befreiung von der EEG-Umlage
abhängig macht und vor allem, wer darüber entscheidet. Eine Steuerung von oben, aus den
Bürokratiezimmern des Ministeriums heraus, ist bestimmt nicht die beste Lösung. Mehr
Markt täte auch hier gut. Vielleicht würden die Herstellungsverfahren energetisch effizienter? Vielleicht würde man neue Materialien zum Bau der regenerativen Energieerzeugungsanlagen entwickeln? Die besten Lösungen entstehen bekanntlich im Wettbewerb.

6.2.2   Aluminiumhütten – Stromverbrauch wie eine ganze Stadt

Die Aluminiumhütte in Essen ist eine von drei deutschen Produktionsstätten des Unternehmens TRIMET Aluminium SE. Seit inzwischen über 25 Jahren ist es ein konzernun-
abhängiges Familienunternehmen mit insgesamt 2.700 Mitarbeitern an acht Standorten
und einem Jahresumsatz von rund 1,2 Mrd. €. Im Jahr werden rund 700.000 t Aluminium
produziert für die unterschiedlichsten industriellen Weiterverarbeiter etwa in der Auto-
mobilproduktion, im Bauwesen, für die Verpackungsindustrie oder den Maschinenbau.
Aluminium wird nahezu überall eingesetzt, in der Elektronikbranche, im Konsumgüter-
und im Freizeitbereich, aber auch bei der Produktion von Photovoltaikanlagen und in der
Windenergiebranche. Und Aluminium ist ein sehr gut recycelbarer Werkstoff. In Deutschland wird er systematisch gesammelt, aus dem Müll aussortiert und aus Altgeräten zurück-
gewonnen. Insgesamt beträgt die Recyclingquote beispielsweise für Aluminiumdosen in
Deutschland 96 % und ist damit führend auf der Welt. In Europa werden insgesamt rund
zwei Drittel der Getränkedosen recycelt [12]. Auch in den anderen Bereichen wie Verkehr,
Bauwesen, Maschinenbau oder Elektrotechnik liegen die Quoten deutlich über 80 %.

„Das liegt daran, dass unser Material so energiehaltig ist", erläutert mir Heribert Hauck,
der Leiter Energiewirtschaft bei TRIMET. Hauck:

> Wir sind eine sehr stromintensive Branche und im Prinzip ist die Stromenergie in dem Alu-
> minium gespeichert. [13]

Stromintensiv klingt so nüchtern. Ich erfahre, dass alle drei deutschen Alu-Hütten in Voer-
de, Hamburg und Essen zusammen einen jährlichen Stromverbrauch von 6,3 Terawattstunden (TWh) oder über 6 Mrd. kWh haben. Das sind gut 4 % der gesamten in Deutsch-

land derzeit durch regenerative Energien produzierten Strommenge. Allein die Hütte in Essen hat einen Jahresstrombedarf von etwa 2,5 TWh – zum Vergleich: Die gesamte Stadt Essen mit über einer halben Mio. Einwohnern verbraucht im Jahr rund 5,3 TWh [14, S. 21]. Eine einzelne Aluminiumhütte benötigt also halb so viel Strom wie eine deutsche Großstadt!

Aluminium wird in einem Elektrolyseprozess gewonnen, der sog. Schmelzflusselektrolyse. Anstelle eines wässrigen Mediums wird hier eine heiße Salzschmelze als Elektrolyt verwendet. Aus dem Grundstoff Bauxit wird zunächst Aluminiumoxid – oder auch Tonerde genannt – gewonnen. Aus dieser wird dann im Elektrolyseverfahren das reine Aluminium extrahiert. Um den Schmelzpunkt der Tonerde herabzusetzen, gibt man das Flussmittel Kryolith hinzu. Die Elektrolyse erfolgt bei einer Spannung von etwa 5 V. Das Aluminium bildet sich an der Kohlekathode, es ist aufgrund der hohen Badtemperatur von 950 °C flüssig [15]. Nur 5 V Spannung? Ja, aber rund 180.000 A Strom, klärt mich Heribert Hauck auf. Die gesamte Energiezufuhr für den Prozess geschehe ausschließlich über den Prozess. Die Elektrolysezellen seien daher in Reihe geschaltet und würden alle vom gleichen Strom durchflossen (Abb. 6.1). Klar, ich erinnere mich an meine Elektrotechnikvorlesungen: Die Spannung teilt sich dann nach der Kirchhoff'schen Maschenregel auf

Abb. 6.1 Aluminiumproduktion bei TRIMET in Essen – insgesamt 360 Elektrolysezellen sind hier in Reihe geschaltet. (Quelle: TRIMET 2014; mit freundl. Genehmigung der TRIMET Aluminim SE)

die einzelnen Verbraucher auf. Insgesamt sind in Essen so 360 Elektrolysezellen hintereinandergeschaltet. Diese Serienschaltung macht das System aber auch anfällig; sollte eine der Zellen ausfallen, wäre der Stromfluss unterbrochen. Natürlich sind hierfür Sicherungen vorgesehen.

Heribert Hauck erklärt mir, warum eine sichere Stromversorgung so wichtig sei:

> Wir sind auf eine unterbrechungsfreie Stromversorgung angewiesen. Unsere Zellen müssen kontinuierlich und 8.760 h im Jahr laufen. Sinkt die Betriebstemperatur unter 930 °C, dann erkaltet das Salz und der Widerstand steigt, es kommt zur Gesamterstarrung. Wir sagen die Elektrolyse friert ein. [13]

Den Prozess könne man nicht umkehren, erfahre ich. Wenn die Zelle einmal erstarrt sei, könne man sie nur noch „bergmännisch freilegen", was mehrere Monate bis hin zu einem Jahr in Anspruch nehme. Hauck weiter:

> Das Einfrieren passiert nach etwa vier bis viereinhalb Stunden. Aber bereits nach zwei Stunden ist der Arbeitspunkt des Prozesses deutlich gestört und muss mit hohem technischen, personellen und nicht zuletzt energetischem Aufwand für jede einzelne Zelle mühevoll wieder neu eingestellt werden.

6.2.3   Stabilisator für die Netze – die Lastabschaltverordnung

Der hohe Stromverbrauch sei der Grund, warum Aluminiumhütten stets in der Nähe von Großkraftwerken lägen, erklärt mir Hauck. Aber die Aluminiumhütten seien nicht nur Stromverbraucher, sie seien eine der wenigen Unternehmen, die auch tatsächlich massiv zur Stabilisierung der Stromversorgung beitragen würden. Als eine der wenigen Branchen, die tatsächlich 24 h rund um die Uhr Verbrauch haben, erfüllen die Aluminiumhütten die scharfen Kriterien der Verordnung zu abschaltbaren Lasten (AbLaV), die seit Juli 2013 in Kraft ist. Zur Stabilisierung der Netze wird kurzzeitig industrielle Last vom Netz genommen, entweder innerhalb 1 s oder innerhalb von 15 min. Der Lastabwurf erfolgt freiwillig gegen Zahlung einer Vergütung. Die Netzbetreiber führen monatliche Ausschreibungen durch, auf die sich Unternehmen, die Lastabschaltung verkraften können, bewerben. Allerdings sind die Hürden sehr hoch, da man auch wirklich zu den angegebenen Zeiten in jeder Sekunde die Last am Netz haben muss, die man dann notfalls abschmeißen kann. Es gibt nicht viele Industrien, die die scharfen Kriterien der Abschaltverordnung erfüllen. Nach Meinung von Thomas Schulz von der Entelios AG (Abschn. 6.4.3) hätten zwar die großen Unternehmen der Papier-, der Stahl und der Chemieindustrien hohe Verbräuche, aber deren Maschinen liefen nicht konstant rund um die Uhr. Blieben also nur die kontinuierlichen Grundstoffhersteller. In Deutschland wären dies die Aluminiumhersteller TRIMET und Hydro sowie ein Chlorhersteller in NRW [16]. Im Süden gebe es noch einen Siliziumhersteller, ergänzt Hauck.

Früher kam es nicht so oft vor, dass TRIMET zur Netzstabilisierung abschalten musste. Aber hin und wieder passiere es dann doch. Heribert Hauck erzählt von einem Vorfall in 2006. Das Kreuzfahrtschiff *Norwegian Pearl* sollte die Meyer Werft in Papenburg verlassen und aufs Meer hinausgeschleppt werden. Dies erforderte die Abschaltung einer 400 kV Höchstspannungsleitung. Dann kam unerwartet der Wind auf… Er zeigt mir anhand eines Diagramms, wie die Netzfrequenz innerhalb weniger Sekunden von 50,0 Hz in Richtung 49 Hz und weniger abstürzte. Bei 49,5 Hz zog TRIMET den Stecker und stoppte den Absturz dadurch. Die Stabilisierung dauerte dann noch mehr als 15 min. Auch in 2014 sei es zweimal vorgekommen, dass man eingreifen musste. So sei beispielsweise am 13. Februar eine steil abfallende Flanke in der Windeinspeisung früher eingetroffen, als von den Wetterdiensten prognostiziert wurde. Betroffen waren die Netze von Amprion, 50 Hz und Tennet. Allein im Ampriongebiet musste eine Leistungsdifferenz von 2.000 MW durch Regelenergiekraftwerke und durch Abschaltung aufgefangen werden [16]. Inzwischen häufen sich die Abschaltvorgänge. Allein im ersten Halbjahr 2015 haben die TRIMET-Hütten nahezu 60 Abschaltanforderungen der Netzbetreiber Amprion und 50 Hz bedient.

Es gebe aber auch planbare Ereignisse, so etwa die in Deutschland partielle Sonnenfinsternis vom 20. März 2015. Gerade weil sie sekundengenau planbar war, konnten sich die Netzbetreiber und große Stromabnehmer auf den ausbleibenden Strom aus den Solarzellen gut einstellen. Das Problem war dabei nicht so sehr der fehlende Solarstrom, sondern die nach der Bedeckung kontinuierlich, aber kräftig ansteigende Leistung aller wieder beschienenen Solarpanels. Heribert Hauck zeigt mir ein Chart, auf dem die Bilanzabweichungen mit und ohne AbLaV gut zu erkennen sind (Abb. 6.2). „Wir haben während der Sonnenfinsternis die Hütte viermal jeweils für sieben Minuten aus dem Netz herausgenommen", berichtet mir der TRIMET-Sprecher. Die Aluminiumhütte konnte damit kontrolliert zur Netzstabilisierung beitragen.

Abb. 6.2 Beitrag der Maßnahmen nach der Lastabschaltverordnung (AbLaV) zur Netzstabilisierung bei der Sonnenfinsternis am 20. März 2015. (Quelle: TRIMET 2015; mit freundl. Genehmigung der TRIMET Aluminium SE)

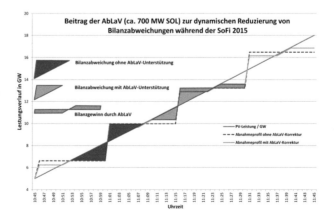

Die Aluminium-Hütte als virtuelle Batterie
Die TRIMET Aluminiumhütte beteiligt sich aber auch an Zukunftsprojekten. Bisher fahre man den Prozess im konventionellen Betrieb, d. h. 290 MW Base Load konstant über 8.760 h im Jahr. Allerdings habe man in den Prozessparametern etwas Spielraum. Derzeit laufe ein Versuch, mit zwölf Zellen einen flexiblen Betrieb zu fahren und die Leistung dabei um 25 % herauf- oder herabzufahren, also die Leistung zwischen 217 und 362 MW zu variieren. Das entspricht einer Leistungsschwankung von plus/minus 70 MW. Man könne den Prozess bis zu 48 h in eine Richtung verschieben, was insgesamt einer Speicherkapazität von 3.360 MWh entspricht. Die Speicherfähigkeit einer Aluminiumhütte entspreche damit in etwa der eines großen Pumpspeicherkraftwerks. Würde man alle Aluminiumhütten in Deutschland mit einer Base Load von insgesamt 1.100 MW als derartige virtuelle Batterie nutzen können, so stünde eine Speicherkapazität von 13,2 GWh zur Verfügung und würde damit die Leistung aller Pumpspeicherkraftwerke in Deutschland um ein Drittel erhöhen. Und das ohne zusätzlichen Landschaftsverbrauch oder sonstige Umwelteinflüsse und die Gebäude und Anlagen seien auch schon vorhanden. Eine überzeugend klingende Option.

6.3   Bahnstrom – schon immer etwas anders

Die Zeit der dunkel qualmenden Dampfloks ist schon lange vorbei. Man sieht sie noch hier und da als Museumsstücke, die an alte Bahnzeiten erinnern. In Salzbergen auf dem Bahnhof steht solch eine Dampflok. Ich schaue gerne zu ihr rüber, wenn ich mit dem Zug zur Hochschule nach Lingen fahre. Hat so etwas Romantisches. Allerdings haben die Dampfrosse unsere Luft auch ganz schön belastet. Heute jagen wir mit bis zu 300 km/h gemütlich in modernen ICE sitzend übers Land, weitgehend ohne Staub und CO_2 in die Atmosphäre abzugeben. Die Bahn fährt mit Strom. Es gibt zwar auch noch reichlich Dieselloks auf den Schienen, insbesondere im Rangierbetrieb und auf Nebenstrecken. 95 % der Verkehrsleistung auf der Schiene werden aber heute „unter Fahrdraht" erbracht [17].

Die Bahn fährt mit Strom, aber ohne Umweltbelastung? Kann nicht sein, die Erzeugung des Stroms geschieht doch sicherlich seit Jahrzehnten in konventionellen Kraftwerken. Mir fällt beispielsweise das inzwischen abgeschaltete Kohlekraftwerk in Datteln ein, welches ausschließlich Bahnstrom produzierte. „Seit April 2013 reist jeder Inhaber einer Bahncard und alle anderen Stammkunden zu 100 % CO_2-frei" – behauptet jedenfalls die Bahn. Auf alle Fälle spielt die Bahn beim Thema Strom eine nicht zu vernachlässigende Rolle. Ich suche den Kontakt zur DB Energie GmbH in Frankfurt und telefoniere mit deren Pressesprecher Gelfo Kröger [18]. Die DB Energie GmbH organisiert die gesamte Energieversorgung des Bahnkonzerns und ist damit nach eigenen Aussagen „unabhängiger Energiemanager eines der größten energieartenübergreifenden Portfolios in Deutschland und Versorger der Eisenbahnen" [19].

Das Bahnstromnetz

Die Bahn betreibt ein eigenes 110 kV-Hochspannungsnetz in Deutschland mit einer Leitungslänge von über 7.800 km. Entlang dieses Netzes befinden sich 37 Kraft-, Umformer- und Umrichterwerke, 184 Unterwerke und 19 Schaltwerke, die dafür sorgen, dass der 15 kV-Fahrstrom auch in den Streckenabschnitten verfügbar ist, wo er gebraucht wird. Für die Betriebsführung ist die Hauptschaltleitung (HSL) in Frankfurt zuständig. Sie sichert den elektrischen Zugbetrieb für täglich fast 20.000 Zugfahrten in Deutschland – und dies rund um die Uhr. Insgesamt benötigt die Bahn im Jahr 11 TWh Traktionsstrom, wie der Fahrstrom genannt wird. Das entspricht etwa dem Jahresstromverbrauch des Großraums Berlin.

Um diesen Jahresstrombedarf decken zu können, kann die Bahn auf insgesamt fast 2.600 MW installierte Leistung zugreifen. Damit lassen sich auch starke Schwankungen von bis zu 300 MW (!) innerhalb einer Minute regeln. Ich lerne aus den Unterlagen, die mir der DB Energie-Sprecher per E-Mail geschickt hat, dass dies auch nötig ist. Ein ICE in Doppeltraktion beziehe beim Beschleunigen beispielsweise so viel Leistung wie die gesamte Insel Sylt.

Die Bahn besitzt nicht nur ihr eigenes Netz, die Bahn hat auch ihren eigenen, besonderen Strom. Das Hochspannungsnetz wird mit Wechselstrom mit einer Frequenz von nur 16,7 Hz betrieben – und das schon seit 1912. Das normale Stromnetz in Deutschland wird im 50 Hz-Betrieb gefahren. Der Bahnstrom wird zu rund 70 % aus speziell für die Bahn arbeitenden Kraftwerken direkt mit 16,7 Hz in das Bahnnetz eingespeist. Rund 30 % des Bahnstroms werden aus dem 50 Hz-Netz bezogen und muss über Umrichter beziehungsweise Umformer in 16,7 Hz-Bahnstrom umgewandelt werden.

Schienenverkehr 2050 ganz ohne CO_2-Emissionen

Die Deutsche Bahn unterstützt nach eigenem Bekunden die Energiewende. Und sie hat sich ein ehrgeiziges Ziel gesetzt: Im Jahr 2050 soll der gesamte Schienenverkehr CO_2-frei sein [17]. Ohne Kernkraftwerke bedeutet dies, dass dann der gesamte Bahnstrom aus regenerativen Energien stammt. Als Zwischenziel hat sich die Bahn die 35 %-Marke im Jahr 2020 gesetzt – und es bereits im Jahr 2013 erreicht! 2011 lag der Anteil erneuerbarer Energien an der Bahnstromversorgung noch bei 21,8 %. Auch damals schon übertraf der Bahnstrommix den entsprechenden Wert für die öffentliche Versorgung deutlich. In den folgenden beiden Jahren hat die „Vergrünung des Fernverkehrs", also das Versprechen an Bahncardkunden, dass sie zu 100 % mit Ökostrom versorgt werden, den Anteil erneuerbarer Energien dann nochmal richtig in die Höhe getrieben (Abb. 6.3).

Der Grünstrom stammt zum überwiegenden Teil aus Wasserkraft. Dazu hat DB Energie lange laufende Lieferverträge über insgesamt 1,5 Mrd. kWh abgeschlossen. Das sei das mit Abstand größte Volumen an Ökostrom, das in Deutschland in den vergangenen Jahren durch ein Unternehmen beschafft worden sei. Darüber hinaus hat die DB Energie mittlerweile vier Windparks mit in Summe fast 50 Windrädern unter Vertrag genommen [17]. Allein im Windpark Märkisch-Linden an der A24, nahe Neuruppin in Brandenburg, hat die DB 20 Windräder langfristig unter Vertrag (Abb. 6.4).

Abb. 6.3 Das E.ON-Lauf-
wasserkraftwerk Apfeldorf am
Lech produziert kontinuierlich
Bahnstrom. (Quelle: DB Ener-
gie GmbH 2015; mit freundl.
Genehmigung)

Abb. 6.4 Die Bahn hat fast 50
Windräder in verschiedenen
Windparks in Deutschland
zur Stromversorgung unter
Vertrag. (Quelle: DB Energie
GmbH 2015; mit freundl.
Genehmigung)

Die komplette Umstellung des Stromverbrauchs auf erneuerbare Energien bringe jedoch enorme Herausforderungen mit sich, meint DB Energie Geschäftsführer Dr. Hans-
Jürgen Witschke. Strom aus Windkraft und Sonne ständen nur unbeständig zur Verfügung.
Das Potenzial an Wasserkraft in Deutschland sei weitgehend ausgeschöpft. Bei Biomasse
mindere der Transport die Ökobilanz eines Biomassekraftwerks. Außerdem stünde Biomasse bei den Kritikern unter dem Vorbehalt „Tank oder Teller". In einem Beitrag des DB
Fachjournals „Deine Bahn" schreibt Witschke:

> Was wir für die Zukunft brauchen, ist ein Speichermedium für unstetig anfallende erneuer-
> bare Energieträger. Die Deutsche Bahn hat in den vergangenen Jahren das Hybridkraftwerk
> der Firma Enertag in Prenzlau unterstützt. Das Hybridkraftwerk kann Windstrom in Form
> von Wasserstoff speichern. Bei geringem Windenergieangebot kann dieser in einem Was-

serstoff-Biogas-Blockheizkraftwerk zur Strom- und Wärmeproduktion genutzt werden. Ein denkbarer Weg unter vielen Möglichkeiten – allerdings noch weit von einem wirtschaftlichen Betrieb entfernt. [17]

Die Dynamik beeindruckt mich. 35 % des Bahnstroms werden schon aus erneuerbaren Energien gespeist. Das ist mehr als der derzeitige Anteil der Erneuerbaren am Gesamtstromverbrauch in Deutschland. Das heißt aber auch, dass 65 % noch aus konventionellen Quellen stammen. Ich frage mich, wie dieser Anteil ersetzt werden soll. DB Energie Chef Witschke hat es schon zutreffend beschrieben. Das Potenzial der – kontinuierlich laufenden – Wasserkraftwerke in Deutschland ist nahezu ausgeschöpft. Clever, dass sich die Bahn hier 1,5 TWh vertraglich gesichert hat. Aber woher sollen die restlichen Stromlieferungen kommen? Die regenerativen Quellen Sonne und Wind liefern in der Tat nicht kontinuierlich. Und ein „Smart Grid", ein intelligentes Netz, wird die Bahn mit ihrem 16,7 Hz-(Monopol-)Netz wohl schwerlich aufbauen können. Sie betreibt ein eigenes, vom Rest der Netze weitgehend separiertes Versorgungssystem, dass sich möglicherweise nicht so einfach in die neue Energiestruktur wird einbinden lassen. Das Ziel der Bahn, bis 2050 CO_2-frei zu sein, ist prima. Aber wo sind die Lösungsansätze?

Hohe Belastungen durch Steuern und EEG-Umlage
„Wir zählen uns zu den Opfern der Energiegesetzgebung", erklärt DB Energie-Sprecher Gelfo Kröger [18]. Man investiere stark in den Ausbau der Nutzung der Erneuerbaren und müsse im Gegenzug immer höhere Abgaben bezahlen. Im Jahr 2013 sei die Deutsche Bahn mit einer EEG-Belastung von 55 Mio. € bereits einer der größten Einzahler in das Umlagesystem zur Förderung der erneuerbaren Energien gewesen. Dieser Betrag habe sich bis 2015 auf rund 160 Mio. € verdreifacht. Der Grund sei nicht nur die gestiegene EEG-Umlage, sondern vor allem die Tatsache, dass seit 2015 auch der eigenerzeugte und direkt eingespeiste Bahnstrom, der wie beschrieben etwa 70 % des gesamten Fahrstroms ausmacht, mit der EEG-Umlage belegt wird. Grund sei auch die Senkung der Entlastung als „privilegiertes Unternehmen". Heute müsse für den Fahrstrom 20 % – statt bisher 10 % – der EEG-Umlage gezahlt werden [17].

Nachteilig für den Schienenverkehr wirke sich auch der Emissionshandel aus. Einzig der elektrisch betriebene Schienenverkehr müsse bereits heute vollständig für die benötigten CO_2-Zertifikate aufkommen. Die anderen Verkehrsträger seien nicht in das Emissionshandelssystem einbezogen, beziehungsweise erhielten, wie der innereuropäische Flugverkehr, die benötigten Zertifikate zu einem Großteil gratis zugestellt. Zudem zahle der Schienenverkehr der Deutsche Bahn AG jährlich rund 120 Mio. € Stromsteuer; Binnenschifffahrt und der Luftverkehr seien hingegen von jeglicher Energiebesteuerung freigestellt [17].

„Die Energiewende sei auch eine Verkehrswende", schreibt DB Energie-Chef Witschke in einem Leitartikel. Der Anteil erneuerbarer Energien im Straßenverkehr liege derzeit bei unter 7 %, die EU hat für 2020 ein 10 %-Ziel ausgegeben, und beim Flieger sei der Anteil Null. Ausgerechnet das umweltfreundlichste Verkehrsmittel, die Bahn, würde durch die gesetzlichen Regelungen in seiner intermodalen Wettbewerbsfähigkeit belastet und verliere damit Marktanteile. Stattdessen solle die Politik die umwelt- und verkehrspolitisch angestrebte Verlagerung von Verkehr auf die Schiene und die unternehmerischen Anstrengungen der Deutschen Bahn zur weiteren Erhöhung des Anteils erneuerbarer Energien im Bahnstrommix nachhaltig unterstützen, so Witschke [17].

6.4   Demand Side Management – Lastverschiebung

6.4.1   Strom als Handelsware

Strom ist zum einen eine rein physikalische Größe, der Fluss von Elektronen von einem Potenzialniveau zum einem anderen. Die Energieversorgungsstrukturen sind darauf ausgelegt, ein physikalisches Gleichgewicht zwischen der Stromerzeugung und dem Verbrauch zu gewährleisten.

Strom ist aber auch eine Handelsware (Commodity). Er wird an der Börse und außerbörslich gehandelt. Für Deutschland relevant sind die Strombörsen European Energy Exchange (EEX) in Leipzig und European Power Exchange (EPEX SPOT SE) in Paris. Dort werden standardisierte Produkte in einem transparenten Verfahren ge- und verkauft. Darüber hinaus schließen viele Unternehmen auch direkte Lieferverträge mit Stromerzeugern ab („over the counter" – OTC). Der Handel erfolgt am Terminmarkt, Day-ahead- und am Intraday-Markt, auf denen man sich kurz-, mittel- oder langfristig mit Strom eindecken kann. Auf dem Terminmarkt können Unternehmen Lieferungen bis zu sechs Jahre im Voraus buchen [20, S. 9].

Diese Märkte funktionieren nach dem Prinzip von Angebot und Nachfrage. Dem Stromhandel liegen Prognosen über den voraussichtlichen Bedarf zugrunde. Wenn der Stromhandel daraufhin ein Marktergebnis erzielt hat, bei dem Angebot und Nachfrage an den Stromteilmärkten ausgeglichen sind, bedeutet dies nicht automatisch, dass auch die physikalische Stromerzeugung und der Stromverbrauch im Gleichgewicht sind. Grund sind zumeist unvorhergesehene Abweichungen durch Kraftwerksausfälle oder kurzfristig veränderter Verbrauch. Hinzu kommt jetzt die Volatilität der erneuerbaren Energien Sonne und Wind, die zu unsicheren Prognosen und zu stärkeren Schwankungen führt.

Die Börsen haben hierauf reagiert. Seit 2011 bietet die Börse am Intraday-Markt die Möglichkeit, Viertelstundenpakete zu handeln. Zuvor war die kleinste Einheit eine Stunde. Die Vermarktung und Integration von erneuerbaren Energien sowie die Bewirtschaftung von Bilanzkreisläufen hat sich dadurch verbessert. Viertelstundenprodukte können beispielsweise die Änderungen bei der Solarstromeinspeisung in den Morgenstunden und am Abend besser abbilden.

Die täglichen und jahreszeitlichen Schwankungen unseres Strombedarfs spiegeln sich also nicht nur in der erforderlichen Verfügbarkeit von Strom wider, sondern auch in den Preisen. Anders als der heimische Strom aus der Steckdose, der nahezu immer gleich viel kostet, schwanken die Preise an den Energiebörsen stark. In der Vergangenheit kam es sogar zu negativen Preisen. Dies bedeutet, dass in diesen Stunden Stromproduzenten dafür Geld bezahlt haben, dass Verbraucher ihnen den Strom abgenommen haben. Negative Strompreise werden zumeist auf ein Überangebot an Strom aus erneuerbaren Energien zurückgeführt. Der Blick auf das Jahr 2013 zeigt jedoch, dass der Anteil der erneuerbaren Energien an der Stromerzeugung in keiner Stunde die 65 %-Marke überschritten hat – mithin die erneuerbaren Energien nie mehr Strom produziert haben, als zeitgleich verbraucht wurde. Die Agora Energiewende in Berlin kommt in einer Studie zu dem Ergebnis, das die Ursache für negative Preise „in der mangelnden Flexibilität des konventionellen Kraftwerkparks" liegt. In Zeiten hoher Wind- und Solarstromproduktion hätten die Kernkraftwerke, Braunkohlekraftwerke und KWK-Anlagen (Kraft-Wärme-Kopplungsanlagen) ihre Erzeugung nur teilweise reduziert, sodass es – obwohl die erneuerbaren Energien in den Spitzenstunden nie mehr als 65 % des Stroms produziert haben – zu Stromüberschüssen gekommen sei [21].

Die Mechanismen auf den Strommärkten sind ein sehr komplexes Thema. Einen guten Überblick gibt das „Grünbuch" des Bundeswirtschaftsministeriums *Ein Strommarkt für die Energiewende* [20]. Aber auch ohne die gesamte Komplexität erschlossen zu haben, ist schnell klar – Strom ist zu unterschiedlichen Zeiten unterschiedlich teuer.

Eine Möglichkeit, die Schwankungen aufzufangen und womöglich wirtschaftlich für den Stromverbraucher zu nutzen, ist die sog. Lastverschiebung oder Lastverlagerung. Über das Stromdatentool auf der Website von Agora Energiewende kann man die tatsächlichen Stromverläufe in Tages- oder Wochenverläufen darstellen [22]. Abbildung 6.5 zeigt die Schwankungen zwischen dem 20. und 24. April 2015.

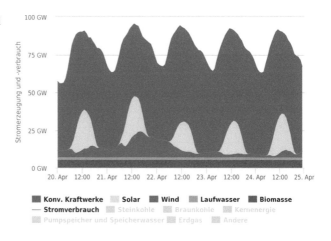

Abb. 6.5 Stromerzeugung und Stromverbrauch in Deutschland vom 20.–24. April 2015. (Quelle: Daten aus: [22])

6.4.2   Intelligente Stromnutzung: Lastverlagerung

Wir sind die Verfügbarkeit von Strom zu jedem beliebigen Zeitpunkt gewohnt. Als Privatkunden zahlen wir keine unterschiedlichen Preise zu unterschiedlichen Zeiten. Anders ist
dies im gewerblichen Bereich. Hier können Spitzen, die kurzzeitig über den geplanten und
geordneten Strombedarf hinausgehen, echt teuer werden. Bei zeitabhängigen Tarifen, bei
denen der Strom je nach Nachfrage und Angebot unterschiedlich teuer ist, würde es sich
daher vielleicht lohnen, Geräte und Maschinen, die nicht immer durchlaufen müssen, zu
den Zeiten einzuschalten, in denen der Strom preiswerter ist. Natürlich geht das nicht mit
den Anlagen und Maschinen, die in der Produktion kontinuierlich durchlaufen müssen.
In jedem Unternehmen gibt es aber Prozesse, die nur eine begrenzte Zeit lang am Tag
laufen, z. B. um Material vorzumischen oder aufzuheizen, um Abfälle zu schreddern oder
zu transportieren, oder um andere meist vor- oder nachgelagerte Arbeiten zu erledigen.
In der Sprache der Energiemanager sind dies sog. Nebenprozesse. Solange die Nutzung
der Anlagen oder Maschinen oder die Durchführung des Prozesses nicht an einen festen
Zeitpunkt gebunden ist, lohnt es sich, die Frage zu stellen, ob man den Arbeitsschritt nicht
zeitlich in preiswerte Stromstunden verlagern könnte (Abb. 6.6).

Kurzstudie Nachfrageelastizität
Ob sich eine Lastverschiebung überhaupt lohnt, hängt von den jeweiligen Preisbewegun-
gen sowie der Nachfrageelastizität in dem entsprechenden Strommarkt ab. Man könnte also die zeitliche Verteilung seines Stromverbrauchs, das Lastprofil, neben die Preisschwankungen an der Strombörse legen und schauen, wann man hätte verlagern können
und wie groß der Kosteneinspareffekt dabei gewesen wäre.

   Diesen Ansatz verfolgte eine Kurzstudie im Auftrag der Bundesnetzagentur [23]. Anhand von acht realen Lastprofilen unterschiedlichster Unternehmen wurde untersucht,
welche Einsparungen bei den zu diesen Zeiten tatsächlich an den Börsen zu zahlenden
Preisen durch Verschiebung möglich gewesen wären. Dabei ist man davon ausgegangen,

Abb. 6.6 Lastverschiebung
von den Spitzenverbrauchszei-
ten in schwächere Zeiträume
(eigene Darstellung)

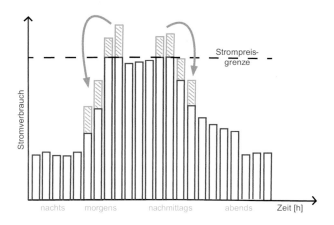

dass die Lastverschiebung maximal um vier Stunden in vor- oder nachgelagerte Stunden verlagert wird und dass nur ein Teil der Last in Abhängigkeit der Nachfrageelastizität bei entsprechendem Preisdifferenzierungsniveau verschoben wird. Als Variable wurde anstelle einer für alle Stunden gleich hohen EEG-Umlage eine stündlich veränderliche, d. h. dynamische EEG-Umlage verwendet.

Darüber hinaus musste die Nachfrageelastizität ermittelt werden. Aus der bereinigten Gebotskurve ergab sich eine elastische Nachfrage von 5.520 MWh. Setzt man diese Menge ins Verhältnis zur betrachteten Preisdifferenz, resultiert eine derzeitige Nachfrageelastizität am Markt von 3,7 MWh. In der untersuchten Stunde ist das diejenige Strommenge, die Nachfrager in Summe zu reduzieren bereit waren, wenn sich der Preis um 1 €/MWh erhöht. Bezogen auf die insgesamt nachgefragte Strommenge von über 50.000 MWh ist die Nachfrageelastizität somit äußerst gering.

Dementsprechend gering wären laut Studie die Einsparpotenziale gewesen. Die Energiekosten wären nur um 1 % reduziert worden. In angenommenen Extremsituationen kam man zwar auf über 10 %, dennoch nicht gerade überzeugend. Allerdings könnten sich die Nachfragelastizitäten im Zuge der Fortschreitung der Energiewende ändern, so die Autoren der Studie. Und außerdem ist das jeweilige individuelle Potenzial eines einzelnen Unternehmens je nach Branche möglicherweise deutlich höher.

Branchen mit hohem Lastverschiebepotenzial
In vielen Branchen liegt – zumindest technisch-physikalisch – interessantes Lastverschiebepotenzial vor. Nennenswertes Verschiebepotenzial bieten beispielsweise große Kühlhäuser. Durch die sehr gute Isolierung halten sich Temperaturen dort ohne Nachkühlung bis zu 24 h. Zudem ist das Temperaturband, in dem das Kühlhaus gefahren werden kann, ohne den Tiefkühlprodukten zu schaden, oft einige Grad breit. Das Einschalten der Kühlkompressoren kann man also leicht an die Zeiten niedriger Strompreise koppeln. Im Übrigen kann man diese Kühlhäuser auch als große Pufferspeicher nutzen, in die man temporär überflüssigen Strom durch stärkeres Herunterkühlen „abschiebt". Im Gegenzug braucht man erst deutlich später wieder nachzukühlen.

Natürlich gibt es aber auch Branchen, in denen das Lastverlagerungspotenzial gering ist. Entweder weil die Prozesse keine Flexibilität oder Speichermöglichkeit haben oder weil die schaltbaren Lasten zu gering sind. CUT! Energy (Abschn. 6.4.3) geht von einer Mindestgröße von 250 kW aus. Viele Anwendungen fallen unter diese Grenzen und lassen sich derzeitig nicht wirtschaftlich vermarkten. Zukünftig strebt CUT! Energy die Vermarktung der nutzbaren Flexibilität von Batterien in Elektroautos oder von Photovoltaikbatteriesystemen an. Dennoch gibt es interessante Lastverschiebepotenziale, insbesondere in folgenden Branchen [24]:

• Kühlhäuser (auch Kühl- und Gefriertruhen),
• Lebensmittelerzeugung (Kühllogistik, Brauereien etc.),
• Wasserwirtschaft (Frischwasser, Fernwärme, Speisewasser, Pumpleistung, Kläranlagen, Pipelines),

- Stahlindustrie (Öldruckpressen, Elektrolyse, Aluminiumherstellung),
- Kommunale Einrichtungen (Schwimmbäder, Eishallen, Sporthallen),
- Rechenzentren (Kühlung, Klimatisierung),
- Brechen von Steinen in Kieswerken,
- Pharmaproduktion (Bioreaktoren),
- Papierproduktion (Stoffaufbereitungsmaschinen).

Ich möchte wissen, ob und wie diese Potenziale genutzt werden. Wie können Unternehmen dieses Potenzial ausschöpfen? Die wenigsten von ihnen werden selbstständig ihren Strom an der Börse einkaufen. Zudem könnte es ja auch Vergütungen für den „Nichtbezug" von Strom in verschiedenen Zeitfenstern geben. Die Unternehmen würden dann dafür bezahlt, dass sie in Spitzenzeiten gerade mal keinen Strom abrufen.

6.4.3   Demand Response

Die Schwankungen der regenerativen Energien werden zumeist als Problem und als Störung der gesicherten Energieversorgung gesehen. Könnte man flexibel auf die Volatilitäten reagieren, also den Bedarf ein Stück weit der Erzeugung anpassen, ließen sich zumindest Spitzen auffangen oder verlagern. *Flexibilität* hätte dann einen Wert und ließe sich handeln. Wir kennen dies aus anderen Branchen, z. B. aus der Luftfahrt. Es wäre für die Fluggesellschaften viel zu teuer, ihre Kapazitäten ständig zu erweitern, beispielsweise durch zusätzliche Flugzeuge, Personal, Gates usw., nur um den Bedarf an Tagen mit besonders hohem Fluggastaufkommen abzudecken. Stattdessen ist es viel günstiger, die vorhandenen Ressourcen effizient zu nutzen und diejenigen zu entlohnen, die flexibel sind. Fluggäste, die bereit sind, an hochfrequentierten Tagen z. B. spontan auf einen anderen Flug umzubuchen, erhalten als Gegenleistung meist eine entsprechende Gutschrift oder ein Upgrade [25, S. 4].

Diesen Ansatz der Vermarktung der Flexibilität verfolgen bereits mehrere Dienstleister in Deutschland. Demand Response bedeutet, dass die Verbrauchsseite (engl.: demand) auf Signale der Erzeugungssituation, der Netzauslastung oder auf Preissignale reagiert (engl.: response). Die intelligente Poolung von verteilten Lasten, Speichern und Erzeugern schafft so ein virtuelles Kraftwerk bzw. ein intelligentes Energiesystem. Mich interessiert, ob das funktioniert und setze mich mit zwei neuen Unternehmen in Verbindung.

CUT! Energy GmbH – Laststeuerung als Dienstleistung

Ich treffe mich mit Heinrich Brockherde. Er ist geschäftsführender Gesellschafter des Start-up-Unternehmens CUT! Energy GmbH in Essen [24]. Eigentlich handelte es sich um eine Unternehmensausgründung aus der RWE, an welcher der Konzern aber nur mit weniger als 50 % beteiligt war. Nach zwei Jahren der Anschubbegleitung ist RWE Ende 2014 wieder ausgestiegen. CUT! Energy will die hohe Preisvolatilität an den Strommärkten nutzen und ihren Kunden Steuerungsempfehlungen für den zeitlich profitabelsten Einsatz der flexiblen Verbraucher, aber auch der Einspeiser geben.

Die weiter steigende, stark volatile Stromerzeugung der Erneuerbaren, so Heinrich Brockherde, führe zu einem steigenden Regelenergiebedarf mit erhöhten Anforderungen und einer hohen Belastung der Netzkapazitäten, was zu steigenden Netzentgelten führe. Ein weiterer Effekt sind Preisschwankungen an den Strombörsen. Das in vielen Unternehmen vorhandene Potenzial flexibler Lasten oder Einspeiser wird von CUT! Energy auf einer Plattform in einem Pool zusammengefasst und je nach Preissituation gezielt vermarktet. Unter Beachtung der Betriebsbelange der Kunden wird der Verbrauch oder die Erzeugung entsprechend erhöht oder reduziert. Dabei agiert das Unternehmen in drei verschiedenen Marktsegmenten:

- Vermarktung der schaltbaren Lasten (große schaltbare Verbraucher bzw. Einspeiser) an der Börse,
- Vermarktung der positiven und negativen Regelenergie am Regelenergiemarkt der Übertragungsnetzbetreiber,
- Einhaltung der Bedingungen für den Anspruch zur Reduzierung der Netzentgelte, z. B. atypische Netznutzung gem. § 19 Abs. 2 Satz 1 StromNEV (Entlastung der Verteilnetze).

Klingt komplex, also Erläuterung anhand der Praxis. CUT! Energy arbeitet beispielsweise mit der Lechwerke AG (LEW) in Augsburg zusammen. Gemeinsam habe man zahlreiche Notstromaggregate von Kühlhäusern gepoolt. Wenn zu wenig Strom im Netz sei, gebe der Übertragungsnetzbetreiber Amprion einen Steuerbefehl an den CUT! Energy-Pool, dieser schaltet dann die einzelnen „Netzersatzanlagen" zur Stromerzeugung an. Solche Netzersatzanlagen, umgangssprachlich Notstromaggregate genannt, gibt es sehr viele in Deutschland. Auch viele Supermärkte haben beispielsweise derartige Aggregate, damit für den Fall des Stromausfalls die gekühlte Ware nicht verderbe. Die freigesetzte Energie war gespeichert, sie kommt aus dem Diesel, mit dem die Aggregate betrieben werden.

Große Pumpen böten sich ebenfalls als Lastverschiebepotenzial an. In der Wasserwirtschaft, also der Trink- und Frischwassergewinnung und der Abwasseraufbereitung, werden zahlreiche große Pumpen eingesetzt, die zum einen in der Leistung geregelt werden könnten. Zum anderen müsste auch nicht jede Pumpe zu jedem Zeitpunkt laufen, etwa zur Befüllung eines Pumpspeicherbeckens oder bei der Reinigung von Filtern, die vielleicht einmal am Tag durchgespült würden.

In der Stahlindustrie sieht der CUT! Energy Geschäftsführer weitere Potenziale. Beispielsweise in der Stahlbearbeitung. Bei dem mittelständischen Familienunternehmen von Schaewen AG aus Essen kommen im Werk in Wetter riesige Schmiedepressen zum Einsatz, die große heiße Stahlblöcke verformen. Sie werden betrieben durch leistungsstarke stromgetriebene Öldruckpumpen, deren Last gesteuert werden kann. Wolle man weniger Last am Netz haben, so presse man den Block einfach ein wenig langsamer und ziehe dann weniger Strom aus dem Netz.

In Deutschland gibt es viele Studien über das vermeintlich hohe Lastverschiebepotenzial. Ob dies auch tatsächlich erschlossen werden könne, hänge aber nicht allein von der technischen Machbarkeit und der Flexibilität der Prozesse ab, so Brockherde. Die

Produktionsprozesse sind zumeist auf Qualität und Reproduzierbarkeit optimiert, die Prozessparameter werden genau eingehalten. Viele Prozesse reagieren sehr empfindlich auf eine Veränderung der Parameter. Die Konditorei Coppenrath & Wiese beispielsweise fährt ihren Kühlprozess in einem engen Temperaturfenster von nur 0,5 °C, da sich ansonsten Eiskristalle auf den Tiefkühlprodukten bilden, welche der Kunde als Qualitätsmangel bewerten würde. Die Steuerung des Stroms bringe oft mehr Risiken als Nutzen. Durch die Optimierung der Prozesse und Anlagen seien auch viel weniger Pufferkapazitäten im Markt, als man sich wünsche. Bei mehr Puffern können man diese Systeme als dezentrale Energiespeicher nutzen.

Bei Neuanlagen könne man dies jedoch ändern und von vornherein zusätzliche Puffer einplanen. Als Beispiel nannte er die Sterilisationsprozesse bei der Flaschenabfüllung, die über heißen Dampf erfolge. Wenn man den Dampfkessel von vornherein größer auslegen würde, hätte man Puffer, den man zur Laststeuerung und damit zur Generierung von zusätzlichen Erträgen nutzen könne. Den Kosten des größeren Kessels ständen dann die Erträge aus dem Strombereich gegenüber, letztendlich eine reine Wirtschaftlichkeitsbetrachtung.

Aber auch mit den bestehenden Anlagen ließen sich oft nennenswerte Erträge erwirtschaften. CUT! Energy habe für viele Unternehmen derartige Berechnungen durchgeführt. Sowohl bei der Vermarktung an der Börse, als auch bei Ausnutzung der unterschiedlichen Netzentgelte im Übertragungsnetz wie auch im Verteilnetz, kommen für ein Unternehmen mit flexiblen Lasten schnell einige 10.000 € Ertrag im Jahr zusammen. Und zudem ließen sich manche Prozessveränderungen auch in zwei der angesteuerten Marktsegmente vermarkten. Dennoch weiß auch der Stromflexibilitätsfachmann Brockherde, dass der überwiegende Teil des theoretisch technisch vorhandenen Potenzials wirtschaftlich nicht nutzbar ist.

Früher habe man über zehn und mehr Jahre den Return on Investment (ROI) kalkuliert, das sei vorbei. Wenn man heute den bestehenden Asset steuern wolle, so müsse der Aufwand bereits nach acht bis zwölf Monaten wieder eingespielt sein.

Entelios AG – Energieintelligenzplattform
Die Entelios AG mit Sitz in München und Berlin wurde 2010 von Oliver Stahl, Thomas Schulz und Stephan Lindner gegründet und gilt als eines der erfolgreichsten Start-ups in der Energiebranche. Seit Februar 2014 gehört Entelios als 100%ige Tochter zur amerikanischen EnerNOC, Inc. Das 2001 gegründete amerikanische Unternehmen bezeichnet sich selbst als führender Hersteller von Energieintelligenzsoftware. EnerNOC steht dabei für „Energy Network Operation Center", der Schaltstelle, von wo aus rund um die Uhr die Laststeuerung bei den vernetzten Kunden vorgenommen wird.

Laut Entelios-Firmenpräsentation sei jedes Unternehmen, das elektrische Lasten oder Generatoren mit einer flexiblen Leistung von mehr als 750 kW Strom bereitstellen kann, in der Regel ein guter Kandidat für Demand Response. Als Schnittstelle zwischen Prozessleitsystem und EnerNOC wird eine sog. E-Box installiert. Der Demand-Response-Teilnehmer teilt der Plattform nun mit, an welchem Tag, in welcher Woche bzw. in welchem Monat er für die Anpassung seines Stromverbrauchs an die Nachfrage verfügbar sein möchte. Vor der offiziellen und kommerziellen Teilnahme an Demand Response müssen sich Teilnehmer einem Testprogramm unterziehen, um die Kompatibilität und die Ausführung der Demand-Response-Prozesse zu testen. Nach der Probebetriebsphase und der erfolgreichen Präqualifikation der Anlagen bei den Übertragungsnetzbetreibern wird der neue Standort in einen Demand-Response-Pool aufgenommen und ist bereit, auf Anfragesignale zu reagieren [26]. Wenn ein Netzbetreiber Kapazitäten benötigt, wird ein Signal an den Demand-Response-Dienstleister EnerNOC gesendet. Dieser ermittelt dann, welche Lasten aus seinem Pool zur Steuerung zur Verfügung stehen und sendet ein Signal an das entsprechende Prozessleitsystem mit der Bitte, den Stromverbrauch entsprechend zu reduzieren. Wird die Anfrage vom Kunden akzeptiert, kann das Prozessleitsystem über die E-Box auf das Signal reagieren und den Stromverbrauch entsprechend drosseln oder erhöhen [25].

Zwei unterschiedliche Regelmodi werden dabei unterschieden. Im automatischen Modus wird die Sekundärregelleistung (SRL) vermarktet. Hierzu muss der Verbraucher in einer Zeit von weniger als 5 min. auf die Anfrage reagieren können. Im halbautomatischen Modus zur Nutzung der Minutenreserve (MRL) reicht eine Reaktionszeit von 15 min. EnerNOC gibt in Beispielberechnungen jährliche Erträge in Höhe von 40–100 Tausend € im SRL-Bereich und von 5–35 Tausend € im MRL-Bereich an [26].

Pilotprojekt: Graphitöfen stabilisieren Stromnetz
Die Lastregelung scheint dort am besten zu funktionieren, wo große Mengen an Strom verbraucht werden. Ein Beispiel hierfür ist das Pilotprojekt „Energieflexible Fabrik" der Lechwerke AG mit SGL Carbon in Meitingen. Die SGL Group ist einer der weltweit führenden Hersteller von Produkten aus Carbon. Das Portfolio reicht von Kohlenstoff- und Graphitprodukten bis hin zu Carbonfasern und Verbundwerkstoffen [27]. Im Meitinger Werk stellt die SGL Group u. a. Verbindungsteile für Graphitelektroden her, die im Elektrostahlrecycling eingesetzt werden. Um den hohen Temperaturen in den Lichtbogenöfen standzuhalten, müssen Elektroden und Verbindungsteile bei etwa 3.000 Grad graphitiert werden. Das dauert zwischen einem halben Tag und einer Woche.

Das energieintensive Aufheizen der Öfen kann jedoch innerhalb bestimmter Zeitfenster verschoben werden. Diese Flexibilität nutzt die SGL Group zusammen mit den Lechwerken [28]. Das Beschaffungsteam der RWE-Tochter bietet diese freie Kapazität an der bundesweiten Auktionsbörse „regelleistung.net" für die negative Minutenreserve an. Wer dort den Zuschlag erhält, verpflichtet sich, seine angebotene Minutenreserve in einem festgelegten Zeitfenster von 4 h in Bereitschaft zu halten und innerhalb von 15 min für mindestens eine Viertelstunde auf Abruf zur Verfügung zu stellen. Herrscht im Netz Stromüberfluss, wirft die SGL Group ihre stromintensiven Graphitierungsprozesse an und nimmt damit Last auf [29].

Ob und in welchem Umfang der Carbonhersteller die Minutenreserve anbiete, lege das Unternehmen am Vortag der Auktion fest. „Vergütet wird dabei erstens das Vorhalten der flexiblen Leistung und zweitens die konkrete Inanspruchnahme der Last", erklärt Thomas Reitermann, Leiter Energiebeschaffung der Lechwerke AG, in einem Interview mit der Zeitschrift für kommunale Wirtschaft (ZfK) [29]. Das Pilotprojekt, das im Rahmen des bayrischen Verbundprojektes „FOREnergy – die energieflexible Fabrik" durchgeführt wird, komme ganz ohne öffentliche Fördergelder aus, es erwirtschafte sogar noch einen kleinen Überschuss. Allerdings, so schränkt Reitermann im ZfK-Interview ein, erfolge der tatsächliche Abruf der Leistung als Minutenreserve eher selten und habe daher keine wesentlichen Auswirkungen auf den Produktionsprozess.

6.4.4 Bereitschaft der Unternehmen zum Energiemanagement

Demand Response und Demand Side Management (DSM) sind also technisch und wirtschaftlich machbar. Aber wie viele Unternehmen sind auch tatsächlich bereit, ihre Energie derart zu managen und Zugriff von außen auf ihre Prozesssteuerung zuzulassen? Heinrich Brockherde von CUT! Energy meint, dass viele Industrieunternehmen schon sehr weit wären, insbesondere die großen mit hohem Energieverbrauch. Bei vielen mittleren Unternehmen bestehe aber noch Unkenntnis und Zurückhaltung [24].

Eine Umfrage der Zeitschrift für kommunale Wirtschaft (ZfK) bei Stadtwerken in ganz Deutschland belegt diese Zurückhaltung [30]. So sehen zwar viele Stadtwerke „erhebliche Potenziale" (Trianel Aachen) und „wirtschaftlich nutzbares Potenzial" (Thüga München) für ein „massefähiges Demand Side Management", es seien aber noch „schwierige Aufgaben zu meistern" (GGEW Bensheim). Man sieht „Schwierigkeiten, Kunden davon zu überzeugen, ihren Produktionsprozess zu unterbrechen" (EVM Koblenz). Dennoch wird Demand Side Management als „einer der Wachstumsbereiche" angesehen (WSW Wuppertal).

Welche Bedeutung das Thema Lastverschiebung bereits in den unterschiedlichen Unternehmen hat, konnte ich im Jahr 2012 zusammen mit meinem Team der LOTSE GmbH untersuchen. In einer Studie zum Thema Energiemanagement bei Geschäftskunden von Stadtwerken wurde auch die Bereitschaft zur Lastverschiebung abgefragt [31]. Bei vielen Firmen herrschte noch Unsicherheit über ein mögliches Lastverschiebepotenzial. Insbesondere im verarbeitenden Gewerbe konnten sich jedoch 25–45 % der Unternehmen (je nach Größe) vorstellen, Lasten zu verschieben (Abb. 6.7).

Die grundsätzliche Bereitschaft zum Lastmanagement scheint also zumindest bei großen Unternehmen vorhanden zu sein. Kleine haben noch Vorbehalte. Die Umsetzbarkeit fängt in den Köpfen der Menschen an und setzt vielfach auch auf deren Bereitschaft. Ein Küchengehilfe in einer Großküche eines Hotelrestaurants denkt nicht an Lastverschiebung. Er heizt vor Eintreffen des Chefkochs schnell alle Öfen auf einmal auf, damit sie nur ja rechtzeitig warm sind, wenn der Chef kommt. Und ja, man könnte die Maschine zum Vormischen der Grundsubstanzen in einem produzierenden Unternehmen auch schon eine halbe Stunde vor Schichtbeginn laufen lassen. Aber dafür müsste der verantwortliche Mitarbeiter auch früher kommen – und das passt zeitlich nun mal nicht mit seiner

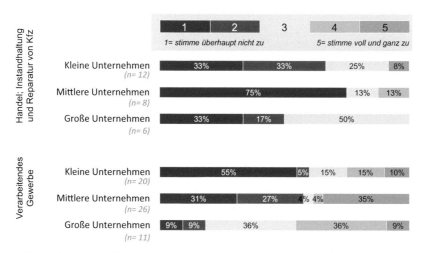

Abb. 6.7 Bereitschaft der Unternehmen, Lastverschiebung in ihren Betrieben vorzunehmen. 83 Teilnehmer nahmen Stellung zu der Aussage: „Aus Gründen der Energieeffizienz können wir uns vorstellen, unseren Betriebsablauf da, wo es möglich ist, zeitlich umzustellen." (Quelle: LOTSE GmbH 2012; mit freundl. Genehmigung)

Fahrgemeinschaft überein. Last- und Energiemanagement muss Teil der Produktions- und Arbeitsphilosophie werden, und das wird seine Zeit brauchen.

6.5 Energieeffizienz in der Industrie

6.5.1 Der Energieeffizienz-Index – Bedeutung und Entwicklung

Nach Aussagen des Bundesministeriums für Wirtschaft und Energie trage die Verbesserung der Energieeffizienz schon seit langem dazu bei, dass sich der Energieverbrauch und die Industrieproduktion deutlich entkoppelt haben. Insbesondere jene Industriebereiche, die im internationalen Wettbewerb stünden, hätten seit Jahrzehnten erhöhte Anstrengungen unternommen, die Effizienz ihrer Produktionsprozesse zu verbessern. Insgesamt konnte die Industrie ihre Energieintensität von 1991 bis 2011 um knapp 28 % real verringern. Dahinter stünden allerdings überdurchschnittlich hohe Einsparungen beim Brennstoffeinsatz und nur sehr moderate Rückgänge beim spezifischen Stromverbrauch [32, S. 29].

Die Verringerung der industriellen Energieintensität lässt sich allerdings nicht allein als Steigerung der Effizienz interpretieren. So können beispielsweise nachfragebedingte Effekte und Umschichtungen innerhalb der Produktpalette Einfluss auf die Energieintensität nehmen. Neben technischen Verbesserungen hat auch der Strukturwandel in einzelnen Branchen deutlichen Einfluss.

Obwohl die Bedeutung von Energieeffizienzmaßnahmen für die Industrie immer wieder unterstellt wurde, gab es bis 2013 kaum belastbare Untersuchungen zu der Frage, welche Rolle die Energieeffizienz in deutschen Industrieunternehmen wirklich spielt. Eine konkrete Analyse der Energieeffizienz für die gesamte Industrie und das produzierende Gewerbe im Sinne eines Index gab es nicht.

Um die Bedeutung der Energieeffizienz in der deutschen Industrie zu erfassen und die Entwicklung messen zu können, hat das Institut für Energieeffizienz in der Produktion (EEP) an der Uni Stuttgart in Zusammenarbeit mit dem Bundesverband der Deutschen Industrie (BDI), der Deutschen Energie-Agentur Dena und dem TÜV Rheinland 2013 erstmals den Energieeffizienz-Index der deutschen Industrie ermittelt. Durch Befragung von Unternehmen beleuchtet er seitdem halbjährlich die Energieeffizienzlage, methodisch vergleichbar etwa mit dem Ifo-Geschäftsklima-Index [33]. Hierzu werden Daten und Einstellungen in drei Kategorien ermittelt:

- erzielte und geplante Energieeinsparungen im Unternehmen,
- die aktuelle und zukünftige Bedeutung der Energieeffizienz für das eigene Unternehmen,
- bereits umgesetzte und geplante Investitionen im Bereich Energieeffizienz.

Die erste Erhebung wurde Ende 2013 durchgeführt und zeigte zunächst einen hohen Stellenwert der Energieeffizienz in den Unternehmen, Tendenz steigend. Kein Unternehmen glaubte damals daran, dass Energieeffizienz zukünftig einen geringeren Stellenwert habe. Gleichwohl hielten sich die Unternehmen mit konkreten Maßnahmen und Taten eher zurück, und das obwohl Potenziale, Möglichkeiten und Erfolgsaussichten durchaus bekannt seien. Der Grund hierfür liege im fehlenden Budget. Über 90 % der befragten Unternehmen hätten kein festes Budget für die Umsetzung von Effizienzmaßnahmen [33].

Dabei würden sich viele Investitionen sehr gut rechnen, ist das Bundeswirtschaftsministerium überzeugt. Ein Kern des *Nationalen Aktionsplans Energieeffizienz NAPE* [34] sei eine Investitionsstrategie für Deutschland. Die Rentabilität von Energieeffizienzinvestitionen sei in der Regel höher als die derzeit zu erzielende Rendite von langfristigen Anlagen auf dem Kapitalmarkt. Bei kleinen und mittleren Unternehmen könne die Rentabilität von Energieeffizienzinvestitionen bei 20–25 % liegen [34].

„Derzeit flacht die Stimmung hinsichtlich Energieeffizienz etwas ab", kommentiert Professor Alexander Sauer, seit Anfang 2015 Leiter des EEP, die letzten Erhebungen aus dem 1. Halbjahr 2015. „Wir rechnen zumindest nicht mit steigenden Energieeffizienzmaßnahmen." Er hat mir einen aktuellen Vortrag per E-Mail geschickt und erläutert mir wesentliche Erkenntnisse in einem Telefongespräch [35]. Die allgemeine Einschätzung der Bedeutung von Energieeffizienz und die getätigten Investitionen scheinen beide ein Hoch erreicht zu haben. Erstmals seien die zukünftigen Erwartungen unter die Bewertung der aktuellen Situation gerutscht, so Sauer. Maßgeblich für den fallenden Trend seien die geringen Energieeinsparungen, die aktuell erzielt und für die kommende Periode erwartet würden. Für die Unternehmen, die bereits viel investiert und getan hätten, wird der Aufwand für weitere Effizienzmaßnahmen immer höher und der Nutzen immer geringer. Und die Unternehmen, die bisher noch nicht viel getan haben, planten dies auch für die Zukunft nicht. Hier scheint also noch Potenzial zu liegen.

Schon in der EEP-Metastudie über die Energieeffizienz in der deutschen Industrie im Mai 2013 hatten die Forscher festgestellt:

Zurzeit stockt der Fortschritt bei der Energieeffizienz in Deutschland. [36]

„Von der Effizienz der Industrie hängt … der Erfolg der Energiewende ab", hatte Oliver Klempert 2013 in einem Artikel der Zeitschrift „VDI-Nachrichten" geschrieben [33]. Bleibt nur zu hoffen, dass seine Einschätzung zu einseitig war.

6.5.2 Energieeffizienz und die Getränkedose

Ball Packaging Europe (BPE) stellt Getränkedosen her – 18 Mrd. Dosen pro Jahr nur in Europa. In Deutschland ist Ball an sechs Standorten vertreten. Das Produktionswerk in Weißenthurm produziert Getränkedosen aus Stahl, in den Werken Haßloch und Hermsdorf werden Aluminiumdosen gefertigt. Am Standort Braunschweig werden ausschließlich Deckel produziert. Zusätzlich wird in Haslach der Mechanismus für die wiederverschließbare Dose hergestellt [37]. In Bonn sitzt das Business Center Europe. Hier sind allgemeine, standortübergreifende Abteilungen sowie Balls Forschungs- und Entwicklungszentrum für Europa, mit eigenem Labor und einer Test-Abfüll-Maschine, angesiedelt. Außerdem wird in Bonn die vom Management in der Schweiz vorgegebene Innovationsstrategie in die Tat umgesetzt.

Vor einigen Jahren durfte ich die Ergebnisse eines Forschungsprojektes der Fachhochschule Dortmund begutachten. Professor Udo Gieseler hatte darin in den Jahren 2009–2011 die Effizienzpotenziale in den beiden Ball-Werken in Hermsdorf bei Magdeburg und in Weißenthurm bei Neuwied am Rhein untersucht. Und war zu ganz erstaunlichen Ergebnissen gelangt: Würde man alle Produktionsprozesse nach dem verfügbaren Stand der Technik und innovativen Effizienzmaßnahmen optimieren, so könnte man Einsparpotenziale von im Durchschnitt 50 % erzielen [38]. Gieseler hatte zur Beurteilung der Einsparpotenziale einzelner Prozessschritte eine Größe benutzt, welche den minimal möglichen Energiebedarf beschreibt. Dieser physikalische Mindestbedarf wurde unter Beachtung der technisch-betrieblichen Eignung berechnet. Die Differenz zwischen dem Mindestbedarf und dem realen Prozess stellt die prinzipiell vermeidbaren Verluste dar. Klar, das ist nur ein hypothetischer Wert, ausgehend vom physikalisch und technisch Machbaren. Die Untersuchung zeigte aber immerhin auf, wie viel Potenzial in vielen Produktionsprozessen offenbar noch ungenutzt ist.

Professor Gieseler identifizierte auch ganz konkrete Effizienzansätze etwa bei den Waschtrocknern, das sind Durchlauföfen mit konvektiver Umlufttrocknung und einer Temperatur von circa 210 °C. Oder bei den Kompressoren, welche die für den Prozess so wichtige Druckluft herstellen. Im Rahmen des Projekts konnte darüber hinaus gezeigt werden, dass eine Vollversorgung durch erneuerbare Energien nach Umsetzung aller Effizienzmaßnahmen realisiert werden könnte. Allerdings wäre hierfür jedoch im Mittel eine etwa 15fache Werksfläche sowie ein Speichermanagement für Strom notwendig [38].

Ball Packaging Europe

50 % theoretisches Energieeinsparpotenzial, das ist eine Hausnummer. Ich möchte wissen, was aus den Vorschlägen geworden ist und fahre zur Ball Packaging Europe nach Bonn. Ich treffe mich mit Dr. Stephan Reuss. Er ist seit zehn Jahren der verantwortliche Manager für die Bereiche Environment, Health & Safty und Compliance für Europa. Stephan Reuss war damals am Projekt mit der Fachhochschule maßgeblich beteiligt. Von ihm möchte ich wissen, was aus den Ergebnissen des Projektes geworden ist.

„Ja, man habe einige Vorschläge realisieren können", erfahre ich [39]. Bei der Druck-lufterzeugung beispielsweise habe man sowohl Kompressoren ausgetauscht, als auch bei manchen Prozessschritten den Druck reduziert. Dies habe zu Energieeinsparungen von rund 6 % geführt. Auch habe man die Umluft in den Öfen optimiert und Gasbrenner aus-getauscht. 2 Mio. € habe man hierfür investiert, was zu einer Gasreduktion um rund 10 % geführt habe. Man sei im Übrigen ständig bemüht, die Energienutzung zu optimieren. Kleinere Maßnahmen im Werk wie Prozessoptimierungen oder der Austausch der Be-leuchtung gehörten zum Alltag. Der Energiedruck sei hoch, Energiekosten machten etwa 10 % der Produktionskosten aus.

„Bestimmte Dinge können wir aber nicht groß verändern", so Reuss. Den Prozess der Dosenherstellung an sich zum Beispiel. Das Projekt mit der Fachhochschule Dortmund sei im Übrigen Teil einer übergeordneten Vorgehensweise. Man habe im Konzern das „One Great Idea Information Tool", in dem aus allen Werken weltweit gute Ideen und Erfahrun-gen eingespeist würden. In jedem Werk gebe es einen Energiebeauftragten, der neue Ideen und Ansätze für Energieeffizienzmaßnahmen sammle. Einmal pro Monat tauschten sich die Energiebeauftragten aller Werke in Europa in einer einstündigen Telefonkonferenz über neue Projektideen aus. Anschließend würde mit den Werken abgestimmt, ob die Vor-schläge auch umsetzbar seien und eine entsprechende Projektliste zur Entscheidung in die Zentrale nach Zürich geschickt. Dort würde entschieden, welche Maßnahmen umgesetzt und welche Entwicklungsprojekte finanziert würden. Global wolle man 1 % des Gewinns (EBIT) für Energieprojekte ausgeben, für Europa entspreche dies etwa 2 Mio. €. Das Projekt mit der Fachhochschule Dortmund sei insofern ein systematischer Input für diese Liste gewesen, so Reuss.

Cut/4 Carbon

Der Energiefrage übergeordnet sei das generelle Ziel, den „Carbon Footprint" zu ver-bessern, ergänzt Dr. Johanna Klewitz [39]. Sie ist die Nachhaltigkeitsmanagerin bei Ball Packaging Europe. Nachhaltigkeit sei ein „High Priority"-Ziel und das Commitment sei hoch. „Wir haben ambitionierte Ziele entwickelt. Und unsere Kunden erwarten das auch von uns", erläutert Klewitz. Die Nachhaltigkeitsziele sind zusammengefasst in der Initiati-ve „Cut/4 Carbon". Das Ziel sei die Reduzierung der CO_2-Belastungen um 25 % bis 2020, bezogen auf den gesamten Lebenszyklus der Getränkedose. Hierfür habe man messbare

Ziele festgelegt, etwa für die Energiereduktion, die Abfallproduktion oder den Ausstoß von flüchtigen organischen Verbindungen. Durch den hohen Energiegehalt der Aluminiumdose sei die Recyclingquote eine ganz wichtige Einflussgröße. In Deutschland sei man bei Rückholquoten von deutlich über 90 %, in Europa insgesamt immerhin bei über 70 %. Nur 10 % des CO_2 entstünde in der Produktion, daher müsse man die gesamte Prozesskette betrachten.

Mich interessiert das Engagement in erneuerbare Energien. Professor Gieseler hatte vorgerechnet, dass sich Ball Packaging Europe theoretisch autark machen könnte. Zumindest könnten große Windenergieanlagen und Photovoltaik merklich zur Eigenversorgung beitragen. Die Vorschläge zur Eigenversorgung habe man aus verschiedensten Gründen verworfen, erläutert mir Dr. Reuss. Ein Nachteil der Erneuerbaren sei deren lange Amortisationszeit von deutlich mehr als den bei BPE geforderten vier Jahren. In England habe man Windenergieanlagen aus versicherungstechnischen Gründen verworfen. Lediglich in den USA decke das Werk in Findlay, Ohio, rund 20 % seines Strombedarfs mithilfe von fünf Windenergieanlagen ab. Bei der Nutzung der regenerativen Energien sei man noch am Anfang, so der Umweltmanager.

Literatur

1. Bundesverband der Deutschen Industrie e. V. (BDI), „Der BDI – Spitzenverband der deutschen Wirtschaft," [Online]. Available: http://www.bdi.eu/Ueber-uns.htm. [Zugriff am 17.07.2015].
2. Bundesverband der Deutschen Industrie e. V. (BDI), „Eckpunkte des zum geplanten Energiekonzept der Bundesregierung," 23.08.2010. [Online]. Available: http://www.bdi.eu/download_content/Eckpunkte.pdf. [Zugriff am 17.07.2015].
3. Bundesverband der deutschen Industrie e. V. (BDI), „Kompetenzinitiative Energie, Energiewende? Ja – aber richtig!," 2013. [Online]. Available: http://www.energiewende-richtig.de/. [Zugriff am 17.07.2015].
4. Bundesverband der Deutschen Industrie e. V. (BDI), „Versorgungssicherheit gewährleisten – umsichtig, umfassend und europäisch, Handlungsempfehlungen des BDI für das zukünftige Strommarktdesign," Berlin, Nov. 2014.
5. Bundesverband der Deutschen Industrie e. V. (BDI), „Energiewende ganzheitlich denken," Berlin, Okt. 2013.
6. Bundesverband der Deutschen Industrie e. V. (BDI), „BDI-Energiewende-Navigator 2014, Monitoring zur Umsetzung der Energiewende," Berlin, Nov. 2014.
7. Institut der deutschen Wirtschaft, „Folgen der Energiewende für die Industrie, IW Positionen Nr. 58," Köln, Feb. 2013.
8. Siemens AG, „Energiewende in Deutschland," [Online]. Available: http://www.energy.siemens.com/de/de/energiewende-deutschland/. [Zugriff am 18.07.2015].
9. W. v. Petersdorf, „Siemens-Chef macht Witze über Energiewende," F.A.Z. net, 23.04.2015. [Online]. Available: http://www.faz.net/aktuell/wirtschaft/energiepolitik/siemens-chef-macht-witze-ueber-energiewende-13555596.html. [Zugriff am 18.07.2015].
10. manager magazin, „BASF-Chef Bock greift Merkel an," 11.02.2014. [Online]. Available: http://www.manager-magazin.de/politik/deutschland/basf-chef-kurt-bock-kritisiert-energiewende-a-952674.html. [Zugriff am 18.07.2015].

11. Bundesministerium für Wirtschaft und Energie, „Die Energiewende gelingt nur mit den energie-intensiven Energien," 09/2013. [Online]. Available: http://www.bmwi.de/Dateien/BMWi/PDF/Monatsbericht/Auszuege/09-2013-energieintensive,property=pdf,bereich=bmwi2012,sprache=de,rwb=true.pdf. [Zugriff am 21.06.2015].
12. Gesamtverband der Aluminiumindustrie e. V. GDA, „Deutschland führt bei Recyclingrate für Aluminium-Getränkedosen – In Europa werden zwei Drittel aller Aluminium Getränkedosen recycelt," [Online]. Available: http://www.aluinfo.de/index.php/gda-news-de/items/deutschland-fuehrt-bei-recyclingrate-fuer-aluminium-getraenkedosen.html. [Zugriff am 17.07.2015].
13. H. Hauck, TRIMET Aluminuium SE, [Interview], 19.06.2015
14. Stadt Essen, „Integriertes Energie- und Klimakonzept der Stadt Essen," 03.02.2009. [Online]. Available: https://media.essen.de/media/wwwessende/aemter/59/klima/IEKK_2009_02_03_Master.pdf. [Zugriff am 17.07.2015].
15. T. Seilnacht, „Schmelzfluss-Elektrolyse nach Hall-Héroult zur Aluminiumgewinnung," [Online]. Available: http://www.seilnacht.com/Lexikon/schmelzf.html. [Zugriff am 17.07.2015].
16. M. Schulz, „Die Problemlizenz zum Abschalten," *Zeitschrift für kommunale Wirtschaft ZfK*, S. 5, Jan. 2015.
17. H.-J. Witschke, „Ohne Verkehrswende keine Energiewende," Deine Bahn. Fachzeitschrift von DB Training, Learning & Consulting und des Verbandes deutscher Eisenbahnfachschulen, S. 6–11, Okt. 2014.
18. G. Kröger, Pressesprecher DB Energie GmbH. [Interview], 15.06.2015
19. DB Energie GmbH, „Unternehmenspräsentation," Frankfurt, 2015.
20. BMWi, „Grünbuch," Okt. 2014.
21. P. Götz, J. Henkel, T. Lenck und K. Lenz, „Negative Strompreise: Ursachen und Wirkungen," Agora Energiewende, Energy Brainpool GmbH & Co. KG, Berlin, Juni 2014.
22. Agora Energiewende, „Agorameter; Stromerzeugung und Stromverbrauch," 2015. [Online]. Available: http://www.agora-energiewende.de/service/aktuelle-stromdaten/?tx_agoragraphs_agoragraphs%5BinitialGraph%5D=powerGeneration&tx_agoragraphs_agoragraphs%5Bcontroller%5D=Graph. [Zugriff am 16.06.2015].
23. Energy Brainpool GmbH & Co. KG, „Erlöspotentiale für Unternehmen durch Lastverschiebung bei dynamischer EEG-Umlage, Kurzstudie im Auftrg der Bundesnetzagentur," Berlin, Dez. 2014.
24. G.C.E.G. Heinrich Brockherde, [Interview]. 19.06.2015.
25. EnerNOC Inc. München, „E-Book Demand Response – So zahlt sich Ihre Flexibilität aus," [Online]. Available: www.enernoc.de. [Zugriff am 19.06.2015].
26. Entelios AG, München, „Demand Response in Deutschland," [Online]. Available: http://www.enernoc.de/quellen/Demand-Response-in-Deutschland. [Zugriff am 21.06.2015].
27. SGL CARBON SE, „SGL Group – The Carbon Company," [Online]. Available: www.sglcarbon.de. [Zugriff am 21.06.2015].
28. Lechwerke AG, „Pressemitteilung: Wie Graphitöfen die Stromversorgung stabil halten: Lechwerke und SGL Group setzen Idee der energieflexiblen Fabrik um," Augsburg, 19.09.2014.
29. „Energieflexible Fabrik – Stromnachfrage auf Abruf," *Zeitschrift für kommunale Wirtschaft (ZfK)*, S. 4, Jan. 2015.
30. M. Nallinger, „Chancen im Geschäft mit der Last," *Zeitschrift für kommunale Wirtschaft (ZfK)*, S. 4, Jan. 2015.
31. J. Gochermann, T. Heywinkel und S. Ruthenschröer, „Studie: Energiemanagement bei Geschäftskunden," Münster, Okt. 2012.
32. Bundesministerium für Wirtschaft und Energie, „Energie in Deutschland – Trends und Hintergründe zur Energieversorgung," Berlin, Februar 2013.

33. O. Klempert, „Die Energieeffizienz in der Industrie: eine Zahl," 20. Dez. 2013. [Online]. Available: http://www.vdi-nachrichten.com/Technik-Wirtschaft/Die-Energieeffizienz-in-Industrie-Zahl. [Zugriff am 21.07 2015].

34. Bundesministerium für Wirtschaft und Energie, „Mehr aus Energie machen – Nationaler Aktionsplan Energieeffizienz," Dezember 2014. [Online]. Available: http://www.bmwi.de/BMWi/Redaktion/PDF/M-O/nationaler-aktionsplan-energieeffizienz-nape,property=pdf,bereich=bmwi2012,sprache=de,rwb=true.pdf. [Zugriff am 26.04 2015].

35. A. Sauer, Telefongespräch über aktuelle Ergebnisse Energieeffizienz-Untersuchungen. [Interview]. 21.07.2015.

36. T. Bauerhansl, J. Mandel, S. Wahren, R. Kasprowicz und R. Miehe, „Energieeffizienz in Deutschland – Management Summary," Mai 2013. [Online]. Available: http://eep.uni-stuttgart.de/studie.pdf. [Zugriff am 21.07.2015].

37. Ball Europe GmbH, „Über Ball in Deutschland," [Online]. Available: http://www.ball-europe.com/businesscards/de/. [Zugriff am 21.07.2015].

38. U. Gieseler, „Auf dem Weg zu energieautarken Werken: Entwicklung innovativer Strategien zur Steigerung der Energieeffizienz und zum Einsatz von regenerativen Energien in der Produktion," Fachhochschule Dortmund, 2011.

39. S. Reuss und J. Klewitz, Ball Packaging Europe, Bonn. [Interview]. 2. Juli 2015.

7.1 Bedeutung der Technologien für die Energiewende

Das amerikanische Mondflugprogramm

Ende der 1950er-Jahre fühlten sich die US-Amerikaner den Russen technologisch deutlich überlegen. Bis diese 1957 den ersten Satelliten ins All schossen: Sputnik. Der Schock bei den Amerikanern saß tief und sie bündelten ihre damals weit verteilten Technologieaktivitäten und gründeten 1958 die NASA, die National Aeronautics and Space Administration, trotz starker Lobbywiderstände. Um Amerika geschlossen voranzubringen, bedurfte es eines Ziels, das der junge amerikanische Präsident John F. Kennedy, Hugh Dryden, der Chefwissenschaftler der NASA, und Kennedy-Berater James Webb ausarbeiteten. 1961 verkündete Kennedy dann, dass noch vor Ablauf des Jahrzehnts ein US-Amerikaner den Mond betreten würde. Das war ehrgeizig, in weniger als einem Jahrzehnt Technologien zu entwickeln, um Menschen ins All, bis auf den Mond und wieder zurück, zu bringen.

Dryden rechnete: Das Mundflugprogramm würde mindestens 40 Mrd. US$ kosten. Zum Vergleich: Das gesamte US-Jahresbudget betrug damals 98 Mrd. US$. Warum sollte man also die Hälfte eines Jahresbudgets ausgeben, nur um zum Mond zu fliegen? Und im Übrigen, was hätte man davon, auf dem Mond gewesen zu sein? James Webb holte das Ziel zurück auf die Erde. Es ging nicht um den Mond, es ging um Technologien, um Logistik, um Planung, kurz – es ging um den Wiederaufbau des amerikanischen Ingenieurwesens, insbesondere in den Computerwissenschaften.

Denn es war klar: Nur durch bessere Elektronik, durch Computer und durch neue Technologien würde ein Mensch den Weg zum Mond schaffen können. Die Nation, die als Erste einen Menschen zum Mond bringen sollte, würde sich auf Jahrzehnte hinaus die technologische und ökonomische Führung sichern. Es ging um Technologieführerschaft!

Und das Experiment gelang. Rund 435.000 der besten Ingenieure, Wissenschaftler, Techniker und Manager wurden an Bord geholt, eine Budget von 50 Mrd. US$ bereit-

© Springer Fachmedien Wiesbaden 2016
J. Gochermann, *Expedition Energiewende,* DOI 10.1007/978-3-658-09852-0_7

gestellt, die wichtigsten Industrieunternehmen wie IBM, Rand oder Hewlett-Packard mussten die Leistungsfähigkeit ihrer Systeme vervielfachen, gut 10.000 Industriefirmen entwickelten und bauten Raketen, Raumschiffe, Satelliten, elektronisches Zubehör, Treibstoffaggregate [1]. Es ging um die Miniaturisierung der Elektronik, um Mikrotechnik und um Computertechnologie. Der Kern der Entwicklungsaktivitäten lag in den Obstplantagen südlich von San Francisco, im Silicon Valley.

Die amerikanische Industrie profitiert immens vom Mondflugprogramm. Messtechnikunternehmen wie Hewlett-Packard entwickelten sich zum Computerkonzern. Der Ingenieur Gordon Moore, Halbleiterentwickler im Raumfahrtprogramm, gründet sein eigenes Unternehmen namens Intel. Und für Boeing begann durch die Erkenntnisse und Technologien aus der Raumfahrt eine auf Jahrzehnte hinaus gesicherte Marktführerschaft im Zivilflugzeugbau. Viele der technologischen Vorsprünge, insbesondere in den Computertechnologien, konnten die Amerikaner bis in die heutigen Jahre beibehalten.

Technologieführerschaft durch die Energiewende?

Was hat das amerikanische Mondflugprogramm aus den 1960er-Jahren mit der heutigen Energiewende zu tun? Ich entdecke zumindest einige Parallelen. Die deutsche Ingenieurkunst ist weltweit anerkannt, gleichwohl finden viele Innovationen in anderen Teilen der Welt statt. Es gibt zahlreiche Beispiele, angefangen beim Faxgerät, wo deutsche Technologien durch andere zum Erfolg geführt wurden. Innovationen finden in anderen Ländern statt. Kaum ein Flachbildschirm beispielsweise, der nicht aus Asien stammt. Und Telefone werden in Deutschland auch nicht mehr gebaut.

Die Energiewende sei zugleich auch eine Technologiewende, postuliert Professor Birkner von Mainova (Abschn. 8.1.2). Mit der Nutzung anderer regenerativer Energiequellen, mit der Entstehung dezentraler Strukturen und im Umgang mit Volatilitäten und Kleinteiligkeit entstehen zahlreiche neue technologische Ansätze und Produkte. Und es wirken unzählig viele Akteure mit, wie ich auf meiner Expedition immer wieder erfahren durfte.

Damit das Energiewende-Programm auf Touren kam, musste Geld ins System gepumpt werden. Ob der Weg über das Erneuerbare-Energien-Gesetz der richtige war und ob man ihn hätte anders ausgestalten müssen, ist müßig zu diskutieren. Tatsache ist, dieses Geld hat eine dynamische Entwicklung ausgelöst.

Ein derartiges volkswirtschaftlich spürbares Programm, von dem nahezu alle Bevölkerungsgruppen und die Wirtschaft betroffen sind – positiv wie negativ – bedarf eines übergeordneten Ziels. Umweltverbände und die Partei Die Grünen haben jahrzehntelang versucht, dieses Ziel zu setzen, ohne durchschlagende Akzeptanz in der Gesamtbevölkerung. Erst Fukushima und die resolute Entscheidung von Kanzlerin Angela Merkel waren in der Lage, das übergeordnete Ziel in der Bevölkerung akzeptabel zu machen. Insofern hat die Bundeskanzlerin in ihrer Regierungserklärung vom 17. März 2011 (Abschn. 4.1.1) ähnliches getan, wie John F. Kennedy fast genau 50 Jahre zuvor – sie hat der Energiewende eine Vision und Ziele gegeben.

Bleibt abzuwarten, wie die Geschichte weitergehen wird. Wird „die Nation, die als Erste die Energiewende schafft, sich auf lange Zeit die technologische und ökonomische Führung sichern"? Die Chance dazu besteht jedenfalls.

Technologieentwicklung in Deutschland
Deutschland verfügt über eine ausgesprochen breite und hocheffiziente Forschungsinfrastruktur. Von den weltweit anerkannten Max-Planck-Instituten der Grundlagenforschung, über die nicht weniger angesehenen Fraunhofer-Institute der angewandten Forschung, die zahlreichen Forschungs- und Entwicklungsinstitute in unterschiedlichsten Trägerschaften, die Großforschungseinrichtungen und -verbände, über unsere Universitäten und Fachhochschulen bis hin zu den zahlreichen Entwicklungszentren der Industrie und der Industrieunternehmen. Deutschland hat eine der höchsten Forschungs- und Entwicklungsdichten auf der Welt.

Viele davon arbeiten intensiv an Themen der Energiewende. Nachzulesen sind die aktuellen Vorhaben und Ergebnisse im jeweiligen „Bundesbericht Energieforschung" des Bundeswirtschaftsministeriums [2]. Die Beispiele aus den Feldern der Energieumwandlung, der Energieverteilung und -nutzung, aber auch aus der Materialforschung und den übergeordneten Technologiethemen sind spannend und vielfältig. Und sie sind so zahlreich, dass sie Stoff für eine eigene Expedition böten. Teile von diesen spannenden Entwicklungen habe ich auf meiner Reise kennengelernt. Meine Zeit und die Ressourcen reichen aber leider nicht, um hier tiefer einzusteigen.

7.2 Hannover Messe

Industrie- und Technologiemesse
Zwei Schwerpunkte habe die Hannover Messe 2015, stand in der Zeitung. Industrie 4.0 und die Energiewende. Die digitale Industrie war auch in den Vorjahren schon ein Kernthema. Und dem Thema Energie widmen sich schon seit Jahren gleich mehrere Hallen. Großtechnische Anlagen, Kondensatoren und Schaltelemente, Kabel und Schaltschränke, eben alles was man in der Industrie braucht, um große oder auch kleine Mengen Strom zu leiten. Auch Technologien zur Nutzung der regenerativen Energien bilden seit mehreren Jahren einen festen Schwerpunkt; im Mittelpunkt steht im Jahr 2015 die Leitmesse „Wind".

Aber Energiewende? Das macht mich neugierig. Was wird gezeigt? Neue Technologien um die Energiewende zu meistern? Neue Player im Markt der Regenerativen? Wie präsentiert sich die Wende? Ich erinnere mich an die Aussage von Professor Birkner von Mainova, die Energiewende sei auch eine Technologiewende. Wird das der Kern der Messepräsentation sein? Immerhin ist die Hannover Messe nicht nur die weltgrößte Industriemesse, in unserer technologiegeprägten Industriewelt ist sie zugleich auch die größte Technologiemesse.

Wer sich in technologieintensiven Märkten bewegt, für den ist der jährliche Messebesuch in Hannover beinahe schon Pflichtprogramm. Die breite Vielfalt der ausstellenden Branchen erlaubt einen verlässlichen Überblick nicht nur über Branchen- und volkswirtschaftliche Entwicklungen. Ein aufmerksamer Gang über die Messe gewährt auch einen Überblick über technologische Entwicklungen und Trends, aber auch über industrielle Modeerscheinungen. Nach fast 30 Jahren Messeerfahrung gelingt es mir ganz gut, solche Trends und Entwicklungen herauszufiltern.

Mit der Doppelerwartung, einen Überblick über die aktuellen industrietechnologischen Entwicklungen zu erhalten und die Energiewende präsentiert zu bekommen, trete ich die Fahrt nach Hannover an. Ich nehme den ICE und die U-Bahn. Ich fahre selbst gerne Auto, kann aber immer noch nicht verstehen, warum so viele Messebesucher sich mühsam morgens per Auto zum Messegelände quälen, ein ganzes Stück weit weg vom Eingang parken und sich abends in Geduld üben, um mit den Massen wieder vom Parkplatz herunterzukommen und die Autobahn zu erreichen. Mit der inzwischen zur Straßenbahn mutierten U-Bahn erreiche ich entspannt den Nordeingang.

Auf der Suche nach der Energiewende
Das Partnerland ist Indien. Ich erwarte hiervon keinen nennenswerten Beitrag zum Thema Energiewende. Ich fange mit meiner Suche in Halle 2 an, in der Forschungswelt. Die großen deutschen Forschungsorganisationen und Technologieverbände präsentieren sich wie gewohnt auf großen offenen Ständen mit zahlreichen kleinen Einzelprojekten, meist gebündelt unter einem Oberthema. Über dem großen, runden und offenen Stand des Bundeswirtschaftsministeriums prangt der Schriftzug „Energie". Nun gut, der Energiebereich gehört in dieser Legislaturperiode ja nun mal zum Wirtschaftsministerium. Ich sehe einen Montagetisch von Audi, zahlreiche Forschungsprojekte aus Hochschulen und Instituten, Informationsstände von Fördervereinigungen, Forschungseinrichtungen und des Ministeriums und etwas zum Thema Energieeffizienz. Aber keine Energiewende. Sollte man in der Forschungshalle auch nicht erwarten, denke ich mir. Wäre schlecht, wenn sich die Energiewende noch in der Forschungs- und Entwicklungsphase befinden würde.

Ich arbeite mich durch die Hallen 17 bis 14 nach Süden durch. Es sind die Hallen der Automatisierungstechnik. Unverkennbar stehen dieses Jahr die Roboter im Mittelpunkt. Nein, keine langweiligen roten, orangefarbenen oder gelben Mehrachser, die sich scheinbar den Schwenkarm verdrehend, Automobilteile von einem auf den anderen Platz legen oder Bälle in Öffnungen werfen. Der Roboter als Assistent des Menschen hat Einzug auf die Industriemesse gehalten. Gleich am Eingang trifft man auf eine Küchenzeile mit Herd und Arbeitsplatte, über der zwei der menschlichen Anatomie nachempfundene Roboterarme aus der Decke kommen. Die vollautomatische Küche der britischen Firma Shadow Robots kann angeblich kochen wie ein Sternekoch. In der Tat, die beiden Roboterarme schneiden Gemüse, rühren in Töpfen, bereiten Zutaten vor und füllen das fertige Gericht akkurat auf. Toll, kann ich auch. Aber im Gegensatz zum Roboter genieße ich dann schon mal ein Glas Weißwein dabei. Gegenüber werden Schüler in einem Zweiersitz am Ende eines überdimensionalen Kuka-Roboters kirmesartig durch die Luft gedreht. In den Gängen trifft man auf kleine sprechende technische Gestalten. Aber immer wieder auch auf klare industrielle Anwendungen, beispielsweise selbstfahrende und intelligente Logistiktechnologie. In der Tat viel Neues. Aber keine Energiewende.

Die Energiehallen

Ich bin im Südteil des Messegeländes angekommen. Es ist warm, fast sommerlich. Zwischen den Hallen sitzen die Messebesucher und genießen die Sonne und die frische Luft. Vor mir liegen die Hallen 12 und 13, orange gemarkert für das Themengebiet „Energie". Ich mache mich auf die Suche nach Hinweisen auf die Energiewende. Wie erwartet finde ich zunächst elektrotechnische Komponenten, Schalt- und Schutzsysteme, Kondensatoren und andere Bauteile und das gesamte Spektrum der elektrischen Leittechnik, Anlagen und Netze. Es geht um Energieübertragung und um Energieverteilung. Der Anteil internationaler Anbieter ist auffallend hoch, auch viele asiatische Hersteller sind mit großen Ständen vertreten. Ich bin kein Fachmann für Elektrotechnik, aber herausragende Neuerungen fallen mir nicht auf.

Also wieder durch die Sonne hinüber in die Halle 27, Oberthema und Hallenbezeichnung „Wind". Der Blick fällt sofort nach dem Eintritt unweigerlich auf orangefarbene große Tafeln mit der weißen Aufschrift „Dezentrale Energieversorgung" (Abb. 7.1). Das Gefühl kommt auf, hier finde ich die Energiewende. Der große, offene und aktiv wirkende Gemeinschaftsstand wird organisiert vom Bundesverband Kraft-Wärme-Kopplung e. V. (B.KWK), dem Zentralverband Elektrotechnik- und Elektronikindustrie e. V. (ZVEI) und der Deutsche Messe AG. Insgesamt 39 Aussteller zeigen Technologien oder Konzepte zur dezentralen Energieversorgung, sowohl Mittelständler wie Großunternehmen, aber auch Verbände und Organisationen. Von den großen Energieversorgern sind nur EnBW mit ein paar Informationen zum Contracting und die RWE Energiedienstleistungen GmbH dabei. So richtig zu zeigen haben beide Konzerne jedoch nichts. Ihre Positionierung wirkt nicht proaktiv und engagiert, vielmehr unsicher und zurückhaltend. Dabeisein ist eben alles.

Der Rest der Halle wird erwartungsgemäß dominiert von den großen Windenergieanlagenherstellern. Es wird Technik gezeigt, aufgeschnittene Modellnaben, die ihr Inneres preisgeben, ein Modell eines kompletten Maschinenhauses, das mit Schaltschränken und verschiedenen Arbeitsebenen wie ein normaler Produktionsbetrieb wirkt, dazu Getriebe-

Abb. 7.1 Gemeinschaftsstand „Dezentrale Energieversorgung" auf der Hannover Messe 2015. (Quelle: Eigene Aufnahme 15.04.2015; mit freundl. Genehmigung der Deutsche Messe AG)

und Generatorkomponenten. Enercon präsentiert seine neue 4,2 MW-Anlage in einem eindrucksvollen und hochwertig inszenierten Film, für dessen Präsentation auf dem Messestand extra ein kleiner Kinobereich zum Durchgehen eingerichtet wurde.

Aber Technik steht nicht dominierend im Vordergrund. Auffallend groß sind die Standflächen für Beratungen, Besprechungen und Verhandlungen (Abb. 7.2). Windenergieanlagen sind ein voll etabliertes Produkt.

Und die Photovoltaik? Bislang habe ich noch kein einziges Solarmodul gesehen. Zumindest nicht in dieser Halle, in der es laut Messehomepage um „Neue Konzepte für fossile und erneuerbare Energien" geht. Hier sind kaum Anbieter von Photovoltaiksystemen und -komponenten zu finden. Eine Suche zum Stichwort „Photovoltaik" im digitalen Ausstellerkatalog liefert 112 Treffer, bei dem weit überwiegenden Teil handelt es sich jedoch um Anbieter von Komponenten und Dienstleistungen rund um die Photovoltaik, wie ein Blick in deren Produkt- und Leistungspalette verrät. Die meisten befinden sich in den Messehallen der Zulieferindustrien. Innovation in der Photovoltaik? Fehlanzeige. Die Technologie ist ausgereift, die Märkte sind entwickelt.

Auffällig hingegen ist, wie häufig das Thema Wasserstoff auf den Messeständen auftaucht. Nicht nur auf dem Gemeinschaftsstand „Dezentrale Energieversorgung", auf dem einige größere und kleinere Brennstoffzellen zu finden sind. Unter dem Clusternamen „Hydrogen + Fuel Cells + Batteries" haben sich insgesamt 150 Aussteller aus 25 Nationen zu einer Ausstellergruppe zusammengefunden [3]. In nahezu jeder Halle findet man das orange-blaue Emblem an einem oder mehreren Ständen. Dazu finden an jedem Messetag zahlreiche Fachvorträge und Diskussionen sowohl in einem öffentlichen Forum wie auch in einem Technologieforum statt. Die Wasserstofftechnologie ist stark vertreten und tritt aktiv auf. Auch die Nationale Organisation Wasserstoff- und Brennstoffzellentechnologie (NOW) ist vertreten. Sie koordiniert und steuert das *Nationale Innovationsprogramm Wasserstoff- und Brennstoffzellentechnologie (NIP)* und das Programm *Modellregionen*

Abb. 7.2 Enercon-Messestand Halle 27 „Wind": Viel Raum für Gespräche und Verhandlungen, die Technik steht nicht im Vordergrund. (Quelle: Eigene Aufnahme 15.04.2015; mit freundl. Genehmigung der Enercon GmbH)

Abb. 7.3 EnergyTeam aus
Italien: Beeindruckende Übersicht über die vorhandenen
Technologien zur Nutzung
regenerativer Energien.
(Quelle: Eigene Aufnahme
15.04.2015)

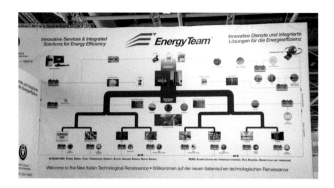

Elektromobilität des Bundesministeriums für Verkehr und digitale Infrastruktur (BMVI).
Beides sind Programme zur Marktvorbereitung der entsprechenden Technologien.

Technologievielfalt

Am Ende meines Rundgangs durch die Energiewende-Halle bleibe ich vor einem italie-
nischen Stand stehen. EnergyTeam S.p.A. aus Mailand bietet Dienstleistungen und Produkte zum Energiemanagement an [4]. Nichts Ungewöhnliches. Mich fasziniert vielmehr
die Grafik oberhalb des Messestandes (Abb. 7.3). Rund um eine Art Technologiebaum
der regenerativen Energien sind viele unterschiedliche, bereits vorhandene Technologien
und Dienstleistungen aufgeführt. Das Schaubild bestätigt meinen Eindruck vom Mes-
serundgang mit der Energiewende-Brille und veranschaulicht zugleich mein Fazit: *Die
Energietechnikbranche ist weit entwickelt, breit aufgestellt, mit vielen nationalen und
internationalen Anbietern. Wahrscheinlich sind fast alle Technologien zur Erreichung der
energiepolitischen Ziele bereits vorhanden.*

7.3   Speichertechnologie

7.3.1   Forschung und Entwicklung für Speichertechnologien

Zum Ausgleich der Volatilitäten der erneuerbaren Energien leisten Speicher einen wichtigen Beitrag. Bereits 2011 starteten daher die drei Bundesministerien für Wirtschaft und
Technologie, für Umwelt, Naturschutz und Reaktorsicherheit sowie für Bildung und Forschung eine gemeinsame Initiative zur Förderung von Forschung und Entwicklung auf
dem Gebiet von Energiespeichertechnologien. In einer ersten Förderperiode wurden bis
2014 insgesamt rund 200 Mio. € Förderung zur Entwicklung einer großen Bandbreite von
Speichertechnologien für Strom, Wärme und andere Energieträger bereitgestellt [5].

Seit 2015 findet Speicherforschung auch konzentriert unter dem Dach der Helmholtz-
Gemeinschaft statt. Im Rahmen des für fünf Jahre mit rund 310 Mio. € ausgestatteten
Programms „Storage and Cross-linked Infrastructures" (SCI) sollen Energiespeichersysteme zum Ausgleich von Schwankungen in der Stromerzeugung sowie Infrastrukturen
zur Energieübertragung entwickelt werden. Insgesamt fünf Zentren der Helmholtz-Ge-

meinschaft nehmen an dem Projekt teil: das Karlsruher Institut für Technologie (KIT), das Deutsche Zentrum für Luft- und Raumfahrt (DLR), das Forschungszentrum Jülich (FZJ), das Helmholtz Zentrum Berlin (HZB) sowie das Helmholtz Zentrum Dresden-Rossendorf (HZDR). Das Forschungsprogramm SCI gliedert sich in sechs Themen [6]:

- Batterien und elektrochemische Speicher,
- Elektrolyse und Wasserstoff,
- synthetische Kohlenwasserstoffe,
- Brennstoffzellen,
- thermische Energiespeicher,
- Netze und Speicherintegration.

Darüber hinaus stellt das Bundesforschungsministerium im Rahmen des Energieforschungsprogramms weitere Mittel speziell für die Batterieforschung zur Verfügung ([2], S. 16–17).

Klassische Stromspeicher sind die Pumpspeicherkraftwerke. Doch die topografischen Möglichkeiten zur Ausweitung der Pumpspeicherkraftwerke sind in Deutschland begrenzt. Geforscht wird auch an der Idee, alte Bergwerksschächte als Pumpspeicher zu entwickeln. Immerhin gehen die Schächte im Ruhrgebiet weit über 1.000 m in die Tiefe. Aufgrund des auch in Zukunft anfallenden Grubenwassers müssen die meisten Schächte ohnehin noch über Generationen zum Abpumpen betrieben werden. In Deutschland eigneten sich vor allem Erzbergwerke: Sie böten nicht nur den Raum, um die Kraftwerke und Speicherseen anzulegen, ohne die Landschaft zu stören, sondern auch den Vorteil, dass keine Giftstoffe ausgeschwemmt würden. Mehr als 100 Erzbergwerke hätten Forscher schon in die engere Wahl gezogen, lese ich in einem Ingenieurmagazin [7].

Offensichtlich wird an vielen Stellen intensiv an der Speichertechnologie geforscht und entwickelt. Sich mit dem technologischen Stand jeder einzelnen zu beschäftigen, würde den Rahmen meiner Expedition sprengen. Ich greife mir daher zwei heraus, die oft im Anwendungsfokus stehen: die elektrischen Batterien und Power-to-Gas.

7.3.2 Power-to-Gas

Die Deutsche Energie-Agentur (dena) bezeichnet Power-to-Gas als „spartenübergreifende Systemlösung" [8]. Die Grundidee ist, überschüssigen Strom aus regenerativer Erzeugung, der nicht im Netz benötigt wird, zur Erzeugung von Wasserstoffgas oder Methangas zu verwenden. Die elektrische Energie wird also in chemische Energie umgewandelt (s. Abb. 2.3). Das Gas kann gelagert und transportiert werden und zu einem späteren Zeitpunkt oder an einem anderen Ort wieder genutzt werden, beispielsweise auch, um es in Brennstoffzellen wieder zu verstromen. Allerdings geht bei der Rückumwandlung in Strom ein Teil der Energie verloren (Abschn. 2.1). Dennoch, eine geniale Art, die elektrische Energie einzubinden und für später nutzbar zu halten.

Roadmap für Power-to-Gas

Technologisch ist die Wasserelektrolyse, in der unter Zuführung von elektrischem Strom Wasser in die Bestandteile Wasserstoff und Sauerstoff zerlegt wird, lange bekannt. Auch der mögliche zweite Schritt, unter Hinzugabe von CO_2 synthetisches Methangas zu gewinnen, ist prinzipiell bekannt und wird in vielen kleineren Anlagen betrieben. Die großtechnische Umsetzung ist aber noch in den Anfängen. Bereits 2012 wurde daher von der Deutsche Energie-Agentur (dena) eine Roadmap zur großtechnischen Entwicklung der Power-to-Gas-Technologie erarbeitet. Das Ziel: die wirtschaftlich tragfähige, groß-technisch erprobte Verfügbarkeit von Power-to-Gas ([9], S. 2). Dazu wurden sechs Handlungsfelder bis 2020 identifiziert, beschrieben und zeitlich gestaffelt:

1. Energiewirtschaftliche Grundlagen zur Nutzung nicht integrierbarer Stromerzeugung aus erneuerbaren Energien (2012–2014).
2. Begleitende Technologieforschung für Power-to-Gas (2012–2015).
3. Anwendungsforschung: Technologieerprobung und Weiterentwicklung von Power-to-Gas (2012–2020).
4. Schaffung der systemtechnischen Voraussetzungen zur großtechnischen Nutzung von Power-to-Gas (2012–2020).
5. Schaffung von Grundlagen und Rahmenbedingungen für die (Langfrist-)Energiespeicherung im (europäischen) Strommarkt (2012–2020).
6. Schaffung von Investitionsbereitschaft zur großtechnischen Nutzung von Power-to-Gas (2020–fortlaufend).

Die dena hat auf der „Strategieplattform Power to Gas" eine Übersichtkarte der Versuchsanlagen in Deutschland veröffentlich [10]. Demnach gibt es derzeit über 20 Forschungs- und Pilotanlagen, in denen das Power-to-Gas-Verfahren eingesetzt und weiterentwickelt wird. Die Projekte haben unterschiedliche Schwerpunkte und Ziele. Bei allen ginge es noch darum, die technische Machbarkeit zu demonstrieren, Standardisierung und Normierung zu erreichen, die Kosten zu senken und Geschäftsmodelle zu erproben.

Dennoch, es gibt auch Anlagen, die schon mehr darstellen als nur einen Pilotversuch. Von der Power-to-Gas-Anlage der Thüga im Frankfurter Osthafen habe ich bei meinem Besuch der Mainova AG erfahren (Abschn. 8.1.2). Im vergangenen Sommer hatte ich darüber hinaus die Gelegenheit, eine beeindruckende Versuchsanlage im emsländischen Werlte zu besuchen.

Das Audi e-gas-Projekt

Im Juni 2013 eröffnete der Automobilhersteller Audi eine Power-to-Gas-Anlage, die Audi e-gas-Anlage in Werlte im Emsland. Damit wolle Audi als erster Automobilhersteller eine Kette nachhaltiger Energieträger aufbauen. An ihrem Anfang stehen Grünstrom, Wasser und Kohlendioxid. Die Endprodukte sind Wasserstoff und synthetisches Methan: das Audi e-gas [11]. Warum baut ein Automobilhersteller eine Anlage zur Gewinnung grünen Gases? Ganz einfach, als Ersatz für das heutige Benzin im Tank. „Die Erforschung synthetischer umweltfreundlicher Kraftstoffe ist der Kern unserer starken e-fuels-Strategie", hatte Reiner Mangold, Leiter Nachhaltige Produktentwicklung bei Audi, zur Eröffnung der Anlage in Wertle betont [12].

Die e-gas-Anlage arbeitet in zwei Prozessschritten: Elektrolyse und Methanisierung (Abb. 7.4). Im ersten Schritt nutzt die Anlage überschüssigen Grünstrom, um mit drei Elektrolyseuren Wasser in Sauerstoff und Wasserstoff zu spalten. Der Wasserstoff könnte als Treibstoff für künftige Brennstoffzellenautos dienen. Derzeit fehlt hier jedoch noch eine flächendeckende Infrastruktur. Deshalb folgt unmittelbar der zweite Verfahrensschritt: die Methanisierung. Durch die Reaktion des Wasserstoffs mit CO_2 entsteht synthetisches Methan, das Audi e-gas. Es ist mit fossilem Erdgas nahezu identisch und wird über eine bereits vorhandene Infrastruktur, das deutsche Erdgasnetz, an die CNG(„compressed natural gas")-Tankstellen bundesweit verteilt. An den CNG-Tankstellen sollen dann die Audi-Fahrer das umweltneutrale e-gas tanken können. Mit dem e-gas aus Werlte könnten voraussichtlich 1.500 Audi A3 Sportback g-tron jedes Jahr jeweils 15.000 km CO_2-neutral zurücklegen [12].

Das „e-gas project" sei Teil der umfassenden Audi-e-fuels-Strategie, kann man in der Pressemitteilung vom Juni 2013 nachlesen. Parallel zur e-gas-Anlage in Werlte betreibt Audi mit dem Partner Joule in Hobbs, New Mexico, USA eine Forschungsanlage zur Herstellung von e-ethanol und e-diesel. In dieser Anlage produzieren Mikroorganismen mithilfe von Wasser (Brack-, Salz- oder Abwasser), Sonnenlicht und Kohlendioxid die hochreinen Kraftstoffe. Strategisches Ziel dieser Projekte sei es, CO_2 als Rohstoff für Kraftstoffe zu nutzen und dadurch die Gesamtbilanz deutlich zu verbessern.

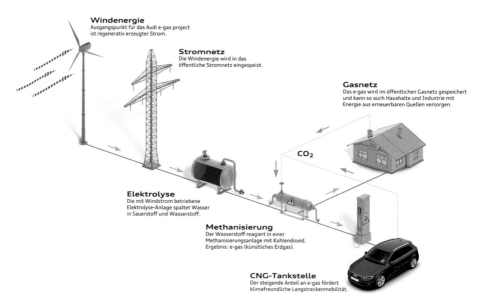

Abb. 7.4 Das Prinzip des Audi e-gas-Projektes: Erzeugung von synthetischem Methan zur Einspeisung in das Erdgasnetz und zur Versorgung der Audi A3 g-tron-Flotte. (Quelle: Audi AG 2015; mit freundl. Genehmigung)

Die Anlage (Abb. 7.5) läuft seit der Eröffnung problemlos. Neben der reinen Gasproduktion dient sie inzwischen auch zur Pufferung von Lastspitzen und damit zur Stabilisierung des Stromnetzes. Mit einer erfolgreichen Testsequenz konnte sich die Anlage im Juli 2015 zur Teilnahme am Regelenergiemarkt qualifizieren. Die Anlage ist in der Lage, bereits auf geringe Frequenzwechsel im Stromnetz ausgleichend zu reagieren. Dies ergab eine Abnahme der Anlage unter Leitung des Netzbetreibers Tennet TSO GmbH. Dabei musste die Anlage innerhalb von fünf Minuten fast 6 MW Leistung aus dem Netz ziehen und zudem vorgegebene Lastprofile abfahren. Mit bestandener Prüfung hat sich die Audi e-gas-Anlage für die Teilnahme am Regelenergiemarkt qualifiziert, den die Netzbetreiber organisieren. Dadurch könne die Anlage u. a. höhere jährliche Laufzeiten erzielen, die dem Netz und der Menge an produziertem Audi e-gas zugutekämen [13].

Nachteil der Power-to-Gas-Technologie
Das Power-to-Gas-Verfahren nutzt die Elektrolyse, um Wasser in Wasserstoff und Sauerstoff zu trennen, wobei der Wasserstoff als Energieträger gespeichert wird. Führt man die Substanzen später wieder zusammen, um Energie zu gewinnen, kann man den benötigten Sauerstoff einfach aus der Luft nehmen, er ist reichlich vorhanden. So leicht hatten es die Mondflugastronauten übrigens nicht. Auf ihrer Reise zum Mond mussten riesige Mengen Sauerstoff als Reaktionsmittel mitgeführt werden. Aber zumindest auf der Erde braucht man sich um den Reaktionspartner keine Gedanken zu machen. Der Nachteil ist jedoch der schlechte Gesamtwirkungsgrad. Schon bei der Wasserstoffherstellung gehen bis zu 60 % der Energie im Prozess verloren, der Wirkungsgrad liegt nur bei etwa 40 %. Bei der Rückumwandlung in Strom ist der Wirkungsgrad auch nicht viel besser, auch hier haben wir hohe Verluste. Da sich Wirkungsgrade bekanntlich multiplizieren ergibt sich ein Gesamtwirkungsgrad von $0{,}4 \times 0{,}4 = 0{,}16$, also lediglich 16 %. Ist die eingespeiste Strommenge im Überfluss vorhanden, etwa bei Solarstrom in der Wüste, kann man den schlechten Wirkungsgrad vielleicht noch akzeptieren, zur generellen und vor allem zur kurzzeitigen Zwischenspeicherung des regenerativen Stroms in unseren Energiesystemen

Abb. 7.5 Großtechnisch realisierte Power-to-Gas-Anlage der Audi AG in Werlte im Emsland. (Quelle: Audi AG 2015; mit freundl. Genehmigung)

ist dies Verfahren aber nicht das Vorteilhafteste. Allerdings eignen sich die so erzeugten „syntetic fuels" als strategische Energiereserve.

7.3.3   Verbesserung der Batteriespeicher – das MEET in Münster

Batterietechnologie – Weiterentwicklung und Optimierung
Eine Alternative zu den Power-to-Gas-Verfahren (Abschn. 7.3.2) sind die wiederaufladbaren Batterien, die Akkumulatoren. Es gibt sie schon seit Mitte des 19. Jahrhunderts. Batterien sind zusammengeschaltete galvanische Zellen, die aus unterschiedlichsten Materialien aufgebaut werden können. Die früheren Bleiakkumulatoren sind im Laufe der Zeit durch immer wieder andere Kombinationen wie Nickel-Cadmium und Nickel-Metallhydrid ergänzt worden. Die heutigen leistungsfähigen Batterien sind zumeist Lithium-Ionen-Batterien.

An der Universität Münster wurde vor einigen Jahren ein neues und inzwischen sehr renommiertes Batterieforschungszentrum errichtet: das MEET – Münster Electrochemical Energy Technology. Inzwischen befassen sich bis zu 150 Wissenschaftler mit Fragen der Batterieentwicklung insbesondere auf Basis der Lithium-Ionen-Batterietechnik. Ich verabrede mich mit dem Leiter des MEET, Professor Dr. Martin Winter, einem international sehr angesehenen Batteriespezialisten, auch manchmal im Fachgebiet als der „deutsche Batteriepapst" benannt. Ich fahre also zum 2011 eröffneten Neubau an der Corrensstraße inmitten des zunehmend wachsenden Technologiecampus der Universität und der Fachhochschule. Die Universitätsstadt Münster wird oft nur mit den Rechtswissenschaften, der Betriebswirtschaft oder der Theologie in Verbindung gebracht. Zwar gibt es an der Universität keine eigene ingenieurwissenschaftliche Fakultät, dafür aber in Teilen sehr anwendungsorientierte Naturwissenschaften und zahlreiche neue Technologieinstitute.

„Batterien hätten andere Funktionen als die chemischen Umwandlungsspeicher", erläutert mir Professor Winter [14]. Sie könnten insbesondere als Kurzzeitspeicher dienen. Die Lithium-Ionen-Batterietechnik ist eine reife Speichertechnologie mit einem Wirkungsgrad von 90 % und mehr. Sie sei zwar einsatzreif, so der Elektrochemiker, aber noch immer nicht fertig entwickelt. Ein Nachteil sei ihr hohes Gewicht. „Im Gegensatz zu den Technologien, die beispielsweise Methan oder Wasserstoff zur Energiespeicherung verwenden, müssen wir bei den Batterien immer zwei Reaktionspartner mit uns herumtragen. Wir brauchen immer den Plus- und den Minuspol" [14]. Außerdem blieben die übrig bleibenden Entladeprodukte immer an Bord. Man könne bei einem Elektroauto schließlich nicht die Produkte der Batteriereaktion aus einem Auspuff auf die Straße streuen, die wäre dann voll von feinem Pulver.

Ein Forschungs- und Entwicklungsziel am MEET ist daher die Gewichtsreduzierung von Batterien. Professor Winter schätzt, dass insgesamt jedoch nicht mehr als ein Faktor 4–6 möglich sei, also auf rund 20 % des heutigen Gewichts herunter. Aber da sei man noch lange nicht. In nächster Zeit werde es aber gelingen, das Gewicht von Batterien bei gleichen Energieinhalten zumindest auf die Hälfte zu reduzieren. Im MEET werde dafür auf verschiedenen Feldern geforscht und entwickelt. 70–80 % der Kosten einer Batterie gingen auf die elektrochemische Zelle zurück. „Da steckt die Energie drin. Da sind der Plus- und der Minuspol", so der Chef des MEET. Man gehe in den Forschungen daher bis hinein in die Materialforschung. Der Schlüssel zu leistungsfähigen und kostengünstigen Energiespeichern seien die Materialien.

Neben diesen evolutionären Forschungs- und Entwicklungsarbeiten verfolgt das Batterieforschungsinstitut aber auch revolutionäre Ansätze. So arbeiten die Wissenschaftler auch an den Batterietechnologien der Zukunft, etwa an der Lithium-Schwefel- oder der Metall-Luft-Technologie, bei denen wieder aufladbare Metalle eingesetzt werden sollen. Als Zink-Luft-Batterie kennt man diese Technologie schon, etwa als Knopfzellenbatterie in Hörgeräten. Allerdings liegt die Spannung nur bei geringen 1,4 V. Und wieder aufladbare Metall-Luft-Batterien gebe es noch gar nicht.

Die Forschungs- und Entwicklungsprojekte werden sehr oft gemeinsam mit der Industrie vorgenommen. Mit etwa 40 Industrieunternehmen führe man jährlich Projekte durch, so Professor Winter. Daneben stehe der intensive Austausch mit kleinen und mittleren Unternehmen. In der eigens geschaffenen MEET-Akademie werden Ingenieure und Techniker aus zumeist mittelständischen Unternehmen an die Batterietechnik und deren Einsatz herangeführt.

Das MEET und die Energiewende

Das Batterieforschungsinstitut in Münster ist keine direkte Reaktion auf den Ausstieg aus der Kernenergie. Schon 2008 richtete die Universität mit finanziellen Mitteln von Volkswagen, Evonik und der Chemetall GmbH (heute: Rockwood Lithium) aus Frankfurt eine Stiftungsprofessur zur Speicherforschung, insbesondere zur angewandten Materialforschung, ein. 2008 und 2009 kam dann noch viel Geld vom Land und vom Bund und auch von der Uni Münster hinzu, sodass man das MEET schnell aufbauen und einen eigenen Laborkomplex errichten konnte. Insgesamt seien in den letzten Jahren rund 70 Mio. € an Förder- und Forschungsgeldern in die Speicherforschung in Münster geflossen. Seit damals, so Professor Winter, sei das ein „Riesenthema" geworden und man habe es schnell vorantreiben können.

Bezüglich der industriellen Realisierung herrsche heute, so der Wissenschaftler, in Deutschland, und das nicht nur bei Batterien, zu oft Mutlosigkeit vor. „Wir beschäftigen uns zu wenig mit der Zukunft. Viele haben sicherlich auch Angst, es könnte sich ja etwas verändern." Es würde zu wenig nach vorne gedacht, auch im Bereich der Energie. „Wir müssen uns fragen: Was sind die Ressourcen der Zukunft? Woraus werden die jetzt Geborenen in 80 oder 100 Jahren Energie gewinnen? Damit müssen wir uns beschäftigen" [14].

Insofern setzt Winter auch die Ziele des MEET und der Energieforschung in einen breiteren Kontext. In Deutschland müsse man viel stärker die gesamte Wertschöpfungskette der Energiespeicherung angehen bis hin zum Einsatz in der Elektromobilität, der Netzstabilisierung oder der Medizintechnik. Dazu müsse man Grundlagenforschung plus angewandte Forschung betreiben, er werde stets darauf achten, dass beides im MEET gemacht würde. Um Nachhaltigkeit und Breite zu erzeugen, müsse man aber auch interdisziplinär arbeiten und denken. Wir seien in Deutschland viel zu stark von dem Ingenieurdenken nach Optimierung und Verbesserung geprägt. Wer was wirklich Neues erreichen will, müsse neben den naturwissenschaftlichen Grundlagen auch die Geisteswissenschaften sowie soziologische Themen mit in die Forschung aufnehmen. „Wir müssen die Menschen verstehen und mitnehmen", so Winter. Die Nutzung von Energie und die Zukunftsfragen, die wir uns jetzt stellen müssen, seien existenziell. Denn ohne Energie wären wir nicht: „Energie ist Leben, schon von Anfang an – ohne die Sonne wäre die Erde kalt!" [14]

7.3.4 Batteriespeichertechnologie grundsätzlich vorhanden

Ohne Speicher würde die Energiewende nicht funktionieren, sagen viele. Und die Technologie sei doch noch nicht so weit. Von Professor Winter vom MEET habe ich gelernt, dass Speichertechnologien mit einem Wirkungsgrad von 90 % zwar noch nicht ganz fertig entwickelt seien, aber einsatzbereit. Und bei der Beschäftigung mit der Energiewende im Einfamilienhaus habe ich aus den Schätzung des Bundesverbandes Solarwirtschaft (BSW) erfahren, dass bereits 15.000 Batteriespeicher in deutschen Haushalten installiert seien.

Der Markt für kleine Hausspeicher
In der Tat existiert ein Markt für Batteriespeicher für Ein- und Zweifamilienhäuser bereits seit Längerem. Die Photovoltaik-Fachzeitschrift „pv magazine" veröffentlichte im Juni 2015 eine Marktuntersuchung bei rund 40 Batteriespeicheranbietern, die insgesamt 290 verschiedene Systeme auf dem Markt vertreiben. Die neue Übersicht vom Juni 2015 enthielte im Vergleich zur Übersicht 2014 mehr Systeme und zusätzliche Antworten u. a. zu den Bereichen USV-Varianten, Inselfähigkeit, Teillastwirkungsgrad, Leerlaufverbrauch und zu (Sicherheits-)Zertifikaten. Auch für Batterien zum Einsatz in kleineren Gewerbebetrieben gibt es eine eigene Marktübersicht [15].

Darüber hinaus finde ich im Internet mehrere Foren und Portale zu Batteriespeichern, ihren Einsatzmöglichkeiten und den Kosten. Der US-amerikanische Elektroautohersteller Tesla stellte Ende April 2015 in einem großen Event seine „Powerwall" vor, den „Energiespeicher für einen nachhaltigen Haushalt" [16]. Die Amerikaner drängen auf den deutschen Markt mit einem Produkt, was zwar fulminant in Los Angeles vorgestellt wurde, aber eigentlich nichts Besonderes ist. Im „Manager Magazin" konterten deutsche Mittelständler, Teslas Batterie sei technisch nicht beeindruckend. So etwas hätten sie schon lange im Programm [17]. Wieder mal typisch für die deutsche Ingenieurskunst – wir können es zwar technisch besser, aber andere verkaufen die Produkte.

Projekte für Großbatterien
Die kleinen Hausspeicher haben Kapazitäten bis ca. 10 kW. Das ist für die Hausanwendung ausreichend, nicht aber für größere Gewerbebetriebe oder Kommunen. Die Robert Bosch GmbH sieht in diesen Anwendungen im Megawattsegment weitaus größere Potenziale als bei den Hausspeichern. Auch in isolierten Insellösungen sei die Speicherung zum Ausgleich von Sonne- und Windschwankungen in dieser Größenordnung erforderlich. Das Unternehmen führe mehrere technologieoffene Entwicklungsvorhaben durch. Es komme immer auf den Anwendungsfall an. Lithium-Ionen-Batterien hätten eine hohe Lade- und Entladegeschwindigkeit, eine hohe Kapazität und eine hohe Energiedichte. Sie können

große Energiemengen in kurzer Zeit aufnehmen und abgeben. Vanadium-Redox-Flow-Batterien könnten dagegen große Mengen elektrischer Energie über lange Zeiträume hinweg sehr effizient speichern. Auf der Insel Braderup in Schleswig-Holstein habe Bosch die größte Hybridbatterie in Europa ans Netz gebracht ([18], S. 20).

Kurzum, die Beispiele zeigen deutlich, dass es einen Markt gibt und dass dieser sich rege entwickelt. Ich habe keine Sorge, dass die benötigten Speichertechnologien für die dezentralen Anwendungen wirtschaftlich und technisch in ausreichendem Maße verfügbar sein werden. Das Argument der „fehlenden Speichertechnologie" ist mir im Übrigen während der Expedition von *keinem* der Experten, mit dem ich gesprochen habe, vorgebracht worden.

Wer allerdings mit fehlender Speichertechnologie an Großspeicher in Kraftwerksdimensionen denkt, der hat wesentliche Ansätze der Energiewende noch nicht verinnerlicht: die Kleinteiligkeit, die Flexibilität und das vernetzte Wirken vieler. Aus vielen kleinen Speichern kann man durch intelligente Vernetzung einen großen bauen. Und der ist dann übrigens nicht „virtuell", sondern real existent.

Literatur

1. DER SPIEGEL 18/1962, „Marsch zum Mond – Raumfahrt," 1962. [Online]. Available: http://www.spiegel.de/spiegel/print/d-45140063.html. [Zugriff am 31.07.2015].
2. Bundesministerium für Wirtschaft und Energie, „Bundesbericht Energieforschung 2015," Berlin, April 2015.
3. Tobias Renz FAIR, „Group Exhibit Hydrogen + Fuel Cells + Batteries, HANNOVER MESSE 2015," [Online]. Available: http://www.h2fc-fair.com/hm15/hm15index.html. [Zugriff am 30.07.2015].
4. Energy Team S.p.A, „Energy Team," [Online]. Available: http://www.energyteam.it/en/. [Zugriff am 20.04.2015].
5. Bundesministerium für Wirtschaft und Technologie, „Pressemitteilung: Förderinitiative Energiespeicher – 200 Mio. Euro für die Speicherforschung," 18.05.2011. [Online]. Available: http://www.bmwi.de/DE/Presse/pressemitteilungen,did=390582.html. [Zugriff am 31.07.2015].
6. F. Wilhelm, „Förderung für Speicherforschung," Energie & Management Online, 14.01.2015. [Online]. Available: http://www.energie-und-management.de/?id=84&terminID=107934. [Zugriff am 31.07.2015].
7. ingenieur.de, „Alte Bergwerke sollen zu Pumpspeicherkraftwerken werden," VDI Verlag GmbH, 13.12.2013. [Online]. Available: http://www.ingenieur.de/Themen/Energiespeicher/Alte-Bergwerke-zu-Pumpspeicherkraftwerken. [Zugriff am 31.07.2015].
8. Deutsche Energie-Agentur (dena), „Strategieplattform Power to Gas – Spartenübergreifende Systemlösung Power to Gas," [Online]. Available: http://www.powertogas.info/power-to-gas/spartenuebergreifende-systemloesung/. [Zugriff am 31.07.2015].
9. Deutsche Energie-Agentur (dena), „Eckpunkte einer Roadmap Power to Gas," 13.06.2012. [Online]. Available: http://www.powertogas.info/fileadmin/content/Downloads_PtG_neu/Eckpunkte_Roadmap_Power_to_Gas.pdf. [Zugriff am 31.07.2015].
10. Deutsche Energie-Agentur (dena), „Strategieplattform Power to Gas – Pilotprojekte," [Online]. Available: http://www.powertogas.info/roadmap/pilotprojekte-im-ueberblick/?no_cache=1. [Zugriff am 31.07.2015].

11. AUDI AG, „Audi e-gas Projekt," [Online]. Available: http://www.audi.de/de/brand/de/neuwa-gen/a3/a3-sportback-g-tron/layer/power-to-gas-anlage.html. [Zugriff am 31.07.2015].

12. AUDI AG, „Audi MediaInfo: Weltpremiere: Audi eröffnet Power-to-Gas-Anlage," [Online]. Available: https://www.audi-mediacenter.com/de/pressemitteilungen/weltpremiere-audi-eroeff-net-power-to-gas-anlage-784. [Zugriff am 30.07.2015].

13. AUDI AG, „Audi MediaInfo: Audi e-gas-Anlage stabilisiert Stromnetz," 15.07.2015. [Online]. Available: https://www.audi-mediacenter.com/de/pressemitteilungen/audi-e-gas-anlage-stabili-siert-stromnetz-4499. [Zugriff am 30.07.2015].

14. M. Winter, *Leiter MEET, Münster.* [Interview]. 03.07.2015.

15. pv magazine Deutschland, „Marktübersicht Batteriespeicher für Photovoltaikanlagen," [On-line]. Available: http://www.pv-magazine.de/marktuebersichten/batteriespeicher/. [Zugriff am 30.07.2015].

16. Tesla Motors, „Energiespeicher für einen nachhaltigen Haushalt," [Online]. Available: http://www.teslamotors.com/de_DE/powerwall. [Zugriff am 30.07.2015].

17. N.-V. Sorge, „Teslas Batterie ist technisch nicht beeindruckend," manager magazin, 07.05.2015. [Online]. Available: http://www.manager-magazin.de/unternehmen/energie/tesla-attackiert-deutsche-mittelstaendler-mit-hausbatterie-a-1032176.html. [Zugriff am 30.07.2015].

18. C. Thielitz, „Größere Batterien sind effektiver," *Zeitschrift für kommunale Wirtschaft ZfK,* Feb. 2015.

Stadtwerke und regionale Energieversorger

8

8.1 Regionale Energieversorger in der Energiewende

Die politischen und gesellschaftlichen Forderungen nach *preiswerter Energie* und *Versorgungssicherheit* haben unter den damaligen technologischen Möglichkeiten zu großen Energieerzeugungskonzernen sowie zu großen Strukturen in den Übertragungsnetzen geführt (Abschn. 2.2). Der Strom wird auch heute noch überwiegend zentral erzeugt und über die Hochspannungsübertragungsnetze in die Verbrauchsregionen transportiert. Vor Ort sorgen dann die *Verteilnetzbetreiber* dafür, dass die elektrische Energie in die einzelnen Gewerbebetriebe und Haushalte gelangt.

Neben den vier großen Erzeugern und Versorgern RWE, E.ON, Vattenfall und EnBW gibt es auch zahlreiche weitere Akteure (Abschn. 5.1), nämlich 72 mittelgroße Verteilnetzbetreiber und 812 kleinere Verteilnetzbetreiber, viele davon als *Stadtwerke* in kommunalem Besitz. Im 19. Jahrhundert übernahmen viele Städte und Gemeinden die oftmals privat betriebene Versorgungsinfrastruktur, um die Versorgung mit Wasser, Gas und Strom in öffentlicher Verantwortung durchzuführen. Die Bereitstellung von Energie und Wasser wurde Teil der *Daseinsvorsorge*. Ende des 20. Jahrhunderts wurden einige Stadtwerke oder Teile davon im Zuge der Liberalisierung der Energiemärkte und um die kommunalen Haushalte zu sanieren, privatisiert. Derzeit beobachtet man jedoch eine zunehmende Rekommunalisierung – viele Städte kaufen ihre Stadtwerke und vor allem ihre Netze wieder zurück.

Die Siedlungsstruktur in Deutschland ist gekennzeichnet von unterschiedlich großen Städten und Gemeinden. Dementsprechend ist auch die Größe der Stadtwerke verschieden und Stadtwerke nehmen unterschiedliche Aufgaben wahr. In kleineren Gemeinden mit wenigen Zehntausend Einwohnern fungieren die Stadtwerke zumeist als reine *Versorger*. Sie verteilen die Energie und das Wasser an die Betriebe und Haushalte, sie sind reine Energielieferanten. Größere Stadtwerke in Mittelstädten verfügen oft auch über eigene

© Springer Fachmedien Wiesbaden 2016
J. Gochermann, *Expedition Energiewende,* DOI 10.1007/978-3-658-09852-0_8

Energieerzeugungsanlagen, kleinere Kraftwerke zur lokalen oder regionalen Versorgung. Zudem übernehmen sie oft weitergehende Aufgaben der öffentlichen Infrastruktur, etwa den Betrieb des öffentlichen Personennahverkehrs mit Bussen und Bahnen oder den Betrieb von Schwimmbädern. Durch ihre kommunale Verankerung haben die Stadtwerke einen direkten Draht zu den Endkunden, was in der neuen Energiemarktstruktur vorteilhaft sein müsste.

Die Versorgungsunternehmen in den Großstädten übernehmen oft auch regionale Verantwortung. Sie versorgen nicht nur das reine Stadtgebiet, sondern verstehen sich als regionale Versorger, die oft auch die umliegenden Gemeinden und Landkreise mit Energie versorgen. Zudem sind einige der großen Stadtwerke aus dem Zusammenschluss mehrerer kleinerer Stadtwerke oder anderer Versorgungsbetriebe entstanden. Diese großen Regionalversorger mit zumeist einigen Tausend Mitarbeitern sind Großbetriebe mit teilweise konzernartigen Strukturen. Sie verfügen zumeist über genügend Kapital und Ressourcen, um auch größere Projekte in Angriff nehmen zu können. Sie betreiben eigene Erzeugungsanlagen und beteiligen sich an überregionalen Energievorhaben. Gleichwohl sind sie, auch aufgrund der kommunalen Besitzverhältnisse, kommunal und regional verankert. Während die meisten Stadtwerke Akteure auf der *regionalen Ebene* der Energiewende sind, spielen einige große Stadtwerke auch auf der *nationalen Ebene* mit. Sie haben die Größe, sich auch an größeren Vorhaben etwa an Offshorewindparks zu beteiligen.

Ich bin gespannt, wie die regionalen und kommunalen Energieversorger auf die Energiewende reagiert haben. Fangen wir mit den größeren an. Meine Expeditionsressourcen, Zeit und Reisegeld, reichen leider nicht aus, um alle großen regionalen Versorger in Deutschland aufzusuchen oder zu beschreiben. Ich muss eine Auswahl treffen und entscheide mich für

- SWM Stadtwerke München GmbH (München),
- Mainova AG (Frankfurt),
- Rheinenergie AG (Köln),
- EWE AG (Oldenburg),
- MVV Energie AG (Mannheim).

Natürlich habe ich mir auch die Stadtwerke Hamburg, Berlin und Dresden im Internet angeschaut. Es sind zwar leistungsfähige Stadtwerke, aber große regionale Player, geschweige denn nationale, sind sie offensichtlich nicht. Der Regionalversorger N-ENERGIE aus Nürnberg hat leider nicht auf meine Anfrage reagiert.

8.1.1   Stadtwerke München – Vorreiter in der Energiewende?

Die Stadtwerke München GmbH (SWM) gehören zu den zehn größten Energieversorgungsunternehmen Deutschlands. Im Stromanbieterranking von 2010 (Abschn. 5.1.1) lagen sie zwar nur auf Platz 10, gleichwohl sind mir die Stadtwerke München schon immer als sehr innovativ und engagiert aufgefallen. Geothermie, Wasserkraft, Beteiligungen an Windparks – wie sieht die Energiewende in einer 1,5-Millionen-Stadt aus?

Ich mache mich auf den Weg nach München und treffe mich mit Hans Lerchl, dem Leiter Energiewirtschaftliche Grundsatzfragen der Stadtwerke München [8]. Ihn hatte ich schon bei einem Besuch im Jahr zuvor als kompetenten und zukunftsorientierten Gesprächspartner kennengelernt. Er ist Jahrgang 1965 und studierte zunächst Physik an der TU München. Allerdings reizte ihn bald die Frage, was man denn neben den unzähligen physikalischen Möglichkeiten, die sich im Labor zeigten, alles wirtschaftlich anfangen könne. Er studierte daher zusätzlich noch BWL (TUM), bevor er dann in verschiedenen Bereichen der Energie- und Versorgungsbranche, u. a. bei E.ON, tätig war. Seit 2008 ist er Leiter Energiewirtschaftliche Grundsatzfragen bei der Stadtwerke München GmbH.

Energieversorgung einer Millionenstadt
Die Themen *Erneuerbare Energieträger* und *Nachhaltigkeit* seien bei den Stadtwerken München schon ewig lange Thema – zumindest was die Wasserversorgung anbelangt, erzählt mir Lerchl. Bereits im 19. Jahrhundert stand man vor der Notwendigkeit, die wachsende Stadt München mit sauberem Trinkwasser und mit Energie zu versorgen. 50 km vor den Toren Münchens in Mangfall gewann man das Trinkwasser aus Quellen und Bächen und baute Sammler und Kanäle, um das kostbare saubere Gut nach München liefern zu können. Hinsichtlich der Wasserqualität erkannte man sehr früh, dass es wirtschaftlicher war, Verunreinigungen direkt an der Quelle zu vermeiden, anstatt die Belastungen später teuer wieder herausfiltern zu müssen. Um den wachsenden Eintrag von Nitrat und Pestiziden vorwiegend aus der Landwirtschaft zu stoppen, riefen die Stadtwerke München (SWM) daher 1992 das Pilotprojekt „Öko-Bauern im Mangfalltal" ins Leben. Mit ihm fördern die SWM den ökologischen Landbau im Einzugsgebiet der Trinkwassergewinnung. Etwa 150 Landwirte haben seit 1992 ihren Betrieb umgestellt, gemeinsam bewirtschaften sie heute eine Fläche von rund 3500 Ha, eine der größten zusammenhängend ökologisch bewirtschafteten Gebiete Deutschlands [1, S. 163]. Als Ausgleich für diese nachhaltige Bewirtschaftung wurden Zahlungen an die Bauern geleistet. Ökologisch vorbildlich und getrieben von wirtschaftlichen Überlegungen.

Aus der Kraft des Wassers wird auch schon seit über 100 Jahren Strom gewonnen, und das vor allen Dingen aus der Isar, die mitten durch München fließt. Unterhalb von Baierbrunn wird der Werkkanal von der Isar abgeleitet und geht etwas später in den Besitz der Stadtwerke München über. Im weiteren Verlauf wird das Gefälle von drei Wasserkraftwerken, den Isarwerken 1, 2 und 3 zur Stromerzeugung genutzt. Isar 1 wurde bereits 1908 in Betrieb genommen, die beiden anderen 1922–1923. Entlang der Isar erzeugen dann noch die kleineren Kraftwerke Stadtbachstufe, Maxwerk und Praterkraftwerk (Abb. 8.1) ökologischen Strom. Keine industriellen Großbauten, sondern in die natürliche Umgebung eingebettete ökologische Kraftwerke. Das Praterkraftwerk liegt unterhalb der Isar-Kaskaden und ist von außen gar nicht als solches zu erkennen. Aber es produziert jährlich etwa 10 Mio. kWh Strom, genug um rund 4.000 Münchener Haushalte zu versorgen[2].

Abb. 8.1 Das Praterkraftwerk – unterirdische Stromerzeugung in Münchens Innenstadt. (Quelle: Stadtwerke München GmbH 2015; mit freundl. Genehmigung)

Die Münchener Stadtwerke betreiben im Stadtgebiet sechs Wasserkraftanlagen. Insgesamt laufen im Münchener Stadtgebiet aktuell 21 Wasserkraftanlagen mit einer Gesamtleistung von 15,1 MW. Diese Anlagen erzeugen jährlich etwa 73,5 Mio. kWh Strom – das entspricht dem Stromverbrauch von rund 31.500 Münchener Durchschnittshaushalten [3]. Außerhalb Münchens betreiben die Stadtwerke weitere Wasser- und Pumpspeicherkraftwerke, die größeren Leitzachwerke 1, 2 und 3 in Feldkirchen und Uppenborn 1 und 2 in Moosburg sowie die beiden Kleinkraftwerke Hammer und Sempt (Abb. 8.2). Alle Wasserkraftwerke der SWM gemeinsam erzeugen jährlich rund 340.000 MWh Strom, was immerhin einen Anteil von gut 4 % am jährlichen Strombedarf der Metropole deckt.

Zur Deckung des wachsenden Strombedarfs der Stadt München wurden Anfang des letzten Jahrhunderts vorrangig Kohle und Wasserkraft eingesetzt, wie nahezu überall in

Abb. 8.2 Kleinkraftwerk Sempt – Energiegewinnung mithilfe einer Wasserkraftschnecke. (Quelle: Stadtwerke München GmbH 2015; mit freundl. Genehmigung)

Deutschland. Allerdings koppelten die Münchener die Verstromung der Kohle nach Möglichkeit an die Versorgung der Haushalte mit Wärme (Kraft-Wärme-Kopplung – KWK). Dezentral in den verschiedenen Stadtteilen standen Kohleheizkraftwerke, die nicht nur Strom erzeugten, sondern auch den Stadtteil mit Energie versorgten. Die kleinen Heizkraftwerke wurden dann nach und nach durch größere effizientere Gas-und-Dampf-Kombikraftwerke (GuD-Kraftwerke) ersetzt. Das Fernwärmenetz wurde schrittweise von Dampf auf die neue Heißwassertechnologie umgestellt, womit bei vertretbaren Investitionskosten weitere Flächen Münchens erschlossen werden konnten. Wenn man in München genau hinschaut, entdeckt man noch heute Reste der vergangenen dezentralen Wärmeversorgung, etwa im Stadtteil Isarvorstadt in der Müllerstraße 7, am Rande der Münchener Innenstadt, unweit vom Viktualienmarkt. Das alte Kesselhaus des dortigen Kohleheizkraftwerkes wurde in ein teures Apartmenthaus umgewandelt – mit Quadratmeterpreisen von bis zu 20.000 €/m²!

Die KWK-Technologie und die Fernwärmeversorgung wurden in München von 2002 bis 2012 nochmals deutlich ausgeweitet und sind heute wesentliches Element der Energieversorgungsstruktur der Münchener Großstadt [4]. Darüber hinaus gewinnt man Strom und Wärme auch aus den Tiefen des Erdreiches. Die Stadt München liegt auf dem sog. *süddeutschen Molassebecken*, einer geologischen Struktur in der sich in Tiefen zwischen 1.500 und 5.000 m Thermalwasser mit Temperaturen zwischen 85 °C und 140 °C befindet. Das Wasser südlich von München, etwa in Sauerlach, ist in Tiefen von mehr als 3.000 m über 100 °C heiß und eignet sich damit sogar zur Stromerzeugung [5]. Die Stadtwerke München nutzen diese Wärmequelle u. a. zur Versorgung der Messestad Riem, ein Stadtviertel im Osten Münchens, welches auf dem Gelände des ehemaligen Flughafens entstand. Seit 2004 werden 88 % des Wärmebedarfs des Stadtviertels durch die Wärme aus der Tiefe gedeckt. Seit 2011 übernimmt die Geothermieanlage Riem auch die komplette Wärmeversorgung der Messe München, die damit weltweit die erste Messegesellschaft war, die zur Wärmeerzeugung überwiegend regenerative Energien verwendete [1, S. 163].

Seit den 1980er-Jahren sind die Stadtwerke München auch an der Kernenergieerzeugung beteiligt – zur Erhöhung des Anteils an eigener Stromerzeugung und aus Preisgründen. Am Kernkraftwerk Isar 2 halten die heutigen Stadtwerke München 25 % der Anteile. Damals als ein langfristiges Engagement geplant. Inzwischen ist klar, spätestens Ende Dezember 2022 geht Isar 2 vom Netz.

Um eine sichere und wirtschaftliche Energieversorgung zu gewährleisten, plante man Mitte des letzten Jahrzehnts weitere Kraftwerksbeteiligungen, insbesondere an Kohle- und Gaskraftwerken, und dies auch weit über die Region hinaus. Die Beteiligung an einem neuen 750 MW-Block mit 45 % Wirkungsgrad, dem Block „Herne 5" des STEAG-Steinkohlekraftwerkes in Herne-Baukau im Ruhrgebiet, war schon beschlossen, als die Politik dann die Weichen neu stellte. Die rot-grüne Rathausmehrheit in München beschloss den Stopp – keine weiteren Beteiligungen an Kohlekraftwerken. Da zudem auch keine Beteiligung an der Kernenergieerzeugung akzeptiert wurde, saß man in der Zwickmühle. Einen großen Anteil eigener Energieerzeugung an der Bedarfsdeckung hielt man für eine

Großstadt wie München für wichtig. Könne dies Ziel allein über die Nutzung von Gas und erneuerbare Energien erreicht werden?

Strategien zur zukünftigen Stromversorgung
Die Strategien der Stadtwerke München waren und sind unternehmerische Strategien. Wesentlichen Verdienst hieran haben sicherlich der langjährige Vorsitzende der Geschäftsführung der SWM Dr. Kurt Mühlhäuser (1995–2013) und der ebenso langjährige Oberbürgermeister Münchens Christian Ude (1993–2014). Beide kannten sich über viele Jahre aus unterschiedlichen gemeinsamen Aufgaben, ein vertrauensvolles Verhältnis. Kurt Mühlhäuser war Unternehmertyp, mittelständisch denkend und handelnd. Er führte 1998 die städtischen Versorgungsbetriebe, die jährlich einen Zuschuss von etwa 100 Mio. DM aus dem städtischen Haushalt benötigen, zur Stadtwerke München GmbH zusammen, formte den Energiebereich neu zu einem gewinnabwerfenden Unternehmen und stellte die Wirtschaftlichkeit *und* die Nachhaltigkeit in den Mittelpunkt des unternehmerischen Handelns. Mit starker Unterstützung der Stadt. Die Gewinne ihrer Hundertprozent-Tochter werden nicht, wie bei vielen Stadtwerken üblich, voll an die Stadt abgeführt. Die Stadtwerke garantieren eine jährliche Gewinnausschüttung von 100 Mio. €, die übersteigende Gewinnsumme können die Stadtwerke für Investitionen nutzen.

Und das tun die Stadtwerke München im großen Stil. 2006 fasste die Landeshauptstadt München den Beschluss, dass die SWM bis zum Jahr 2020 den Anteil erneuerbarer Stromerzeugung, gemessen an der gesamten Stromabgabe im Münchner Netz, auf 20 % (bzw. 1,5 TWh pro Jahr) erhöhen soll. Diese gewaltige Energiemenge wolle man, so waren sich Politik und Stadtwerke einig, aus eigenen Anlagen liefern. Und dies sowohl nachhaltig wie wirtschaftlich. Gemeinsam mit dem Öko-Institut Freiburg wurde 2007 eine Potenzialabschätzung für erneuerbare Energien im regionalen Bereich durchgeführt. Ergebnis ist, dass dieses Ziel nicht alleine durch regionale Potenziale erreicht werden kann. Ein bundes- bzw. europaweites Engagement ist erforderlich. Die 1,5 TWh pro Jahr sollten aber nur ein Zwischenziel sein. Die Stadt München und ihre Stadtwerke steckten das Ziel inzwischen noch ehrgeiziger. Bis 2025 solle so viel Ökostrom in eigenen Anlagen erzeugt werden, wie ganz München benötigt, immerhin 7,5 Mrd. kWh jährlich [6]. München würde damit weltweit die erste Millionenstadt sein, die dieses Ziel erreicht! Und sie ist auf dem besten Weg dorthin. Am 08. Mai 2015 wurde die Erreichung des 2015er-Zwischenziels mit einem großen Festakt in München gefeiert. Seit Mai 2015 speisen ihre Anlagen so viel Ökostrom ins Netz ein, wie alle Münchener Privathaushalte und die elektrischen Verkehrsmittel der MVG verbrauchen [7].

Wohlbemerkt, keine „Energieautarkie". Die SWM verstehen sich selbst als „ein für die Bürger und deren Nutzen ausgerichtetes Unternehmen". Was man brauche, seien die besten Energiestandorte in ganz Europa. Investitionen wolle man nur unter der Prämisse der Nachhaltigkeit *und* der Wirtschaftlichkeit tätigen. Bereits 2007 beschloss der Rat der Stadt München in einem breiten Konsens – nur die Liberalen stimmten dagegen – dass bis zum Jahr 2025 rund 9 Mrd. € in regenerative Energien investiert werden sollen. Eine Riesensumme für eine Großstadt. Inzwischen ist München in Sachen Energie in zwölf europäischen Ländern aktiv [6]. Mit weiteren rund 1,5 Mrd. € beteiligen sich die SWM und ihre Partner über die Bayerngas Norge AS an der Gasexploration in der Nordsee.

Nun könnte man meinen, die Stadtwerke München seinen der Zeit der Energiewende schon voraus gewesen, 2007 war immerhin vier Jahre vor Fukushima. Gleichwohl stand das Ende der Kernenergienutzung bereits seit Längerem fest. Im ersten Kernenergiekonsens 2002 (Änderung des Atomgesetzes) wurde eine Laufzeit von ca. 32 Jahren je Kraftwerksblock festgelegt. Für das Kernkraftwerk Isar 2 bedeutete dies zunächst eine Laufzeit bis ca. 2020. Das Invest in die erneuerbaren Energien war vielmehr eine unternehmerische, auf Langfristigkeit und Wirtschaftlichkeit ausgerichtete Entscheidung, die unter den Randbedingungen „keine Kohle, keine Kernenergie" getroffen wurde. Dabei haben die Stadtwerke München von Anfang an ausschließlich auf wirtschaftliche Projekte gesetzt, die sich selbst tragen [1, S. 163].

Der Vorrang der Investitionen der Münchener lag dabei vordringlich auf Beteiligungen an nationalen Erneuerbare-Energien-Projekten, so etwa an zwei großen Offshorewindparks mit Vattenfall, am Nordseewindpark Global Tech 1, einem großen Onshoreportfolio und in der Photovoltaik, beispielsweise an zwei Photovoltaikgroßanlagen in Rothenburg (Sachsen) und in Helmeringen (Schwaben). Darüber hinaus sei man auch für wirtschaftliche Projekte im europäischen Ausland offen, so etwa am Parabolrinnen-Kraftwerk Andasol 3 in Spanien und am Offshorewindpark Gwynt y Môr vor der nordwalisischen Küste in der Liverpool Bay. Die Stadtwerke München waren in all diesen Projekten aus zwei Gründen gern gesehener Partner. Zum einen hielt sich die Finanzierungsbereitschaft der Banken in und nach der Finanzkrise 2008/2009 stark in Grenzen. Die bereitgestellten Summen waren mit etwa 50–100 Mio. € pro Bank vergleichsweise gering, sodass man für ein 1,5 Mrd. € Offshoreprojekt mit sehr vielen Banken verhandeln musste. Zudem verlangten die Banken weitgehende Absicherungen und hatten sehr komplexe Vertragsstrukturen. Die SWM verfügten über genügend Cash. „Wir waren plötzlich bei Partnern attraktiv, die uns vorher kaum beachtet hatten", erzählt Lerch [8]. Zum anderen haben die Münchener viel Erfahrung mit großen Projekten: „Wir können groß."

Beim Engagement für den Einsatz regenerativer Energien setzten die Münchener recht frühzeitig sehr stark auf die Nutzung der Windenergie. Ziel war es, auf die jeweils *wirtschaftlichsten* Technologien zu setzen. Aus Biogas hielt man sich frühzeitig heraus. In die Photovoltaik haben die SWM anfangs auch investiert, jedoch stand sie nie an erster Stelle. Das Erneuerbare-Energien-Gesetz (EEG) sei als Technologieförderinstrument für die Photovoltaik (PV) gut gewesen, heute sei jedoch kein Vollschutz dieser Technologie mehr nötig [8]. Nach der Finanzkrise 2009 entdeckten aber die Banken, Fonds und Versicherer zunehmend die PV- und Windonshoreanlagen als Anlageobjekte. Auf 20 Jahre gesicherte Zins- und Tilgungszahlungen, quasi vom Staat abgesichert, ein Wunschobjekt für jeden Banker. So gingen große Anleger aber auch mit ihren Renditenforderungen immer stärker herunter. Für ca. 3,5 % Rendite lohnt sich das Investment für ein Energieversorgungsunternehmen allerdings nicht mehr.

Auch schon vor Fukushima hatten die Stadtwerke München ein ansehnliches Energieportfolio aufgestellt, dem man jedoch den Wandel und die Neuausrichtung deutlich

ERZEUGUNGSANLAGEN DER SWM*

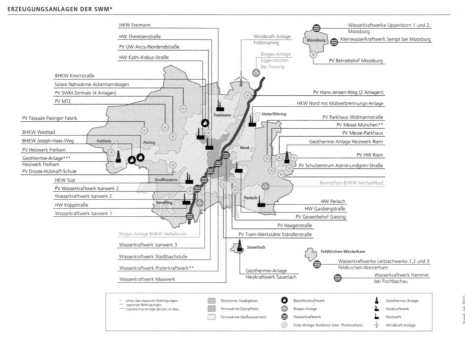

Abb. 8.3 Die Energieversorgung Münchens durch regenerative Energien. (Quelle: Stadtwerke München 2015 GmbH; mit freundl. Genehmigung)

ansieht (Abb. 8.3). Die Nutzung der Kernenergie (Isar 2) läuft zum 31.12.2022 aus, das Engagement in die erneuerbaren Energien ist bis dahin weitgehend hochgefahren. Energiewende schon geschafft?

Stadtwerke München nach Fukushima
Eigentlich, so könnte man meinen, habe die Energiewende nach Fukushima kaum Auswirkungen auf die Situation der Stadtwerke München. Man war ja bereits ohnehin auf dem Kurs. Und so war der politische Richtungswechsel weg von der Kernenergie hin zu mehr regenerativen Energien zunächst einmal eine „… enorme Bestätigung unserer Strategie. Unter den Stadtwerken hatten wir ein tolles Image, fast so wie der FC Bayern München im Fußball", so Lerch [8]. Die Stadtwerke München galten als Vorzeigestadtwerk.

Die Auswirkungen der Energiewende habe man deutlich bei der beständig sinkenden Wirtschaftlichkeit der fossilen Kraftwerke gespürt. Durch die Wirtschafts- und Finanzkrise seit 2008 und den sich daraus ergebenden Bedarfsrückgang im Strombereich ist der Zertifikathandel abgestürzt. Würde er von den jetzt etwa 7 € pro Tonne CO_2 wieder auf um die 30 € pro Tonne steigen, würden viele regenerative Energien sofort wirtschaftlicher. Aber vor 2030 sei hier wohl keine Besserung zu erwarten.

An einem Punkt könnte die Energiewende die Münchener dann doch empfindlich treffen. Spätestens seit dem Beschluss über das Laufzeitende der Kernenergie im Dezember 2022 erscheint es utopisch, die politischen Vorgaben aus dem Rathaus zum Verkauf des 25 %-Anteils am Kernkraftwerk Isar 2 umzusetzen. Wenn E.ON sich aus der Verantwortung für den Rückbau der Kernkraftwerke und die Endlagerung herausziehen würde, so wie Vattenfall dies schon getan habe, dann könnten sich die Isar 2 bezogenen Forderungen aus den möglicherweise nicht ausreichenden Rückstellungen allein gegen den Bruchteilseigentümer Stadtwerke München wenden.

Ganz wichtig für die Stadtwerke München seien jedoch klare und verlässliche Ziele der europäischen Energiepolitik. Beim Europäischen Rat in Brüssel haben sich die 28 Staats- und Regierungschefs nach mehrmonatigen Verhandlungen auf einen neuen EU-Klima- und Energierahmen bis 2030 verständigt.

8.1.2 Mainova AG (Frankfurt)

Die Mainova AG, hervorgegangen 1998 aus dem Zusammenschluss der Stadtwerke Frankfurt und der Maingas, ist einer der maßgeblichen Energieversorger im Rhein-Main-Gebiet. Vertriebsmäßig ist die Gesellschaft mit den Energieträgern Strom und Erdgas in der gesamten Bundesrepublik aktiv. Neben verschiedenen Groß- und Bündelkunden beliefert sie als Vorversorger auch 16 kommunale Energieversorgungsunternehmen in Hessen, Bayern und Thüringen. Über die Netzinfrastruktur der Mainova-Tochter Netzdienste Rhein Main (NRM) GmbH wird die Stadt Frankfurt mit Strom, Erdgas, Wärme und Wasser versorgt. Zudem betreibt das Unternehmen NRM die Erdgasnetze im Umland von Frankfurt. Kein einfacher Versorgungsraum: Finanzzentrum, Luftfahrtdrehkreuz, Internethotspot. Die moderne Gesellschaft braucht vor allem Strom. Frankfurt verbrauchte im Jahr 2014 allein 5 TWh, Tendenz steigend, insbesondere aufgrund des Ausbaus der Metropole als Hotspot für Rechenzentren. Die Klimatisierung von Räumen spielt eine zunehmend wichtige Rolle. Die Gesamtlänge aller von der NRM betriebenen Netze für Strom, Erdgas, Wasser und Wärme beträgt 14.000 km.

Die Mainova ist aber nicht nur Energielieferant, sie ist seit jeher auch aktiv bei der Erzeugung von Strom und Wärme. Im Stadtgebiet Frankfurt betreibt sie fünf große Heizkraftwerke, die nach dem Prinzip der Kraft-Wärme-Kopplung gleichzeitig Strom und Wärme produzieren und so eine optimale Nutzung der eingesetzten Primärenergie ermöglichen. Wirkungsgrade im Bereich von 90 % werden dadurch erreicht.

Energiewende

„Es beginnt ein neues Energiezeitalter. Wir arbeiten schon länger daran – effizient und innovativ." Bereits auf S. 3 der elektronischen Imagebroschüre [9] eine klare Positionierung zur Energiewende. Das klingt spannend. Ich fahre nach Frankfurt und treffe mich mit Julia Antoni. Die Juristin ist Leiterin der Stabsstelle Innovations- und Wissensmanagement bei der Mainova AG und zugleich Geschäftsführerin der AGBnova GmbH, eines Tochterunternehmens, welches sich das Thema Innovationen in der Energie- und Wohnungswirtschaft auf die Fahne geschrieben hat. Bereits auf der E-world im Februar 2015 hatte sie mir vom spannenden Beginn der Energiewende bei Mainova erzählt. In der Zentrale des Energieunternehmens an der Solmsstraße in Frankfurt nehmen wir den Gesprächsfaden wieder auf [10].

Das stärkere Engagement für erneuerbare Energien, sozusagen der Startschuss für die Mainova-Energiewende, wurde bereits vor der offiziellen Energiewende von der Frankfurter Politik unterstützt. Die damalige Aufsichtsratsvorsitzende der Mainova AG, die Oberbürgermeisterin von Frankfurt, Petra Roth[1], hat sowohl Investitionen in Windenergieanlagen als auch in hochflexible Kraftwerke gefordert und unterstützt. Der damalige Technikvorstand, Dipl.-Ing. Joachim Zientek, seit 18 Jahren für die Technik verantwortlich, setzte dies beherzt um. Julia Antoni berichtet, wie Zientek das Thema der regenerativen Energien für sich entdeckte und Gas gab: „Wir brauchen Erneuerbare und flexible Kraftwerke!"

Antoni war damals persönliche Referentin des technischen Vorstandes und frisch zur Mainova gestoßen. In enger Abstimmung mit allen Beteiligten und Gremien wurde in kurzer Zeit die „Erzeugungsstrategie 2020" entwickelt, die verstärkt auf erneuerbare Energien setzt. Wesentliche Eckpunkte dabei sind eine jährliche CO_2-Einsparung in Höhe von 550.000 t als Beitrag zur Klimastrategie der Stadt Frankfurt, eine Quote CO_2-neutraler Stromerzeugung in Höhe von 20 % sowie die Sicherstellung eines KWK-Anteils in Höhe von mindestens 25 % [11]. Die Ziele wurden ins Klimakonzept der Stadt Frankfurt übernommen. Überschlägig wurde kalkuliert, man brauche etwa 500 Mio. € für die kommenden fünf Jahre, um die Mainova-Ziele zu erreichen. „Mit einer Liste aller Investitionsvorhaben sind wir dann zu den Finanzleuten gegangen, die haben nach kurzer Prüfung gesagt, o. k., das geht," erzählt mir die dynamische Stabsstellenleiterin. Nun musste nur noch der Aufsichtsrat überzeugt werden – was Zientek auch gelang. „Innerhalb von nur wenigen Monaten hatten wir das neue Konzept durch alle Gremien gebracht," erzählt Antoni stolz. Respekt, ein Mittelständler hätte es nicht schneller machen können. Von den großen Energiekonzernen ganz zu schweigen.

Nachhaltigkeit
Seit dem Jahr 2010 wurde das Erzeugungskonzept weiterentwickelt. Insbesondere wurde das Erzeugungsportfolio im Sinne der Energiewende durch zwei Investments in flexible und hocheffiziente Gaskraftwerke ergänzt und die Investitionen in regenerative Energiequellen wurden deutlich forciert. Das heutige Nachhaltigkeitskonzept des Energieunternehmens wird von fünf Dimensionen aufgespannt [12]:

* langfristiger Erfolg,
* leistungsfähige Technik,
* zukunftsfähige Versorgung,
* faire Partnerschaft,
* regionale Verantwortung.

---

[1] Petra Roth (CDU) war von 1995 bis 2012 Oberbürgermeisterin von Frankfurt und mehrere Jahre auch Präsidentin des Deutschen Städtetages.

Beim Ausbau der regenerativen Energien setzt die Mainova vorrangig auf die Nutzung der Windenergie an Land – und das in der Region, d. h. im Bundesland Hessen aber auch in Bayern, Rheinland-Pfalz und Brandenburg sowie in Burgund, Frankreich. Weiterhin finden sich Photovoltaikgroßanlagen und Biomasse im Portfolio. Insgesamt habe man hierfür bereits 300 Mio. € investiert. Im Jahr 2012 wurden rund 75 MW elektrische Leistung (MW_{el}) aus erneuerbaren Energieanlagen (Wind, Photovoltaik) erworben und mittlerweile in Betrieb genommen. 2013 kamen zwei weitere Windparks hinzu. Das Erzeugungsportfolio verfügt heute über eine Gesamtleistung aus Wind- und Photovoltaikanlagen in Höhe von rund 119 MW_{el}. Hinzu kommt die Biomasseanlage in Fechenheim mit einer installierten elektrischen Gesamtleistung von etwa 12,4 MW_{el} [11].

Die Mainova legt einen starken Fokus auf Projekte in der Heimatregion Rhein-Main. Anfang 2012 erwarb das Unternehmen einen 10 %-Anteil an der ABO Wind AG, Wiesbaden, mit der gemeinsam die Hessische Windpark Entwicklungs GmbH (WPE) mit Sitz in Wiesbaden gegründet wurde. Ihr Unternehmenszweck ist, Flächen für Windparks in der Region zu sichern und diese dann zu planen, zu entwickeln sowie zu errichten. Als Finanzierungspartner für derartige Projekte ist die Hamburger Beteiligungsgesellschaft CEE des Bankhauses Lampe der Oetker-Gruppe mit im Boot, aber auch Bürgerbeteiligungen spielen eine Rolle. Den Betrieb der Parks und die Vermarktung der Energie übernimmt die Mainova. Jeder der Partner kann so seine spezifischen Erfahrungen, kaufmännisch, technisch, betrieblich oder finanzwirtschaftlich, in die Projekte einbringen.

Aufgrund der ordnungspolitischen Unsicherheiten hinsichtlich der Weiterentwicklung des Strommarktdesigns wurden 2014 die Erzeugungsziele bis 2020 gestreckt und modifiziert. Schwerpunkt bleibt jedoch der deutliche Ausbau der Windkraft in der Region. Die Windenergie an Land gehöre zu den kosteneffizienten regenerativen Technologien. Man sei zuversichtlich, dass ein wirtschaftlicher Betrieb von Windkraftanlagen an guten Binnenlandstandorten möglich sei. Die regenerativen Energien der Mainova würden bis 2020 auf rund ein Viertel des Erzeugungsportfolios angewachsen sein. Weiterhin komme der Kraft-Wärme-Kopplung eine höhere Bedeutung zu. Der geplante Ausbau dieses Systems in der Stadt Frankfurt verbessere die Brennstoffnutzung, die Wirtschaftlichkeit und reduziere zugleich die Kohlendioxydemissionen in Frankfurt um 100.000 t pro Jahr.

Die Energiewende ist zunächst eine Technologiewende

Am Abend treffe ich mich mit Prof. Dr.-Ing. Peter Birkner, dem Technikvorstand der Mainova AG. Der dynamische Bayer ist Elektroingenieur und lehrt als Lehrbeauftragter an der Bergischen Universität Wuppertal am Lehrstuhl für Elektrische Energieversorgungstechnik. Ein Fachmann also, sowohl hinsichtlich der Technik als auch des Energiemarktes. Eine seine Lehrveranstaltungen lautet „Ordnungsrahmen der Energiewirtschaft." Bei einer Pizza und einem Glas Wein beim Italiener um die Ecke unterhalten wir uns über die Energiewende und die Ausrichtung der Mainova AG [13, 14].

Die Energiewende sei, so Birkner, im Grundsatz zunächst eine Technologiewende. Die schwankende Energiebereitstellung durch neue regenerative Energiequellen erfordere zunächst schnelle Reservekraftwerke mit tendenziell geringen Einsatzzeiten, Verschiebun-

gen auf der Lastseite zu Zeiten mit Energieüberfluss und schließlich Speichertechnologien. Dies sei abhängig von dem Anteil der Erneuerbaren an der Stromversorgung. Der
Energiefachmann rechnet vor, dass bis zu einem Anteil von 35 % vor allem die Verfügbarkeit von schnellen Reservekraftwerken und der Netzausbau wichtig seien. Steige der
Anteil auf bis zu 55 %, so seien zeitliche Verschiebungen auf der Lastseite erforderlich,
man brauche effizientes Lastmanagement. Power-to-Heat-Systeme aller Art hätten hier
ein großes Potenzial. Spätestens bei einem Anteil der Regenerativen von über 55 % brauche man aber reversible Langzeitspeicher. Aus seiner Sicht spiele hier Power-to-Gas, also
die Erzeugung von Wasserstoff durch den Einsatz von Strom, die zentrale Rolle.

Im aktuellen Gesetzesrahmen werden allerdings Energieumwandlungen wie Strom zu
Fernwärme oder Strom zu Wasserstoff als endverbrauchende Prozesse definiert und entsprechend mit Steuern, Abgaben, Umlagen und Entgelten belegt. Dies mache diese Technologien, die die Stabilität des elektrischen Systems sicherstellen, derzeit unwirtschaftlich. Es sei also erforderlich, von einer Stromwende auf eine integrierte Energiewende mit
den Energieträgern Strom, Wärme, Erdgas und Wasserstoff überzugehen.

An der Entwicklung beider Technologien, der Umwandlung der elektrischer Energie in
Wärme und in Wasserstoff, beteiligt sich die Mainova aktiv. Im Heizkraftwerk Niederrad
produziert die Mainova AG seit dem 13. März 2015 mit überschüssigem Ökostrom Fernwärme.

Sie setzt dazu die sog. Power-to-Heat-Technik ein (Abb. 8.4). Dabei wird Wasser in
einem überdimensionalen Durchlauferhitzer auf bis zu 130 °C erhitzt und ins Frankfurter
Fernwärmenetz eingespeist. Dafür wird überschüssiger Strom aus erneuerbaren Energien
verwendet. Die rund 1,2 Mio. € teure Anlage läuft nicht im Dauerbetrieb. Sie kommt zum
Einsatz, wenn ein Energieübergebot im Stromnetz herrscht und kurzfristig zusätzliche
Verbraucher benötigt werden. Die Anlage nimmt den zu viel produzierten Strom teilweise

Abb. 8.4 Inbetriebnahme der Mainova Power-to-Heat-Anlage am 13.03.15. Rechts im Bild Technikvorstand Prof. Dr.-Ing. Peter Birkner. (Quelle: Mainova AG 2015; mit freundl. Genehmigung)

auf und entlastet so das elektrische System. Mit einer maximalen Leistung von acht Megawatt kann die Anlage den Strom von vier großen Windrädern verwerten. Gleichzeitig wird
Kohlendioxid (CO_2) eingespart, da dann für die Wärmeerzeugung keine fossilen Brennstoffe verwendet werden müssen [15]. Eine Leistungserhöhung scheitere aktuell an den
steuerrechtlichen Randbedingungen.

„Technologien, die sich für uns wirtschaftlich darstellen und die Energiewende unterstützen, installieren wir großtechnisch", so Birkner. Wirtschaftlichkeit sei ein Kriterium
der Nachhaltigkeit und somit eine entscheidende Voraussetzung, man brauche keine Alibi-
projekte. Zu nachhaltigen Projekten gehöre etwa das Engagement im Bereich von Wind-
und Solarparks, Kraft-Wärme-Kopplungsanlagen und eben auch die eigene Power-to-Heat-Anlage.

In Innovationsprojekten, so Birkner, sammle man darüber hinaus Erfahrungen über
zukunftsweisende Technologien, die die Marktreife noch nicht erreicht haben. Dazu
zählen u. a. zwei Smart-Grid-Pilotinstallationen, eine mit einer Solaranlage gekoppelte
Batterie mit gebäude- und netzdienlichen Funktionen oder der Praxistest von neuartigen
organischen Solarzellen in Folienform. Und natürlich die Beteiligung an der Power-to-
Gas-Demonstrationsanlage. Auf einer Projektplattform bündeln 13 Unternehmen der
Thüga-Gruppe ihr Know-how und Kapital, um gemeinsam mit dem Land Hessen in die
Entwicklung der Strom-zu-Gas-Speichertechnologie zu investieren. Im Fokus steht die
Prüfung der Praxistauglichkeit der Technologie. Dazu gehören Zuverlässigkeit, Flexibilität, Steuerbarkeit und Wirkungsgrad. Die Unternehmen sind überzeugt, dass diese Speichertechnologie langfristig das größte Potenzial hat, die überschüssigen Mengen an regenerativen Energien in Form von Wasserstoff zu speichern. Zu diesem Zweck entwickeln,
bauen und betreiben die Unternehmen seit 2012 gemeinsam eine eigene Demonstrations-
anlage in Frankfurt am Main [16].

Peter Birkner ist aber nicht nur Techniker. Die Energiewende beleuchtet er aus ganz-
heitlicher Perspektive. Es handle sich um einen fundamentalen gesellschaftlichen Transformationsprozess, der nicht nur die Energiewirtschaft betreffe. Der Mobilitätsbereich, das
produzierende Gewerbe, die Industrie und nicht zuletzt die Bürger selbst seien elementare
Komponenten des Zielsystems der Energiewende. Aber auch der Gesetzgeber und die
Finanzwirtschaft. Zwar müsse der Kapitalbedarf minimiert werden, indem man beispielsweise die vorhandene Energieinfrastruktur für mehrere Zielstellungen gleichzeitig nutze.
Ein Beispiel hierfür sei die Verwendung des Fernwärmesystems zur Aufnahme von regenerativem Überschussstrom durch den Einsatz von Power-to-Heat-Anlagen neben der
Grundaufgabe der Wärmeverteilung. Dennoch sei ein Umbau der Infrastruktur erforderlich, was Investitionen erfordere. Darüber hinaus bedürften die vielen neuen Aktivitäten
auch anderer Finanzierungsmodelle als die bisherigen Großinvestitionen. Ein Stichwort
lautet Bürgerbeteiligungsmodelle. Insofern sei die Energiewende nicht nur eine *Technologiewende*, sondern auch eine *soziologische Wende*, eine *Industriewende*, eine *ordnungspolitische Wende* und nicht zuletzt eine *Kapitalwende*.

8.1.3   RheinEnergie AG (Köln)

Köln – Metropole am Rhein. Ich habe Deutschlands größten Fluss bequem im Zug sitzend überquert und bin am Hauptbahnhof angekommen, wie schon so oft. Ich stehe auf dem Domplatz und schaue zum Kölner Dom hinauf. Aber heute gehen mir andere Gedanken durch den Kopf als sonst. Was hat der Dom mit der Energiewende zu tun? Nun ja, er ist 157 m hoch – und damit etwa genauso hoch wie die Großwindanlage Growian, die in den 1980er-Jahren im Kaiser-Wilhelm-Koog bei Marne im Versuchsbetrieb erprobt wurde. Sie scheiterte, läutete aber zugleich die Ära der Windenergienutzung in Deutschland ein. „Ganz schöne Dimension", denke ich mir. Heute sind Windkraftanlagen dieser Größe normal.

Aber da ist noch etwas, was mich bewegt. Der Bau des riesigen Kirchenhauses hat über 600 Jahre gedauert (1248–1880). Hätten die Menschen im 13. Jahrhundert wohl mit dem Bau begonnen, wenn sie gewusst hätten, wie lange dies dauern würde? Ich glaube ja. Es gibt halt Dinge, die uns antreiben, jenseits von kurzfristigem Erfolgsstreben.

Energieversorger der Region
Ich fahre nach Köln-Ehrenfeld, zur Zentrale der RheinEnergie AG, dem regionalen Energieversorger für Köln und das Umfeld. Hervorgegangen ist die RheinEnergie AG aus der bereits 1960 gegründeten Gas-, Elektrizitäts- und Wasserwerke AG (GEW), die wiederum den Kölner Stadtwerken entstammt. Weitere Keimzelle war die Rechtsrheinische Gas- und Wasserversorgung (RGW) und eine 20%-Beteiligung von RWE, wofür im Gegenzug Assets aus dem Umland eingebracht wurden. Die Aufgaben der Energie- und Wasserversorgung waren in Köln, wie in den anderen Großstädten auch, schon frühzeitig herausfordernd. Die Geschichte der zentralen Wasserversorgung in Köln begann im Jahr 1872 mit dem Bau des ersten kommunalen Wasserwerkes [17].

Heute ist die RheinEnergie AG längst nicht mehr allein der Versorger für das Kölner Stadtgebiet, sondern der gesamten Region, wie die zahlreichen Beteiligungen an regionalen und kommunalen Energieversorgern aus dem Umfeld zeigen (Köln, Bergisch Gladbach, Gummersbach, Hürth, Leverkusen, Dormagen, Leichlingen, Troisdorf und Bonn). Zumeist hält die Kölner Aktiengesellschaft Mehrheitsbeteiligungen oder zumindest 49%-Beteiligungen. Mit 33,3% sind die die Kölner zudem an der rhenag Rheinische Energie AG und mit 16,3% an der Mannheimer MVV beteiligt. RheinEnergie hat zahlreiche Tochterunternehmen, darunter auch einige im Bereich der regenerativen Energien [18, S. 10–11]:

- RheinEnergie Biokraft GmbH,
- RheinEnergie Grünstromdirekt GmbH,
- RheinEnergie Solar GmbH,
- RheinEnergie Windkraft GmbH.

In der Liste der zehn größten Energieversorger Deutschlands (Abschn. 5.1) rangierte RheinEnergie im Jahre 2010 auf Platz 6, also knapp hinter den vier großen Konzernen. Das Unternehmen ist nah dran an den Großen und spielt an manchen Stellen wohl auch in deren Liga. Mit rund 3.150 Mitarbeitern ist das Unternehmen zwar groß, zählt sich als eines der größten kommunalen Stadtwerke aber eher zum energiewirtschaftlichen Mittelstand.

Die Versorgung des dichten Siedlungsraumes Köln mit Gas, früher Kokereigas, ab 1970 schrittweise Umstellung auf Erdgas, reicht bereits bis ins 19. Jahrhundert zurück. Eine hohe Siedlungsdichte bietet aber auch immer die Chance einer wirtschaftlichen Wärmeversorgung. Mit Beschluss des Rats der Stadt Köln von 1961, die „Neue Stadt" mit Fernwärme zu versorgen, fiel der Startschuss für den Aufbau der Kölner Fernwärmeversorgung. In den 1960er-Jahren wurden die bestehenden Kraftwerke zu Heizkraftwerken ausgebaut. Die Gas-, Elektrizitäts- und Wasserwerke AG setzte auf das Prinzip der Kraft-Wärme-Kopplung, da die gleichzeitige Erzeugung von Strom und Fernwärme in einer Anlage eine besonders energiesparende und umweltschonende Versorgung für die Stadt Köln sichert [17].

Heute betreibt die RheinEnergie vornehmlich Gasheizkraftwerke in der Kölner Innenstadt sowie in den Stadtteilen Merheim, Merkenich und Niehl. Dabei wird auch die hocheffiziente GuD-Technik eingesetzt. Derzeit baut RheinEnergie das neue und hocheffiziente Gas-und-Dampfturbinenkraftwerk Niehl 3 (GuD Niehl 3) am Niehler Hafen in unmittelbarer Nähe des Heizkraftwerks Niehl II. Im Jahr 2016 wird es seinen Regelbetrieb aufnehmen. Der maximale Brennstoffnutzungsgrad der Anlage beträgt mehr als 85 % [19]. Das Kraftwerk soll auch wesentlich zur Balance zwischen erneuerbarer und konventioneller Energie beitragen. Mit 450 MW_{el} und 265 MW_{th} sei es prädestiniert für diese Anforderungen, meint Dr. Dieter Steinkamp, Chef der RheinEnergie. Es gebe nach seinen Worten wohl kaum eine andere Anlage, die imstande sei, innerhalb von zehn Minuten die Leistung um mehrere hundert Megawatt hoch- oder runterzufahren [20, S. 15].

Obwohl die rheinischen Braunkohlereviere nur wenige Kilometer vor den Westtoren der Stadt liegen, betreiben die Kölner in der Region nur an einem Standort einen Kessel mit Braunkohlengranulat; die drei anderen sind gasbetrieben. Mit 49,6 % ist man seit 2011 am Steinkohlekraftwerk Rostock beteiligt, der Rest gehört EnBW [21]. Das Kohlekraftwerk erreicht einen Wirkungsgrad von 44 % und läuft damit besser als der Business Case. Es versorgt die Region Rostock mit Strom und Fernwärme.

RheinEnergie und die Energiewende
Ich treffe mich mit Axel Lauterborn, dem Leiter Unternehmensentwicklung [22]. Erst seit drei Monaten hat er diesen Posten inne. Wir kennen uns, haben vor zwei oder drei Jahren intensiv über das Innovationsmanagement in der Energiebranche diskutiert.

„Es geht nicht darum, sich auf die Energiewende vorzubereiten – wir sind mitten drin", positioniert Lauterborn sein Unternehmen gleich zu Beginn. Und es gebe immer noch einige in der Branche, die nicht erkannt hätten, dass man neue Geschäftsmodelle brauche. Früher hätten die Telefongesellschaften auch nur Telefonminuten verkauft. Heute verkauften sie Daten, den Internetzugang und viele verschiedene Dienstleistungen. „Und heute können die TK-Anbieter über ihr breiteres Angebot auch neue Umsätze generieren." Die Ereignisse von Fukushima hätten die Energiewelt irreversibel verändert. Der „Ausstieg aus dem Ausstieg" – eine Laufzeitverlängerung für die Kernkraft – war danach endgültig vom Tisch. Da die RheinEnergie an keinem Kernkraftwerk beteiligt sei, habe man mit wenig Auswirkungen auf die eigenen Kraftwerke gerechnet.

Da ein Regime der CO_2-Zertifikate nicht richtig in Gang kam, hätten aktuell insbesondere die besonders effizienten Gaskraftwerke die Folgen zu tragen, vor allem wenn sie rein stromgeführt sind. Der RheinEnergie gehe es mit ihren KWK-Anlagen da etwas besser, aber auf der Stromseite seien GuD-Kraftwerke derzeit nicht auskömmlich.

Und es gebe viele neue Spielregeln und Anforderungen in den Energiemärkten. Manchmal rufe die Branche selbst nach Regelwerken – und beschwere sich dann, wenn sie denn da seien. Und oft wolle die Politik nicht nur im regulierten Bereich, sondern auch in den liberalisierten Teilen des Geschäfts intervenieren. Das mache es nicht einfacher. Noch selten würde aber in der Branche gefragt, welche neuen Chancen sich denn bieten, welche neuen Geschäftsmodelle man entwickeln könne. Viele hofften immer noch, dass „Commodity", die reine Lieferung von Energie oder Wasser, weiterhin Garant für Gewinne und Prosperität sei. Ein Trugschluss.

SmartCity Cologne

Wie viele andere Energieversorger auch betreibt die RheinEnergie zukunftsweisende, aber auch öffentlichkeitswirksame Aktivitäten und Pilotprojekte im Bereich der erneuerbaren Energien, der Energieeffizienz und der CO_2-Reduzierung. Die Internetseiten sind umgestellt und heben die Erneuerbaren und die Klimaschutzaktivitäten in den Vordergrund. Nicht, dass ich dies abwerten möchte, ganz im Gegenteil. Diese Aktivitäten sind ein ganz wesentlicher Beitrag zur Bewusstseinsveränderung und tragen auch den Anforderungen des Anteilseigners, der Stadt Köln, Rechnung.

Neben den „normalen" Beteiligungen an regenerativen Erzeugungsanlagen oder der Förderung von Energieeffizienzmaßnahmen gibt es in Köln auch zukunftsorientierte Leuchtturmprojekte. *SmartCity Cologne* ist eine Plattform für unterschiedliche Projekte zum Klimaschutz und zur Energiewende. Man nutze die Fläche der Stadt als geografische Plattform, um Impulse zu neuen technologischen Innovationen zu setzen, erläutert mir Axel Lauterborn die Grundidee. Damit sei man europaweit führend. Mitmachen könne jeder: Privatleute, Unternehmen, Verbände und Initiativen. Gemeinsam sollen intelligente Ideen und zukunftsweisende Technologien entwickelt werden, die Köln noch ein bisschen lebenswerter machen [23].

So beispielsweise die *Klimastraße*. Die Neusser Straße im Stadtteil Nippes zeigt, wie eine zukünftige SmartCity aussehen könnte, denn ein Teilstück der Straße wird zur Kölner Klimastraße. Dort werden die wichtigsten Energieprojekte umgesetzt. Dabei sollen alle Facetten des Klimaschutzes berücksichtigt werden: Von optimaler Gebäudeisolierung und maximaler Wärmeeffizienz bis hin zu *Ladestationen* für Elektrofahrzeuge und Low-Energy-Straßenbeleuchtung [23].

Oder das Projekt *Landstrom – Smarte Energie für Schiffe*. Die Dieselabgase der Rhein-
schiffe belasten die Kölner Luft mit Schadstoffen und Feinstaub und das Klima mit einer
nennenswerten Menge an CO_2. Ein Gutteil davon entsteht aber nicht während der Fahrt,
sondern während die Schiffe vor Anker liegen. Denn ihre Motoren müssen auch dann laufen, um den nötigen Strom zu erzeugen. Hier soll „Landstrom" für Abhilfe sorgen: Sowohl
die Schiffe als auch die Kölner Anlegestellen werden mit einheitlichen Stromanschlüssen
ausgestattet. Folge: Während der Liegezeiten können die Schiffsdiesel abgestellt werden.
Versorgt werden die Schiffe künftig durch einen umweltfreundlichen Strommix aus den
Photovoltaikanlagen und den hochmodernen und effizienten Heizkraftwerken [23].

„Wir müssen aber auch lernen, aus den einzelnen Projekten Geschäftsmodelle zu entwickeln", beschreibt Lauterborn sein Verständnis der Aufgabe einer Unternehmensentwicklung. „Die Ladesäulen sind kein Standardprodukt, jeder Hafen ist anders. Wir müssen
noch lernen, nicht im Vorhinein alle Eventualitäten absichern zu wollen, sondern solche
Projekte zügig in Geschäftsmodelle umzusetzen."

In anderen Projekten zeige sich die Schwierigkeit, technisch Machbares wirtschaft-
lich umzusetzen. Ein Kernprojekt von SmartCity Cologne sei das Projekt *Stegerwald-
siedlung*. Das dahinterstehende Projekt *GrowSmarter* wird gemeinsam mit den Städten
Barcelona und Stockholm durchgeführt und von der EU mit insgesamt 25 Mio. € über fünf
Jahre gefördert. Die Stegerwaldsiedlung ist ein dicht bebautes Wohngebiet mit typischen
Wohnblöcken aus den 1950er- und 1960er-Jahren. Der Energieverbrauch der Wohnungen,
Strom und Wärme, liegt bei etwa 180 kWh pro m² und Jahr. Ziel ist es, ihn auf unter
50 kWh pro Jahr zu senken.

Die Stegerwaldsiedlung soll energetisch saniert werden. Zudem soll der Bevölkerung
mithilfe von SmartMetern der individuelle Energieverbrauch verdeutlicht werden. Die
Bewohner sollen sich somit fortlaufend über den aktuellen Strompreis informieren können, was zu einem besseren Konsumverhalten führen soll, welches letztlich den Geld-
beutel und die Umwelt gleichermaßen schont. Auf den Dächern der Stegerwaldsiedlung
soll mithilfe der Photovoltaik Strom erzeugt werden. Damit der Strom weitestgehend in
der Stegerwaldsiedlung erzeugt und verbraucht wird, sollen dort auch Stromspeicher eingesetzt werden. Das Gesamtsystem wird durch ein virtuelles Kraftwerk gesteuert [23].

Technisch wäre auch eine energetische Sanierung möglich, um den Zielwert 50 kWh
pro m² und Jahr zu erreichen. Allerdings, so erläutert mir Axel Lauterborn, wäre die er-
forderliche Wärmedämmung so teuer, dass die Mieten anschließend für die dort lebende
Bevölkerung nicht mehr bezahlbar seien. Um die Sanierung wirtschaftlich durchzuführen,
müssten die Mieten um rund 5 € pro m² angehoben werden.

RheinWerke – Energiewende-Partnerschaft zwischen Düsseldorf und Köln
Für die RheinEnergie werden Kooperationen in einem immer dynamischeren Umfeld immer bedeutender. Dr. Steinkamp, Chef des Kölner Energieversorgers:

> Auch die großen kommunalen Einheiten sind gut beraten, Kooperationsmöglichkeiten zu
> suchen, wenn diese ökonomisch sinnvoll sind. [20, S. 15]

Dafür blendet man offenbar auch ansonsten wohlgepflegte „rheinische Rivalitäten" aus – 2013 gingen die Kölner eine Kooperation mit den Stadtwerken Düsseldorf ein. Beide gemeinsam gründeten die RheinWerke GmbH mit Sitz in Düsseldorf.

Ziel der im Mai 2013 gegründeten Gesellschaft sei es laut Internetauftritt, die Zusammenarbeit zwischen den beiden regionalen Energieversorgungsunternehmen zu vertiefen. Gemeinsam mit Partnern und Kunden wollen die RheinWerke Energiewende-Projekte vor allem in Nordrhein-Westfalen, aber auch in ganz Deutschland, planen und realisieren. Die RheinWerke sind hauptsächlich in den Bereichen erneuerbare Energie, Fernwärme sowie Elektromobilität in drei Geschäftsfeldern aktiv. Sie

- investieren in Anlagen der erneuerbaren Energie und betreiben diese,
- forcieren den regionalen Fernwärmeausbau und verfolgen die Vision des überregional verknüpften Fernwärmeverbundes entlang der Rheinschiene und
- treiben Systemlösungen für mehr Elektromobilität voran [24].

Ein erstes Projekt war die Beteiligung an der Biogasaufbereitungsanlage in Wolfshagen.

Ausbau der Regenerativen und neue Geschäftsmodelle
Insgesamt plant die RheinEnergie AG in den kommenden Jahren 300 Mio. € in Ökostrom zu investieren. Ein Drittel davon ging Anfang 2015 in den Erwerb des 40 MW-Windparks Zölkow, südöstlich von Schwerin. Damit steigerte sich das Windportfolio um 40 % auf rund 130 MW. Im Jahr 2015 soll noch mindestens ein weiteres Projekt mit voraussichtlich 16 MW Leistung realisiert werden [20].

Man habe auch schon ein virtuelles Kraftwerk aufgebaut, mit dem man viele dezentrale Erzeuger zusammenschalten könne, erfahre ich von Lauterborn. Nun gilt es, das notwendige Volumen an „verschiebbaren" Mengen einzusammeln.

Zudem sei man sehr aktiv im Bereich der Elektromobilität. Köln sei nach Stuttgart die Stadt mit der größten Dichte an E-Autos. Mehr als 1.000 rein elektrisch betriebene Fahrzeuge, keine Hybridfahrzeuge, seien auf Kölns Straßen unterwegs. Es gebe über 100 Ladesäulen im Stadtgebiet mit insgesamt mehr als 180 Ladepunkten. Aber auch hier, ein richtiges Geschäftsmodell sei aus Sicht der Energiewirtschaft noch nicht entwickelt worden.

Genau darum gehe es in Zukunft, so der Leiter Unternehmensentwicklung: „Es geht nicht um Erneuerbare, sondern um Geschäftsmodelle, um die Flexibilität auszunutzen." Das sei auch klare Zielsetzung der RheinEnergie AG. Man wolle neue Geschäftsfelder finden und erschließen und dabei vor allen Dingen die Digitalisierung und deren Nutzung vorantreiben. Nach außen, indem man kundenbezogener werde, und nach innen, indem man die Prozesse effizienter mache. Man werde zudem auch neue Geschäftsmodelle entwickeln, die das bisherige eigene Commodity-Geschäft zunächst ergänzten und aufwerteten, es auf längere Sicht aber Schritt für Schritt ablösten. Es werde beispielsweise darum gehen, die Kunden aktiv dabei zu beraten und zu unterstützen, Energie zu sparen. Es gehe darum, Komplexität zu managen und zu reduzieren, das seien die Aufgaben der Zukunft.

Zudem werde es auch wieder größere Marktstrukturen geben, diesmal aber nicht auf der Energieseite, sondern im Datenhandling. RheinEnergie hat in einem Modellprojekt den Roll-out von 30.000 SmartMeter-Stromzählern in Köln durchgeführt. Als Gateway-Administrator verwalte man nun die riesigen Datenmengen, die viertelstündlich von jedem Gerät kommen. Aber selbst ein großes Unternehmen wie die RheinEnergie AG sei noch zu klein, um die ganze Datenfülle allein zu bearbeiten. Man sei daher im Gespräch über eine Kooperation, um das Datenmanagement gemeinsam vorzunehmen. Derartige Kooperationen würden in Zukunft wohl auch für andere Themen wie virtuelle Kraftwerke, Abrechnungen oder andere neue Vorhaben und Geschäftsfelder sinnvoll sein, weiß sich Lauterborn mit der Einschätzung seines Vorstandschefs Dr. Dieter Steinkamp eins. Diese Kooperationen schaffen die Voraussetzungen für die Geschäftsmodelle der kleineren Energieunternehmen.

„Wir werden eine Renaissance der Stadtwerke erleben", ist sich Axel Lauterborn sicher. Aber diese könne nur ein Erfolg werden, wenn Kommunen und kleine Stadtwerke sich darüber klar sind, dass es in der heutigen Energiewelt alleine vor Ort kein dauerhaftes Überleben oder Prosperieren geben kann. Vielmehr ließe sich dies nur in Partner- und Kooperationsnetzwerken bewerkstelligen.

Neben der Energiewende gebe es viele weitere Herausforderungen auf kommunaler Ebene, im Straßenverkehr, bei der Abfallwirtschaft oder durch den demografischen Wandel. All diese Themen ließen sich nur durch ganzheitliche Ansätze bearbeiten, bei denen beispielsweise Stadtentwicklung, Mobilität und Energie gemeinsam betrachtet werden müssten. Verbunden seien all diese Felder durch Daten. Hier würden sich interessante neue Felder für die Stadtwerke auftun.

8.1.4   EWE AG (Oldenburg)

Kennen Sie Ostfriesland? Das flache und im Winter oft graue, weitläufige und dünnbesiedelte Gebiet zwischen Emden und Wilhelmshaven, im äußersten Nordwesten Niedersachsens? Seit meiner Kindheit sind mir die Landschaftsbilder vertraut (Abb. 8.5). Im Norden durch die Nordsee begrenzt, die Ostfriesischen Inseln der Küste vorgelagert, das Watt, die Dünen und die Polderlandschaft. Salzwiesen, die auch heute noch überflutet werden, Priele und Kanäle, die die Weiden durchziehen, dazwischen immer wieder auch ungenutzte Marschgebiete und Moore. Manche sagen, eine einsame Gegend, ich finde sie beruhigend, ja nahezu entspannend. Ich bin Hunderte Mal durch diese Landschaft gefahren. Schon als Kind, wenn wir unseren Sommerurlaub wie fast jedes Jahr auf der Insel Baltrum verbrachten. Später bei den vielen Fahrten zum Ferienhaus und Segelboot in Hooksiel. Das Landschaftsbild ist bei mir fest eingespeichert. Und dennoch lerne ich heute etwas völlig Neues dazu.

Ich bin auf dem Weg zum fünftgrößten deutschen Energieversorger, zur EWE AG in Oldenburg. Ich treffe mich mit Dr. Enno Wieben von der EWE NETZ GmbH [25]. Seit seinem Ingenieurstudium beschäftigt er sich mit der Steuerung von Stromnetzen, hat über

„Probabilistische Lastflußberechnung" promoviert. Er ist Fachmann für intelligente Netze und war zugleich eng in die Strategieprozesse der EWE der letzten Jahre involviert. Wir sprechen über die Energiewende in Deutschland. Von ihr, so Dr. Wieben, sei EWE als erster der großen Versorger und in ganz besonderer Weise betroffen gewesen. Die Nutzung der erneuerbaren Energien ist hier im Norden traditionell intensiver als in anderen Regionen Deutschlands. Dies gelte insbesondere für die Nutzung der Windenergie. Als 1983/1984 das Auricher Unternehmen Enercon die ersten Windenergieanlagen errichtete, sei EWE nicht nur dabei gewesen, sondern habe auch aktiv diese Vorhaben unterstützt, beispielsweise durch den Kauf von Anlagen und den unbürokratischen Anschluss von Prototypen.

Regenerative Energien sind hier im Norden also schon lange im System etabliert. Heute kommt über 70 % des im EWE-Netz geleiteten Stroms aus regenerativen Energien. Die 80 %-Zielvorgabe des Bundes für 2050 ist also schon heute fast erreicht. Und bis 2030 soll doppelt so viel erneuerbare Energie durch die Netze fließen, wie zur Versorgung im eigenen Gebiet erforderlich ist. Schon heute werden mit dem Strom aus dem Norden andere Ballungsgebiete im Süden versorgt. Der Norden habe, so Enno Wieben, die Funktion eines regionalen Großkraftwerkes zur Versorgung des Ruhrgebietes.

Die Energiewende habe EWE zwar auch voll getroffen, so Enno Wieben, aber gegenüber den anderen vier großen Energiekonzernen habe EWE zwei strategische Vorteile, die den Umgang mit der Energiewende erleichtern. Zum einen betreibe die EWE AG keine eigenen großen konventionellen Kraftwerke. Diese Art von „Altlasten", mit denen RWE, E.ON und Co. derzeit schwer zu kämpfen hätten, habe die EWE so nicht. Lediglich durch die Beteiligung an den Stadtwerken Bremen (100 % minus eine Aktie der Stadt Bremen) seien Erzeugungskapazitäten in das Konzernportfolio gelangt. Die Energiewende und die Entscheidungen nach Fukushima stellten bei EWE also keine tradierten Geschäftsmodelle in Frage.

Vorteil: Netzstruktur
Der zweite strategische Vorteil von EWE in der Energiewende ergibt sich aus der Netzstruktur. Durch die Küstenlage habe man ein „besonderes Netz", erfahre ich. Grund dafür ist das raue Nordseeklima, mit starken Stürmen und Niederschlägen, insbesondere in den Wintermonaten. Das Wetter verursachte durch Beschädigungen immer wieder Störungen im Netz. Im Winter 1977 kam es in weiten Teilen der Küste zum Zusammenbruch des Mittelspannungsnetzes aufgrund schwerer Winterstürme in Verbindung mit einer Vereisung von Freileitungen.

Zurück zu meinem Bild der ostfriesischen Landschaft (Abb. 8.5). Kennen Sie das Spiel „Was ist hier falsch?"? Ich bekomme die Frage anders gestellt: „Was fehlt auf dem Bild?" – Richtig: Strommasten!

> Seit den Neunzigerjahren gibt es im gesamten Mittelspannungsnetz der EWE keine Freileitungen mehr. Das gesamte Mittelspannungsnetz ist zu fast 100 % verkabelt und liegt größtenteils in der Erde. [25]

Abb. 8.5 Typische ostfriesische Landschaft – aber ohne Strommasten. (Quelle: Klaus David, Fotoforum Aurich 2007; mit freundl. Genehmigung)

Ende der Siebzigerjahre, nach dem Zusammenbruch des Netzes im Winter 1977, hatte man sich dazu entschlossen und das Vorhaben bis Anfang der Neunzigerjahre im Versorgungsgebiet Weser-Ems komplett umgesetzt. Nach der Fusion mit der Überlandwerk Nord-Hannover AG (ÜNH) begann man auch im Weser-Elbe-Versorgungsgebiet das Netz vollständig zu verkabeln. Die Stromnetze in Deutschland wurden überwiegend vor vielen Jahrzehnten geplant, sie sind ausgelegt für einen Zeitraum von 60–80 Jahren, viele Komponenten halten auch 100 Jahre (Abschn. 5.3). Die Netze wurden zur Verteilung des Stroms von den großen Kraftwerken hin zum letzten einsamen Verbraucher konzipiert und ausgelegt. Heute haben sie Probleme, die dezentral verstreuten regenerativen Energiequellen einzukoppeln. Die EWE AG hat ihr Mittelspannungsnetz komplett neu geplant und verfügt somit seit Ende der Neunzigerjahre über ein neues und wohldimensioniertes, leistungsfähiges Netz. Dies war die ideale Startvoraussetzung zur Umsetzung der Energiewende. Es war nur ein vergleichsweise moderater Aufwand erforderlich, um die wachsende Zahl der regenerativen Energieanlagen in das Netz einzukoppeln.

Intelligente Netze
Gleichwohl sind Netze heute schon nah an der Auslastungsgrenze. Um die noch weiter steigenden Mengen an erneuerbarem Strom aufnehmen zu können, musste also eine Lösung gefunden werden. Ein Strategieprozess wurde 2012/2013 initiiert, der auch eine „Bereichsstrategie Infrastruktur" entwickeln sollte. Bereits seit den Neunzigerjahren beschäftigt Dr. Wieben sich mit dezentralen, intelligenten Netzen. Im Jahr 2008 wurde im Konzern extra eine Forschungsabteilung gegründet, die diverse, zum Teil öffentlich geförderte Forschungsprojekte initiiert und durchgeführt hat. Mit erstaunlichen Erfolgen, wie ich später noch von Dr. Wieben erfahre (Abschn. 8.3.2). In diesem Strategieprozess wurden Szenarien entwickelt, wie man sich in den kommenden Jahren bezüglich der Infrastruktur für die Erneuerbaren verhalten könne. Dabei ging es vor allen Dingen um die

anfallenden Kosten. Betrachtet wurden nicht nur die erforderlichen Investitionskosten, sondern auch die Kosten für den späteren Betrieb und die benötigten personellen Ressourcen. Drei unterschiedliche Szenarien wurden durchgerechnet:

1. Klassischer Netzausbau, um alle Einspeiser jederzeit aufnehmen zu können, keine intelligente Regelung der Einspeisung.
2. Intelligentes Blindleistungsmanagement unter Einbindung der Erzeugungsanlagen zur Optimierung der Blindleistung im Netz.
3. Intelligente Steuerung sowohl der Wirkleistung als auch der Blindleistung einschließlich der direkten Steuerung der Erzeugungsanlagen.

Weg Nr. 3 ist nach heutiger Gesetzeslage noch nicht möglich. Er beschreibt das Szenario, dass vom Netzbetreiber bei Bedarf regenerative Anlagen heruntergeregelt oder gar abgeschaltet werden können, je nach Lastverteilung im Netz. Dieses Szenario erklärt sich aus dem 5 %-Ansatz, der aus der Forschung stammt. Durch Modellrechnungen konnte gezeigt werden – und übrigens auch in ersten Pilotversuchen demonstriert werden (Abschn. 8.3.2) –, dass die Netze durch ein dynamisches Einspeisemanagement doppelt so viele Erzeugungsanlagen aufnehmen könnten. Hierzu müsse lediglich 5 % der Jahresenergieproduktion je Erzeugungsanlage abgeregelt werden können [26]. Die Berechnung der in der Zukunft je Szenario anfallenden Kosten ergab den folgenden schematischen Verlauf: Mit steigendem Anteil der regenerativen Energien und unter dem Zwang der Aufnahme von 100 % der erzeugten Strommenge (Szenario 1) würden die Kosten exponentiell wachsen. Dies würde zwangsläufig zu Unwirtschaftlichkeit führen, die zu zahlenden Strompreise würden nicht akzeptiert. Mit Szenario 2, der Optimierung der Blindleistung im System, würden sich die Kosten schon auf die Hälfte reduzieren lassen. Pfad 3 ist von der Kostenseite absolut überzeugend (Abb. 8.6). Der regelnde Eingriff in die Stromerzeugung der Anlagen würde die Kosten für das Netz erheblich reduzieren.

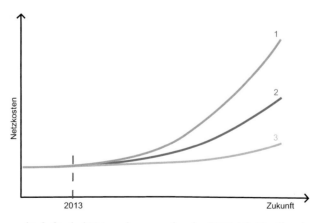

Abb. 8.6 Kostenverläufe für drei Netzausbauszenarien der EWE AG (Quelle: eigene Darstellung)

Man könnte also davon ausgehen, dass ein Stromversorger sich – wenn er dürfte – für Weg 3 entscheiden würde. Allerdings spricht die heutige Anreizregulierung völlig dagegen. Nach heutiger Rechtslage würde sich das Unternehmen nämlich für den teuren Weg 1 entscheiden, da innerhalb des derzeitigen regulatorischen Rahmens nur Investitionskosten in die Berechnung der erlaubten Rendite einfließen dürfen, aber keine operativen Kosten für den Betrieb der Intelligenz! Um den Gewinn nicht zu beeinträchtigen, müsste das Unternehmen also möglichst viel in die Netze investieren – und zwar in Kabel! Oder anders ausgedrückt, das Unternehmen würde sich selbst schaden, würde es in neue Technologien, in Messsysteme oder in Intelligenz investieren. Solch eine Anreizregulierung passt in diesem Punkt überhaupt nicht zur Energiewende.

Aber EWE möchte den dritten Weg gehen. Und damit über intelligente Netze „nicht nur in Powerpoint-Präsentationen geschwafelt wird", so Dr. Enno Wieben, habe sich die EWE mit vielen anderen Partnern auf den Weg gemacht, das intelligente Netz tatsächlich zu bauen. Beweisen, dass es geht, und vom Pilotnetz lernen will man durch das Projekt enera. Auf die Ergebnisse warten wolle man aber nicht. Da man davon überzeugt sei, dass die Energiewende richtig und unumkehrbar sei, investiere man jetzt schon, um die Netze intelligent zu machen. Flächendeckend (!) wird das gesamte Mittelspannungsnetz ertüchtigt und mit Messtechnik ausgestattet. Die Optimierung der Spannungshaltung durch Blindleistungsmanagement (Szenario 2) wird umgesetzt, regelbare Ortsnetztransformatoren sorgen für lokale Entschärfung, und zur Kommunikation der verschiedensten Komponenten in den Netzen werden flächendecke Glasfaserverbindungen in FTTH-Technik verlegt, sodass auch die Schalt- und Umspannwerke über Glasfaser verbunden sind.

Den Energieversorger EWE AG hat die Energiewende also nicht kalt erwischt. Die Einbindung regenerativer Energien in die Versorgung und die Ausrichtung der Netze auf zukünftige Anforderungen standen auch schon lange vor Fukushima auf der Tagesordnung. Anstatt starr und konventionell an den alten Strukturen festzuhalten, wird mit intelligenten Netzen ein neuer Weg beschritten, auch wenn gesetzlich noch nicht alle Hürden aus dem Weg geräumt sind. Tolles Beispiel für das Gelingen der Energiewende!

8.1.5 MVV Energie AG (Mannheim)

„Unsere Wahrnehmung der Energiewende? Unter dem Strich stimmt die Richtung – auch wenn in vielen Bereichen Deutschland noch nicht weit genug ist. Gleichzeitig sind wir davon überzeugt, damit unser Land zukunfts- und wettbewerbsfähig zu halten", stellt Dr. Mathias Onischka gleich zu Beginn unseres Gespräches fest. Der Volkswirt ist seit 2010 bei der Mannheimer MVV Energie AG und arbeitet als Senior Expert im Bereich Energiewirtschaft, M&A und Konzernstrategie. Zugleich leitet er das Konzernprogramm Nachhaltigkeit. Insgesamt passe die Entwicklung zu den Zielen, die sich das Energieunternehmen in der Metropolregion Rhein-Neckar um Mannheim, Ludwigshafen und Heidelberg herum bereits 2008 gesteckt habe [27].

Auf den Internetseiten des 5.200-Mitarbeiter-Konzerns hatte ich diese positive Grund-
einstellung schon vorher gelesen: „Alle reden von der Energiewende. Wir machen sie."
lautet die Überschrift zur Konzernbeschreibung [28]. Auch der Geschäftsbericht 2014
setzt das Thema der Energiewende in den Vordergrund [29]:

> Als Zukunftsversorger wollen wir den notwendigen Umbau des Energiesystems für uns
> wirtschaftlich und ökologisch erfolgreich gestalten. Wir stellen uns aktiv diesen Herausfor-
> derungen und arbeiten effizient an einer zukunftsfähigen, marktgerechten und verbraucher-
> freundlichen Energieversorgung. Kurz: Wir sind ein Vorreiter der neuen Energiewelt.

Dass man nicht nur hinter der Energiewende stehe, sondern auch eine führende Rolle einnehmen wolle, hatte MVV-Vorstandschef Dr. Georg Müller bereits im Dezember 2014 auf
der Bilanzpressekonferenz betont: Der Konzern bekenne sich ohne Wenn und Aber zur
Energiewende. Man wolle Vorreiter und Gestalter der Energiewende sein [30, 31, S. 11].
    Für die MVV Energie AG ist es dabei auch kein Widerspruch, nach wie vor ein großer
konventioneller Stromerzeuger zu sein. Gemeinsam mit RWE und EnBW betreibt die
MVV beispielsweise das Großkraftwerk Mannheim, ein 1.500 MW-Steinkohlekraftwerk.
Etwa 190 MW Leistung stehen hiervon für die Bahn zur Verfügung, die aus Mannheim
etwa 10 % ihres Bahnstrombedarfs deckt [32]. Durch hochmoderne Kraft-Wärme-Kopplung werden zudem rund 1.000 MW_{th} für die Fernwärmeversorgung gewonnen. Daneben
ist die MVV über die Stadtwerke Kiel (Anteil 51 %) am Gemeinschaftskraftwerk Kiel
beteiligt. Dass es sich hierbei um ein konventionelles Steinkohlekraftwerk handelt, findet
man auf dessen Webseiten nur ganz versteckt [33]. Neben dem konventionellen Bereich
ist die MVV aber auch sehr stark im Bereich der Energieeffizienz und der erneuerbaren
Energien engagiert. Dazu zählen die 7 Kraftwerke zur thermischen Abfallbehandlung,
mittlerweile aber auch 86 Windkraftanlagen, 11 Biomasseanlagen, 4 Biogasanlagen und 2
Biomethananlagen [29, S. 45].

Erneuerbare und der Multi-Utility-Ansatz
Schon vor der Energiewende habe die MVV viele neue Themen wie Smart Grid, Energiespeicher, regenerative Energien oder auch Energieeffizienz angepackt, berichtet mir Dr.
Onischka im Gespräch. Das MVV-Energiekonzept 2008/2009 ging bereits in die Richtung
der heutigen Energiewende. Man ging damals von einem „verstetigten Wandlungspro-
zess" aus. In 2009 wurde daher ein langfristiges Wachstumsprogramm mit einem Investitionsvolumen von insgesamt 3 Mrd. € beschlossen. Dessen Schwerpunkte lagen in den
Themenfeldern Windparks, thermische Abfallbehandlung und Biomasse, sowie in einem
Effizienzprogramm, in dem auch die Themen Kraft-Wärme-Kopplung, Fernwärme und
Wärmespeicher abgedeckt wurden.
    „Bereits vor 2010 lag der Anteil erneuerbarer Energien in unserem Stromportfolio bei
rund 20 % und damit deutlich über der Erneuerbaren-Quote für Deutschland", so Onischka. „Wir waren damit die Lokomotive in der Region und darüber hinaus. Und wir steigern
unsere Investitionen weiter, insbesondere weil auch der Onshorewindbereich zugenommen hat." Derzeit sei man bei der Eigenerzeugung bei einem Anteil von knapp 24 % grünen Stroms.

Anders als beispielsweise E.ON, die einen Schnitt durch ihr Unternehmen macht, will die MMV ihrem „traditionellen Multi-Utility-Ansatz" treu bleiben. Man wolle auf vielen Füßen stehen und verfolge daher einen breit diversifizierten Ansatz, erfahre ich von Onischka. „Wir stehen zu unseren Kraftwerksbeteiligungen. Aber wir sind ständig auf der Suche nach neuen Standbeinen." Die beiden Hauptzielgrößen für die Unternehmensentwicklung seien „Wachstum in den Erneuerbaren und in Energiedienstleistungen" sowie „Steigerung der Effizienz" [27]. Dazu gehöre auch die Entscheidung, das alte Kohlekraftwerk in Kiel in den nächsten Jahren stillzulegen und ein hochmodernes Gasmotoren-Heizkraftwerk (GHKW) als Nachfolgelösung zu bauen. Dieses Gasmotoren-Heizkraftwerk könne zu einem Musterbeispiel für die erfolgreiche Umsetzung der Energiewende durch seine hocheffiziente Kraft-Wärme-Kopplung werden, so eine Pressemitteilung der MVV [34].

Die erneuerbaren Energien übernehmen nach Überzeugung des Mannheimer Energieunternehmens die Leitfunktion in der Energiewende. Gleichwohl könne man für eine Übergangszeit auch noch konventionelle Energien verwenden. Nun gehe es um die intelligente Verknüpfung beider Energiewelten. Um die Entwicklung des Erneuerbaren-Geschäftes weiter voranzutreiben, übernahm die MVV Ende 2014 mit 50,1 % der Anteile die Mehrheit beim Projektentwickler juwi AG in Wörrstadt. Seit Mitte der 1990er-Jahre plant, projektiert, baut und betreibt juwi Anlagen zur Nutzung erneuerbarer Energien, sowohl im Wind- als auch im Photovoltaikbereich. Gegründet wurde die Firmengruppe 1996 von Fred Jung und Matthias Willenbacher. Gemeinsam hatten sie das Unternehmen von einem Zwei-Mann-Büro zu einer weltweit tätigen Gruppe mit rund 1.000 Mitarbeitern ausgebaut [35].

Mit juwi und der 100%-MVV-Tochter Windwärts GmbH decke man einen großen Bereich der Onshorewindnutzung ab. In diesem Projektentwicklungsgeschäft sei die Kapitalintensität für MVV gering, da die Realisierung der Projekte vorwiegend in Form von Fondsgesellschaften, Private Placements oder Institutionellen Investments erfolge. Man habe, so erklärt Onischka auf Nachfrage, auch Projekte mit kommunaler Beteiligung oder mit Bürgerbeteiligungen, dies sei aber nicht der Schwerpunkt.

Als zweites Projekt nennt Dr. Onischka das Joint Venture BEEGY. Der Name wurde aus den Begriffen BEtter EnerGY abgeleitet. BEEGY ist ein branchenübergreifendes Gemeinschaftsunternehmen von MVV Energie, dem Münchener Handels- und Dienstleistungskonzern BayWa r.e. renewable energy, dem irischen Heiz- und Kühlsystemhersteller Glen Dimplex und dem Münchener Softwarespezialisten GreenCom Networks. Es bietet Dienstleistungen und Produkte für ein intelligentes, dezentrales Energiemanagement aus einer Hand an und richtet sich an Kunden aus Industrie, Handel, Gewerbe und Wohnungswirtschaft sowie in einem kommenden Schritt auch an Privatkunden. Das Angebotsspektrum von BEEGY erstrecke sich von der Planung über die Errichtung und den Betrieb nachhaltig arbeitender Anlagen – wie Photovoltaikkollektoren, thermischen Speichern, Wärmepumpen, Speicherheizungen und Batteriespeichern – bis hin zur Optimierung des Energieeinsatzes [36]. Ein Dienstleister für dezentrales Energiemanagement also.

Energiedienstleistungen bietet die MVV darüber hinaus in einer eigenen Tochterge-
sellschaft an, der MVV Enamic GmbH. In mehreren Geschäftsfeldern werden zum einen
Energie für Industrie, Handel und Gewerbe, aber auch für die Immobilien- und Wohnungswirtschaft angeboten. Unter dem Oberbegriff *Industriepark Services* sind Leistungen zum
Betrieb großer Industrieeinheiten zusammengefasst. Zum anderen biete man Consulting
etwa zur kommunalen Entwicklung und Infrastrukturplanung an. Klassische Dienstleistungen für die Zielgruppen Unternehmen und öffentliche Einrichtungen also – wohl kaum
ein alleiniges Resultat der Energiewende.

Neue Technologien und Modellprojekte
Neben den Investitionen in die Wind- und Solaranwendungen ist die MVV aber auch auf
anderen Feldern der erneuerbaren Energiegewinnung und der Energietechnik unterwegs.
Vom Unternehmen besonders hervorgehoben wird dabei der Bereich der Biomasse. MVV
betreibt 11 Biomasseanlagen, 4 Biogasanlagen und auch 3 Biomethananlagen.

Biomethan eigne sich sowohl zur Strom- und Wärmeerzeugung als auch als Treibstoff
für Erdgasfahrzeuge und sei damit einer der vielseitigsten erneuerbaren Energieträger,
lese ich im Geschäftsbericht 2013/2014 [29, S. 49]. Mittlerweile ist auch in Staßfurt in der
Magdeburger Börde eine hocheffiziente 3 MW-Biomethananlage (Abb. 8.7), die gemeinsam mit dem Partner BayWa gebaut wurde, in Betrieb [37]. Mit diesen drei Biomethananlagen können jährlich rund 190 Mio. kWh Biomethan erzeugt und in das öffentliche
Erdgasnetz eingespeist werden.

Auch technologisch geht die MVV Schritte voraus. Zwischen den Blöcken 7 und 9 des
Großkraftwerks Mannheim (GKM) entstand bereits 2013 der „erste richtig große Wärmespeicher" (Abb. 8.8). Der 27 Mio. teure Fernwärmespeicher verfügt über einen nutzbaren
Wärmeinhalt von 1.500 MWh, was für eine Überbrückungszeit von mehreren Stunden
reicht. Mit dem Fernwärmespeicher für das GKM könne ein aktives Last- und Erzeu-
gungsmanagement umgesetzt werden. Zur Erhaltung der Versorgungssicherheit der Fernwärme mussten früher ganzjährig mindestens zwei Blöcke des GKM betrieben werden.

Abb. 8.7 In 2015 in Betrieb genommene Biomethangasanlage der MVV in Staßfurt/Sachsen-An-
halt. (Quelle: MVV Energie AG 2015; mit freundl. Genehmigung)

Abb. 8.8 Fernwärmespeicher am Großkraftwerk Mannheim mit einem nutzbaren Wärmeinhalt von 1.500 MWh. (Quelle: MVV Energie AG 2015; mit freundl. Genehmigung)

Nur so sei gewährleistet gewesen, dass auch bei Ausfall eines Blockes unterbrechungsfrei Fernwärme erzeugt werden konnte. Mit dem Speicher sind nun in lastschwachen Zeiten auch ein Ein-Block-Betrieb und damit eine Verringerung der technischen Mindestlast möglich [38].

Bemerkenswert ist das Engagement im Thema Smart Grid. Als Mitglied des Vereins StoREgio Energiespeichersysteme e. V. in der Metropolregion Rhein-Neckar befasst sich die MVV schon länger mit den Netzen der Zukunft. Mit dem Projekt „moma – Modellstadt Mannheim", welches vom Bundesumweltministerium gefördert wird, wurden neue Ansätze entwickelt, wie man die volatile Stromproduktion der Erneuerbaren durch intelligente Technik mit den Bedarfen der Verbraucher verbinden kann. In den Jahren 2008 bis 2012 hat ein Konsortium aus neun Partnern an einem ganz besonderen Energienetz mit einer zellularen Struktur gearbeitet. Dieses Smart Grid wurde in 1.000 Haushalten in Mannheim und Dresden implementiert und getestet [39].

Zukünftige Marktentwicklung

Das Design der neuen Energiewelt hatte MVV-Vertriebsvorstand Ralf Klöpfer bereits 2013 in einem Artikel zutreffend beschrieben [40], (s. auch Abb. 4.4). Es entstünde eine viel kleinteiligere Energiewelt, in der nun erstmals Kundensegmente im Bereich Geschäftskunden und Haushalte „aktiv in ihre eigene Energiewelt investieren". Die Frage sei, so Mathias Onischka, wie man mit dieser neuen Dezentralität umgehe. Die Eigenleistung der vielen neuen Akteure gehe natürlich auf der einen Seite zu Lasten der heutigen Geschäftsaktivitäten der MVV. Man wisse heute noch nicht, wie viel vom heutigen Markt dadurch wegbrechen würde. Sind es 30 %, oder gar 50 %? Und wie schnell würde sich dieser Wandel vollziehen? Als Unternehmen brauche man zudem Zeit, um sich der Entwicklung anzupassen, schließlich sei viel Kapital längerfristig gebunden.

Auf der anderen Seite entstehen so neue Geschäftsfelder und Marktsegmente. Allerdings wird der Anteil der neuen Dienstleistungen oft überschätzt, meint der promovierte

Volkswirt. Er sei persönlich da eher skeptisch, ob Energiedienstleistungen das anderweitig
mengen- und margenmäßig erodierende Geschäft bei Stadtwerken kompensieren könnten.
Stadtwerke stünden hier in einem harten Wettbewerb mit anderen Unternehmen aus verschiedensten Branchen, die in den einzelnen Themen nicht nur erfahrener seien, sondern
die Dienstleistungen auch preiswerter anbieten könnten

Mit Dienstleistungen Geld zu verdienen, ist also kein Selbstläufer. Und im klassischen
Vertrieb ist in Zukunft auch nicht mehr so viel zu verdienen. Womit denn die MVV in
Zukunft ihr Geld verdienen wolle, möchte ich wissen. „Aus der Kombination von beiden,
mit integrierten Konzepten", lautet Onischkas Antwort. Man müsse den Kunden Rund-
umpakte anbieten. Voraussetzung sei dabei, dass man flexibel und schnell sei, um auf
Kundenbedürfnisse reagieren zu können. Zugegebenermaßen betrete man hier auch ein
Stück weit Neuland.

Um die Kundenorientierung zu erhöhen, wurde im Konzern eigens eine Stabsabteilung
Customer Experience eingerichtet. Als Leiter holte sich die MVV Mitte Juli 2014 einen
Verbraucherschützer an Bord, den Energieexperten des Verbraucherzentrale Bundesverbandes (VZBV), Dr. Holger Krawinkel. Die neue Stabsabteilung soll sich schwerpunktmäßig um die Interessen und Bedürfnisse der Kunden des Energieversorgers kümmern
[41]. „Die neue Abteilung verhilft insbesondere dem Vertrieb zu mehr Kundenverständ-
nis", so Onischka. Darüber hinaus mache sie aber vor allen Dingen eigene Untersuchungen über die neuen Kundenanforderungen. „Wir möchten wissen, was der Kunde will",
bekräftigt Dr. Onischka. Und er legt nach: „Das neue Denken ist bei uns schon weit verbreitet!"

8.2 Kommunale Stadtwerke in der Energiewende

Die Versorgung der Bevölkerung mit Strom, Gas und Wasser zählt seit über 100 Jahren zur
kommunalen Daseinsvorsorge. Die Versorgungsnetze wurden zumeist von den Städten
und Gemeinden selbst aufgebaut und betrieben (Abschn. 8.1). Die Aufgabe der Betriebsführung der städtischen Energieversorger wurde von den Stadt- und Gemeindewerken
übernommen, die oft als GmbH ausgegründet wurden, aber zumeist in 100%igem Besitz
der Stadt verblieben. Diese kleineren Stadtwerke hatten bis zur Liberalisierung des europäischen Strommarktes ein klar überschaubares und festes Geschäftsmodell. In einem ab-
gegrenzten Versorgungsgebiet waren sie dafür verantwortlich, dass jeder, der Energie und
Wasser benötigte, angeschlossen und versorgt wurde.

Die Herausforderungen bestanden in der Schaffung und Unterhaltung der Infrastruktur
sowie in der Beschaffung preiswerter Energie und der Weitergabe an die Kunden. Eigene
Energieerzeugungsanlagen wurden kaum oder nur in kleinem Maße betrieben. Der Begriff „Kunde" darf hier aber nicht ganz wörtlich verstanden werden. Ob Hausanschluss
oder kleiner Gewerbebetrieb, man wurde von seinen Stadtwerken „pflichtversorgt". Kein
Kunde um den man werben musste, kein Wettbewerb. Der Kontakt und der Umgang mit
dem „Kunden" beschränkte sich auf den Anschluss und die jährliche Abrechnung. Bei
vielen Stadtwerken degradierten Kunden zu reinen Netzanschlüssen, zu „Zählpunkten".

Die Dezentralisierung der Energiewende findet vor Ort statt, in den Versorgungsgebieten der Stadtwerke. Es ist also bestimmt spannend zu sehen, wie sie auf die neuen Herausforderungen reagieren und ihre Geschäftsmodelle verändern.

8.2.1   Entwicklungen und Kooperationen in der Stadtwerke-Welt

Mit der Liberalisierung des Strommarktes Ende der 1990er-Jahre kamen die ersten Veränderungen auf die Stadtwerke zu. Neue Anbieter kamen auf den Markt und boten Strom von außen im bisher weitgehend abgeschotteten Versorgungsgebiet an. Man musste lernen, sich um Kunden zu bemühen. Und die Erkenntnis wuchs, dass nicht jedes Stadtwerk alle Aufgaben würde alleine schultern können. Erste Kooperationen von Stadtwerken wurden gegründet, entweder in Form von Gemeinschaftsunternehmen oder Konsortien. Man wollte Synergien erschließen und zugleich ein Gegengewicht zu den dominierenden Energiekonzernen aufbauen.

Trianel – Stadtwerke-Kooperation mit eigenen Kraftwerken
Die Trianel GmbH wurde 1999 mit dem Ziel gegründet, die Interessen von Stadtwerken und kommunalen Energieversorgern zu bündeln und deren Unabhängigkeit und Wettbewerbsfähigkeit im Energiemarkt zu stärken. Von Beginn an habe man sich, so kann man auf den Internetseiten lesen, auf die Unterstützung der Stadtwerke bei ihrer Versorgungsaufgabe konzentriert. Zunächst wurden Interessen im Energiehandel und in der Beschaffung gezielt gebündelt. Im Laufe der Jahre wurden systematisch neue Geschäftsfelder aufgebaut. Neben der Energiebeschaffung ist Trianel heute in der Energieerzeugung, im Energiehandel, in der Gasspeicherung, aber auch in der Beratung von Stadtwerken aktiv [42].
In einer Firmenbroschüre, die ich vor ein oder zwei Jahren auf der E-world in Essen mitgenommen habe, steht zudem das Motto „Zusammen wachsen. Gemeinschaft ist Größe.". Man wolle den Stadtwerken den Zugang zu allen Stufen der Wertschöpfungskette im Energiemarkt eröffnen. Also auch zur Energieerzeugung. Den „Großen" sollte Konkurrenz gemacht werden. Trianel betreibt heute eigene Kraftwerke. Am 01. Dezember 2013 nahm das Trianel Kohlekraftwerk Lünen nach fünf Jahren Bauzeit den regulären Dauerbetrieb auf. Am Lüner Stummhafen wurde ein hocheffizientes Steinkohlekraftwerk mit einem Wirkungsgrad von rund 46 % realisiert. Mit der Leistung von 750 MW können jährlich rund 1,6 Mio. Haushalte mit Strom versorgt werden. In Krefeld-Uerdingen auf dem Gelände des CHEMPARKS (Currenta) wird derzeit ein weiteres Gas- und Dampfturbinenkraftwerk (Doppelblockanlage) mit einer Leistung von bis zu 1.200 MW projektiert [42].
Soweit die Darstellung auf den Internetseiten. Und die Realität? Das Kraftwerk mache Trianel „wenig Freude", wie es in einem Artikel im Handelsblatt heißt. Aufgrund der fallenden Preise am Strommarkt rechne man in den ersten Jahren mit höher ausfallenden Verlusten als geplant. Zwar seien 2008 beim Baubeschluss für die 750 MW-Anlage An-

fangsverluste einkalkuliert worden. Die jetzige Entwicklung der Börsenpreise sei aber nicht absehbar gewesen [43].

Als Pilotprojekt zur gemeinschaftlichen Stromerzeugung entstand in Hamm das „erste kommunale Gas- und Dampfkraftwerk" (GuD). Die hochmoderne Anlage ging nach zweijähriger Bauphase Ende 2007 ans Netz und erzeugt seitdem Strom für 1,8 Mio. Haushalte. 28 Stadtwerke und Regionalversorgungsunternehmen aus den Niederlanden, Österreich und Deutschland hatten sich für die gemeinsame Stromerzeugung entschieden. Ihre „Vision" sei 2007 Wirklichkeit geworden, als die zwei Kraftwerksblöcke mit jeweils 425 MW Leistung ans Netz gingen, so Trianel auf den Internetseiten des Kraftwerks [44].

Eine Vision? Gehört es wirklich zum Geschäftsmodell und zur Aufgabe eines kleineren Stadtwerks, sich an großtechnischer Stromerzeugung zu beteiligen? Zumindest mit den Verlusten aus dem Kohlekraftwerk haben nun einige Stadtwerke Probleme.

Inzwischen setzt Trianel verstärkt „auch auf die erneuerbaren Energien als festen Bestandteil ihres Energiemixes" und dies vor allen Dingen in der Windkraft. Der erste Trianel Onshorewindpark mit einer Gesamtleistung von 27 MW entstand in Eisleben und soll den Stadtwerken ermöglichen, ihre Erzeugungskapazitäten im Bereich der erneuerbaren Energien auszubauen. Darüber hinaus habe man Windparks in Schleswig-Holstein, Sachsen-Anhalt, Brandenburg und Hessen in Planung und Betrieb. Bis 2016 plane Trianel den Ankauf und den Bau weiterer Onshorewindparks mit einer Gesamtleistung von bis zu 100 MW [45].

Trianel ist zudem am Offshorewindpark Borkum, rund 45 km vor der Inselküste gelegen, beteiligt. In einer ersten Ausbaustufe erbringen 40 Anlagen insgesamt 200 MW Stromleistung. Eine zweite Ausbaustufe ist in Planung. Nach vierjähriger Bauzeit und mehreren Verzögerungen ging der letzte Anlagenabschnitt der ersten Ausbaustufe im Juli 2015 ans Netz. Der Netzbetreiber Tennet hatte zuvor den Netzanschluss mehrmals verschoben. Zudem konnten aufgrund des schlechten Wetters in den Herbst- und Wintermonaten die Windkraftanlagen nicht planmäßig installiert werden [46].

Neben der Erzeugung ist auch die Speicherung von Energie ein Thema. Trianel betreibt in Nordrhein-Westfalen das Wasserspeicherkraftwerk Nethe sowie ein weiteres Wasserspeicherkraftwerk im Thüringer Wald. Zusammen haben sie eine Speicherkapazität von rund 1.500 MW, zählen also zu den kleineren.

Thüga – das Bindeglied im Stadtwerke-Netzwerk
Die Thüga bezeichnet sich selbst als Bindeglied im größten Netz eigenständiger Energieunternehmen in Deutschland. Die Idee ist ein klassischer Netzwerkansatz, das Instrument die Beteiligung. Die Netzwerkpartner, rund 100 kommunale Energie- und Wasserdienstleister, kooperieren unter Beibehaltung ihrer rechtlichen und unternehmerischen Selbstständigkeit. Die Unternehmen sorgen für die aktive Marktbearbeitung mit ihren lokalen und regionalen Marken. Die Thüga ist Kapitalpartner der Städte und Gemeinden und in dieser Funktion Minderheitsgesellschafter bei allen rund 100 Unternehmen. Als Koordinator und Moderator kümmert sich die Thüga um die Steuerung der Zusammenarbeit der Gruppe, die Gewinnung neuer Partner sowie die Wertsicherung und -entwicklung des einzelnen Unternehmens [47]. Die Unternehmen sind dabei über ganz Deutschland verteilt.

Die Rolle der Thüga ist zum einen die eines Netzwerkkoordinators. Sie will ihre Partner mit der Kompetenz und dem Wissen des gesamten Netzwerks und in allen branchenrelevanten Bereichen beraten sowie Serviceleistungen teilen. Die Thüga moderiere das Netzwerk, ermögliche Wissenstransfer, koordiniere die Projektarbeit, realisiere Benchmarks und bündele Kräfte – beispielsweise beim Energieeinkauf, steht im Internet.

Eigene Energieerzeugungsanlagen betreibt die Thüga nicht. Aus der Historie habe man lediglich in Süddeutschland noch kleinere Netz- und Vertriebsaktivitäten, das sei aber keine Kernaktivität. „Im Kern ist die Thüga eine Beteiligungsgesellschaft und Netzwerkmoderator", erläutert mir der Pressesprecher Christoph Kahlen [48]. Man betrachte alle Aktivitäten aus der Gesellschafterperspektive und wolle für seine Netzwerkmitglieder Mehrwert generieren. Projekte würden entweder vor Ort mit dem jeweiligen Stadtwerk gemacht oder in Gemeinschaftsprojekten gebündelt.

Für das Engagement im Bereich der erneuerbaren Energien gründete man extra eine eigene Gesellschaft. Die Thüga Erneuerbare Energien GmbH & Co. KG ist ein Gemeinschaftsunternehmen von 46 Gesellschaften der Thüga-Gruppe. Sie plant bis 2020 ca. 1 Mrd. € in Erzeugungsprojekte im Bereich regenerativer Energien zu investieren. Ziel des gemeinsamen Vorgehens sei die Bündelung von Know-how und Kapital sowie die Verteilung der Investitionen auf mehrere Projekte, um so die Risiken für die beteiligten Stadtwerke und Regionalversorger optimal zu streuen [49]. Bislang, so berichtet mir Christoph Kahlen, habe man bereits 400 Mio. € in konkrete Projekte investieren können.

Hauptgrund für Stadtwerke, sich an der neuen Gesellschaft zu beteiligen, sei der Aufbau von Expertise zum Ausbau der Erneuerbaren. Für ein kleines Stadtwerk sei es nicht zielführend, sich für ein paar wenige Windenergieprojekte mit großem Aufwand eigene Expertise aufzubauen. In der Kooperation könnten zudem Investitionen gepoolt und auf mehrere Projekte zur Risikostreuung verteilt werden.

Kooperationen als Zukunftstrend
Nach Ansicht der Unternehmensberatung Rödl & Partner werden kleine und mittelständisch geprägte Energieversorgungsunternehmen und Stadtwerke eine zentrale Rolle im deutschen Energiemarkt einnehmen. Sie führte daher 2012 eine bundesweite Befragung zur Kooperationsbereitschaft und zu Erfahrungen mit Kooperationsvorhaben durch. Fast zwei Drittel der befragten Unternehmen gaben dabei an, schon einmal kommunale Kooperationen ins Auge gefasst oder diskutiert zu haben. Immerhin hatte ein Drittel noch gar keine Kooperationserfahrung [50].

Äußere Gründe seien vor allem zunehmender Wettbewerb, regulatorische Risiken und die Notwendigkeit des Ausbaus neuer Geschäftsfelder. Als interne Argumente für eine unternehmerische Partnerschaft wurden fehlendes Know-how und Kosten- und Erlösdruck angegeben. Kooperationen bestanden dabei vorwiegend in den klassischen Sparten Strom und Gas, sowohl beim Einkauf als auch bei der Erzeugung. Die Finanzierung von Erzeugungsanlagen wie Windparks, Pumpspeicherkraftwerken oder Solarparks sei nach Meinung der befragten Stadtwerke mit Partnern besser zu organisieren.

Dabei wollen die Unternehmen ihre Selbstständigkeit bewahren. 88 % gaben an, dass der Erhalt der Eigenständigkeit ein Erfolgsfaktor sei. Für das Scheitern von Kooperationen wurden an erster Stelle kommunale und lokalpolitische Gründe angeführt [50]. Aus eigenen Erfahrungen mit verschiedenen kommunalen Stadtwerken und deren lokalpolitischen Gesellschaftern kann ich das gut nachvollziehen.

8.2.2   Die Energiewende aus der Sicht von Stadtwerken

Die Vielfalt der Stadtwerke

Auf der Energiemesse E-world in Essen sammle ich seit einigen Jahren gezielt Eindrücke über die Entwicklung der Stadtwerke. Durch Besuche an Messeständen, Gespräche mit Stadtwerke-Mitarbeitern und das Analysieren von ausgelegten Informationsbroschüren versuche ich zu verstehen, wie die Stadtwerke auf die Energiewende reagieren, wie Innovationen bei ihnen entstehen und welche neuen Dienstleistungen und Produkte sie ihren Kunden anbieten. Keine wissenschaftlich fundierte Studie, aber die Möglichkeit über die Zeit ein Bild wachsen zu lassen.

Hinzu kommen ganz praktische Erfahrungen durch Projekte mit und in Stadtwerken. Über zahlreiche Abschlussarbeiten meiner Studenten habe ich die verschiedensten Energieversorger kennengelernt und in sie hineinschauen können. Auch als Unternehmer konnte ich schon mehrere Projekte mit Stadtwerken realisieren.

Mein Mosaik ergibt ein klares Bild: Es gibt nicht *das* Stadtwerk in Deutschland. So vielfältig und anders die Regionen und die Menschen in Deutschland sind, so unterschiedlich ausgerichtet sind auch die Stadtwerke. Auf der einen Seite gibt es sehr aktive, dynamische Versorgungsunternehmen, es gibt die Innovativen, die mit neuen Produkten und Dienstleistungen aufwarten und es gibt Treiber der Energiewende. Auf der anderen Seite finde ich aber auch immer wieder Stadtwerke, die noch stark in der alten Versorgerwelt gefangen sind, die kaum neue Dienstleistungen anbieten und die irgendwie noch nicht richtig wachgeworden zu sein scheinen. Für manche ist die Energiewende ein Systemwechsel, manche halten die Erneuerbaren nur für eine zusätzliche Komponente.

Ich habe angefangen, eine Liste mit „innovativen Stadtwerken" anzufertigen. Allerdings entdecke ich stets neue spannende Aktionen von Stadtwerken, die mir bislang nicht bekannt waren. Ich verzichte daher darauf, mir einzelne Beispiele herauszupicken und darzustellen. Die Zahl guter Beispiele ist inzwischen zu groß und die Gefahr besteht, dass man Erwähnenswertes übersieht. Das Feld bietet genügend Stoff für eine eigene Stadtwerkestudie.

Gleichwohl interessiert mich doch der Blick nach innen. Ich möchte wissen, wie die Energiewende bei unterschiedlichen Stadtwerken angenommen wird, wie sie auf die Veränderungen reagieren, welche Zukunftsvisionen sie haben und wie sie ihre Rolle in der neuen Energiewelt definieren. Wie die regionalen Energieversorger in den Großstädten eingestellt sind, habe ich ja bereits herausgefunden. Interessant wäre es nun zu sehen, wie die kleineren Stadtwerke in den eher ländlich strukturierten Regionen aufgestellt sind. Ich entscheide mich für meine Heimatregion, das Münsterland. Nahezu alle Facetten der Energiewende finden wir hier. Die Windräder drehen sich schon seit zwei Jahrzehnten, die

Dächer der Bauernhöfe und vieler Einfamilienhäuser sind voll mit Photovoltaikanlagen und Biogasanlagen sind ebenfalls zahlreich zu finden. Mit Münster als Oberzentrum gibt es eine 300.000- Einwohner-Stadt, die andere Anforderungen hat als die ländlichen Kreise um sie herum. Und durch die Nähe zum Ruhrgebiet und die Versorgungsaktivitäten der RWE AG ist auch die Großenergiewelt hier nicht unbekannt. Allein an der Wasserkraft mangelt es – dafür haben wir zahlreiche Wasserburgen und -schlösser.

Meine Gesprächspartner
Ich besuche die drei Stadtwerke in Münster, Coesfeld und in meiner Heimatstadt Dülmen. Alle drei sind mir gut bekannt und ich denke, dass sie ein Stück weit repräsentativ für die Region und weite Teile der Republik sind. Bei den Stadtwerken Münster treffe ich mich mit dem Hauptabteilungsleiter Vertrieb und Energiewirtschaft, Hilmar Kahnt [51]. Der 50-Jährige war zuvor schon bei British Gas und bei der RheinEnergie, kennt also auch die großen Strukturen. Während Kahnt aus dem Finanzwesen stammt, treffe ich in Dülmen auf einen Techniker. Johannes Röken, Geschäftsführer der dortigen Stadtwerke Dülmen, hat Elektrotechnik studiert und leitet seit 1999 die Stadtwerke Dülmen GmbH [52]. Da RWE zu 50 % am Dülmener Stadtwerk beteiligt ist, kennt er auch die Strukturen und Arbeitsweise des Konzerns und kann auf dortiges Know-how zugreifen. Der dritte Gesprächspartner ist Markus Hilkenbach, Geschäftsführer der Stadtwerke Coesfeld [53]. Der studierte Kaufmann war zunächst bei der E.ON AG und anschließend bei zwei großen internationalen Beratungsunternehmen für die Energiewirtschaft tätig. Seit 2010 leitet er die Wirtschaftsbetriebe und Stadtwerke der Stadt Coesfeld.

Bisherige Energiewelt und Kooperationen
Als er 2010 angefangen habe, so Hilkenbach, befand sich die Energiewirtschaft bereits seit einigen Jahren in einem deutlichen Umbruch. Insbesondere kleine und mittlere Stadtwerke arbeiteten zu der Zeit intensiv an den notwendigen Anpassungs- und Veränderungsprozessen. Die Evolution von den bekannten Monopolstrukturen in Vertrieb und Verteilung hin zu einem kunden-, projekt- und workfloworientierten Energiedienstleistungsunternehmen war und ist eine besondere Herausforderung. Die **Stadtwerke Coesfeld** arbeiten und engagieren sich im Wesentlichen in ihrem Heimatmarkt Coesfeld. Gleichwohl sind sie im Bereich der kaufmännischen und technischen Dienstleistungen und Betriebsführung für umliegende Kommunen tätig und beliefern über die Stadtgrenzen hinaus in Summe rund 80.000 Menschen mit Trinkwasser. Sehr früh haben die Stadtwerke Coesfeld mit dem deutschlandweiten Vertrieb begonnen und vertreiben heute bereits mehr als 45 % ihrer Energie in externe Netzgebiete. Neben der reinen Vertriebslernkurve bestand hier die Herausforderung, bestehende Handels- und Beschaffungsaktivitäten zeitgerecht weiterzuentwickeln. Insbesondere der starke Ausbau von erneuerbaren Energieanlagen hätte das Unternehmen in den letzten Jahren in Bezug auf einen „smarten" Netzausbau stark beschäftigt, so Hilkenbach. In Coesfeld würden heute bereits 50 % EE-Strom (Erneuerbare-Energien-Strom) in die Netze eingespeist (Arbeit und Leistung).

Um Interessen und die Zusammenarbeit in der Region substanziell zu verstärken, wurden 2013 die Stadtwerke Westmünsterland gegründet. Ursprungsgesellschafter waren neben den Stadtwerken Coesfeld die Stadtwerke Ahaus, Dülmen und SVS (Stadtlohn, Vreden, Südlohn). 2015 kamen die Stadtwerke Ochtrup als fünftes Mitglied hinzu. Neben der Bündelung von überregionalen Vertriebsaktivitäten werden in der Gesellschaft auch Kooperations- und Synergiethemen entlang der gesamten Wertschöpfungsstufen bearbeitet [54].

Austausch und Projekte, ja gerne, aber bei Kooperationen sei man etwas zurückhaltender, erläutert mir Hilmar Kahnt von den **Stadtwerken Münster**. Man könne von anderen lernen, wolle es dann aber selbst umsetzen: „Lieber mit eigenen Mitteln die Ziele erreichen." Die neue Kleinteiligkeit und die Komplexität der Energiewende würden allerdings dazu führen, dass nicht jedes Stadtwerk alles alleine machen könne.

Die Stadtwerke Münster betreiben auch eigene Erzeugungsanlagen. Am Kanalhafen steht ein hochmodernes GuD-Kraftwerk, welches seit 2005 das aus den Siebzigerjahren stammende Kohlekraftwerk ersetze (Abb. 8.9). Es handele sich um eine hocheffiziente KWK-Anlage, mit der nicht nur Strom erzeugt, sondern auch die Wärme für das Fernwärmenetz gewonnen wird. Jahrelang war es die Cashcow des Unternehmens, heute laufe es aufgrund der veränderten energiewirtschaftlichen Rahmenbedingungen defizitär.

Die Energiewende und ihre Auswirkungen
„Wir sind Befürworter, Unterstützer und Umsetzer der Energiewende. Und wir sind vor Ort, die Kunden sind unsere Partner", positioniert Hilmar Kahnt die Stadtwerke Münster. Deshalb mache man vorrangig Projekte in und um Münster. Die Energiewende habe das klassische Geschäftsmodell infrage gestellt. Früher habe man drei bis fünf Jahre geplant, um dann ein Kraftwerk für 40 Jahre zu betreiben. Heute seien die Halbwertszeiten der Geschäftsmodelle weitaus kürzer. Es sei vielmehr Schnelligkeit und Kreativität gefragt.

Abb. 8.9 Hochmodernes GuD-Kraftwerk am Münsteraner Hafen – früher Cashcow, heute aufgrund der veränderten energiewirtschaftlichen Rahmenbedingungen defizitär. (Quelle: Stadtwerke Münster GmbH 2015; mit freundl. Genehmigung)

Und man müsse Entscheidungen im Zuge einer gewissen Ungewissheit treffen, früher war nahezu alles berechenbar und planbar.

Die Energiewende müsse man nicht nur betriebswirtschaftlich, sondern auch aus volkswirtschaftlich betrachten, meint Markus Hilkenbach aus Coesfeld. Es vollziehe sich eine Neuordnung der Energieversorgungsstruktur. Die Individualisierung und die Autarkie führten in Teilen zu einer Abkehr vom bestehenden und funktionierenden Solidaritätsprinzip. Hilkenbach:

> Einzeln ist gut. Aber wie bekommen wir volkswirtschaftlich eine tragbare und für alle finanzierbare Gesamtstruktur? Rosinenpicken geht nicht und führt im Netz unweigerlich zu einem von allen zu tragenden Leistungspreis.

Das Geschäft sei inzwischen schnelllebiger und immer mehr projektgetrieben, so Hilkenbach. Analytische und vor allem betriebswirtschaftliche Prüfungen seien existenziell, um für die Größe des Unternehmens die passenden Projekte und Themen herauszufiltern. Auch hätten sich Anforderungen an die Mitarbeiter deutlich verändert. Heute sei ein hoher Spezialisierungsgrad und projektbezogenes und projektflexibles Arbeiten selbstverständlich. Eine besondere Herausforderung besteht aus seiner Sicht darin, einen bereichsübergreifenden Transformationsprozess aus einem bisher noch gut laufenden Geschäft heraus anzustoßen, um auch in 15 Jahren noch ein erfolgreicher und guter Arbeitgeber in der Region zu sein.

Für Johannes Röken von der Stadtwerke Dülmen GmbH haben die meisten Energieversorgungsunternehmen die dynamische Entwicklung in den Energiemärkten in den letzten Jahren unterschätzt. Das novellierte Energiewirtschaftsgesetz aus dem Jahre 2005 und vor allem das EEG hätten die Bedingungen für die Energieversorgungsunternehmen wesentlich verändert. Dominierten früher große zentrale Kraftwerke die Versorgung mit elektrischer Energie, so haben die neuen gesetzlichen Regelungen die Bedeutung der dezentralen regenerativen Energieerzeugung ganz erheblich verstärkt. Insbesondere die vorrangige Abnahmeverpflichtung der in EEG-Anlagen erzeugten elektrischen Energie führe für die großen Kraftwerksbetreiber zu massiven wirtschaftlichen Problemen. Ein Beispiel dafür sei die beabsichtigte Stilllegung des Kraftwerkes Irsching, eines der modernsten Gaskraftwerke in Europa. Die alte Welt der Kraftwerksbetreiber sei durcheinandergeraten. Neue große und kleine Energieerzeuger sind im Markt aktiv, eine von verschiedenen Politikern durchaus gewünschte „Demokratisierung" der Energiewirtschaft.

„Die Netze sind bei vielen Stadtwerken das wesentliche Asset des Stadtwerkes", betont Röken den Vorteil eigener Infrastruktur. Er geht davon aus, dass die Bedeutung der Netze aufgrund der dezentralen Einspeisungen auch in Zukunft hoch sein wird. Anderseits verursachten die dezentralen Einspeisungen erheblichen Aufwand bei den Netzbetreibern. Während früher die Stromnetze ausgehend von einer zentralen Einspeisung aufgebaut wurden, müssten diese so aufgebauten Netze heute für dezentrale Einspeisungen fit gemacht werden. Das sei nicht immer einfach und koste Geld. An einem Beispiel verdeutlicht Röken diese Herausforderung. Musste früher eine Stromleitung zu einem landwirtschaftlichen Betrieb im Außenbereich nur auf die von diesem Betrieb benötigte elektrische

Leistung ausgelegt werden, so kann es jetzt passieren, dass dieser Betrieb zum dezentralen Einspeiser wird und die Stromleitung eine Einspeiseleistung aufnehmen muss, die ganz erheblich über der ehemalige Ausspeiseleistung liegt. Für diese Leistung sei die Leitung einfach nicht ausgelegt worden. In einem solchen Fall kann dann eine Verstärkung der Leitung erforderlich werden, um die Einspeisung in das Netz aufnehmen zu können. Es handele sich dabei jedoch nicht um ein Versäumnis des Netzbetreibers, sondern um geänderte Rahmenbedingungen, an die die Netze angepasst werden müssten.

Der Bedeutung der Netze ist sich auch Hilmar Kahnt von den Stadtwerken Münster bewusst. Auf die Veränderungen der Energiewende und die Kleinteiligkeit müsse man mit Flexibilität reagieren. Dazu müssten Vertrieb und Netz eigentlich zusammenarbeiten. Dem Kunden sei die Unterscheidung zwischen Netzgesellschaft und Stromlieferant ohnehin nur schwer zu vermitteln. Das Unbundling, also die von der EU vorgegebene Trennung zwischen Netzbetreibern und Stromversorgern, sei auf der Ebene der Verteilnetzbetreiber kontraproduktiv.

Energiewende vor Ort
Man arbeite sehr intensiv mit den Handwerksbetrieben vor Ort zusammen, berichtet Johannes Röken. Der Erfolg der Photovoltaik sei maßgeblich von ihnen gestaltet worden. Und von den Landwirten, die ihre großen Flächen auf den Scheunen für die Solarstromnutzung entdeckten. Die Elektriker hatten die Photovoltaik als neues Geschäftsfeld entdeckt und sozusagen den Vertrieb der Anlagen aus eigenem Interesse übernommen. Auch bei den dezentralen Speichersystemen würde man wieder eng mit den Handwerksbetrieben kooperieren und Speichersysteme gemeinsam mit ihnen vermarkten.

Die Stadtwerke Dülmen GmbH verfügt schon seit Jahren über eigene PV-Anlagen. Zum einen betreibt sie Anlagen auf den eigenen Gebäudedächern und auf dem Dach der benachbarten Schornsteinfegerschule. Zum anderen ist sie an der Freiflächenanlage Solarpark Dülmen, die 2009 auf einer ehemaligen Hausmülldeponiefläche im Norden Dülmens errichtet wurde, beteiligt. Während andere Stadtwerke sich noch an konventionellen Kraftwerksprojekten beteiligten, wie beispielsweise an den beiden Trianel-Kraftwerken in Lünen und Hamm (Abschn. 8.2.1), setzten die Stadtwerke Dülmen schon vor einigen Jahren auf Erneuerbare-Energien-Anlagen, vor allem im Bereich der Windenergienutzung. Sie beteiligten sich an Green GECCO (**GE**meinsam **C**lever CO_2 **O**ptimieren), einer projektbezogenen Zusammenarbeit zwischen 29 Stadtwerken und RWE Innogy [55]. Ziel dieser langfristig angelegten Kooperation ist die gemeinsame Entwicklung und Umsetzung von nationalen und internationalen Projekten zur regenerativen Energieerzeugung. Als erstes Projekt wurde im Dezember 2010 der schottische Windpark „An Suidhe" in das gemeinsame Portfolio übernommen. Im Mai 2011 folgte der Windpark „Süderdeich" in Schleswig-Holstein sowie die Übernahme der Windparks „Titz", „Düshorner Heide" und „Hörup" [56].

Auch die Stadtwerke Coesfeld betreiben eigene Photovoltaikanlagen. Und sie setzen ebenfalls auf die Windenergie, aber stärker in der Region. Seit mehr als drei Jahren projektieren die Stadtwerke gemeinsam mit der Stadt Coesfeld und den Grundstückseigentümern mehrere Windgebiete. In Summe sollen in den Gebieten etwa 20 Anlagen mit einer Gesamtleistung von rund 60 MW entstehen. Dafür wurden in den Gebieten, wo die Stadtwerke tätig sind, gemeinschaftliche Nutzungs- und Kooperationsverträge abgeschlossen. Wesentliche Ziele dabei sind, dass mindestens 50 % aller genehmigten Anlagen in ein Bürgerbeteiligungsmodell fließen und zudem 1,5 % der Windkrafterlöse über die Bürgerstiftung Coesfeld gemeinnützigen Projekten zukommen.

Dass die Akzeptanz bei Bürgerbeteiligung steige, bestätig auch Hilmar Kahnt von den Stadtwerken Münster. Das Unternehmen habe eine Genossenschaft initiiert, die demnächst Eigentümerin der Anlagen sein wird. Dieses partnerschaftliche Modell biete zudem neue und wirksame Möglichkeiten für die Stadtwerke Münster, die Energiewende auch mit begrenztem Mitteleinsatz voranzutreiben.

Immer mehr neue Dienstleistungen werden von den Stadtwerken angeboten, stelle ich in den Gesprächen fest. Während die kleineren Stadtwerke auch den Endkunden im Visier haben, fokussiert Münster – neben den Services für Privatkunden – bei den Energiedienstleistungen vor allem auf Geschäftskunden. „Wir sind überzeugt, dass wir breite Expertise in unserem Haus haben", so Hilmar Kahnt. Man wolle Ansprechpartner für seine Kunden in allen Fragen rund um Energie sein.

Auch in Sachen E-Mobilität sind die Stadtwerke unterwegs. Die Stadtwerke Coesfeld unterhalten in ihrem Versorgungsgebiet drei Elektrotankstellen und auch eine von nur knapp zehn Gastankstellen im Münsterland. Natürlich gehört auch ein eigenes E-Auto zum Fuhrpark. In der fast zehnmal größeren Stadt Münster habe man eine hohe Dichte an Ladestationen, berichtet Hilmar Kahnt, die bereits heute den zukünftigen Bedarf gut abdecke. Die Infrastruktur sei super, aber leider erfolge der Zuwachs an Elektroautos nur schleppend. „Die Stadtwerke werden jedenfalls nicht der Engpass beim Ausbau der E-Mobilität sein", versichert Kahnt.

Dafür können die Münsteraner seit Mitte 2015 E-Bus fahren (Abb. 8.10). Zwischen dem Stadtteil Mauritz und dem Allwetterzoo werden im Rahmen eines EU-Projektes auf

Abb. 8.10 Fünf neue E-Busse werden seit Mitte 2015 in Münsters Innenstadt im Linienverkehr eingesetzt. (Quelle: Stadtwerke Münster GmbH 2015; mit freundl. Genehmigung)

Abb. 8.11 In nur 5–10 min können die E-Busse an den Wendepunkten der Linie schnell geladen werden. (Quelle: Stadtwerke Münster 2015; mit freundl. Genehmigung)

der Linie 14 die ersten Elektrobusse eingesetzt. Mit einer Schnellladung an den beiden Endhaltestellen nutzt Münster ein neues Konzept. Während der Wendezeiten werden die neuen Elektrobusse aufgeladen (Abb. 8.11). Durch die verwendeten sehr hohen Ladeleistungen von bis zu 500 kW reichen schon fünf bis zehn Minuten Ladezeit, um die Batterien fast vollständig zu füllen. Durch diese regelmäßige Nachladung können die Akkus, die sich im Heck des Busses befinden, klein dimensioniert werden. Kleine Batterien bedeuten auch wenig Gewicht und Platzbedarf. Von beidem profitieren die Busse im Linienbetrieb, denn jedes eingesparte Kilogramm Gewicht reduziert den Stromverbrauch des Busses [57]. Münster gehört zu den sieben europäischen Städten, in denen Busse und alternative Antriebe aus dem europäischen Förderprogramm ZeEUS – Zero Emission Urban Bus System – finanziell gefördert werden. Zur Versorgung der Busse mit Ökostrom, wurde eine große Photovoltaikanlage auf dem Dach der Verkehrsbetriebe errichtet sowie ein großer Batteriespeicher für die Nachtversorgung installiert.

Visionen für die Zukunft
Was sie sich denn für die Zukunft vorstellen könnten und wo sie die Stadtwerke in einigen Jahren sähen, will ich von den Fachleuten wissen. Hilmar Kahnt von den Stadtwerken Münster sieht neben den Elektrobussen dann auch Busse mit Wasserstoffantrieb fahren, der aus regenerativen Quellen generiert wurde. Ohne Fördergelder sei dies heute noch nicht machbar. Auch Johannes Röken von den Dülmener Stadtwerken hat ein Zukunftsbild aus dem Verkehrsbereich vor Augen. Als Teil der Energiewirtschaft werden sich die Stadtwerke mit kleinen Speichern beschäftigen. Sie könnten die Tankstellen der Zukunft sein. Es gibt Fahrzeuge mit kleinen Elektrospeichern, die nach dem Plug-and-play-Prinzip einfach ausgetauscht werden können. Hierzu müsste es Versorgungspunkte geben wie heute Tankstellen, die Stadtwerke könnten dort diese Speicher vermieten. Das sei ein geschlossenes System, ähnlich wie heute schon bei den Gasflaschen.

Und eine zweite Entwicklung kann sich Röken vorstellen. In Zukunft könnten auch autarke Baugebiete entstehen, die weitgehend entkoppelt wären vom bisherigen Netz. Sie könnten über eigene Blockheizkraftwerke (BHKW) und regenerative Anlagen versorgt werden und würden den Strombedarf und den Stromverbrauch untereinander intelligent regeln. Dazu müssten jedoch auch alle mitmachen, meint Röken.

Der Stadtwerkechef aus Coesfeld, Markus Hilkenbach, glaubt zudem daran, dass sich die Stadtwerke immer mehr zu einem serviceorientierteren Energie- und Infrastruktur-dienstleister für die eigene und umliegende Region entwickeln werden. Weiter beschäftige sich das Unternehmen sehr stark mit den zukünftigen Kunden und ihre Vorstellungen:

> Es wächst eine neue Generation von Kunden heran. Die Generation Y hat andere Wertmaß-stäbe[2]. Kein Auto als Statussymbol, kein Abschotten des Eigenheims. Nachbarschaftsko-operation statt Maschendrahtzaun. Und die Bereitschaft zum Mitmachen. Die Jugend denkt Zukunft!

Diese Eigenschaften kämen der dezentralen Erzeugungsidee sehr entgegen. Sie verlangten aber von den Stadtwerken kleinteiligeres Denken und Arbeiten. Daran werde man in Zu-kunft weiter intensiv arbeiten.

8.2.3 Kundenorientierung

Die bisherige Energiewelt war assetgeprägt: großtechnische Anlagen, Netze, hohe und langfristige Kapitalbindung. Strom war ein Commodity-Produkt, Handelsware eben. Die neue Energiewelt ist anders: dezentrale Erzeugung, kleinteiligere Strukturen, innovative Lösungen statt Produkte. Und vor allen Dingen, die neue Energiewelt ist kundenorientiert [40], (s. auch Abb. 4.4).

In der entstehenden dezentralen, kleinteiligen Welt könnten erstmals Kunden aktiv in ihre eigene Energiewelt investieren. Kunden übernehmen Teile der Wertschöpfungskette in Eigenregie. In der alten Welt wurde das Geld bei der Erzeugung verdient, meint Ralf Klöpfer, Vertriebsvorstand der MVV Energie AG. Klöpfer weiter:

> Das hat sich grundlegend geändert: In gewisser Weise müssen wir unsere Geschäftsmodelle strategisch auf den Kopf stellen. Der Grund: Die Marge wandert zum Kunden. Der Kunde will investieren, er will etwas unternehmen. [58]

Hierzu benötige der Kunde Beratung und Service, es würden verstärkt Dienstleistungen nachgefragt.

Es bedarf also einer ausgeprägten Kundenorientierung. Leichter gesagt als getan. Seit mehr als 15 Jahren versuche ich, in meinen Marketingvorlesungen den Studenten klar-zumachen, was Kundenorientierung wirklich bedeutet. Alle Geschäftsaktivitäten, meine

---

[2] Als Generation Y bezeichnet man die Gruppe der zwischen 1977 und 1998 Geborenen. Das Y leitet sich von dem „why" ab, was auf das charakteristische Hinterfragen der Gruppe hindeutet.

gesamte Struktur und Handlungsweise muss auf die Erfüllung der Bedarfe und Anforderungen des Kunden abgestimmt sein. Dies setzt voraus, dass ich meinen Kunden und seine Anforderungen zunächst einmal kennen muss. Kundenorientierung heißt, dass ich als Anbieter verstehen muss, warum eine Kunde ein bestimmtes Produkt oder Dienstleistung haben möchte und was er damit erreichen will. Um ihm eine passgenaue Leistung anbieten zu können, muss ich Anwendungskompetenz haben, ich muss seine Welt kennen.

Für den Kundenerfolg wesentlich ist, die Kriterien zu kennen, nach denen sich der potentielle Kunde für mich oder für einen anderen Anbieter entscheidet. Zum einen hängt die Entscheidung von dem zu erzielenden Nutzen ab. Aber nicht allein von dem rationalen, kalkulierbaren Nutzen, den wir dem Kunden gerne vorrechnen. Vielmehr entscheidet der Kunde zumeist aufgrund des subjektiv empfundenen Nutzens. Auch wenn dieser objektiv betrachtet vielleicht hoch ist – wenn der Kunde diesen Nutzen nicht erkennt oder subjektiv nicht empfindet, wird er ihn als gering einstufen. Deshalb ist es so wichtig zu wissen, welche Erwartungen und Bedürfnisse der Kunde tatsächlich hat.

Zum anderen kommen Grundeinstellungen, Erfahrungswerte und Imagevorstellungen hinzu, die der Kunde in seinem Kopf hat. Ich versuche, meinen Studenten immer klar zu machen: Ihr müsst auf die andere Seite hinüber, in den Kopf des Kunden und ihn verstehen. Das ganze Geschäft müsse „vom Kunden her gedacht werden", meint auch Klöpfer [40].

Ein Grundproblem vieler technischer Entwicklungen ist die falsche Einschätzung des Wertes ihrer Nutzung. Aus der technischen Sicht wird von Ingenieuren und Entwicklern oft betont, was man alles mit diesem Gerät machen könne und wie viele Optionen sich bieten würden. Ob der Kunde diese Eigenschaft ebenfalls als Nutzen erkennt, ist die andere Seite.

> Der Kundennutzen ist der vom Kunden wahrgenommene Nutzen, nicht der Nutzen von dem man glaubt, dass der Kunde ihn habe. [59, S. 78]

Viele Vertriebler versuchen, die Kunden mit Leistungsmerkmalen zu überzeugen, die *sie* für wichtig halten, ohne abzufragen, was denn der Kunde für relevant hält. Besonders bei der Erbringung von Dienstleistungen tun sich viele deutsche Techniker und Ingenieure schwer, das zu erbringen, was der Kunde möchte, obwohl sie eine andere Lösung präferieren würden. „Dienen" bedeutet laut Duden: „… sich einer Sache oder Person freiwillig unterordnen und für sie wirken; für jemanden, etwas eintreten; nützlich, vorteilhaft sein". Für den Kunden nützlich sein – mit meinen Leistungen dem Kunden einen Nutzen generieren.

Manch große Energieunternehmen wollen nun ihre bisherigen „Stromverkäufer" umschulen zu kundenorientierten Lösungsentwicklern (Abschn. 5.2). Vielleicht möglich, aber es wird seine Zeit brauchen, das Denken in den Köpfen zu verändern. Gerade in der Stadtwerke-Welt habe ich oft erlebt, wie weit entfernt noch mancher Mitarbeiter vom Kundendenken ist. Die frühere Überheblichkeit aus der Monopolzeit, der Kunde solle gefälligst zufrieden sein, dass er versorgt wird, steckt noch in zu vielen Köpfen.

Zudem sind viele Energieunternehmen durch ihre Strukturen und Arbeitsweisen zu teuer. Gerade für die neuen kleinteiligen Endkundenlösungen drängen immer mehr neue Anbieter aus branchenfremden Industrien mit meist stark ausgeprägter Endkundenorientierung und Dienstleistungsausrichtung auf den Markt [40]. Warum sollte ein Hausbesitzer mit regenerativen Erzeugungsanlagen, Energiespeicher und Smart-Home-Ausstattung seine Energiedaten von seinem früheren Stromlieferanten verwalten lassen? Es gibt genügend erfahrene und spezialisierte Unternehmen, die mit Daten umgehen können.

Einen entscheidenden Vorteil jedoch haben die kommunalen und auch die regionalen Stadtwerke. Sie sind vor Ort, sie sind verwurzelt in ihrer Kommune oder Region und sie kennen die hier lebenden und arbeitenden Menschen und Unternehmen. Sie sind nah dran am Kunden und müssen nur lernen, ihn besser zu verstehen und gezielte Leistungsangebote für ihn zu entwickeln.

Innovationen und Service Engineering
Den Stadtwerken fehlten bei der Suche nach neuen Geschäftsfeldern feste Kriterien und eine organisatorische Struktur, so eine Untersuchung des damaligen IT-Dienstleisters Logica (heute CGI) anlässlich der E-world 2012. Viele Stadtwerke hätten ihre Innovationstätigkeiten ausgebaut und seien auf der Suche nach neuen Geschäftsfeldern, Produkten und Dienstleistungen. Bei den Produkten stünden erneuerbare Energien, Services zum Thema Energieeffizienz und dezentrale Energieversorgung im Mittelpunkt [60].

Die Untersuchungsergebnisse decken sich mit meinen Erfahrungen. Und viel geändert hat sich seit 2012 noch nicht. Eines meiner Untersuchungsthemen beim jährlichen Gang über die Energiemesse E-world ist das Innovationsmanagement der Energieversorgungsunternehmen. Ich frage an den Ständen der Stadtwerke, der großen Energieversorger oder der Stadtwerke-Kooperationen nach, wer denn der Ansprechpartner für das Innovationsmanagement sei und wie das Thema Innovationen im Unternehmen behandelt würde. Auch im Jahr 2015 war die Ausbeute eher dünn. Innovationen als strukturierter Prozess? Nicht nur als Marketingaussage? Ich blicke in fragende und verdutze Gesichter. Eine der wenigen Ausnahmen: der Messestand von Mainova (Abschn. 8.1.2). Auf einen Plakat steht groß das Wort Innovationsmanagement und einen eigenen Flyer gibt es auch. Julia Antoni ist die Leiterin Innovations- und Wissensmanagement beim Frankfurter Energieversorger. Sie bestätigt mir, dass es in Deutschland erst sehr wenige verantwortliche Innovationsmanager bei den Energieunternehmen gebe. Die wenigen würden sich aber auf Arbeitsebene treffen und sich austauschen.

Auch bei den Seminar- und Schulungsangeboten für die Energiebranche sucht man das Wort Innovationsmanagement vergeblich. Wenn die Energieversorger ihre Mitarbeiter umschulen und neue Dienstleistungen und Produkte entwickeln wollen, wo findet dann diese Umschulung statt?

Zudem wird der Begriff Innovationen noch immer sehr stark mit Produkten und mit Technik in Verbindung gebracht. Ausgereifte und zielgerichtete Prozesse zur Entwicklung von Produkten gibt es reichlich [59]. Aber wie entwickelt man eigentlich neue Dienstleistungen? Im Maschinen- und Anlagenbau sind die Dienstleistungen meist nachgelagerte technologiebezogene Service- und Wartungsarbeiten, sog. After Sales. Diese wurden meist so mitentwickelt. Kundenorientierte Dienstleistungen zu entwickeln, ohne an die Hardware gekoppelt zu sein, ist für viele aber neu. Methoden und Instrumente des „Service Engineering", wie das neue Feld der Dienstleistungsentwicklung genannt wird, gibt es aber inzwischen am Markt. Sie stammen aus anderen Branchen und müssten an die neue Energiewelt angepasst werden.

8.2.4 Neue Geschäftsfelder für die Stadtwerke

Ernst & Young-Stadtwerkestudie
Die Ernst & Young-Stadtwerkestudie 3.0 aus dem Jahr 2013 widmete sich den Fragen nach den zukünftigen Geschäftsfeldern und den zukünftigen Geschäftsmodellen der Stadtwerke [61]. Erstmals wurden nicht nur Energieversorger selbst befragt, sondern darüber hinaus auch andere Unternehmen, die in der sich öffnenden Branche aktiv sind. Energiedienstleistungen (insbesondere zur Erhöhung der Energieeffizienz), gefolgt von der Stromerzeugung sowie technischen Dienstleistungen und Contracting hatten demnach im Jahr 2013 die höchste Bedeutung für Unternehmen in und außerhalb der Energiewirtschaft. Zukunftsfelder wie Smart Grid, Smart Metering, Smart Home und Elektromobilität besaßen dagegen für die meisten Unternehmen (noch) eine geringere Relevanz [61, S. 8].

Die Bedeutung des Bereichs „Telekommunikation/Internet der Energie" spaltet die Unternehmen: Für viele Unternehmen hatte er eine hohe bzw. sehr hohe, für einen Großteil jedoch nur eine geringe oder sehr geringe Bedeutung. Das verdeutliche, so die Herausgeber, dass dieses Geschäftsfeld für einige ausgewählte Unternehmen und Branchen sehr große Attraktivität besitze.

Eine Gegenüberstellung der heutigen Aktivitäten und der Erfolgsaussichten vermittelt einen Eindruck davon, in welchen Bereichen die Unternehmen Zukunftsmärkte sehen, welche heutigen Märkte ein weiteres Entwicklungspotenzial bieten – und welche Geschäftsfelder eher nicht (Abb. 8.12).

Aus Sicht der befragten Unternehmen stellten Smart Grid, das „Internet der Energie" sowie der Betrieb virtueller Kraftwerke vielversprechende Zukunftsmärkte dar. Skeptischer wurden Smart Metering, Smart Home, Elektromobilität und Abrechnungsdienstleistungen gesehen, die mit einem Fragezeichen bzgl. ihrer weiteren Marktentwicklung zu versehen seien. Bei den etablierten Märkten wurden die erneuerbaren Energien, die Stromerzeugung (allgemeine und konventionelle dezentrale), Contracting, die Marktkommunikation, Energiedienstleistungen sowie technische Dienstleistungen als Geschäftsfelder mit weiterhin guten Erfolgsaussichten bewertet [61, S. 9].

Welche Dienstleistungen wünschen sich die Kunden?
In den letzten Jahren sind mehrere Studien zu den neuen Geschäftsfeldern und zu neuen Dienstleistungen für Stadtwerke von namhaften großen Beratungsunternehmen durchgeführt worden. Mir sind nur wenige Studien bekannt, in denen die Marktbewertung jedoch

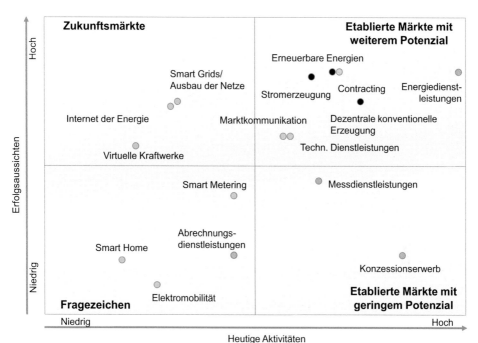

Abb. 8.12 Aktuelle und zukünftige Geschäftsfelder aus der Stadtwerkestudie 2013. (Quelle: Ernst & Young Stadtwerkestudie 2013, S. 9; mit freundl. Genehmigung der Ernst & Young GmbH)

tatsächlich aus Kundensicht vorgenommen wurde. Auch die Stadtwerkestudie von Ernst & Young hat nur Unternehmen, also anbietende Akteure im Markt befragt. Für ein Stadtwerk ist es jedoch nicht nur wichtig zu wissen, welche allgemeinen Anforderungen und Bedarfe es gibt, sondern welche spezifischen Produkte und Dienstleistungen es in ihrem Marktgebiet gibt.

Eine spannende Untersuchung konnte ich 2013 gemeinsam mit meinen Mitarbeitern der LOTSE GmbH für die Stadtwerke Westmünsterland durchführen. Die Stadtwerkekooperation (Abschn. 8.2.2) wollte wissen, welche spezifischen Produkte und Dienstleistungen ihre Kunden in der Region benötigten bzw. welche sie als relevant einstuften. Unter anderem wurden im Sommer 2013 über 30 Betreiber von Photovoltaikanlagen zu ganz spezifischen Dienstleistungsbedarfen befragt [62]. Sicherlich nur in Teilen repräsentativ und nicht ohne Weiteres auf andere Regionen übertragbar. Dennoch gewährte sie uns Einblick in die Erwartungen und Einstellungen dieser neuen Art von Stadtwerkekunden.

Die Auswertung der Bedarfe war schon interessant. Die Kunden sind insbesondere an Wartung und Reparaturdienstleistungen interessiert, wollen aber die Anlage selbst besitzen. Bedarf wurde für Steuerungs- und Optimierungsleistungen und beim Informationsmanagement gesehen. Besonderes Interesse bestand bei neuen Speichertechnologien und Mini-BHKW in Kombination mit Photovoltaik.

Noch spannender war aber die Auswertung, für welche dieser Dienstleistungen sie denn Stadtwerke als Leistungserbringer sehen würden. Es gaben 62 % an, dass sie gar

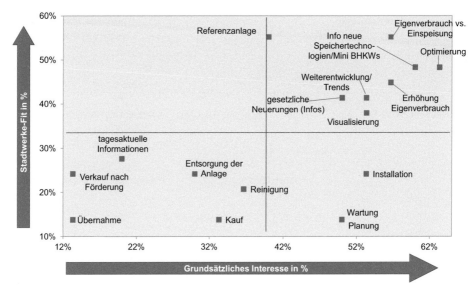

Abb. 8.13 Interesse von Photovoltaikanlagenbetreibern an Dienstleistungen durch die Stadtwerke. (Quelle: Stadtwerke Westmünsterland und LOTSE GmbH 2013; mit freundl. Genehmigung)

nicht wussten, dass Stadtwerke überhaupt solche Leistungen anbieten würden. Hier ist noch deutlicher Marketingbedarf erkennbar. Im Folgenden wurden dann detailliert einige mögliche Dienstleistungen rund um die Photovoltaik abgefragt. Abbildung 8.13 zeigt auf, wie wichtig den Kunden welche Dienstleistungen sind (X-Achse) und wie stark sie diese den Stadtwerken zutrauen (Y-Achse).

Die Befragung ergab übrigens auch, dass über 60 % der Befragten an den Erfolg der Energiewende glaubten, nur 11 % stimmten dem nicht zu. Und beinahe die Hälfte aller Befragten stimmte der Aussage zu, dass die Stadtwerke in Deutschland dabei eine Schlüsselrolle einnähmen.

Chancen im Lastmanagement

Ohne Zweifel bestehen für Stadtwerke und regionale Energieversorger Mitwirkungsmöglichkeiten in der Gestaltung von virtuellen Kraftwerken und intelligenten Netzen. Hier laufen auch schon eine Reihe von Modellprojekten und Vorhaben (Abschn. 8.3.2). Als ein weiteres Betätigungsfeld für Stadtwerke wird oft das *Lastmanagement* oder *Demand Site Management DSM* (Abschn. 6.4) genannt. Die Einbeziehung der Steuerung der Verbrauchsseite sei nach einer Umfrage der Zeitschrift für kommunale Wirtschaft (ZfK) von Ende 2014 aber noch in den Anfängen [63]. Mehrere befragte Stadtwerke hätten noch keine intensiven Bemühungen unternommen, sich im Lastmanagement und in Lastverlagerungen einzubringen. Nach Ansicht der Stadtwerkekooperation Südweststrom bewege das Thema Demand Site Management jedoch ihre Kunden. Südweststrom biete als Dienstleister bereits erste Lösungen an, etwa beim preisorientierten Lastmanagement oder bei virtuellen Stromspeichern. Die Energieversorgung Mittelrhein (EVM) registrierte

Schwierigkeiten, Kunden davon zu überzeugen, ihren Produktionsprozess zu unterbrechen. Bei EVM sieht man jedoch Potenzial bei BHKW-Betreibern, indem man BHKW zum Onlinebilanzkreisausgleich in der Direktvermarktung von EEG-Anlagen einsetze. Für größere Kunden bietet der hessische Versorger Rhönenergie Fulda schon längere Zeit Lastgangmanagement, -monitoring und -optimierung an. Skeptisch bewerte man jedoch die Umsetzung von DSM auf breiter Front, insbesondere im Massenmarkt der Verbraucher.

Bei den Wuppertaler Stadtwerken WSW wird der DSM-Bereich als einer der Wachstumsbereiche angesehen und mit „entsprechendem Engagement und Ressourcen" angegangen. Aktuelle Projekte liefen in den Bereichen Wassererzeugung, Kühlen und Müllverbrennung, sie hätten jedoch noch Pilotcharakter. Die Stadtwerkekooperation Trianel sieht ebenfalls erhebliche Potenziale, sowohl für großindustrielle Verbrauchsprozesse, als auch für das noch zu erschließende Segment der Smart-Meter-Kunden im Haushalts- und Gewerbekundenbereich. Man glaubt, dass durch „passgenaue Lösungen" das heute kaum eingesetzte DSM möglich wird.

Immer wieder liest und hört man jedoch, dass gerade das Unbundling, also die Trennung von Netz und Vertrieb, für die Entwicklung von DSM-Dienstleistungen mehr als hinderlich sei. Es müsse eine finanzielle Kompensation der Aufwendungen des Vertriebs, der die DSM-Leistungen anbiete, durch die Netze geben. Falls kein Ausgleich erfolge, würde das DSM auf Vertriebsseite kaum Unterstützer finden, meint Dr. Martin Bernhardt von der Energieversorgung Fistal (EVF) [63].

8.3   Neue Anforderungen an die Netze

8.3.1   Struktur und Ausbaubedarf der Verteilnetze

Der Transport über weite Strecken sowie die Versorgung großer Industrieanlagen geschieht über die Höchst- und Hochspannungsnetze. In die Höchstspannungsnetze mit einer Spannung von typischerweise 380 kV, mindestens aber mit 220 kV, speisen auch die meisten Großkraftwerke direkt ein. Die Gesamtlänge der Höchstspannungsleitungen in Deutschland beträgt etwa 35.000 km. Die Industrieversorgung geschieht zumeist über die 110 kV-Hochspannungsnetze, welche eine Gesamtlänge von rund 95.000 km aufweisen [64, S. 56]. Die Notwendigkeit des Netzausbaus insbesondere um den Windenergiestrom aus dem Norden in den Süden zu transportieren, hatten wir schon in Abschn. 5.3 betrachtet. Nun interessieren mich die regionalen Netze.

Die großen Übertragungsnetze transportieren den Strom in die regionalen Verbrauchsgebiete. Die Verteilung des Stroms wird dort von rund 900 Verteilnetzbetreibern (Abschn. 5.1.1) vorgenommen. Sie betreiben regionale oder lokale Stromnetze, die sog. Mittelspannungs- und Niederspannungsnetze. Die Mittelspannungsnetze werden mit einer Spannung von etwa 20.000 V, allgemein zwischen 10 kV und 30 kV, betrieben. Sie dienen der Verteilung des Stroms in die Stadtteile und der Versorgung von größeren Gewerbebetrieben. Insgesamt ist das Mittelspannungsnetz in Deutschland über 500.000 km lang. Das Niederspannungsnetz schließlich versorgt die Haushalte und kleinere Betriebe mit Strom der Spannungen 230 V und 400 V. In unseren Straßen sind insgesamt fast 1,2 Mio. km Niederspannungsleitungen verlegt [64, S. 56].

Diese Netze sind eine in den vergangenen 100 Jahren gewachsene Infrastruktur. Sie sind dimensioniert und ausgelegt auf die Verteilung von Energie von großen Kraftwerken oder Knotenpunkten hin zum einzelnen Verbraucher. Folglich werden die Netze zum Rand hin immer „dünner". Ähnlich wie sich unser Blutkreislauf vom Herzen aus zunächst über eine dicke und leistungsfähige Leitung, die Aorta oder Hauptschlagader, dann über Hochdruckleitungen, die Arterien, über die Arteriolen bis letztendlich in die Kapillaren verzweigt und so das Blut bis in die kleinste Fingerspitze transportiert.

Unsere Verteilnetze sind vorrangig auf *Versorgung* ausgelegt, nicht auf die lokale *Aufnahme* von Energie. Eigentlich sind sie als „Strom-Einbahnstraßen" gedacht. Die meisten Erneuerbare-Energien-Anlagen speisen den Strom auf unteren Spannungsebenen in die Verteilnetze ein. Die deutschen Verteilernetze integrieren bereits heute rund 90 % der gesamten installierten EE-Leistung und rund 98 % aller EE-Anlagen [65]. Wenn dieser Strom nicht lokal oder regional verbraucht werden kann, wird er hochtransformiert und zu den Höchstspannungsübertragungsnetzen weitergeleitet.

Die dezentrale Erzeugung des Stroms in zahlreichen weit verteilten Anlagen verlangt nach Einspeisepunkten in das Netz. In Ballungsgebieten mit leistungsfähigen Netzen mag dies noch einigermaßen funktionieren. Die meisten dezentralen Erzeugungsanlagen finden wir aber im ländlichen Raum, stark verteilt, wofür die dortigen Netze überhaupt nicht ausgelegt sind. Dort Strom einzuspeisen, ist ähnlich schwierig, wie eine Bluttransfusion über die Fingerkuppe durchführen zu wollen. Das Einkoppeln der vielen Kleinerzeugungsanlagen in die Netze stellt eine echte Herausforderung dar. Deren Lösung liegt in zwei gleichzeitig anzugehenden Maßnahmen [64, S. 58]:

- Ausbau und Modernisierung der Netze,
- Einsatz intelligenter Netztechnik.

Beide Aspekte wurden von einer Gruppe von Wissenschaftlern im Auftrag des Bundeswirtschaftsministers untersucht. Die „Verteilnetzstudie" [65] rechnete verschiedene Szenarien durch, wie und wo sich die Erzeugung und Einspeisung regenerativer Energien in den kommenden Jahrzehnten entwickeln würden und welche Anforderungen dies an die Netze stelle. Je nach Ausbauszenario würde sich demnach die installierte Windkraft- und Photovoltaikleistung bis zum Jahr 2032 gegenüber heute mehr als verdoppeln oder sogar verdreifachen.

Der Ausbaubedarf in den Mittel- und Niederspannungsnetzen
Die deutschen Nieder- und Mittelspannungsnetze, die bereits heute den Großteil der Energie aus EE-Anlagen aufnehmen, unterscheiden sich vor allem in ihrer Netzstruktur. Zur Ermittlung des Ausbaubedarfs wurden deshalb Verteilernetzbetreiber in repräsentative

Modellnetzklassen (zehn Niederspannungs- und acht Mittelspannungsmodellnetzklassen) untergliedert, die jeweils eine ähnliche Durchdringung mit EE-Anlagen, bspw. „stark durch Photovoltaikanlagen geprägt" oder „stark durch Windkraftanlagen geprägt", aufweisen. Für jede dieser Modellnetzklassen wurden typische Netzmodelle erstellt, durch die die heutige heterogene Struktur der Verteilernetze abgebildet wird. Ein ähnlicher Ansatz wurde für die Verteilung der EE-Anlagen gewählt. Hierbei werden die Daten der deutschen Windkraft- und Photovoltaikanlagen ausgewertet und den jeweiligen Verteilernetzen in den Modellnetzklassen zugeordnet [65].

Die Studie kommt zu dem Ergebnis, dass unter Berücksichtigung konventioneller Planungsmethoden der Zubau an Erneuerbare-Energien-Anlagen einen deutlichen Ausbau der deutschen Verteilernetze erfordere. In Zahlen ausgedrückt bedeutet dies, dass je nach Szenario zwischen 138.000 km und 280.000 km zusätzliche Leitungen verlegt werden müssen. Das entspricht einem Investitionsvolumen zwischen 23 und 49 Mrd. €. Allerdings ist die Ausbaunotwendigkeit in Deutschland nicht überall gleich.

Netzausbaubedarf besteht nach den Ergebnissen der Studie nicht in allen Modellnetzklassen. Betroffen vom Netzausbau sind jedoch mehr als ein Drittel der Betreiber von Niederspannungsnetzen und knapp zwei Drittel der Betreiber von Mittelspannungsnetzen. Der Ausbaubedarf verteilt sich zudem nicht homogen über alle Verteilernetze, sondern konzentriert sich auf wenige. So sind in der Niederspannungsebene nur 8 % der ca. 500.000 deutschen Niederspannungsnetze vom Ausbau betroffen. Netzausbau ist vor allem dort notwendig, wo hohe dezentrale Einspeiseleistungen gerade in solche Netze angeschlossen werden, die hierfür nicht besonders geeignet sind. Diese Situation tritt besonders häufig im ländlichen Raum auf, wo lange Leitungen verlegt werden müssen, ohne entsprechende Stromabnehmer auf der Strecke. In der Mittelspannungsebene ist der Netzausbau an den Stellen ausgeprägt, wo Windkraftanlagen direkt an das Mittelspannungsnetz und Photovoltaikanlagen oft in den unterlagerten Niederspannungsebenen angeschlossen sind. Dies betreffe etwa 39 % aller Mittelspannungsnetze [65].

Unabhängig vom Szenario würde der Netzausbau in der Niederspannungsebene vor allem in Süddeutschland notwendig werden (rund 60 %), da diese Region auch zukünftig maßgeblich vom Photovoltaikausbau betroffen sein würde. Der identifizierte Netzausbaubedarf im Mittelspannungsnetz ist regional nahezu gleichmäßig verteilt. In der Hochspannungsebene konzentriert sich der Netzausbaubedarf mit rund 39 % auf Nord- bzw. mit etwa 33 % auf Ostdeutschland. Dies ist im Wesentlichen darauf zurückzuführen, dass in diesen Regionen die Windenergie eine entscheidende Rolle bei der Energieerzeugung spielt und sich ein großflächiger Transport zu den Lastschwerpunkten ergibt.

8.3.2   Intelligente Netze – Smart Grids

Der zweite Ansatz zur Ertüchtigung der Netze besteht darin, diese intelligenter zu nutzen und Stromangebote und Strombedarfe besser aufeinander abzustimmen. Intelligente Netze, sog. Smart Grids, die mit Steuer- und Regelungstechnik ausgestattet sind, sollen

eine optimierte Nutzung der vorhandenen Verteilkapazitäten ermöglichen. Sie sollen auf
Lastflusssituationen oder Spannungsänderungen reagieren und aktiv gegensteuern können. Die Verteilnetze wären durch „intelligente Betriebsmittel", etwa regelbare Transformatoren, besser dazu in der Lage, den von Wind-, Photovoltaik- oder KWK-Anlagen
eingespeisten Strom aufnehmen und weiterleiten zu können. Der Netzausbaubedarf, so die
Hoffnungen des Bundeswirtschaftsministeriums, könnte so reduziert werden [64, S. 64].

In der Tat kommt die Verteilnetzstudie zu dem Ergebnis, dass man mit innovativen
Planungskonzepten in Verbindung mit intelligenten Technologien den prognostizierten
Ausbaubedarf erheblich verringern kann.

Auslegung der Netze

Der Dimensionierung und Auslegung unserer Versorgungsnetze haben wir in der Vergangenheit ein Prinzip zugrunde gelegt, welches sonst nahezu nirgendwo in der Technik und
in der Wirtschaft angelegt wird: das Worst-Case-Prinzip. Die Stromverteilnetze sind so
ausgelegt, dass sie den denkbar schlechtesten Fall, also beispielsweise eine kurzzeitig auf-
tretende Stromspitze, noch aufnehmen können. Oft haben die Planungsingenieure dann
auch noch einen deutlichen Sicherheitsaufschlag mit eingeplant. Die verlegten Kabel haben eine Lebensdauer von mehr als 50 oder 60 Jahren und auch die Transformatoren und
Steuerungseinrichtung funktionieren noch nach vielen Jahrzehnten.

Das Erneuerbare-Energien-Gesetz verpflichtet die Netzbetreiber zur vollständigen
Aufnahme jedweder Menge regenerativen Stroms. Da insbesondere die dünn verzweigten
Netze in den ländlichen Regionen dadurch schnell überlastet sind, müssen – unabhängig
von der Wirtschaftlichkeit – die Netze erweitert werden, sobald auch nur einmal eine
Überlastung aufgetreten ist. Das ist in etwa so, als würde man eine Straße, auf der sich der
Verkehr auch nur einmal gestaut hat, sofort ausbauen oder gar eine neue Straße daneben
bauen.

Die Stabilität der Verteilnetze wurde bislang durch sehr gute Prognosen der Lastent-
wicklung ermöglicht. Die Energieversorger legten bei den meisten privaten Verbrauchern
Standardlastprofile (SLP) zugrunde, bei größeren Abnehmern wie Betrieben und großen
Einrichtungen wurden die Verbräuche zeitlich aufgelöst erfasst (RLM)[3] und zukünftige
Verbräuche hochgerechnet. Für die prognostizierten und auf große Einheiten hochgerech-
neten Verbräuche konnten dann die Erzeugungskapazitäten ausgelegt und die Kraftwerke
entsprechend gesteuert werden. Dieses System wurde von den Energieversorgern nahezu
perfektioniert und hat bislang sehr gut funktioniert. Es war ein Garant für die politisch und
gesellschaftlich geforderte Versorgungssicherheit.

Mit den alten Methoden ist aber die Prognostizierbarkeit des Energieangebotes aus
den vielen volatilen erneuerbaren Energieanlagen nicht mehr möglich. Die schnell wech-
selnden Strom- und Lastflüsse können nicht mehr hinreichend dargestellt werden. Es ist

---

[3] RLM ist die Abkürzung für *Registrierende Leistungsmessung* oder auch *Registrierende Lastgangmessung* und wird in der Regel bei Kunden über 100.000 MWh elektrischer Energie bzw. mehr als
1,5 GWh Gas angewendet.

keine ausreichende Methodik etabliert worden, schwankende Einspeisungen in die Netze zu berechnen. Heute müssen wir nicht nur wissen, wann wer Strom verbraucht, sondern auch wann und wo Strom eingespeist wird. Die durch die Dezentralität hervorgerufenen Schwankungen und Störungen können nicht einfach durch dickere Kabel aufgefangen werden. Was wir also brauchen, sind intelligente Netze, die flexibel sind und die reagieren können. Die Auslegung dieser Netze kann sich nicht mehr nach dem Worst Case richten. Diese Netze müssen probabilitätsausgelegt sein, sie müssen wahrscheinlichkeitsgesteuert werden.

Der Fünf-Prozent-Ansatz

Die Netzkapazitäten ließen sich deutlich erhöhen, würde man in die Stromerzeugung eingreifen und beispielsweise Stromspitzen wegnehmen können. Die Verteilnetzstudie hatte berechnet, dass bereits ein geringes Maß an abgeregelter Energie von Windkraft- und Photovoltaikanlagen zur signifikanten Reduktion des Netzausbaubedarfs ausreiche. Eine Abregelung der jährlichen Einspeisung von EE-Anlagen von 1 % würde ausreichen, um den Netzausbaubedarf um rund 30 % zu senken. Eine Abregelung von 3 % der Jahresenergie würde mehr als 40 % des Netzausbaus einsparen [65].

Ich möchte wissen, ob das in der Praxis wirklich funktioniert und frage den Fachmann bei der EWE AG in Oldenburg (Abschn. 8.1.4). Bereits als wissenschaftlicher Mitarbeiter an der Fachhochschule Wilhelmshaven und dann später als Doktorand an der TU Clausthal beschäftigte sich Dr. Enno Wieben mit den Fragen, wie oft „Staus" im Stromnetz auftreten und wie man ihnen auf intelligente Weise begegnen kann, ohne gleich die Infrastruktur massiv ausbauen zu müssen. Durch die Energiewende und die zahlreich hinzugekommenen regenerativen Erzeugungsanlagen wurde das Problem noch akuter. Gemeinsam mit Riccardo Treydel führte er 2012 Simulationsrechnungen durch, um folgende Frage zu klären: Wenn man in seltenen Stausituationen die Energieerzeugungsanlagen drosseln dürfte, wie viel mehr Erzeugungsanlagen könnten dann an das bestehende Stromnetz angeschlossen werden? [25, 26]. Bislang wurde nur der Ansatz verfolgt, die Spitzen der Energieerzeugungsanlagen zu kappen, beispielsweise auf 80 % der Nennleistung. Dies stellte sich aber für das Netz als nicht sehr wirksam heraus. Was aber wäre, wenn man nicht jede produzierende Kilowattstunde aufnehmen und damit Lasten versorgen oder diese speichern würde. Was ergäbe sich, wenn man zumindest moderat in die Anlagen eingreifen könnte und diese bei Bedarf etwas herunterregeln würde? Auch wenn dies rechtlich im Moment noch nicht zulässig ist.

Die Ergebnisse dieser Simulation sind frappierend. Zumindest für das von Wieben mitverantwortete Netz der EWE AG. Die Simulationen ergaben, dass man doppelt (!) so viele Erzeugungsanlagen an das bestehende Netz anschließen könnte, wenn man nur 5 % der jährlich eingespeisten Energie intelligent drosseln dürfte. Intelligent bedeutet, dass man nur dann feinfühlig drossel– und das auch nur lokal begrenzt –, wenn tatsächlich ein Engpass auftritt. Zum Beispiel an einem windigen und sonnigen Sonntagnachmittag [25, 26]. Ein für die Realisierung revolutionierendes Ergebnis, wie ich finde. Es bestärkt mich in meiner Überzeugung, dass die Energiewende mit „Intelligenz" machbar ist. Leider gibt es diese Intelligenz im Netz bislang noch nicht. Es fehlt zum einen an der flächendeckend installierten Sensorik. Nur wenn man messen kann, wann was und wo im Netz passiert, kann man auch darauf reagieren. Zum anderen benötigt man eine schnelle Intelligenz zur Einregelung der Anlagen, wenn es eng wird.

Um diesen neuen Ansatz auf seine Realisierbarkeit zu prüfen, wurden bei der EWE AG zwei Schritte eingeleitet. Zum einen wurde ein Feldtest durchgeführt. Ein Teilnetz zwischen Jever und Wittmund wurde für die Steuerfähigkeit technisch fit gemacht. Da man für den Feldtest nicht die angeschlossene Erzeugungsleistung verdoppeln wollte, wurde der Pilotanlage ein deutlich „dünneres Netz vorgespielt", als tatsächlich zur Verfügung stand. Der Feldtest zeigte deutlich: Das intelligente Netz funktioniert! Nun kann es natürlich sein, dass dieser Effekt nur in dem speziellen EWE-Netz umsetzbar ist, welches ja ohnehin gut für die Aufnahme regenerativen Stroms ausgelegt ist (Abschn. 8.1.4). Andere Energieversorger reagierten nämlich zurückhaltend, konnten sich „nicht vorstellen", dass sich dies bei ihnen auch realisieren ließe. EWE gab daher eine Studie an der Rheinisch-Westfälischen Technischen Hochschule Aachen (RWTH) in Auftrag, basierend auf dem Fünf-Prozent-Ansatz deutschlandweit die Netze durchzurechnen. Ziel war zu überprüfen, ob und in wieweit die Übertragbarkeit der EWE-Ergebnisse auf anders geartete Netze gegeben sei. Das Ergebnis: Bei 60–70 % der deutschen Verteilnetze funktioniert der Fünf-Prozent-Ansatz, bei 30–40 % ergibt er aus unterschiedlichsten Gründen keinen Sinn [25].

Mit intelligenten Netzen, das zeigen die Berechnungen und der Feldtest klar, lässt sich die Aufnahmekapazität der meisten Verteilnetze also deutlich erhöhen. Dieser Fünf-Prozent-Ansatz steht übrigens auch im Koalitionsvertrag der derzeitigen schwarz-roten Bundesregierung[4], im Energiewirtschaftsgesetz leider noch nicht. Gespräche im Bundeswirtschaftsministerium und erste Entwürfe des in 2016 zu novellierenden Gesetzes deuten allerdings darauf hin, dass zumindest ein Drei-Prozent-Ansatz übernommen werden könnte.

Modellvorhaben und Pilotprojekte
Bei deutlich über 800 Verteilnetzbetreibern in Deutschland, die insgesamt rund 500.000 Verteilnetze betreiben, ist es nicht verwunderlich, dass an vielen Stellen in Deutschland intelligente Netze ausprobiert werden. Unter den Begriffen Smart Grid oder Smart City findet man eine Vielzahl von Modellvorhaben und Beispielprojekten. Die großen Energiekonzerne RWE und E.ON sind ebenso dabei wie kleinere und mittlere Energieversorger, Städte und sogar ganze Regionen als *Smart Region*.

Die Modellprojekte SmartCity Cologne, die Modellstadt Mannheim (moma) und das Smart Region-Projekt enera im Oldenburgischen haben wir schon kennengelernt. Darüber hinaus gibt es aber noch sehr viel mehr derartige Projekte. Es gibt sogar einen Bundesver-

---

[4] Auszug Koalitionsvertrag: „Um die Stabilität des Systems zu gewährleisten, werden wir zudem festlegen, dass Neuanlagen vom Netzbetreiber und von den Direktvermarktern ansteuerbar sein müssen. Spitzenlast kann bei neuen Anlagen im begrenzten Umfang (weniger als 5 % der Jahresarbeit) unentgeltlich abgeregelt werden, soweit dies die Kosten für den Netzausbau senkt und dazu beiträgt, negative Börsenstrompreise zu vermeiden." [68, S. 40]

band Smart City e. V. mit Sitz in Mainz [66]. Auf seinen Internetseiten findet man neben Köln, Mannheim und Oldenburg noch rund 20 weitere deutsche Städte und Regionen, die unter dem Label Smart Grid die Energiewende mitgestalten. Zudem gibt es zahlreiche Smart Cluster, etwa zu den Themen Smart Country (ländliche Regionen), Smart Waste, Smart Energy, Smart Mobility oder Smart Home. Alles smart – oder?

8.3.3 Smart Metering – Messen als Voraussetzung zum Steuern

Im Bereich der privaten Haushalte und der kleineren Gewerbebetriebe geschieht die Verbrauchserfassung seit Jahrzehnten mittels des elektromechanischen Ferraris-Zählers. Dieses schwarze klobige Gerät, mit der sich je nach Verbrauch schneller oder langsamer drehenden Scheibe, ist für mich der Inbegriff der alten Energietechnik. Vielleicht nicht so sehr das Gerät, mit ihm kann man Verbräuche zu jeder Zeit am Zählerstand ablesen. Es ist vielmehr die Art der Nutzung dieses kontinuierlich datenproduzierenden Gerätes – oder besser gesagt: die Nichtnutzung. Lediglich einmal im Jahr, außer bei Wohnungswechsel oder den Stromverbrauch unterbrechenden sonstigen Ereignissen, wird der Zählerstand von meinen Stadtwerken zur Erstellung der Jahresrechnung erfasst. Selbst wenn sich zwischendurch Randbedingungen ändern, etwa die Strombezugspreise, wird kein Zwischenstand abgelesen. Vielmehr wird mein Verbrauch zum Stichtag anhand eines Standardlastprofils hochgerechnet. Für die bisherigen Versorgungsunternehmen ein stabiles und bequemes System. Mich stören die mangelnde Flexibilität und die geringe Intelligenz in ihm.

Um Netze intelligent steuern zu können, benötigt man Daten über die Stromverbräuche und die Stromeinspeisungen auf kurzen Zeitskalen. Das Energiewirtschaftsgesetz sieht daher den verpflichtenden Einbau von digitalen Stromzählern vor, bei denen der Stromverbrauch im Viertelstundentakt abgerufen werden kann, sog. Smart Meter. Allerdings nur bei Neubauten und bei Endverbrauchern mit einem Jahresverbrauch von größer als 6.000 kWh. Außerdem müssen Neuanlagen nach dem Erneuerbare-Energien-Gesetz und nach dem Kraft-Wärme-Kopplungsgesetz mit einer installierten Leistung von mehr als 7 kW mit derartigen Messeinrichtungen ausgerüstet werden.

smartOPTIMO – Stadtwerkekooperation beim Smart Metering
Dr. Fitz Wengeler ist Geschäftsführer der smartOPTIMO GmbH & Co. KG in Osnabrück. Das inzwischen über 100 Mitarbeiter beschäftigende Unternehmen wurde 2009 von den Stadtwerken Münster und Osnabrück als Dienstleistungsunternehmen für Lösungen und Geschäftsmodelle rund um klassische und innovative Zähl- und Messaktivitäten gegründet. Inzwischen hat sich smartOPTIMO zu einem Partnernetzwerk von einer Vielzahl an Stadtwerken weiterentwickelt. Insgesamt gehören zum Netzwerk smartOPTIMO heute kommunale Kunden und Gesellschafter mit zusammen über 1 Mio. Stromzählern und weiteren Zählern anderer Sparten – schwerpunktmäßig in Nord- und Westdeutschland [67].

Ich kenne Fritz Wengeler schon seit einigen Jahren. Der Diplom-Ingenieur und Di-
plom-Wirtschaftsingenieur hat 2004 zum Thema „Innovationsmanagement bei Energieversorgungsunternehmen" promoviert. Wir haben oft und intensiv über Innovationen in
der Energiebranche, über die Energiewende an sich und über Smart Metering diskutiert.
Der Begriff „Smart Meter" sei inzwischen verbrannt, meint er im Gespräch mit mir [69].
Politisch spreche man nur noch vom „Werkzeug für die Energiewende". Mir fällt auf, dass
im „Zweiten Monitoring-Bericht" des Bundeswirtschaftsministeriums zur Energiewende,
der Begriff Smart Meter tatsächlich nur einmal auftaucht – und das auch nur in Klammern
[63, S. 64]. Es wird nur allgemein über „Messsysteme" geschrieben.

Der Grund liegt wohl in der harten Auseinandersetzung um die Randbedingungen und
Verordnungen zur verpflichtenden Einführung von digitalen Smart Metern in den ver-
gangenen Jahren – jedenfalls so wie ich ihn verfolgen konnte. Zum einen versuchten die
Hersteller von digitalen Messsystemen, die niedrige verpflichtende Einbauschwelle von
4.000 kWh Stromverbrauch pro Jahr durchzudrücken. Für viele private Haushalte, die im
Jahr über diese Grenze kommen, hätte dies bedeutet, sich einen digitalen Zähler zulegen
zu müssen – bei Kosten von etwa 100 bis 200 €, ohne dass diesem ein entsprechender
Nutzen gegenübergestanden hätte. Zum anderen war die Telekom daran interessiert, in der
Smart-Meter-Verordnung festzuschreiben, dass die Daten über eine Festleitung übertragen
werden müssten. Bei einem Quasi-Monopol für die letzten Meter der Anschlussleitung
eines Hausanschlusses eine sichere Einnahmequelle. Lobbyismus in seiner reinsten und
negativsten Form.

Dr. Fritz Wengeler versachlicht die Diskussion. Messtechnik einbauen ja, aber wofür?
Smart Meter sei wirklich sinnvoll. Es sei grundsätzlich vernünftig zu messen, man müsse
aber „genau schauen, wo es etwas bringt." Eine quasi kontinuierliche Messung sei bei
Stromeinspeisern sinnvoll. Hier sei der Nutzen klar vorhanden. Ohne zu wissen, welche
Mengen ins Netz eingespeist werden, wäre der Netzbetreiber „völlig blind". Bei der Ver-
brauchsmessung müsse man differenzieren. Die Messung bei größeren Verbrauchern bringe dem Netzbetreiber Informationen über Lastschwankungen. Er wisse dann mehr, was in
seinen Netzen los sei. Außerdem könnten die Daten für das Lastmanagement bei Gewerbebetrieben genutzt werden. Der Nutzen beim Privathaushalt sei jedoch kaum erkennbar.

Der Gateway-Administrator
Die Einführung der neuen Strommesstechnik führt auch zu neuen Strukturen in der Daten-
verwaltung. Aus den Vorgaben des Energiewirtschaftsgesetzes ergeben sich neue Aufgaben bei der Gateway-Administration und beim Messsystem Management. Zahlreiche Verordnungen und Richtlinien definieren die Rahmenbedingungen. Der Messstellenbetreiber
muss zukünftig die neue Aufgabe des Gateway-Administrators (GWA) abbilden. Für das
Management von Messwerten und Parametern, die Abbildung der Marktkommunikation
sowie die Steuerung der Prozesse zwischen Stadtwerke IT-Landschaft und GWA benötigen zukünftig alle Marktteilnehmer, die Daten aus dem Gateway empfangen, eine neue
Lösung: ein Messsystem Management, kurz MSM [67]. Oder um das Fachchinesisch

etwas aufzulösen, es muss eine klare Trennung zwischen der Datenaufnahme und der Datenverwendung geben. Datenschutz halt.

Die Rolle des Gateway-Administrators haben wir schon bei der RheinEnergie AG kennengelernt (Abschn. 8.1.3). Berechnungen haben ergeben, dass man mindestens einige Hunderttausend wenn nicht 1–2 Mio. Anschlüsse braucht, um ein Gateway auch wirtschaftlich betreiben zu können. Entstehen hier neue Großstrukturen, diesmal auf der Seite des Datenmanagements? Gerüchten zufolge habe sich nicht nur die Telekom um diese Aufgabe beworben, sondern auch der Datenkonzern Google.

Literatur

1. Stadtwerke München GmbH, Die Stadtwerke München – Vom Werkreferat zum erfolgreichen Wirtschaftsunternehmen, München, 2014.
2. Stadtwerke München GmbH, „Wasserkraftwerke der SWM," [Online]. Available: http://www.swm.de/privatkunden/unternehmen/energieerzeugung/erzeugungsanlagen/wasserkraft.html. [Zugriff am 26.04.2015].
3. S. München, „Wasserkraftanlagen in München," [Online]. Available: http://www.muenchen.de/rathaus/Stadtverwaltung/Referat-fuer-Gesundheit-und-Umwelt/Klimaschutz_und_Energie/Regenerative_Energiequellen/Wasserkraft.html. [Zugriff am 28.04.2015].
4. Stadtwerke München GmbH, „Münchener Fernwäre – SWM Ausbauoffensive," [Online]. Available: http://www.swm.de/dms/swm/dokumente/m-fernwaerme/broschuere-m-fernwaerme-web.pdf. [Zugriff am 11.07.2015].
5. BINE Informationsdienst, „Geothermische Stromerzeugung im Verbund mit Wärmenetz, projektinfo 10/09," FIZ Karlsruhe, 2009.
6. Stadtwerke München GmbH, „Ausbauoffensive Erneuerbare Energien," [Online]. Available: http://www.swm.de/privatkunden/unternehmen/engagement/umwelt/ausbauoffensive-erneuerbare-energien.html. [Zugriff am 26.04.2015].
7. Stadtwerke München GmbH, Pressemitteilung SWM Ausbauoffensive Erneuerbare Energien, München, Mai 2015.
8. H. Lerchl, Leiter Energiewirtschaftliche Grundsatzfragen, Stadtwerke München. [Interview]. 09.04.2015.
9. Mainova AG, „Mainova Imagebroschüre," [Online]. Available: http://www.mainova-unternehmen.de/imagebroschuere/#. [Zugriff am 12.06.2015].
10. J. Antoni, LL.M. [Interview]. 01.04.2015.
11. Mainova AG, „Erzeugungsstrategie," [Online]. Available: http://www.mainova-nachhaltigkeit.de/technik/erzeugungsstrategie.html. [Zugriff am 12.06.2015].
12. Mainova AG, „Mainova AG: Energieversorgung mit Verantwortung," [Online]. Available: http://www.mainova-nachhaltigkeit.de/. [Zugriff am 12.06.2015].
13. P. D.-I. P. Birkner, Technikvorstand Mainova AG. [Interview]. 01.04.2015.
14. Mainova AG, kontakt – Das Mainova Kundenmagazin, S. 9, März 2015.
15. Mainova AG, Pressemitteilung Mainova nimmt „Power-to-Heat"-Anlage in Betrieb, 13.03.2015.
16. Mainova AG, „„Strom zu Gas"-Demonstrationsanlage," [Online]. Available: https://www.mainova.de/unternehmen/unternehmensprofil/strom_zu_gas-demonstrationsanlage.html. [Zugriff am 12.06.2015].

17. RheinEnergie AG, „Aus der Geschichte der RheinEnergie," [Online]. Available: http://www. rheinenergie.com/de/unternehmensportal/ueber_uns/rheinenergie/historie/index.php. [Zugriff am 28.06.2015].
18. RheinEnergie AG, „Geschäftsbericht 2013," Köln, 2014.
19. RheinEnergie AG, „Vier Heizkraftwerke für Köln," [Online]. Available: http://www.rheinenergie.com/de/unternehmensportal/technik_zukunft/heizkraftwirtschaft_1/index.php. [Zugriff am 28.06.2015].
20. M. Nallinger, „Spaß am Vertriebsgeschäft," Zeitung für Kommunale Wirtschaft (ZfK), 04/ 2015.
21. RheinEergie AG, Pressemitteilung RheinEnergie erwirbt Anteil an Kraftwerk in Rostock, Köln, 15.12.2010.
22. A. Lauterborn, Leiter Unternehmensentwicklung RheinEnergie AG. [Interview]. 23.06.2015.
23. Oberbürgermeister der Stadt Köln und RheinEnergie AG, „SmartCity Cologne: Projekte für eine moderne Stadt," [Online]. Available: http://www.smartcity-cologne.de/. [Zugriff am 29.06.2015].
24. RheinWerke GmbH, „Gemeinsam mehr erreichen," [Online]. Available: http://www.rheinwerke.de/ziele.html. [Zugriff am 29.06.2015].
25. E. Wieben, EWE Netz GmbH, Oldenburg. [Interview]. 08.05.2015.
26. E. Wieben, „Der Fünf-Prozent-Ansatz ebnet unseren Netzen den Weg der Energiewende," 23.03.2015. [Online]. Available: http://www.energie-vernetzen.de/der_fuenf-prozent-ansatz_ebnet_unseren_netzen_den_weg_der_energiewende.html. [Zugriff am 10.05.2015].
27. M. Onischka, Energiepolitik und Public Affairs MVV Energie AG. [Interview]. 06.07.2015.
28. MVV Energie AG, „Alle reden von der Energiewende. Wir machen sie.," [Online]. Available: https://www.mvv-energie.de/de/mvv_energie_gruppe/mvv_energie_gruppe_1.jsp. [Zugriff am 12.07.2015].
29. MVV Energie AG, „Geschäftsbericht 2013/2014," Mannheim, 2014.
30. MVV Energie AG, „Pressemitteilung zur Bilanzpressekonferenz," 14.12.2014. [Online]. Available: https://www.mvv-energie.de/de/journalisten/presseportal_detailseite.jsp?pid=46765. [Zugriff am 12.07.2015].
31. J. Walk, „Wende ohne Wenn und Aber," Zeitschrift für kommunale Wirtschaft ZfK, Januar 2015.
32. GKM Großkraftwerk Mannheim AG, „Mit Energie überzeugen," [Online]. Available: http://www.gkm.de/unternehmen/. [Zugriff am 12.07.2015].
33. Gemeinschaftskraftwerk Kiel GmbH, „Kraftwerksbesichtigungen," [Online]. Available: http://www.gkk-kiel.de/?page_id=27. [Zugriff am 12.07.2015].
34. MVV Energie AG, „Landeshauptstadt Kiel und MVV Energie setzen Partnerschaft bei den Kieler Stadtwerken fort.," 15.05.2015. [Online]. Available: https://www.mvv-energie.de/de/journalisten/presseportal_detailseite.jsp?pid=49069. [Zugriff am 12.07.2015].
35. MVV Energie AG, „Pionier im Bereich der erneuerbaren Energien: juwi AG," [Online]. Available: https://www.mvv-energie.de/de/mvv_energie_gruppe/juwi/juwi.jsp. [Zugriff am 12.07.2015].
36. MVV Energy AG, „Dezentrales Energiemanagement aus einer Hand: BEEGY GmbH," [Online]. Available: https://www.mvv-energie.de/de/mvv_energie_gruppe/beegy/beegy_1.jsp. [Zugriff am 12.07.2015].
37. MVV Energie AG, „Pressemitteilung: MVV Energie und BayWa r.e. bündeln ihre Kräfte bei der Biomethan-Erzeugung," 26.06.2014. [Online]. Available: https://www.mvv-energie.de/de/journalisten/presseportal_detailseite.jsp?pid=43821. [Zugriff am 12.07.2015].
38. Grosskraftwerk Mannheim AG, Pressemitteilung. MVV Energie und GKM geben gemeinsamen Startschuss für neuen Fernwärmespeicher, Mannheim, 26.11.2012.
39. MVV Energie AG, „moma – Das Energiesystem wird intelligent," [Online]. Available: http://www.modellstadt-mannheim.de/moma/web/de/home/index.html. [Zugriff am 12.07.2015].

40. R. Klöpfer, „Wie der Frosch im Kochtopf den Absprung nicht verpasst," e|m|w Energie. Markt. Wettbewerb., S. 18-21, 05/2013.

41. MVV Energie AG, „Pressemitteilung: Holger Krawinkel wechselt zur MVV," 23. 06. 2014. [Online]. Available: https://www.mvv-energie.de/de/journalisten/presseportal_detailseite. jsp?pid=43693. [Zugriff am 12.07.2015].

42. Trianel GmbH, „Mehrwert in der Gemeinschaft. Trianel," [Online]. Available: http://www.trianel.com/de/trianel-gruppe.html. [Zugriff am 22.07.2015].

43. Handelsblatt, „Ein Kohlekraftwerk macht wenig Freude, " 05.02.2013. [Online]. Available: http://www.handelsblatt.com/unternehmen/industrie/trianel-ein-kohlekraftwerk-macht-wenig-freude/7739116.html. [Zugriff am 22.07.2015].

44. Trianel Gaskraftwerk Hamm GmbH & Co. KG, „Das Trianel Gas- und Dampfkraftwerk – ein starkes Stück Hamm," [Online]. Available: http://www.trianel-hamm.de/. [Zugriff am 22.07.2015].

45. Trianel GmbH, „Trianel setzt auf Erneuerbare Energien als festen Bestandteil ihres Energiemixes," [Online]. Available: http://www.trianel.com/de/erneuerbare-energien.html. [Zugriff am 22.07.2015].

46. IWR – Internationales Wirtschaftsforum Regenerative Energien, „Adwen nimmt Trianel Offshore-Windpark Borkum in Betrieb," 21.07.2015. [Online]. Available: http://www.iwr.de/news. php?id=29269. [Zugriff am 22.07.2015].

47. Thüga AG, „Thüga – das große Plus für alle.," [Online]. Available: http://www.thuega.de/home. html. [Zugriff am 22.07.2015].

48. C. Kahlen, Thüga AG. [Interview]. 22.07.2015.

49. Thüga Erneuerbare Energien GmbH & Co. KG, „Nachhaltig neue Energie für kommunale Lebensräume," [Online]. Available: http://ee.thuega.de/portraet/strategie.html. [Zugriff am 22.07.2015].

50. „Strategischer Nachholbedarf," Zeitschrift für kommunale Wirtschaft ZfK, S. 11, April 2013.

51. H. Kahnt, Stadtwerke Münster, Leiter Vertrieb und Energiewirtschaft. [Interview]. 09.07.2015.

52. J. Röken, Geschäftsführer Stadtwerke Dülmen GmbH. [Interview]. 13.07.2015.

53. M. Hilkenbach, Geschäftsführer Stadtwerke Coesfeld GmbH. [Interview]. 18.06.2015.

54. Stadtwerke Westmünsterland Energiekooperation GmbH & Co. KG, „Neuer Partner für Stadtwerke Westmünsterland," [Online]. Available: http://www.stadtwerke-westmuensterland.de/ presse0.html. [Zugriff am 22.07.2015].

55. Green Gecco GmbH & Co. KG, „Über Green Gecco," [Online]. Available: http://www.greengecco.de/web/cms/de/403720/green-gecco/ueber-green-gecco/. [Zugriff am 25.07.2015].

56. Green Gecco GmbH & Co. KG, „Die Projekte," [Online]. Available: http://www.greengecco.de/ web/cms/de/403728/green-gecco/die-projekte/. [Zugriff am 25.07.2015].

57. Stadtwerke Münster GmbH, Pressemitteilung: Fünf umweltfreundliche Elektrobusse für Münster, Münster, 23.04.2015.

58. G. Eble, „Geschäftsmodell auf den Kopf stellen!," Zeitschrift für kommunale Wirtschaft ZfK, S. 24, Feb. 2015.

59. J. Gochermann, Kundenorientierte Produktentwicklung – Marketingwissen für Ingenieure und Entwickler, Weinheim: WILEY-VCH Verlag, 2004.

60. „Innovationen sind nicht genügend verankert," Zeitschrift für kommunale Wirtschaft ZfK, S. 10, März 2012.

61. Ernst & Young GmbH, Dr. Helmut Edelmann, „Coopetition: Neue Geschäftsfelder in der Energiewende erfolgreich erschließen," 2103. [Online]. Available: https://www.di-verlag.de/media/ content/3R/PDF/Stadtwerkestudie_2013_Ernst__Young.pdf?xaf26a=002130f591aa675c8ee20 1113f6e08f2. [Zugriff am 22.07.2015].

62. S. Ruthenschröer, T. Heywinkel und J. Gochermann, „Ergebnisse der Befragung von Photovoltaik-Kunden im Westmünsterland," Münster/Coesfeld, Sep. 2013.

63. M. Nallinger, „Chancen im Geschäft mit der Last," Zeitschrift für kommunale Wirtschaft ZfK, S. 4–5, Jan. 2015.

64. Bundesministerium für Wirtschaft und Energie, „Zweiter Monitoring-Bericht „Energie der Zukunft"," Berlin, März 2014.

65. J. Büchner, J. Katzfey, O. Flörken, A. Moser, H. Schuster, S. Dierkes, T. van Leeuwen, L. Verheggen, M. Uslar und M. van Amelsvoort, „Moderne Verteilernetze für Deutschland (Verteilernetzstudie) – Studie im Auftrag des Bundesministeriums für Wirtschaft und," 12.09.2014. [Online]. Available: http://www.bmwi.de/BMWi/Redaktion/PDF/Publikationen/Studien/verteilernetzstudie,property=pdf,bereich=bmwi2012,sprache=de,rwb=true.pdf. [Zugriff am 23.07.2015].

66. Bundesverband Smart City e. V. (BVSC), „Bundesverband Smart City e. V.," [Online]. Available: https://www.bundesverband-smart-city.de/index. [Zugriff am 23.07.2015].

67. smartOPTIMO GmbH & Co. KG, [Online]. Available: www.smartoptimo.de. [Zugriff am 23.07.2015].

68. „Deutschlands Zukunft gestalten – Koalitionsvertrag zwischen CDU, CSU und SPD, 18. Legislaturperiode," Berlin, 2013.

69. F. Wengeler, Geschäftsführer smart Optimo GmbH & Co. KG. [Interview]. Juli 2015

9.1 Energiewende im ländlichen Raum

Die großen Windparks in der Nordsee waren noch lange nicht projektiert, da standen in Nord- und Westdeutschland die ersten Windräder. Noch bevor große Solarfarmen in Süddeutschland, überwiegend zum Abgreifen der EEG-Förderung (Erneuerbare-Energien-Gesetz-Förderung), errichtet wurden, schimmerten zunehmend die Haus- und Scheunendächer der Bauernhöfe bläulich von den installierten Photovoltaikmodulen. Und mit den zumeist grünen Kuppeln der Biogasanlagen erhielten ländliche Regionen ein neues Landschaftsmerkmal. Die Energiewende ist nirgends so markant erkennbar wie in den ländlichen Regionen Deutschlands.

Meine Heimat, das Münsterland, bildet alle wichtigen Facetten der neuen Nutzung regenerativer Energieerzeugungsanlagen ab. Von Einzelwindkraftanlagen zur Eigenversorgung, über kleinere Bürger- und Genossenschaftswindparks bis hin zu großen weit sichtbaren Anlagenparks. Die Landwirtschaft hat schnell die wirtschaftlichen, aber auch funktionalen Chancen von Biogasanlagen erkannt und früh investiert. Und Photovoltaikanlagen befinden sich nicht nur auf vielen landwirtschaftlichen Nutzgebäuden, sondern auch auf den vielen Ein- und Zweifamilienhäusern in unserer breit gestreuten Siedlungsstruktur.

Ich weiß, in anderen Regionen gibt es andere Randbedingungen und Voraussetzungen zur Nutzung der Regenerativen. Allein schon aus klimatischen und geografischen Gründen muss es unterschiedliche Konzepte und Lösungsansätze geben. Die Sonneneinstrahlung im Norden ist halt schwächer als in Süddeutschland, dafür sind die nutzbaren Windverhältnisse an der Küste und im flachen Binnenland besser als in den Bergen Süddeutschlands. Und es gibt in allen Regionen tolle Beispiele, wie die Menschen, die Unternehmen und die Politik die Energiewende annehmen und umsetzen. Ich kann sie weder alle bereisen noch in ihrer ganzen Vielfalt vorstellen. Es ist vielleicht eine Herausforderung an

© Springer Fachmedien Wiesbaden 2016   219
J. Gochermann, *Expedition Energiewende,* DOI 10.1007/978-3-658-09852-0_9

den Leser, sich auf eine kleine Expedition in seiner eigenen Region aufzumachen und die Energiewende zu ergründen. In diesem Teil der Expedition verbleibe ich im Münsterland.

9.1.1   Die Windräder kommen!

„Eigentlich wollte ich von den Stadtwerken günstigen Nachtstrom für meinen Betrieb beziehen, aber die sträubten sich damals. Da hab ich angefangen über die Eigenerzeugung mithilfe eines Windrades nachzudenken", berichtet mir der Landwirt Clemens Wäsker aus Merfeld. Im Borkener Gewerbegebiet stand eines der ersten Windräder auf dem Gelände der Werkzeugschleiferei Stegerhoff. Das habe er sich angeschaut, eine Enercon-Anlage. Gemeinsam mit dem Unternehmer Stegerhoff fuhr Wäsker nach Aurich, um sich bei Enercon über die Windenergietechnologie zu informieren. Gerade einmal 80 Mitarbeiter habe Enercon damals gehabt, erinnert er sich. Zwar gab es ab 1991 schon eine Vergütung für den eingespeisten Strom in Höhe von 18 Pfennig, erstmals geregelt durch das Stromeinspeisungsgesetz, andere Fördermittel gab es allerdings nicht. Und so ein Windrad kostete damals gut und gerne zwischen 200.000 und 300.000 D-Mark.

Das Thema Windenergienutzung war damals noch ein Forschungsthema. Das Institut für Solare Energieversorgungstechnik ISET e. V. in Kassel – heute Teil des Fraunhofer Instituts für Windenergie und Energiesystemtechnik IWES – hatte damals gerade das Forschungsprojekt *100 MW Wind* aufgelegt, um die Nutzung der Windenergie in Deutschland zu untersuchen. Es sollten Windenergieanlagen in unterschiedlichen Regionen laufen, mit Schwerpunkt im Norden, um die Windhäufigkeiten und die Energieausbeute zu analysieren. Aus dem Projekt wurden die installierten Windenergieanlagen mit einem Zuschuss von 50 % gefördert. Clemens Wäsker bewarb sich – und wurde in das Projekt aufgenommen. So konnte 1991 eine Enercon-Anlage E17 mit einer Nabenhöhe von 34 m, einem Rotordurchmesser von 17 m und einer Leistung von 80 kW auf dem Hof des Landwirts errichtet werden. Von Beginn an lief die Anlage netzparallel. Wenn Strombedarf auf dem Hof war, zog man diesen aus der eigenen Anlage, existierte ein Überschuss, wurde der Strom ins öffentliche Netz eingespeist. „Wir hatten von Anfang an zwei Zähler, einen eingehenden und einen ausgehenden."

Diese kleinen Windkraftanlagen seien aber sehr standortempfindlich, wie die Erfahrung gezeigt habe. Sein Hof, so Wäsker, sei bei der geringen Nabenhöhe kein besonders guter Windstandort. Eine fast baugleiche Anlage wurde etwa zur gleichen Zeit auf dem Schöppinger Berg gut 35 km weiter nördlich im Kreis Steinfurt errichtet. Mit etwas über 157 m Höhe ist er eine für das Münsterland schon sehr deutliche Landschaftserhöhung. Heute drehen sich dort zahlreiche große Anlagen. Die kleine Enercon-Anlage brachte dort nahezu doppelt so viel Ertrag wie die gleiche Anlage in Merfeld. In den folgenden Jahren tauchten dann immer mehr kleinere Anlagen in der Nachbarschaft auf. So beispielsweise 1995 eine Enercon E33, eine der ersten getriebelosen Anlagen, am Haus Waldfrieden in der Bauerschaft Börnste. Das Restaurant ist ein beliebtes Ausflugslokal für Menschen aus dem nahegelegenen Ruhrgebiet und so wurde das Windrad bald zu einer zusätzlichen Attraktion für die Ausflügler aus der Stadt.

Windenergienutzung legt zu – und verändert die Landschaft

Etwa seit der Jahrtausendwende und der Einführung des Erneuerbare-Energien-Gesetzes (EEG) im Jahr 2000 legt die Windenergiebranche deutlich zu. Im ersten Jahrzehnt dieses Jahrhunderts verfünffacht sich die installierte Leistung von gut 5.000 auf über 25.000 MW – und das fast ausnahmslos an Land [1, S. 15]. Nennenswerte Offshorenutzung findet erst seit 2008 statt [1, S. 20]. Die Anzahl der Anlagen im Münsterland steigt – und sie werden größer. Seit 1997 sind Windenergieanlagen gemäß § 35 Baugesetzbuch als privilegierte Bauvorhaben im Außenbereich zulässig [2]. Vorwiegend Landwirte erkannten, dass sie auf ihren eigenen Flächen nicht nur landwirtschaftliche Produkte anbauen konnten, sondern dass sich die Flächen auch zum Aufstellen von immer größeren Windkraftanlagen eigneten.

Das kleine Windrad auf dem landwirtschaftlichen Hof störte niemanden. Als aber die ersten größeren Anlagen auf den Feldern auftauchten, regte sich Unmut. Einerseits wurde das Landschaftsbild verändert. Die ruhige und gleichmäßige Münsterländer Parklandschaft, gekennzeichnet durch ihre Kleinteiligkeit, durch Wiesen, Äcker und die regionaltypischen Wallhecken, wurde plötzlich durchbrochen von riesigen weißen großen Betonmasten mit rotierenden Propellern. Eine Verschandelung des Landschaftsbildes, wie viele fanden, der Begriff der *Verspargelung* der Landschaft wurde geprägt. Die Diskussionen um die neuen Windräder polarisierten, entweder man war dagegen oder dafür.

Der Bau und Betrieb der großen Windenergieanlagen führte aber andererseits noch zu einem zweiten Konflikt. Durch die im Münsterland übliche Streusiedlung sind Höfe, Kotten und Scheunen in dieser Landschaftsform einzelnstehend in der Fläche verteilt. Dadurch findet sich fast immer in der Nähe eines Windrades auch ein bewohntes Gebäude. Wenn die Windanlagen auf Nachbars Feld sich drehen, mag dieser sich vielleicht darüber freuen, der vom rotierenden Schattenwurf Betroffene eher nicht. So kam es in einigen Bauerschaften zu heftigem Streit. Manche über Jahrhunderte gewachsenen Nachbarschaften drohten auseinanderzubrechen. Auch in der Lokalpolitik waren die Windanlagen heißes Thema.

Windenergie und Planungsrecht

„Grundsätzlich ist der Bau von Windkraftanlagen im Außenbereich nach Baugesetzbuch privilegiert", erläutert mir Dülmens Stadtbaurat Clemens A. Leushacke. Diesen Vorrang könne man nur durchbrechen, wenn man besondere Windeignungsbereiche in der Planung ausweise. Bei uns in Nordrhein-Westfalen geschieht dies über den neuen Regionalplan, in dem die jeweilige Bezirksregierung sog. Windvorrangbereiche ausgewiesen hat. Die Kommunen müssen diese Bereiche in Flächennutzungspläne umsetzen. Dabei können sie auch gesonderte Konzentrationszonen ausweisen. Man kann also steuern, sodass kein Wildwuchs bei der Errichtung der Windkraftanlagen entsteht. Dennoch müsse die Stadt der Windenergienutzung „ausreichend" Raum geben.

Was das im Einzelfall bedeute, sei allerdings unklar. So gebe es in Nordrhein-Westfalen z. B. keinen Mindestabstand, den das Windrad von der nächsten Wohnbebauung einzuhalten habe. Der Schutz der Wohnbevölkerung vor den Emissionsbelastungen sowie den optischen Beeinträchtigungen wäre so schwer durchzusetzen. Dülmen sei für Windenergie, so der Stadtbaurat, aber nicht gegen Nachbarschaft. Mindestabstände hätten ihre Berechtigung. Eine Lösung wie in Bayern, wo der Landtag im November 2014 die „10-H-Regelung" beschlossen hat, wolle man aber nicht. Dort gilt ein Mindestabstand von dem Zehnfachen der Windradhöhe, bei modernen Anlagen also rund 2 km. Da bleibt in Bayern wenig Raum für Windkraft.

Die Akzeptanz für die Windkraftanlage in der Nachbarschaft steige deutlich, so Leushacke, wenn die Anlieger auch wirtschaftlich am Erfolg des Windrads beteiligt seien. Er verfolge daher den Ansatz von Bürgerwindparks. Die Kommune müsse neutral sein, könne aber in solchen Prozessen eine Moderatorenrolle übernehmen. „Wenn sich alle Anwohner einig sind, dann kann man auch eine Gruppe von Anlagen gemeinsam betreiben. Bis hin zu der Möglichkeit, dass jemand, der gerade durch Schattenwurf oder andere Faktoren belästigt wird, per App die Anlage kurzzeitig ausstellt."

Christoph Schulze Wermeling hat die Auseinandersetzungen mit den Nachbarschaften hautnah miterlebt, als er Ende 2002 fünf große Windenergieanlagen der Firma GE (vormals Tacke) mit je 1,5 MW Leistung rund um seinen Hof errichtete. „In der Nachbargemeinde am Letter Berg lief bereits seit 1997 eine 400er Enercon-Anlage", berichtet mir der Landwirt. Die habe er sich immer wieder angeschaut. Damals gab es in den Planungen schon ausgewiesene Windvorrangflächen und viele davon hätten um seinen Hof herum gelegen. Der Energieberater der Landwirtschaftskammer sei damals über Land gezogen und habe die Landwirte bezüglich der Windenergienutzung beraten. Man habe damals sogar ein Windgutachten anfertigen lassen, eine im Binnenland noch nicht so verbreitete Maßnahme. Da mehr als drei Anlagen gebaut werden sollten, unterlag man den Regelungen des Bundes-Immissionsschutzgesetzes. Für die Baugenehmigung mussten verschiedene Untersuchungen und Studien durchgeführt werden, u. a. wurde auch die Abschattung durch die Windräder berechnet. Dennoch gab es damals viel Aufregung nicht nur in der Nachbarschaft, sondern auch in der Lokalpolitik. Heute habe sich das alles beruhigt, meint Schulze Wermeling. „Heute rufen die Nachbarn sogar an, wenn am Windrad mal eine Klappe aufsteht oder etwas nicht stimmt."

Die ersten Windparks entstehen

An den Küsten im Norden, wo der Wind heftiger und vor allem stetiger weht, gehörten Windräder schon eine Zeit lang zum Landschaftsbild. Bei uns im Münsterland fand man sie nur vereinzelt oder in kleinen Gruppen. Einer der ersten größeren Windparks im Münsterland – und zudem noch einer der ersten Bürgerwindparks überhaupt – entstand auf dem Schöppinger Berg im Kreis Steinfurt. Heiner Konert aus der benachbarten Bauerschaft Naendorf war der Initiator und Treiber des Projektes [3]. Woher seine Motivation damals kam, möchte ich im Gespräch mit dem Landwirt wissen. Da sei ein Stück weit Rebellion gegen die großen Energiekonzerne mit im Spiel gewesen, gibt er schmunzelnd zu. Er sei schon damals überzeugter Atomkraftgegner gewesen. Im Umkreis von rund 50 km lägen vier Atombetriebe: das atomare Zwischenlager in Ahaus, die Urananreicherungsanlage in Gronau, das Kernkraftwerk in Lingen und die dortige Brennstäbeproduktion der areva.

„Wir haben Anfang der 1990er-Jahre darüber nachgedacht, wie wir unseren Strombedarf eigenständig decken können", berichtet Konert. Über die Fachhochschule in Steinfurt sei man dann in Kontakt mit der damals noch kleinen Firma Enercon gekommen und habe 1991 eine Enercon-E18-Anlage mit 36,5 m Nabenhöhe und einer Leistung von 80 kW auf dem Hof installiert und in den kommenden Jahren netzparallel betrieben. „Dabei haben wir nach und nach Vertrauen in die Technologie gewonnen", beschreibt Konert die damaligen Erfahrungen. „Und wir lernten den Wind einzuschätzen und in Energie umzurechnen. Wer konnte schon was mit einem Wert von beispielsweise 5 m/s Windgeschwindigkeit anfangen?" Man habe dann sofort weitergemacht – und die Erfahrungen aus dem Betrieb der ersten Anlage waren sehr wertvoll für die nächsten Schritte. 1994/1995 liefen die Planungen für drei größere Anlagen vom Typ E40, wovon zwei heute noch in Betrieb sind. Insgesamt mussten 3,5 Mio. DM investiert werden. Konert: „Mit den Ergebnissen der ersten Anlage konnten wir dann auch die Banker überzeugen, dass diese Technologie funktioniert und dass sich die Investition lohnt."

Als die Anlagen auf dem 6 km entfernten Nordwesthang des Schöppinger Bergs installiert wurden, sei ein Effekt aufgetreten, der zu einem rasanten Anstieg der Anträge für Windanlagen geführt habe. „Was der Konert kann, das kann ich auch", dachten sich immer mehr Landwirte und andere Unternehmer. Kurz danach standen zwei E40-Anlagen in den benachbarten Baumbergen und auch an vielen anderen Orten wurden Anlagen installiert. Für die interessanten Windbereiche um den Schöppinger Berg lagen in kürzester Zeit plötzlich über 60 Einzelanträge für Windkraftanlagen vor. Allerdings ohne aufeinander abgestimmt zu sein, völlig unkoordiniert – die Anlagen hätten sich zum Teil gegenseitig den Wind weggenommen.

Es bedurfte eines städtebaulichen Gesamtkonzeptes. Im Rahmen der Planungen und Abstimmungen habe man dann mit 73 Grundstückseigentümern rund um den Schöppinger Berg Nutzungsrechte abgestimmt und ein gemeinsames Grundstücksmodell entwickelt. Es wurde eine Betreibergesellschaft mit 67 Beteiligten gegründet, die insgesamt 14 Anlagen mit jeweils 1,8 MW Leistung errichtete (Abb. 9.1). 14 Mio. D-Mark mussten seinerzeit als Eigenkapital aufgebracht werden, weitere 37 Mio. wurden als Kredit aufgenommen [4]. „Mein Ziel war es von Anfang an, dass jeder Beteiligte auch von dem Vorhaben profitieren sollte", so der Windpark-Promotor. Es sei gut gewesen, dass man die Leute von Beginn an mitgenommen habe. Einer der ersten richtigen Bürgerwindparks war entstanden.

Der nächste Schritt – Eigenstromvermarktung
Heiner Konert hörte aber nicht auf. Seine alte E18-Anlage aus dem Jahr 1991 wurde inzwischen repowered, also auf eine höhere Leistung ausgebaut, und durch eine größere und leistungsfähigere E58 ersetzt. Sie versorgt heute den kompletten landwirtschaftlichen Betrieb. Dazu investierte er in Photovoltaik (PV) und betreibt heute sechs Anlagen mit einer installierten Leistung von 380 kW sowie in eine Biogasanlage, deren Stromertrag von Anfang an an der Strombörse verkauft wurde. Und um wirklich sauberen und atomkraftfreien Strom vermarkten zu können, wurden alle erzeugten Mengen aus der Bioanlage, den Windrädern und der Photovoltaikanlage gebündelt, immerhin 330.000 kWh Strom pro

Abb. 9.1 Windpark Schöppinger Berg im Kreis Steinfurt
– einer der ersten Bürgerwindparks mit insgesamt 67
Beteiligten. (Quelle: Eigene
Aufnahme 2015)

Jahr. Der Stromhändler wurde verpflichtet, hierfür einen eigenen Bilanzkreislauf zu schaffen, sodass dieser Strom heute von den Stadtwerken Steinfurt unter der Marke *Landstrom*
als wirklich reiner Ökostrom aus der Region vermarktet werden kann.

Windenergienutzung kontra Natur- und Artenschutz?
Planerisch und organisatorisch ist der Bau von Windkraftanlagen inzwischen Routine.
Auch wenn es immer wieder Proteste von Betroffenen gibt, in deren Nähe eine neue
Windkraftanlage errichtet werden soll. Dem generellen Vorwurf der *Verspargelung* der
Landschaft ist man allerdings mit der Ausweisung der Windvorranggebiete wirksam ent-
gegengetreten.

Größere Hürden beim Bau einer Windkraftanlage gibt es inzwischen bei Fragen des
Natur- und Artenschutzes. Die Forderung nach dem Abschalten der Kernenergie und
Ausbau der Regenerativen sowie deren praktische Umsetzung, bringen so manchen Na-
tur- und Umweltschützer in Interessenkonflikte. Die Windkraftanlagen lassen sich in den
meisten Fällen zwar mit dem Natur- und Landschaftsschutz vereinbaren. Im Wesentlichen
werden die Interessen von zwei großen Verbänden vertreten, dem Bund für Umwelt- und
Naturschutz BUND und dem Naturschutzbund Deutschland NABU. Mehrfach habe ich
bei Gesprächen mit Energiefachleuten gehört, dass der BUND, der politisch eine Nähe zu
den die Energiewende fordernden Grünen habe, kooperativ und flexibel sei.

Beim Artenschutz aber prallen zwei Welten aufeinander. Bei nahezu allen Neuerrich-
tungsvorhaben werden teils massiv Artenschutzbedenken vorgetragen. Dabei lese ich in
einem Faltblatt des Naturschutzbundes Deutschland (NABU) e. V.:

> Die ökologischen Auswirkungen der Windenergienutzung an Land konzentrieren sich auf
> wenige Vogel- und Fledermausarten, die entweder an den Rotoren tödlich verunglücken oder
> aus ihren Lebensräumen vertrieben werden. [5]

Wenn es doch nur „wenige Vogel- und Fledermausarten" betrifft, warum entsteht bei der Beantragung von Windkraftanlagen jedes Mal ein solch heftiger Konflikt? Ja, die Rotoren beeinträchtigen den Luftraum in dem sich auch die Vögel bewegen. Aber wie ich finde in einem sehr vertretbaren und geringen Maße. Immerhin ist der Raum dort dreidimensional. Ja, die Anlagen ziehen Vögel und insbesondere Fledermäuse besonders an. Tagsüber erwärmen sich die zumeist aus Beton gefertigten Türme und ziehen mit ihrer warmen Oberfläche Insekten an, welche wiederum am Abend die Fledermäuse anlocken. Es gibt schon Unternehmen, die deswegen an speziellen Lackierungen gegen das Aufheizen oder sogar an Holzkonstruktionen arbeiten, die sich schneller abkühlen.

Südwestlich von Merfeld liegt ein großes freies und zumeist landwirtschaftlich genutztes Gebiet, welches wiederum an einen ehemaligen Truppenübungsplatz der Britten angrenzt. Sicherlich ein landschaftlich schönes Fleckchen, aber nicht urwüchsig, sondern von Menschen geschaffene und kultivierte Münsterländer Parklandschaft. Und ein gutes Windgebiet. Ganz im Sinne des Bürgerwindpark-Gedankens haben sich daher zahlreiche Merfelder Landwirte sowie Bürgerinnen und Bürger zu einer Bürgerwindpark-Genossenschaft zusammengeschlossen, um einen Windpark mit zehn Windkraftanlagen der drei MW-Klasse mit einer Nabenhöhe von ca. 145 m gemeinschaftlich zu errichten [6]. Seit Längerem stockt das Vorhaben, weil langwierige Artenschutzgutachten und Vogelzählungen vorgenommen werden müssen. Neben angeblich gesichteten seltenen Vogelarten landen auch zweimal im Jahr Vögel und Gänse bei ihrem Flug von und nach Süden in der Gegend zwischen. Da könne man doch keine Windräder hinbauen, so die Meinung der Artenschützer. Ich denke, wenn die Zugvögel nur zweimal im Jahr kommen, dann kann man um diese Zeit auch die Anlagen mal für ein paar Tage abschalten. Die Forderung der Naturschutzverbände, die Anlagen näher ans Dorf zu setzen und zwar mit Abständen kleiner als 700 m, klingt für mich wie ein Hohn. Die selten kommenden Vögel und Fledermäuse sollen geschützt werden, aber die dort ständig lebenden Menschen hätten gefälligst die Belastungen zu ertragen. Nachhaltig ist diese Denkweise auch nicht.

Stadtbaurat Leushacke bestätigt mir im Gespräch, dass alle harten Fakten von den Merfeldern eingehalten worden sein. Nur bei den weichen gebe es noch Probleme. „Nur der Rotmilan kann das Windgebiet verhindern – und der fliegt eigentlich überall in Dülmen."

9.1.2   Biogas – Landwirte werden zu Energiewirten

Ich frage mich, wann das eigentlich losging mit den Biogasanlagen im Münsterland. Ich erinnere mich, dass früher die Technologie als wenig ausgereift und anfällig galt. Dennoch schossen die überdimensionalen Töpfe mit ihren grünen Kuppeln irgendwann wie Pilze aus dem Boden. Waren es ausschließlich Landwirte, die Biogasanlagen bauten?

Ich benötige einen Experten und fahre ins malerische Billerbeck. Die Innenstadt der Gemeinde wird dominiert von einer für solch einen Ort scheinbar überdimensionierten Kirche – dem Billerbecker Dom. Billerbeck ist ein Wallfahrtsort. Im Jahre 809 starb hier der Heilige Luidger, der erste Bischof von Münster. Am Standort seines Sterbehauses errichteten die Baumeister den Südturm des heutigen Gotteshauses, das 1898 fertiggestellt wurde.

Im Schatten des Doms besuche ich Norbert Hidding. Er ist Inhaber und Geschäftsführer der HT Verfahrenstechnik GmbH und hat in den vergangenen Jahren zahlreiche Biogasanlagen projektiert und betrieben. Er ist Maschinenbauingenieur, ist aber direkt nach seinem Studium in die Verfahrenstechnik gegangen. Bevor er die HT Verfahrenstechnik gründete, war er Konstruktionsleiter eines Unternehmens des GEA-Konzerns in Ahaus. Er schildert mir die Anfänge und die Entwicklung der Biogasanlagen im Münsterland.

Die Anfänge der Biogasanlagen im Münsterland

„Eigentlich war Bauer Ewald aus Sythen der Erste, der zur Verwertung der anfallenden organischen Abfälle eine Biogasanlage baute", erinnert sich Norbert Hidding. „Aber viele Teile waren aus Eisen und die Technik war einfach noch nicht so weit. Aber der Grundgedanke stimmte." Für alle die nicht aus dem Münsterland oder dem südlich angrenzenden Ruhrgebiet kommen: Bauer Ewald Döppen machte den Prickings-Hof in Haltern-Sythen zu einem Erlebnisbauernhof. Jedes Jahr kommen tausende Gäste insbesondere aus dem Ruhrgebiet, um einmal einen „richtigen Bauernhof" zu sehen und gute ländliche Kost zu genießen. Aus Münsterländer Sicht eine Showgeschichte – aber die Städter kommen. Immerhin, selbst Larry Hagman alias Dallas-Bösewicht J. R. Ewing, war 2011 zu Gast auf dem Prickings-Hof. Bauer Ewald war schon immer für etwas Neues gut, warum nicht auch für eine Biogasanlage.

Die wirkliche Entwicklung der Biogasanlagen begann erst Ende der Neunzigerjahre. Zunächst, so berichtet mir Norbert Hidding, seien es Kofermenter-Anlagen gewesen. Unter Kofermenten versteht man alle zu vergärenden Abfälle aus der Landwirtschaft aber auch der Lebensmittelproduktion. Der Ansatz kam aus Bayern, aber die Technik war zu diesem Zeitpunkt noch nicht ausgereift, sodass es immer wieder zu Problemen kam. Richtig Schub bekam die Biogasentwicklung erst 2004 mit der Einführung des NaWaRo-Bonus, einer Zusatzvergütung für Strom der aus nachwachsenden Rohstoffen produziert wird. Etwa zeitgleich standen dann auch zuverlässigere technische Komponenten, wie Motoren, zur Verfügung.

Seine erste 500 kW-Biogasanlage baute Hidding dann 2006, noch neben seiner Beschäftigung bei GEA und zusammen mit zwei weiteren Partnern. Seit 2009, seit Gründung der HT Verfahrenstechnik GmbH kamen dann acht weitere hinzu, an verschiedensten Orten im Münsterland und darüber hinaus. Das Modell war immer das gleiche: Die HT Verfahrenstechnik baut als Generalunternehmer die komplette Anlage und investiert dabei selbst rund 25 % der Bausumme. Zum Betrieb der Anlage wird eine GmbH & Co. KG gegründet, wobei der Landwirt, auf dessen Grund die Anlage steht, stets eingebunden ist. Die Geschäftsführung der GmbH & Co. KG für den Betrieb der Anlage übernimmt die HD-Nahwärme Verwaltungs-GmbH, die ebenfalls von Hidding gegründet wurde. Der investierende Landwirt hat damit einen starken und sachkundigen Partner zum Bau und Betrieb der Biogasanlage an seiner Seite.

Es seien vor allem die gut aufgestellten und erfolgreichen Landwirte gewesen, die solche Biogasanlagen bauen wollten. Allerdings war das Risiko, in ein neues Geschäftsfeld einzusteigen und zugleich hohe Investitionssummen in die Hand zu nehmen, doch groß. Eine 500 kW Biogasanlage kostete 2009 ungefähr 2 Mio. €. Da war es ein überzeugendes Geschäftsmodell, so Hidding, dass wir selbst mit 25 % eingestiegen sind.

Die Boomzeit und das abrupte Ende
Zum richtigen Boom kam es dann aber erst nach 2009. Der Weizenpreis war im Jahr 2007 unerwartet hoch und die im EEG festgesetzte Stromeinspeisevergütung konnte mit dem Weizenpreis nicht mehr konkurrieren. So wurde mit dem EEG 2009 die Vergütung deutlich angehoben. Die Kornpreise gingen runter – die Vergütung blieb. Von da ab investierten immer mehr Landwirte in neue Anlagen, die wie Pilze aus dem Boden schossen. Die Anzahl der Biogasanlagen in Deutschland verdoppelte sich von 2008 bis 2013 von rund 4.000 auf heute 8.000 Anlegen (Abb. 9.2), [7]. Der Betrieb von Biogasanlagen wurde zum eigenständigen Geschäftsmodell, unabhängig vom landwirtschaftlichen Betrieb. Auch Nichtlandwirte traten plötzlich als Investoren oder Betreiber von Biogasanlagen auf. Es entstanden Großanlagen mit bis zu 16 Reaktoren nebeneinander. Insgesamt gibt es heute rund 8.000 Biogasanlagen in ganz Deutschland mit einer installierten Gesamtleistung von rund 4 GW. Die meisten stehen mit über 2.300 in Bayern, gefolgt von Niedersachsen mit 1.500 Biogasanlagen.

Doch dieser Boom hatte auch seine Schattenseite. In vielen Regionen wurden die Anlagen mit Mais befüllt. Mais wurde im Münsterland schon immer angebaut, überwiegend als Tierfutter. Die Anbauflächen, auf denen Mais stand, nahmen allerdings merklich zu. Von einer „Vermaisung der Landschaft" war die Rede. Da man mit dem Mais in der Biogasanlage gutes Geld verdienen konnte, stiegen die Pachtpreise für die benötigten Anbauflächen zum Teil um das Zwei- oder Dreifache. Die Politik zog die Notbremse. Mit dem EEG 2012 wurde der Einsatz von Mais und vielen weiteren Naturprodukten nicht mehr

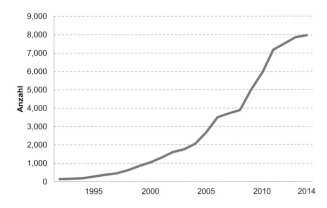

Abb. 9.2 Anzahl der Biogasanlagen in Deutschland 1992–2014. (Quelle: Fachverband Biogas 2013; mit freundl. Genehmigung)

gefördert, was neue Biogasanlagen auf einen Schlag unwirtschaftlich machte. Es wurden abrupt keine neuen Anlagen mehr gebaut. Bis zum Juli 2014 gab es dann noch eine Übergangszeit, in der bestehende Anlagen nach dem Satellitenprinzip erweitert werden durften, dann war aber endgültig Schluss. Eine Diskussion „Tank oder Teller" um den Einsatz von Lebensmitteln kam zwar nicht merklich auf. Gleichwohl zeigt das abrupte Wegbrechen der Biogasneuanlagen, dass der Betrieb nur aufgrund der hohen Subventionen möglich war. Kein wirklich nachhaltiger Markt.

Zukunftsfähigkeit der Biogastechnologie
„Biogas wird von alleine nicht in die Rentabilität kommen", erläutert mir Norbert Hidding die Zukunftsaussichten. Derzeit betrügen die gezahlten Vergütungen für die laufenden Anlagen zwischen 20 und 25 Cent pro kWh. Ab dem Jahr 2020 würden die ersten Anlagen aus dieser Subvention herauslaufen. Danach braucht man im Zweifel mehr Vergütung, um den Betrieb wirtschaftlich gestalten zu können. Anders als bei der Solarenergie verfüge die Biogastechnologie nicht über große Kostenreduktions- oder Effektivitätssteigerungspotenziale. „Wenn wir am Wirkungsgrad vielleicht ein oder zwei Prozent verbessern können, sind wir schon gut", so der Maschinenbauingenieur. „Aber die Biogastechnologie kann keine Quantensprünge machen."

Etwa ein Drittel der Anlagen verdiene jetzt gutes Geld, ein weiteres Drittel könne existieren. Rund ein Drittel der heute betriebenen Anlagen mache aber derzeit keinen Gewinn. Dies liege zumeist an fehlender unternehmerischer Qualifikation. Das Bonussystem sei ziemlich verschachtelt und wer sich damit nicht auskenne, verschenke Einnahmen. Darüber hinaus seien viele Anlagen verfahrenstechnisch überfrachtet und nicht auf den günstigsten Produktionsfall optimiert. Das sei, wie in jeder anderen Produktion, erforderlich, um den bestmöglichen Nutzen zu generieren.

Bis zum Jahr 2032 werden also alle Anlagen aus der Förderung herauslaufen, die ersten etwa 2020. Für die Betreiber besteht eine Rückbauverpflichtung. Aber ist es sinnvoll, derartige bestehende Anlagen wirklich aus dem System zu nehmen? Klar, unter dem Aspekt der Wirtschaftlichkeit der Stromgestehungskosten haben die Biogasanlagen wahrscheinlich keine Zukunft. Aber sie können doch noch mehr. Mit einer heutigen Biogasanlage lässt sich Energie puffern, zumindest für zwei bis drei Stunden. Biogasanlagen könnten also möglicherweise etwas zu der im System benötigten Flexibilität beisteuern, wenn denn Flexibilität eine zu bezahlende Leistung würde.

Um längere Zeit puffern zu können, etwa einen Tag, müsste man größere Gasspeicher bauen, was dann aber wieder zu anderen planungs- und sicherheitsrelevanten Problemen führt. Zum einen stünden diese Gasspeicher im ländlichen Außenbereich, für den besondere Bauvorschriften gelten. Um etwa einen halben oder einen Tag zu puffern, benötige man ein Lagervolumen von mehr als 7.500 m^3 und unterliege dann der Störfallverordnung – unrealistisch, dass ein Betreiber unter diesen Umständen darauf eingehen würde.

Eine Möglichkeit der sinnvollen Einbindung in das System der regenerativen Energieversorgung sieht Norbert Hidding in der Einspeisung von Biomethangas in das öffentliche Erdgasnetz. Über diesen Weg könne Energie gespeichert werden ohne zusätzliche Kosten für Batterien und Entsorgung – wie beim Stromspeichern – zu erzeugen. Allerdings lohnten sich die technisch aufwendigen Gaseinspeisungsanlagen erst ab einer Biogasanlagenleistung von etwa 2–3 MW und kämen daher nur für die größten Anlagen infrage. Immerhin gebe es in Deutschland schon rund 200 dieser Gaseinspeiseanlagen. Da sie aber nur über den Gaspreis finanziert würden, hätten derzeit alle wirtschaftliche Probleme.

Ausnutzung der vollen Wertschöpfungskette
Biogasanlagen sind keine Selbstläufer. Zum einen erfordert der Betrieb gute verfahrenstechnische Kenntnisse und Spezialwissen. Immerhin handelt es sich um organische Prozesse, die bei falscher „Fütterung" auch schnell mal umkippen können. Zum anderen sind die Anlagen nur dann richtig wirtschaftlich, wenn alle Potenziale der Wertschöpfungskette ausgenutzt werden.

Ich fahre von Billerbeck hinauf auf die Beerlage, eine Bauerschaft in den Ausläufern der Baumberge. Bereits seit 14 Jahren haben hier drei Landwirte und ein Techniker, der auch die Anlage fährt, eine inzwischen 2,5 MW$_{el}$ Biogasanlage am Netz. Das Team der Bioenergie Beerlage GmbH & CO. KG war damals eines der ersten, die eine solche Technologie in dieser Größenordnung einsetzten. Heinz-Josef Thiemann ist einer der Gesellschafter und für den Betrieb der Anlage verantwortlich. Weitere fünf Mitarbeiter sorgen auf dem Gelände der Biogasanlage für den reibungsfreien Ablauf. Die Gesellschaft wolle möglichst die gesamte Wertschöpfung bei sich behalten und betreibe daher die Anlage komplett selbst, inklusive der Vermarktung eines Teils des erzeugten Stroms. „So richtig rechnen tut sich die Anlage, weil wir nicht nur den Strom vermarkten, sondern auch Gas und nahezu unsere komplette Wärme", berichtet mir Heinz-Josef Thiemann.

In der Nähe der Anlage befindet sich eine Gärtnereisiedlung in der ein Blockheizkraftwerk (BHKW) steht, welches von einem Gartenbaubetrieb betrieben wird. Früher wurde es mit Palmöl befeuert, heute mit Gas aus der Biogasanlage. „Wir haben uns damals Gedanken gemacht, wie wir unsere Wärme aus der Biogasanlage in die drei Kilometer entfernten Gewächshäuser bekommen können", berichtet Thiemann. Es sei wesentlich einfacher, das Gas dorthin zu transportieren, als die Wärme. Also baute man eine eigene Gasleitung zur Gärtnerei. Heute laufen neben dem Gartenbau-BHKW noch zwei weitere, die mit dem Biogas betrieben werden. Den Strom speisen sie ins örtliche Netz ein, die entsprechende Strominfrastruktur war schon bereits vorhanden.

Die Biogasgesellschaft betreibt auch ein eigenes Nahwärmenetz. Neben drei landwirtschaftlichen Betrieben sind auch einige wenige Wohnhäuser und die Biogasanlage selbst als Nutzer angeschlossen. Wärmenetze in einer ländlich separierten Siedlungsstruktur rechnen sich meist nicht, hier passt es.

Der eigentliche Clou der Wärmeverwertung besteht aber in der Produktion von Düngemitteln. Die Gärreste in den Biogasfermentern sind flüssig und sehr phosphorhaltig. Im Münsterland herrscht aufgrund der intensiven Nutztierhaltung Phosphorüberschuss, sodass die Abfälle aus der Biogasanlage nicht überall ausgebracht werden können. In Gegenden, wo nicht so viele Tiere gehalten werden, besteht jedoch Bedarf an diesem Düngestoff. Da die Gärreste flüssig sind, lohnt sich der Transport in entfernte Gegenden nicht, man würde zu viel Wasser transportieren. Zudem wäre dann die Konzentration nicht so hoch, das Produkt hätte nur einen geringen Wert. Thiemann und sein Team betreiben eine Anlage, mit der die Reste des Gärprozesses noch einmal aufbereitet werden. Mithilfe einer Zentrifuge können die phosphorhaltigen Substanzen abgetrennt werden. Mit der Wärme aus der Biogasanlage werden die Substanzen dann getrocknet. Am Ende liegen phosphorarme Reste vor, die problemlos auf die Feldern verbracht werden können, und phosphorreicher Dünger, der – trocken und nahezu ohne Wasser – leicht und wirtschaftlich transportiert und vermarktet werden kann. Dank der KWK-Förderung (Kraft-Wärme-Kopplung-Förderung) für die Altanlage aus 2001 würde sich dies noch bis 2021 rechnen, so Thiemann, danach wohl nicht mehr.

9.1.3   Photovoltaik im ländlichen Raum

Die Siedlungsstruktur im Münsterland ist kleinteilig mit vielen kleinen und mittleren Orten. Wenngleich das Münsterland vor allem wegen seiner Münsterländer Parklandschaft, den Wasserburgen und -schlössern und den zahlreichen Radwegen als Freizeitlandschaft bekannt ist, handelt es sich um einen ausgesprochen starken Wirtschaftsraum. Die Landwirtschaft ist gekennzeichnet durch leistungsfähige moderne und wirtschaftlich gesunde Betriebe. Die mittelständische Wirtschaft im Münsterland ist vielfältig, innovativ und international wettbewerbsfähig. Es gibt zahlreiche Hidden Champions, insbesondere im Maschinen- und Anlagenbau, aber auch in der Kunststoffverarbeitung und in der Lebensmittelherstellung. Die Arbeitslosigkeit ist weit unterdurchschnittlich, in vielen Gebieten liegt sie unter 4 %.

Bei einer Fahrt durch die Landschaft sieht man, dass es der Region gut geht. Gepflegte große Bauernhöfe mit den charakteristischen Fenstereinfassungen aus Sandstein, gute Verkehrsinfrastruktur, schmucke kleine Orte und viele abwechslungsreiche Gewerbegebiete.

In den vergangenen Jahren sind neue Landschaftsmerkmale hinzugekommen: Windräder, Biogasanlagen und Photovoltaikanlagen. Bei einer Fahrt durchs Münsterland kann festgestellt werden, dass es kaum ein landwirtschaftliches Gebäude gibt, das keine Photovoltaikanlage besitzt [8]. Insbesondere die Landwirte hatten früh erkannt, dass die Nutzung der regenerativen Energien nicht nur aufgrund der Förderung wirtschaftlich interessant ist. Die vorhandenen Siedlungsstrukturen im Münsterland und die Anzahl und Größe der landwirtschaftlichen Gebäude bilden beste Voraussetzungen für den Betrieb von Eigenanlagen. Die Landwirte wurden nach und nach auch zu Energiewirten.

Mein Sohn studiert in Bayreuth Wirtschaftsingenieurwesen. Auf der Fahrt von Würzburg über die Autobahn A70 hin zur oberfränkischen Universitäts- und Festspielstadt komme ich an zahlreichen großen Solarparks vorbei. Entlang der Autobahnen werden viele große Wiesenflächen zur Solarstromgewinnung genutzt. Insbesondere in Bayern sind bis 2012 enorm viele Solarparks entstanden. Das ist im Münsterland anders. Zwar gibt es einzelne Freiflächenphotovoltaikanlagen, laut Bericht der Bezirksregierung waren es im Jahr 2012 aber nur elf Anlagen. Diese sind zumeist auf besonderen Flächen errichtet, die nicht der Landwirtschaft dienen, etwa auf alten Deponieflächen.

So wie der in meiner Heimatgemeinde 2009 errichtete Solarpark Dülmen [9]. Auf einer 7,5 ha großen Fläche, die als endsanierte ehemalige Hausmülldeponie für eine landwirtschaftliche Nutzung nicht mehr geeignet war, stehen heute 8.280 monokristalline Photovoltaikmodule, verteilt auf 138 Modultische. Die Anlage erbringt eine Spitzenleistung von 1,49 MW und ermöglicht eine jährliche Stromgewinnung von rund 1,3 Mio. kWh. Dies entspricht dem durchschnittlichen jährlichen Stromverbrauch von rund 350 Vier-Personen-Haushalten. Investor, Errichter und Betreiber dieses Projektes ist die Solarpark Dülmen GmbH & Co. KG, deren Inhaber Stefan Elting und Patrick Marx auch Inhaber und Geschäftsführer der Elting GmbH sind, die schon früher sehr aktiv im Photovoltaikgeschäft in Nordrhein-Westfalen war [9]. Die Stadtwerke Dülmen sind ebenfalls beteiligt.

Der Solarpark Dülmen ist aber nicht nur eine wirtschaftliche Investition. Für die Stadt Dülmen ist der Solarpark Dülmen ein wesentlicher Beitrag zur Förderung regenerativer Energien und zum Klimaschutz. Er hat maßgeblich dazu beigetragen, dass die Stadt bereits in 2010 den Zertifizierungsprozess zum European Energy Award (Abschn. 9.2.1) erfolgreich meistern konnte.

Dennoch findet man im Münsterland weniger Freiflächensolaranlagen als beispielsweise in Bayern. Der Grund liegt in dem hohen Flächendruck. Der überwiegende Teil der Flächen kann sehr ertragreich landwirtschaftlich genutzt werden – und er wird es auch. Neben der Verringerung der landwirtschaftlichen Nutzfläche sprechen laut Positionspapier der Bezirksregierung auch noch weitere Gründe gegen den Bau derartiger Großanlagen, etwa die Zersiedelung des Außenbereiches, die Zerschneidung von Verbundkorridoren durch die abgezäunten Standortbereiche, artenschutzrechtliche Konflikte, die Überstellung von naturschutzfachlich wertvollen Brachflächen sowie negative Auswirkungen auf das Landschaftsbild und die Kulturlandschaft [8, S. 22].

Das Ausbaupotenzial für die Photovoltaik ist nach einer Studie der Fachhochschule Münster im Auftrag der Bezirksregierung jedoch erheblich. Nach Hochrechnungen der Dachflächenpotenziale gibt es ein technisches Gesamtpotenzial für das Münsterland von insgesamt rund 4.000 GWh pro Jahr [10, S. 107], welches natürlich nicht vollständig ausgeschöpft werden kann. Sollte das in der Studie ermittelte Höchstpotenzial ausgeschöpft werden, könnten im Jahr 2030 gut 35 % des Gesamtstromverbrauchs durch Photovoltaik gedeckt werden [10, S. 108].

Und es gibt auch schon Kommunen, die dieses Potenzial mehr als ausschöpfen.

9.1.4   Klimakommune Saerbeck

Die Gemeinde Saerbeck im Kreis Steinfurt im Münsterland hat rund 7.200 Einwohner. Der Gemeinderat hat mit nur 20 Mitgliedern die Minimalgröße nach der nordrhein-westfälischen Gemeindeordnung. Und dennoch kommen Minister aus den Vereinigten Arabischen Emiraten, Besucher aus den USA und aus Japan sowie jährlich rund 10.000 Bürgerinnen und Bürger aus allen Teilen der Republik nach Saerbeck. Die Gemeinde im Münsterland ist eine von zwei „Klimakommunen" im Land NRW.

Natürlich kenne ich die Kleinstadt im Nachbarkreis, bin oft hindurchgefahren, manche politische Sitzung hat dort in der Gaststätte Stegemann stattgefunden. Aber dass der Bürgermeister der Stadt Vorträge über die Energiewende in Minnesota und in Tokyo hält und sogar nach Fukushima eingeladen wird, war mir bislang nicht bewusst. Was ist so besonders an diesem kleinen, beschaulichen Ort? Ich rufe im Rathaus an und erkundige mich nach einem geeigneten Ansprechpartner. Der richtige Ansprechpartner sei wohl der Bürgermeister selbst, meint seine Assistentin. Wir versuchen, einen Termin zu vereinbaren. Auch in einer Kleinstadt hat ein Bürgermeister einen vollen Terminkalender. „Noch in dieser Woche? Sieht schlecht aus, ziemlich voll. Wie flexibel sind Sie denn heute", fragt Anja Schulting mich. Es ist halb drei. Eine Stunde später treffe ich im Rathaus der Gemeinde Saerbeck ein. Ein schmuckes kleines Verwaltungsgebäude, hineingebaut in den entkernten Hof Curtis Sorbeke, der den Ursprung Saerbecks aus dem 12. Jahrhundert repräsentiert. Bürgermeister Wilfried Roos hat kurzfristig Zeit, da sein eigentlicher Nachmittagstermin ausgefallen ist. Glück gehabt. Der 63-Jährige ist seit 1999 hauptamtlicher Bürgermeister der Gemeinde, vorher war er Gemeindedirektor und gelernter Planungsfachmann, was sich als ein Erfolgsfaktor herausgestellt hat, wie ich im Verlauf meines Besuches feststellen werde.

Wir unterhalten uns zunächst über die Vergangenheit. Bis zum 31.12.2011 hatte die Gemeinde die Kommissionsrechte für die Stromnetze an RWE, davor VEW – Vereinigte Elektrizitätswerke Westfalen –, vergeben. Das Gewerbegebiet Schulkamp entwickelte sich in den 2000er-Jahren prächtig. Insbesondere die international tätige Firma SAERTEX, ein Hersteller von industriellen Textilien wuchs explosionsartig. Und damit der Energiebedarf. RWE verweigerte den Netzausbau. Man würde es machen, aber die Gemeinde müsse das bezahlen. Das kleine Saerbeck war wohl in den Augen des Energieriesen wenig interessant, so Roos. Also beschloss man zu handeln. Die Gemeinde verfügte über einen hohen Bestand an RWE-Aktien, wie viele andere Kommunen auch. Knapp ein Viertel der RWE-Aktien sind in kommunalem Besitz. Die Gemeinde verkaufte die Anteile 2007 zu einem damaligen Kurs von knapp über 95 € pro Aktie – zwei Tage bevor deren Kurs drastisch einbrach. Mit dem Geld baute sie eine 30 kV-Leitung zu den nahegelegenen Stadtwerken Lengerich und versorgte das Gewerbegebiet über diesen Weg. Heute steht ein eigenes Umspannwerk in dem Gewerbegebiet, passend ausgelegt auf den Bedarf der dortigen Unternehmen. Damals, so berichtet Bürgermeister Roos, habe man von Lengerich aus eingespeist. Heute liefere man Strom nach Lengerich. Aber dazu später.

Woher die Motivation stamme, Klimakommune NRW zu werden und vollständig auf regenerative Energie zu setzen, will ich wissen. Es gebe zwei Anlässe, erläutert mir Bürgermeister Wilfried Roos, einen äußeren und einen inneren. Im Mai 2008 habe der damalige Landesumweltminister Eckhard Uhlenberg einen Wettbewerb zur „Klimakommune NRW" ausgeschrieben. Rund 60 Kommunen hätten sich beteiligt, um zunächst Zuschüsse für die Erstellung eines Klimakonzeptes zu erhalten. Im Rahmen des Projektes Regionale

2004[1] hatte man bereits mehrere klimaschutzrelevante Themen identifiziert. Dies sei der innere Anlass gewesen, sich zu beteiligen. Und man wolle sich nun engagieren.

Zumal man noch ein Problemgelände vor den Toren der Gemeinde hatte. Im Jahr 1988 hatte die Bundeswehr weit außerhalb des Ortes ein 91 ha großes Gelände erworben und dort ein völlig neues Depot aufgebaut, mit 74 neuen Bunkern, um dort Munition und Material einzulagern. Unter Verteidigungsminister Peter Struck (SPD) sei dann 2005 entschieden worden, dieses wieder aufzulösen. Das Depot in Saerbeck sei einfach zu klein. Aber was macht man mit einem 91 ha großen Gelände mit 74 Bunkern? Roos hatte sich informiert. Allein der Abriss eines Bunkers würde rund 250.000 € kosten. Er ging in die Verhandlungen mit dem Bund. Ziel war es, das Gelände für die Gemeinde zu erwerben, jedoch ohne zu wissen, was man dort im landwirtschaftlichen Außenbereich baurechtlich würde durchsetzen können. „Als gelernter Planer war ich mir aber sicher, dass wir das Planungsrecht für uns würden nutzen können", rechtfertigt er die damalige Pokerpartie. Gegen die ursprünglichen 8 Mio., die ein Gutachten als Wert des Geländes feststellte, rechnete Roos dem Bund vor: 74 Bunker × 250.000 € … Zwei Tage vor Weihnachten 2008 kam die Einigung: 1 Mio. €, das entspricht etwa 1,20 €/m², und das ganze Gelände ging mit sämtlichen Gebäuden an die Gemeinde. Der Plan: Auf dem Gelände des ehemaligen Depots sollte ein Bioenergiepark entstehen.

Im Wettbewerb um die „Klimakommune NRW" war man erfolgreich gewesen. In der ersten Runde erhielt man den vergleichsweise geringen Zuschussbetrag von 15.000 € für die Konzepterstellung. Gemeinsam mit dem Büro Stadt-Land-Fluss aus Berlin und Bonn entwickelte man das IKKK, das „Integrierte Klimaschutz- und Klimaanpassungskonzept". Dessen Ziel ist es, bis zum Jahr 2030 eine positive Energiebilanz zu haben. Das bedeutet, dass man bis dahin in den Bereichen Strom, Wärme und Mobilität mehr Energie erzeugen wolle, als die Gemeinde selbst verbrauche. Die kleine Gemeinde im Münsterland wollte vom Versorgungsgebiet eines großen Energiekonzerns zum Energieexporteur werden! „Natürlich ist die CO_2-Einsparung ein wichtiger Aspekt. Uns als Saerbeckern geht es aber auch um die Versorgungssicherheit ohne fossile Energieträger", bekräftigt Bürgermeister Roos die Zielsetzung.

Drei Leitprojekte und der Weg zur Umsetzung

Die Umsetzung des 2008 verfassten Integrierten Klimaschutz- und Klimaanpassungskonzeptes (IKKK) umfasste über 150 Einzelmaßnahmen in sieben Handlungsfeldern sowie drei Leitprojekte. Der Bürgermeister ist sichtlich stolz, als er mir diese drei Leitprojekte vorstellt. Das wichtigste sei gewesen, die Einwohner der 7.200-Seelen-Gemeinde auf dem Weg mitzunehmen. Da spricht die langjährige Erfahrung eines in der Gemeinde verwurzelten Bürgermeisters.

---

[1] Region + Biennale/Triennale = Regionale. Das Kunstwort „Regionale" steht für ein Strukturförderungsprogramm des Landes Nordrhein-Westfalen. Es bietet alle zwei bis drei Jahre einer ausgewählten Region die Gelegenheit, ihre eigenen Stärken, charakteristischen Merkmale und Qualitäten herauszuarbeiten und zu präsentieren.

Das erste Leitprojekt *Saerbecker Sonnenseite – Umrüstung im Bestand* wurde 2009 umgesetzt. Man holte die Bürger in den Energiethemen ab, die sie direkt betrafen, bei der energetischen Gebäudesanierung und beim Ausbau der regenerativen Energien. Und man bediente sich einer zukunftsorientierten Zielgruppe, der Schülerinnen und Schüler der Maximilian-Kolbe-Gesamtschule. Der Erdkunde-Leistungskurs erarbeitete gemeinsam mit der Kommune einen Fragebogen, der an alle Haushalte der Gemeinde verschickt wurde. Die Schülerinnen und Schüler, so Roos, hätten das Thema mit in die Familien getragen und beim Mittagstisch darüber mit ihren Eltern gesprochen. Der Rücklauf von 25 % deutete schon auf einen hohen Stellenwert des Themas Klimakommune hin. Auf dem Adventsmarkt 2009 saßen Mitarbeiter der Gemeindeverwaltung mit Laptops, auf denen anhand von Luftbildaufnahmen den Bürgern gezeigt wurde, ob sich ihre Hausdächer für die Installation von Photovoltaikanlagen eigneten. Die Reaktion der Bevölkerung war enorm. Es wurden Gebäude saniert, Umwälzpumpen und Heizungen ausgetauscht und Photovoltaikanlagen auf Dächern installiert. Insgesamt wurden auf Dächern von Privathäusern, landwirtschaftlichen Betrieben und Gewerbebetrieben mehr als 440 PV-Anlagen mit einer Gesamtleistung von 9,9 MW_p errichtet. Rechnerisch, so kann ich im Abschlussbericht des Projektes Klimakommune nachlesen [11], ließen sich damit rund 2.400 Haushalte mit Strom versorgen. Die Gemeinde Saerbeck nehme damit, so der Bericht, den ersten Platz in der Solarliga in Nordrhein-Westfalen ein.

Auch das zweite Leitprojekt, die *Saerbecker Einsichten*, war von der Mitnahme der Bürgerinnen und Bürger bei der Energiewende geprägt. Die Wärmeversorgung des kommunalen Schul- und Sportzentrums sollte auf die Versorgung mit nachwachsenden Rohstoffen umgestellt werden. Im Jahr 2010 wurde die ehemalige Hauptschule im Ortskern zur „Gläsernen Heizzentrale" umgebaut. Es wurde eine Holzpelletanlage mit insgesamt 850 kW Leistung installiert. Dadurch konnten 1.670 kW Gaskessel in den einzelnen Einrichtungen ersetzt werden. Die neue Holzpelletanlage steht aber nicht im Keller. Um das Motto dieses Leitprojektes sichtbar zu machen, wurde sie im Erdgeschoss der ehemaligen Schule aufgebaut und die alte Schulfassade durch eine Glasfassade ersetzt. Das Projekt wurde so zum integralen Bestandteil des Ortskerns. Ausgehend von der neuen transparenten Anlage wurde ein Energie-Erlebnispfad geschaffen. Dieser selbsterklärende Lehr- und Lernpfad zeigt an zehn Stationen beispielhaft, wie erneuerbare Energien funktionieren, wie Energie gespart werden kann und was jedermann – und sei es in noch so kleinen Schritten – zur Energiewende beitragen kann. Und auch hier wurde die Bürgerschaft eingebunden. Die einzelnen Stationen wurden mit den einzelnen Beteiligten wie der Gesamtschule, der Grundschule, dem Sportverein, der Pfarrgemeinde, einem Kindergarten sowie privaten Akteuren gemeinsam entwickelt und erarbeitet. Im neben der Holzpelletheizung geschaffenen Besucherzentrum tagt auch regelmäßig der Energiestammtisch.

International bewundert – der Bioenergiepark
Das dritte Leitprojekt *Steinfurter Stoffströme – Der Kreis schließt sich* hat dann das internationale Interesse an Saerbeck geweckt. Ziel war der Umbau des ehemaligen Munitionsdepots der Bundeswehr zu einem Bioenergiepark, in dem verschiedenste regenerative

Energietechnologien nebeneinander angewendet werden. Die 74 Bunker wurden vom Bewuchs befreit und die Flanken für den Aufbau von Photovoltaikmodulen genutzt, die insgesamt 6 MW$_p$ Leistung liefern (Abb. 9.3).

Es wurden zwei Biogasanlagen errichtet, zum einen die Waste-to-Gas-Anlage des Kreises Steinfurt, eine Bioabfallbehandlungsanlage (Abb. 9.4). Die Anlage produziert nicht nur gut verwertbaren Kompost. Zwei Jenbacher-Motoren mit jeweils 526 kW Leistung wandeln das entstehende Gas in Strom um. Die zweite Anlage ist eine Gemeinschaftsanlage von 17 Saerbecker Landwirten. „Bei Einzelanträgen der Landwirte für Biogasanlagen gab es oft planungsrechtliche Probleme", erläutert Bürgermeister Roos die Motivation für die Gemeinschaftsanlage. „Da wo der Landwirt die Anlage hinhaben wollte, ging es oftmals nicht. Und die Orte, an denen eine Anlage genehmigungsfähig wäre, passten meist nicht zu den Anforderungen der Landwirte." Nun betreibt man eine Gemeinschaftsanlage im Bioenergiepark. Beide Anlagen zusammen bringen etwa 2 MW Stromleistung ans Netz.

Weit sichtbare Zeichen des Parks sind jedoch die sieben 3 MW-Windkraftanlagen vom Typ Enercon E101. Bürgermeister Roos fährt mich persönlich mit dem stadteigenen Bulli zum Park. „Als sie vor einigen Jahren errichtet wurden, waren sie mit rund 150 m Nabenhöhe und einer Gesamthöhe von 199 m die größten Windräder im Binnenland", verkündet er stolz. Und in der Tat, ich stehe staunend neben einem dieser Riesenwindräder

Abb. 9.3 Photovoltaikmodule auf 74 alten Munitionsbunkern im Bioenergiepark Saerbeck mit einer Leistung von 6 MW$_p$. Im Hintergrund eine der sieben knapp 200 m hohen 3 MW-Windkraftanlagen. (Quelle: Eigene Aufnahme 2015; mit freundl. Genehmigung von Bürgermeister Wilfried Roos)

Abb. 9.4 Bioenergiepark Saerbeck – Bioabfallbehandlungsanlage des Kreises Steinfurt. (Quelle: Eigene Aufnahme 2015; mit freundl. Genehmigung von Bürgermeister Wilfried Roos)

und blicke in den blauen Himmel. Höher als der Kölner Dom! Das Fundament hat einen Durchmesser von 28 m, drinnen sieht es aus wie in einem Industriegebäude, mit Schaltschränken und vielerlei Technik. Nur der Blick nach oben verrät, wo man steht. Konisch zulaufend, strebt der Turm wie eine immer enger werdende Röhre in die Höhe. Raufklettern möchte ich da lieber nicht. Wilfried Roos schaut zufrieden auf die Leistungsanzeige. Sein Windrad habe bisher deutlich mehr Strom erzeugt, als kalkuliert, aber man sei damals auch zurückhaltend an die Kalkulation herangegangen. „Sein Windrad"? Ja, diese eine der sieben Windanlagen gehört der Gemeinde Saerbeck. Um sie bauen und betreiben zu können, musste im Landtag extra der Paragraf 107 der Gemeindeordnung verändert werden. Er begrenzt die wirtschaftlichen Aktivitäten von Kommunen. Die Ergänzung § 107a GO NRW regelt nun die Zulässigkeit der energiewirtschaftlichen Betätigung. Nun dreht sich das Windrad auch zum Wohle der Gemeindekasse, der Kämmerer freut sich.

Gemeinsames Engagement – der Bürger-Bioenergiepark
Wie wichtig die frühzeitige Mitnahme der Bürgerinnen und Bürger bei derartigen Projekten ist, konnte man schon im ersten Leitprojekt *Saerbecker Sonnenseite – Umrüstung im Bestand* feststellen. Die Akzeptanz solcher Projekte steigt bei einer Bürgerbeteiligung

merklich an. Auch bei der Installation von Photovoltaikanlagen auf den Saerbecker Schuldächern sollten die Bürger mitmachen können. Die Gemeinde initiierte die Gründung der Genossenschaft „Energie für Saerbeck eG", bei der sich Bürgerinnen und Bürger als Genossenschaftsmitglieder mit einer Einlage zwischen 1.000 und 20.000 € an den Investitionen und damit am späteren Ertrag beteiligen können. Jedes Mitglied hat in der Genossenschaft übrigens nur eine Stimme, egal ob es 1.000 oder 20.000 € eingezahlt hat. Das anvisierte Ziel: 500.000 € für die Schuldach-Photovoltaik sollten zusammenkommen.

Der Zustrom war enorm. Es beteiligten sich 480 Bürgerinnen und Bürger an der Genossenschaft, heute besteht Aufnahmestopp. Insgesamt konnte ein Eigenkapital von 4,5 Mio. € gebildet werden! Damit konnte man deutlich mehr machen, als nur Solardächer auf Schulen zu installieren. Die Genossenschaft beteiligte sich an der Finanzierung des Bioenergieparks, ihr gehören heute 6 MW Photovoltaik und eine der großen MW-Windkraftanlagen. Heute seien die Saerbecker stolz, dass sich die Windräder drehen. „Ich kann mein Windrad sehen, das habe ich mitfinanziert", sagten viele Einwohner, auch wenn sie nur mit 1.000 € beteiligt seien, so Bürgermeister Roos.

Zukunftspläne

Während der Fahrt über das Bioenergiepark-Gelände berichtet mir der Bürgermeister von den weiteren Plänen der Klimakommune. Man wolle sich auch stärker mit der Speichertechnologie beschäftigen, so Wilfried Roos. Insbesondere sei der Bau einer Power-to-Gas-Anlage auf eine der Freiflächen geplant. An diesem Projekt wollen sich auch die Vereinigten Arabischen Emirate beteiligen. Der Umweltminister des Wüstenstaates, Dr. Rashid Ahmad Bin Fahad, sei schon mehrfach zu Besuch gewesen, erwähnt der Bürgermeister der 7.200-Einwohner-Gemeinde ganz selbstverständlich. Die Araber seien an der Technologie und dem Know-how interessiert, das sie dann von Saerbeck mit in die Wüste nehmen würden. Internationaler Technologietransfer aus dem Münsterland!

Außerdem forsche man zusammen mit der Fachhochschule Münster an einem neuartigen Verwertungsverfahren für Gülle. In den leerstehenden Hallen des ehemaligen Munitionsdepots soll durch das deutsch-niederländische Gemeinschaftsprojekt eine Experimentieranlage aufgebaut werden. Und auch im Ort würde es weiter vorangehen. Beim laufenden Landeswettbewerb um die „KWK-Modellkommune" sei Saerbeck als eine von nur sechs Kommunen ausgewählt und prämiert worden. Man rechne nun mit einem größeren Millionenbetrag, der in die Nahwärmeversorgung fließen soll. Damit werde man bis zum Jahr 2020 rund 60 % des Ortskerns mit Wärme versorgen können. Wieder ein Schritt mehr auf dem Weg der nachhaltigen Energieversorgung.

Ich fahre beeindruckt nach Hause. Viel zu oft tragen gerade große Städte ihre Projekte mit erneuerbaren Energien eher wie ein Feigenblatt vor sich her. Manche betrachten es rein aus Marketingsicht. In Saerbeck spürt man sofort, dass sich hier ein ganzer Ort entschieden hat, die Energiewende anzugehen. Die kurze DIN-A4-Broschüre über Saerbecks Aktivitäten ist daher auch passend betitelt: *Saerbeck – Eine Gemeinde lebt die Energiewende.*

9.1.5   Das Potenzial für erneuerbare Energien im Münsterland

Auch wenn die Gemeinde Saerbeck 375 % mehr Strom produziert, als sie selbst benötigt, von einer „CO_2-neutralen" Energieversorgung sei das Münsterland trotz großer Potenziale noch weit entfernt, stellte die CO_2-Studie der Fachhochschule Münster 2012 fest. Insbesondere der Bereich Wärme, vor allem aber der Kraftstoffverbrauch stelle eine vom Erdöl abhängige Volkswirtschaft zukünftig vor große Herausforderungen und bedeute in der Konsequenz eine erhebliche volkswirtschaftliche Verletzbarkeit. Gleichwohl könnten die erneuerbaren Energien gut 100 % des Stroms und fast 30 % der Wärme liefern [10, S. 116].

Die Substitution durch erneuerbare Energien biete für das Münsterland auch eine große Chance zur Hebung regionaler Wertschöpfungspotenziale. Allein für den Kreis Steinfurt prognostiziert das Institut für ökologische Wirtschaftsforschung (IÖW) in einer Studie vom Oktober 2012 ein Wertschöpfungspotenzial aus erneuerbaren Energien von jährlich fast 110 Mio. € im Jahr 2020 und sogar etwas mehr als 140 Mio. € im Jahr 2050 [10, S. 115].

In einigen Kreisen und Gemeinden wurde im Rahmen der Klimadebatten und Klimakonzepte das Ziel der autarken Energieversorgung festgehalten. Vorreiter ist hier der Kreis Steinfurt, der sich schon früh zum Ziel gesetzt hat, bis 2050 absolut autark zu sein. Ein eigenes „Amt für Klimaschutz und Nachhaltigkeit" koordiniert zahlreiche Projekte und Aktivitäten im Kreis, die unter dem Motto „*energieland2050 – Der Kreis Steinfurt wird unabhängig*" gebündelt sind [12].

Unabhängig? Schön und gut. In der Wirtschafts- und Siedlungsstruktur des Münsterlandes dürfte dies sicherlich möglich sein. Ich frage mich nur, wie dann energieintensive Industrien oder Ballungsräume, wie das naheliegende Ruhrgebiet versorgt werden sollen. Autarkie als Insellösung kann nicht gesamtwirtschaftliches Ziel sein. Vielmehr müssen die Regionen, die viel Potenzial bei der Nutzung der regenerativen Energien haben, wie etwa das Münsterland, auch zur Energieversorgung anderer Regionen beitragen.

Dazu zählt aber auch die Bereitschaft, geeignete Erzeugungsanlagen in die Landschaft zu integrieren. Bislang bezogen die ländlichen Räume ihren Strom aus weit entfernten Großkraftwerken, etwa aus den Kohlekraftwerken im Ruhrgebiet oder dem Kernkraftwerk in Lingen. Die sah man nicht und sie beeinträchtigten die Einwohner der ländlichen Räume auch nicht, wohl aber die Menschen in den Ballungsräumen. Jetzt wird die Energiegewinnung im ländlichen Raum erkennbar. Oder, wie es die neue Hauptgeschäftsführerin des Verbandes kommunaler Unternehmen, Katherina Reiche, unlängst bei einer Energieveranstaltung der Jungen Union Deutschlands im Mai 2015 in Gelsenkirchen sagte: „Früher sah man die weit entfernten Kraftwerke kaum, heute hat sich die Energieerzeugung in die Fläche gefressen."

9.2 Kommunale Energiewende

Heute sind Solarmodule auf kommunalen Gebäuden nichts Ungewöhnliches mehr. Ich weiß nicht mehr genau wann es begann, wahrscheinlich Ende der 1980er- oder zu Beginn der 1990er-Jahre, als auch das Energieeinspeisegesetz und das erste Photovoltaikförderprogramm, das 1000-Dächer-Programm, auf den Weg gebracht wurden. Irgendwann jedenfalls gingen auch Kommunen und öffentliche Einrichtungen mit gutem Beispiel voran und installierten erste Photovoltaikanlagen auf einem ihrer Gebäude. Kennzeichnend für solche Pilotprojekte war eine meist gut sichtbar angebrachte Tafel, auf der in digitalen Ziffern angezeigt wurde, wie viel Strom die Anlage gerade produzierte und wie viel Strom man seit der Installation schon insgesamt erzeugt habe.

9.2.1 Kommunaler Klimaschutz

Das Energie- und Klimaengagement der meisten Kommunen geht heute weit über den Betrieb einzelner Solaranlagen hinaus. Viele Kommunen haben sich in den vergangenen Jahren einem strukturierten Prozess zur Entwicklung von Energie- und Klimaschutzkonzepten für ihre Gemeinde unterzogen. Oftmals wurden eigens Stellen für Klimaschutzmanager eingerichtet, die den Nachhaltigkeitsprozess steuern sollen. Innerhalb der Nationalen Klimaschutzinitiative des Bundesumweltministeriums gibt es eine eigene Plattform „Kommunaler Klimaschutz" sowie mehrere Förderprogramme, die derartige Prozesse unterstützen [13]. Aber wie kann man den Erfolg solcher Konzepte messen?

European Energy Award
Bereits Ende der 1990er-Jahre wurde hierzu ein passendes internationales Instrument entwickelt: der European Energy Award. Es handelt sich um ein Qualitätsmanagementsystem und Zertifizierungsverfahren für kommunale Energieeffizienz und kommunalen Klimaschutz, welches lokale Potenziale erkennt, nutzt und die Akteure vor Ort einbindet. Sowohl die Anstrengungen als auch die Erfolge einer Kommune lassen sich damit neutral messen und vergleichen. Heute steht der European Energy Award europaweit für ausgezeichneten Klimaschutz und einen für jede Kommune maßgeschneiderten Weg dorthin. Mittlerweile nehmen mehr als 1.300 Kommunen in 12 Ländern am European Energy Award teil; mehr als 780 Kommunen wurden mit dem European Energy Award bereits ausgezeichnet [14]. Meine Heimatstadt Dülmen und der Kreis Coesfeld gehören dazu.

Das Mitmachen setzt einen Beschluss des Stadt- oder Gemeinderates bzw. des Kreistages voraus. Klimaschutz ist nicht nur eine Alltagsaufgabe für die Verwaltung. Der politische Beschluss soll den Stellenwert festigen und Garant dafür sein, dass die gesteckten Ziele auch erreicht werden.

Vor mir liegt das „Energiepolitische Arbeitsprogramm" des Kreises Coesfeld, welches wir vor Kurzem im Kreistag beschlossen haben. Ich darf als Vorsitzender des Ausschusses für Kreisentwicklung und als Mitglied des Umweltausschusses aktiv daran mitwirken.

Der Kreis Coesfeld macht seit 2011 beim Award mit und ist bereits zertifiziert, jetzt strebt er die Gold-Auszeichnung an. Knapp 50 ganz konkrete Maßnahmen stehen in diesem Plan, aufgeteilt in die sechs Themengebiete

- Entwicklungsplanung und Raumordnung,
- kommunale Gebäude und Anlagen,
- Ver- und Entsorgung,
- Mobilität,
- interne Organisation,
- Kommunikation und Kooperation.

Natürlich finden sich sofort messbare Vorhaben wieder, etwa die Umrüstung von Außenbeleuchtung auf LED-Technik, die Umstellung der Heizungsanlage im Pictorius-Berufskolleg auf regenerative Wärmeversorgung oder die umweltfreundliche Ausstattung des Fuhrparks.

Die Vorschläge befassen sich aber nicht nur mit dem Einsatz regenerativer Energie und der energetischen Optimierung. Als Beitrag zum European Energy Award zählen beispielsweise auch die Prüfung von vergünstigten Konditionen für die Mitarbeiterinnen und Mitarbeiter der Kreisverwaltung für ein Bahncard-Abo, die Radwegeplanung, die Einrichtung von Bürgerbussen oder die Darstellung der Energie- und Klimaschutzaktivitäten des Kreises auf der Homepage. Klimaschutz setzt sich aus vielen Bausteinen zusammen an deren Umsetzung viele beteiligt sind.

9.2.2 Vom Deponiebetreiber zum Energieerzeuger

Stillgelegte Deponien als Energiequellen
Die Wirtschaftsbetriebe Kreis Coesfeld (WBC) sind ein privatrechtliches Unternehmen, deren Gesellschafter allein der Kreis Coesfeld ist. Die GmbH wurde Anfang 1996 durch Abspaltung von der EGW (Entsorgungsgesellschaft Westmünsterland) gegründet und nimmt als Tochter des Kreises Coesfeld seit 1997 alle Aufgaben der Abfallwirtschaft war, die gemäß § 15 des Kreislaufwirtschafts- und Abfallgesetzes vom Kreis Coesfeld als zuständigem öffentlich-rechtlichem Entsorgungsträger zu erfüllen sind [15]. Zu ihren Aufgaben gehört u. a. auch „die Bewirtschaftung, Stilllegung und Nachsorge von Abfallentsorgungsanlagen", von Deponien also. Im Kreis Coesfeld wird schon seit weit mehr als 10 Jahren keine Deponie mehr betrieben, die beiden Anlagen in Flamschen und Höven befinden sich in der Stilllegungsphase.

Was haben zwei ehemalige Deponien mit der Energiewende zu tun? Ganz einfach: Sie tragen direkt und indirekt zur Energiegewinnung bei. Zum einen durch die Verstromung des anfallenden Deponiegases, welches durch den bakteriologischen und chemischen Abbau der organischen Inhaltsstoffe des Mülls entsteht. Deponiegas besteht im Wesentlichen aus Methan und Kohlenstoffdioxid. In Coesfeld wurden an der ehemaligen Siedlungs-abfalldeponie Höven zunächst zwei BHKW mit je 310 kW Leistung zur Verstromung des Deponiegases betrieben. Da die Deponien inzwischen nur noch wenig Gas liefern, wurde auf ein neues, kleines BHKW mit 160 kW Verstromungsleistung umgestellt. Die erzeugte Strommenge deckt den gesamten benötigten Eigenbedarf zum Betrieb der Sickerwasser-behandlungsanlage und der Biogasaufbereitungsanlage. Zum anderen können Deponien als Standorte für Photovoltaikanlagen genutzt werden, wie schon am Beispiel Dülmen gezeigt wurde. Die Oberfläche der ehemaligen Bodendeponie Coesfeld-Flamschen dient seit 2011 als Standort für eine 1 MW-Photovoltaikanlage (Abb. 9.5).

Um die Aktivitäten des Kreises Coesfeld im Bereich der regenerativen Energien besser koordinieren zu können, wurde der WBC vor einigen Jahren die GFC – Gesellschaft des Kreises Coesfeld zur Förderung regenerativer Energien GmbH – an die Seite gestellt. Beide Gesellschaften sind unter einem Dach untergebracht und werden vom selben Ge-schäftsführer geleitet.

Energetische Bioabfallnutzung
Schon seit gut zwei Jahrzehnten wird der Biomüll im Kreis Coesfeld getrennt gesammelt. Die braune Biotonne gehört neben der gelben Wertstofftonne, der grünen oder blauen Alt-papiertonne und der zumeist nur noch recht kleinen grauen Restmülltonne zur normalen Entsorgungsausstattung eines jeden Hauses. Und die Coesfelder sammeln viel, seit Jahren ist die Recyclingquote bundesweit überdurchschnittlich. So kommen im Jahr etwa 40.000 t Bioabfälle zusammen, die man sowohl stofflich, als auch energetisch nutzen kann.

Die Idee entstand, der seit Jahren betriebenen Kompostierung eine Bioabfallvergärung vorzuschalten, um das dadurch entstehende Gas energetisch nutzen zu können. Auf dem Gelände des Kompostwerkes wurde eine hochmoderne Vergärungsanlage errichtet, die

Abb. 9.5 Die ehemalige Bodendeponie Coesfeld-Flamschen dient seit 2011 als Standort für eine 1 MW-Photovoltaikanlage. (Quelle: Wirtschaftsbetriebe Coesfeld GmbH 2015; mit freundl. Genehmigung)

Abb. 9.6 Bis zu 7.000 m³ Biogas können im Speicher gepuffert werden, damit der Prozess in der Biogasaufbereitungsanlage (*rechts*) kontinuierlich laufen kann. (Quelle: GFC Kreis Coesfeld GmbH 2015; mit freundl. Genehmigung)

ein sog. Trockengärungsverfahren nach dem Pfropfenstromverfahren nutzt. Ein Rührwerk dient dabei zur Stromführung und zum Austrag des gebildeten Biogases aus dem Gärmaterial. Der Gärrest wird anschließend kompostiert. Dazu wurde gleichzeitig mit der Errichtung der Fermenter das gesamte Kompostwerk als moderne Tunnelkompostierung neu aufgebaut [16].

Das in einer Menge von stündlich bis zu 600 m³ erzeugte Biogas wird über eine etwa 800 m lange Gasleitung zu einer Biogasaufbereitungsanlage weitergeleitet, welche sich in unmittelbarer Nähe zu dem Blockheizkraftwerk und der Sickerwasserbehandlungsanlage der Deponie Coesfeld-Höven befindet. Dort wird das Biogas so aufbereitet, dass es in das normale Erdgasnetz als Bioerdgas oder Biomethan eingespeist werden kann.

Damit der Aufbereitungsprozess möglichst kontinuierlich ablaufen kann, wurde ein Biogasspeicher mit einem Speichervolumen von 7.000 m³ errichtet (Abb. 9.6). Dieser gewährleistet eine gleichmäßige Beschickung der Anlage und speichert das ankommende Biogas bei Wartungsarbeiten. Zusätzlich stehen hier auch noch die beiden alten BHKW der Deponie Höven zur Verfügung; die beiden alten Motoren haben noch lange nicht ausgedient. Zum einen dienen sie als Redundanz für die neue Biogasanlage. Falls aus irgendeinem Grund kein Gas ins Netz eingespeist werden kann, kann es mit den beiden Motoren verstromt werden. Zum anderen wurden die beiden Anlagen in einen BHKW-Pool eingebracht, der die Leistung als Sekundärreserve auf dem Regelenergiemarkt anbietet. Sollte es zu Schwankungen durch die regenerativen Energien kommen, können die beiden Motoren innerhalb von 5 min auf Leistung hochgefahren werden und tragen so zur Netzstabilisierung bei.

9.2.3   Energieoptimierte Gewerbegebiete

Viele Unternehmen des produzierenden oder verarbeitenden Gewerbes haben ihre Betriebe in einem kommunalen oder interkommunalen Gewerbegebiet angesiedelt. Sie verbrauchen nicht nur Strom, sondern benötigen oft auch Prozesswärme. Dabei sind die

Energiebedarfe der einzelnen Unternehmen höchst unterschiedlich sowohl hinsichtlich der benötigen Art und Menge, aber auch der Zeitpunkte.

Zum einen stellt sich die Frage der Versorgung dieser Unternehmen mit regenerativen Energien. Individuell kann jedes Unternehmen diese Aufgabe für sich allein angehen, viele tun dies auch schon. Zum anderen können Kommunen aber auch schon bei der Ausweisung der Gewerbegebiete entsprechende Versorgungskonzepte mitentwickeln und beispielsweise Blockheizkraftwerke oder regenerative Erzeugungsanlagen konzeptionell mit einbeziehen. Es können auch proaktiv energiekompatible Firmen für das Gewerbegebiet angeworben werden. So könnte möglicherweise ein produzierendes Unternehmen die anfallende Abwärme des Prozesses eines anderen Unternehmens nutzen oder der zeitliche Strombedarf der Unternehmen könnte abgeglichen werden.

Die spannende Frage ist, ob man möglicherweise auch den Energiebedarf durch zwischenbetriebliches Lastmanagement optimieren könnte. Demand Site Management oder Lastverschiebungen sind bei vielen Unternehmen möglich (Abschn. 6.4.2). Es ist doch durchaus vorstellbar, dass ein verarbeitender Betrieb eine nur selten verwendete Maschine oder einen Prozess genau dann anwirft, wenn die Strom- und Lastsituation hierfür im Gesamtsystem Gewerbegebiet gerade günstig ist. So könnten energieoptimierte Gewerbegebiete mit insgesamt niedrigerem Energieverbrauch entstehen.

Soweit die Theorie. Der Teufel steckt bekanntlich im Detail. Zumeist sind die tatsächlichen Lastverschiebungspotenziale bei den meisten Unternehmen nicht bekannt. Darüber hinaus haben viele Unternehmer nachvollziehbare Bedenken, energieabhängig in die Prozesse einzugreifen, da diese ursprünglich auf andere Zielgrößen hin konzipiert wurden. Zurückhaltung ist erst recht da, wenn ein Dritter von außen in dieses System eingreifen will. Aber selbst wenn die Unternehmen mitmachen, so einfach geht das nicht, die Energiedaten auszutauschen und Erzeugung, Verbrauch und Netzverteilung gemeinsam zu steuern. Zunächst sind noch einige Hürden des Datenschutzes zu nehmen.

Modellprojekte

Es gibt bereits eine Reihe von Modellprojekten, in denen Gewerbegebiete energieeffizienter werden sollen. So unterschiedlich die Gebiete sind, so verschieden sind auch die Lösungsansätze. Die Berliner Energie Agentur beispielsweise, 1992 auf Initiative des Berliner Abgeordnetenhauses gegründet, hat das Projekt „go Eco – energy concepts for business parcs" ins Leben gerufen. Das Projekt go Eco hat zum Ziel, in acht Ländern integrierte Energiekonzepte für ausgewählte Gewerbegebiete zu realisieren – und so Lösungsansätze für Energieeffizienz in Gewerbegebieten bereitzustellen. Sowohl die Erzeugung als auch der Verbrauch von Energie in Gewerbegebieten sollen systematisch optimiert werden. Die Umsetzung der Projekte wird durch Beratungsleistungen begleitet. go Eco wird von „Intelligent Energy Europe", einem Programm der Europäischen Kommission, gefördert. Es richtet sich vorrangig an Unternehmen in Gewerbegebieten, außerdem an Energieagenturen und Energiedienstleistungsunternehmen sowie im Ergebnis auch an politische Entscheidungsträger [17].

Auch in meiner Heimat im Münsterland gibt es solch ein Modellprojekt. Die Wirtschaftsförderung im Kreis Borken hat das Projekt „Energiewende lokal – Wege zu einem energieoptimierten Gewerbegebiet" auf den Weg gebracht. Ziel des Projekts ist es, sowohl die KWK-Potenziale als auch die Potenziale der regenerativen Stromerzeugung im Gewerbegebiet Vreden-Gaxel an der niederländischen Grenze zu identifizieren und entsprechend auszuweisen. Dabei sollen die Wärmequellen und Wärmesenken abgebildet werden, um sowohl einzelbetriebliche Lösungen, aber auch Verbundlösungen zu generieren, beispielsweise durch die Nutzung von Überschusswärme eines Betriebes in einem Nachbarbetrieb. Daneben wird untersucht, wie gemeinsame Neuinstallationen von Energieerzeugungskapazitäten (KWK-Ausbau) vorgenommen werden können. Auch die Betrachtung einer Kälteerzeugung aus KWK-Anlagen wird berücksichtigt [18].

Die Ergebnisse des Projekts sollen in einem Handlungsleitfaden zusammengestellt und als Blaupause für die Verbreitung und Anwendung dieses Projekts in weiteren Gewerbegebieten dienen. Insbesondere sollen, neben der technischen Vorgehensweise, organisatorische und rechtliche Aspekte der Zusammenarbeit der Unternehmen im potentiellen Wärmeverbund beleuchtet und Hinweise für die optimale Beteiligung aller Akteure gegeben werden.

9.3 Einfamilienhaus und Wohnungsbau

9.3.1 Die Wärmewende im Wohnungsbau

Gut ein Drittel der in Deutschland verbrauchten Endenergie wird für Raumwärme und für Warmwasser aufgewendet. Bei den privaten Haushalten sind es sogar über 80 %, die in die Heizung oder Kühlung unserer Häuser und Wohnungen und in die Warmwasserzubereitung fließen. Der Energieeinsatz für Licht und sonstige Geräte ist damit verglichen eher gering [19, S. 26]. Ziel der Bundesregierung ist es, bis zum Jahr 2050 einen nahezu klimaneutralen Gebäudebestand zu haben. Dazu müsse der Energieverbrauch der Gebäude gesenkt und gleichzeitig der Ausbau erneuerbarer Energien zur Wärmenutzung vorangetrieben werden. Die Wärmewende sei mitentscheidend für die Energiewende [20, S. 72].

Eigentlich sollten Industrie und Gewerbe die Energiereduktion im Rahmen ihrer vorzunehmenden Effizienzbetrachtung ohnehin angehen. Und auch die privaten Haushalte haben die Notwendigkeit erkannt, Wärmeenergie einzusparen. Gleichwohl sind zumeist größere Investitionen erforderlich, die sich nur sehr langfristig rechnen und zunächst finanziell belasten. Egal, ob es die energetische Verbesserung der Gebäudehülle einer Produktionsstätte, der Austausch des Kessels oder der gesamten Heizungsanlage oder das Austauschen der Fenster in einem Wohnhaus ist, es müssen hohe Investitionen getätigt werden.

Seit mehreren Jahren ist es daher Ziel der Bundespolitik, die energetische Sanierung zu forcieren und mit geeigneten Instrumenten zu fördern. Im Dezember 2014 hatten sich die Ministerpräsidenten und die Kanzlerin mehrheitlich auf ein Vorhaben verständigt, welches bereits seit Jahren angestrebt wird. Ziel war es, das Energiesparen durch den steuerlich begünstigten Austausch von Fenstern und alten Heizkesseln sowie durch eine bessere Dämmung voranzubringen. Der Kompromiss sah vor, dass Hausbesitzer einen Teil ihrer Kosten von der Steuer absetzen können. Bayerns Ministerpräsident Horst Seehofer sperrte sich jedoch zuletzt dagegen, dass im Gegenzug der Handwerkerbonus abgeschmolzen werden soll. Es sollten hier nur noch Leistungen oberhalb von 300 € von der Steuerschuld abziehbar sein. Der Gebäudesanierungsbonus hätte Bund und Länder etwa 1 Mrd. € pro Jahr gekostet. Gebäudebesitzer sollten eigentlich rückwirkend ab Januar 2015 10–25 % ihrer Sanierungskosten von der Steuerlast abziehen können. Ende Februar 2015 wurden die Pläne wieder eingefroren, der Koalitionsausschuss habe keine Einigung erzielen können, war zu lesen [21].

Schon zwei Jahre zuvor war das Vorhaben schon einmal ausgebremst worden. Die Bundespolitik hatte vor, rund 1,5 Mrd. € für die energetische Gebäudesanierung einzusetzen. Die Länderkammer, der Bundesrat, lehnte dies Ende Januar 2013 ab. Bund und Länder hatten sich nicht über die Kostenverteilung der Steuerausfälle einigen können.

Ich stimme der Aussage des Bundeswirtschaftsministeriums zu, dass die Wärmewende ein wesentlicher Beitrag zur Energiewende ist. Aber sie ist auch ein Thema für sich. Die Zeitskalen der Einzelmaßnahmen sind langfristiger und die technologischen und organisatorischen Herausforderungen sind anders als bei der Strom-Energiewende. Es würde den Rahmen meiner Expedition sprengen, den gesamten Wärmemarkt differenziert zu betrachten. Ich konzentriere mich daher vielmehr auf die Nutzung regenerativer Quellen rund ums Haus und um die Eigenversorgung und die Eigenorganisation beim Umgang mit Energie.

9.3.2   Energie fürs Einfamilienhaus

Mein Haus in Merfeld, welches meine Familie und ich Anfang der Neunzigerjahre gebraucht kauften, stammte aus dem Jahr 1979. Und es hatte eine Erdwärmeheizung, durchaus fortschrittlich für die damalige Zeit. Die Wärmepumpe im Keller pumpte über eine dicke Schlauchleitung Grundwasser aus etwa 20 m Tiefe aus einem Saugbrunnen in unserem Garten, entzog ihm einen Teil der Wärme für den Betrieb der Fußbodenheizung und gab das Wasser durch einen Schluckbrunnen wieder an das Grundwasser zurück. Oberflächennahe Geothermie würde man das heute nennen.

Das Brauchwasser wurde noch mit Strom erwärmt, ein großer Kessel stand zur Erwärmung und Speicherung zur Verfügung. Für den zur Erwärmung und zum Betrieb der Pumpe benötigten Strom gab es einen eigenen Zähler und einen gesonderten Tarif. Die Energiekosten des Hauses waren günstig. Als im Sommer 2002 die Wärmepumpe den Geist aufgab, fiel die Entscheidung zugunsten einer modernen, kleinen Gasbrennwertheizung, die sowohl die Fußbodenheizung versorgte als auch, wann immer benötigt, warmes Wasser lieferte. Die Investitionskosten waren geringer als die einer neuen Wärmepumpe und von den Stadtwerken bekam man einen Investitionskostenzuschuss. Nicht ohne Eigennutz, wie man vermuten darf.

Danach waren die Energiekosten höher. Das wäre wahrscheinlich der richtige Zeitpunkt gewesen, mal eine energetische Gesamtbetrachtung vorzunehmen und ein Konzept zur Nutzung von Erdwärme und Photovoltaik zu überdenken. Aber das Thema Nutzung der Regenerativen für das eigene Haus war 2002 noch nicht stark ausgeprägt. Das EEG war zwar schon zwei Jahre in Kraft, gleichwohl hatte man noch wenig Erfahrung mit dem Betrieb der Anlagen. Im Nachhinein habe ich mich oft geärgert, damals den Verlockungen der einfachen Gasheizung nicht widerstanden zu haben. Das Dach war ein Jahr vorher erneuert und damit isoliert worden, zusammen mit Photovoltaik und Erdwärme hätte ich schon früh mit meiner eigenen Energiewende beginnen können.

Heute ist das Niedrigenergiehaus nahezu Standard bei Neubauten. Über das Energieeinsparungsgesetz (EnEG) und die Energieeinsparverordnung (EnEV) werden dem Bauherrn bautechnische Standardanforderungen zum effizienten Betriebsenergiebedarf seines Gebäudes oder Bauprojektes vorgeschrieben. Dies gilt für Wohngebäude, Bürogebäude und gewisse Betriebsgebäude. Um dem Ziel näherzukommen, einen klimaneutralen Gebäudebestand zu erreichen, wurde die EnEV zuletzt 2013 und 2014 novelliert; dabei wurden die Anforderungen deutlich verschärft.

Schon 15.000 Batteriespeicher in deutschen Wohnhäusern
Die Entwicklung der Gebäudetechnik und der für die Nutzung regenerativer Quellen erforderlichen Technologien haben in den letzten Jahren große Fortschritte gemacht. Die allermeisten Besitzer von Photovoltaikanlagen speisten bisher den erzeugten Strom ins Netz ein und kassierten die Einspeisevergütung. Den für die eigene Versorgung benötigten Strom bezog man dann wieder über seinen Energieversorger. Inzwischen gibt es aber immer mehr Hausbesitzer, die ihren Strom auch selbst nutzen wollen. Während des Tages, wenn die Sonne scheint, ist dies mit einer Photovoltaikanlage auf dem Dach zunächst auch kein Problem. Scheint die Sonne nicht, kann man den Strom ja aus dem Stadtwerkenetz beziehen.

Will man aber sein Haus autark betreiben, benötigt man entsprechende Speicher, aus denen man dann den zuvor regenerativ gewonnenen Strom abrufen kann. Das Angebot an bezahlbaren Speichern für den Hausgebrauch hat in den vergangenen Jahren deutlich zugenommen. Ein regelrechter Preisrutsch von rund 25 % habe 2014 das Interesse an innovativen Solarstromspeichern sprunghaft steigen lassen, berichtet der Bundesverband Solarwirtschaft Anfang 2015. Bereits über 15.000 Haushalte deckten in Deutschland nach Schätzungen des BSW-Solar mithilfe von Speichern auch in den Abendstunden relevante Anteile ihres Stromverbrauchs aus der eigenen Solaranlage und machten sich damit unabhängiger von steigenden Strompreisen. Das bereits deutlich gestiegene Interesse an Solarstromspeichern ließe sich auch an der Anzahl der Förderzusagen bei der staatlichen Förderbank KfW klar ablesen. Im dritten Quartal 2014 wurden 32 % mehr Anträge für Speicherzuschüsse bewilligt als im zweiten Quartal 2014 [22].

Das eigene Blockheizkraftwerk im Keller

Für die Anwendung in Mehrfamilienhäusern, bis hin zu der Versorgung mehrerer Objekte mittels eines Nahwärmenetzes, kommen nach Einschätzung des BHKW-Forum e. V. immer mehr Module der sog. Mikro-BHKW-Klasse in Frage. Mikro-BHKW verfügen über eine elektrische Leistung von mehr als 2,5 kW bis zu 15 kW. Kleinere BHKW mit einer Leistung unter 2,5 kW werden als Nano-BHKW klassifiziert. Größere BHKW von mehr als 15 kW bis 50 kW elektrischer Leistung werden hingegen als Mini-BHKW bezeichnet [23].

Photovoltaik und Blockheizkraftwerke sind nach Meinung des Deutscher Solarbetreiber Club e. V. eine gute Kombination: Im Sommer decke der Solarstrom einen großen Teil des Strombedarfs. Im Winter erzeugt das BHKW Strom fürs Haus und Wärme für die Heizung. Kleine Nano- und Mikro-BHKW sorgen dafür, dass diese Kombination schon in Ein- und Zweifamilienhäusern sinnvoll sein kann [24]. Und in Kombination mit Batteriespeichern lässt sich so möglicherweise die Unabhängigkeit vom regionalen Stromlieferanten erzeugen.

Das energieautarke Haus

Auch der nächste Schritt – die völlige Unabhängigkeit von externen Energielieferungen – ist nicht nur machbar, sondern sogar schon weit verbreitet. Deutschlands erstes energieautarkes Haus, das sog. „Freiburger Solarhaus" wurde sogar schon im November 1992 fertiggestellt. Es nutzt einzig die Sonne als Energiequelle und braucht weder Öltank, Gasnoch Stromanschluss. Sonnenkollektoren sorgen für warmes Wasser, Solarzellen wandeln das Licht der Sonne in Strom um. Die im Sommer im Überfluss vorhandene Sonnenenergie wird zusätzlich in Form von Wasserstoff in einem Tank außerhalb des Hauses gespeichert und bei Bedarf mittels einer Brennstoffzelle wieder in Strom zurückgewandelt. Das energieautarke Solarhaus wurde bereits 1986 in Freiburg vom Fraunhofer-Institut für Solare Energiesysteme (ISE) konzipiert [25].

Das energieautarke Haus ist längst nicht mehr in der Entwicklungsphase. Im Internet findet man heutzutage zahlreiche kommerzielle Anbieter. Und an der TU Freiberg gibt es seit dem Wintersemester 2012/2013 sogar eine eigene Vorlesung „Energieautarke Gebäude".

9.3.3 Erneuerbare Energie für Mietshäuser

Das eigene Ein- oder Zweifamilienhaus mit regenerativem Strom zu versorgen ist also machbar. Aber wie sieht es im Mietwohnungsbau aus? Gerade in den Großstädten gibt es zahlreiche große Wohnblocks – können sie auch an der Energiewende teilnehmen? Ich finde einen interessanten Artikel im Magazin „Erneuerbare Energien" aus dem Jahr 2014 [26]. Beschrieben wird dort ein Modellversuch in Berlin: Photovoltaik auf mehreren sanierten Plattenbauten. Seit ein paar Monaten seien auf den Dächern der Hochhäuser Photovoltaikmodule installiert, Anfang Mai 2014 habe die Versorgung der Haushalte mit dem Solarstrom vom Dach begonnen.

Für Berlin sei das Projekt ein Modellversuch, die Photovoltaik auch in Großstädten zu etablieren. Bisher wechsele sich die Bundeshauptstadt mit den Stadtstaaten Hamburg und Bremen beim Ausbau der Photovoltaik auf dem letzten Platz im Ranking der Bundesländer ab. Während das benachbarte Bundesland Brandenburg, mit einer sehr hohen Eigenheimquote, in den vergangenen Jahren kräftig Photovoltaikanlagen installiert habe, beginne an der Stadtgrenze eine andere Solarwelt.

Ein Grund, warum Vermieter kaum Interesse an einer Photovoltaikanlage auf dem Dach hätten, sei, dass der Handel mit Strom steuerrechtlich anders behandelt wird als das Vermieten von Wohnungen. „Die Vermieter scheuen diesen Aufwand. Sie konzentrieren sich lieber auf ihr Kerngeschäft, das Vermieten von Wohnraum. Sie wollen nichts verkaufen, auch keinen Solarstrom", wird Reiner Wild, Geschäftsführer des Berliner Mieterbundes, in dem Artikel zitiert. Aber immerhin war die Verpachtung der Dachfläche des Hauses für den Vermieter interessant. Das hat in Berlin-Hellersdorf jedenfalls geklappt. Die STADT UND LAND Wohnbauten-Gesellschaft als Eigentümerin der Gebäude hat die Dachflächen zur Verfügung gestellt. 50 Dächer der Gebäude im sog. Gelben Viertel wurden mit Photovoltaikanlagen bestückt, die 7.805 Module erbringen zusammen eine Leistung von 1,9 MW.

„Der Mieter ist derjenige, der von der Energiewende eigentlich überhaupt nicht profitiert", wird Ulrich Ropertz, Geschäftsführer des Deutschen Mieterbundes, in dem Artikel zitiert. Für ihn ist das Projekt im Berliner Stadtteil Hellersdorf von großer Bedeutung. Es solle zeigen, was auch in der Großstadt möglich ist: Solarstrom vom Dach eines Mehrfamilienhauses direkt im Gebäude oder in der unmittelbaren Umgebung zu verbrauchen. Weg von der Einspeisevergütung und hin zum Eigenverbrauch, laute auch hier die Devise [26].

Contracting-Modelle

Das Argument, dass ein Vermieter sich auf das Kerngeschäft des Vermietens konzentrieren und keinen Strom produzieren und verkaufen wolle, leuchtet mir auf der einen Seite ein. Die Konzentration auf Kernkompetenzen wird in anderen Branchen von unzähligen Unternehmensberatern tagtäglich empfohlen. Aber auf der anderen Seite könnten diese Hausbesitzer viel Fläche für die Nutzung der Solarenergie insbesondere in Großstädten zur Verfügung stellen. Wäre das nicht auch ein Geschäftsmodell für die regionalen Energieversorger? Stadtwerke bauen, möglicherweise in Kooperation mit Investoren, Solaranlagen auf Wohngebäuden, betreiben diese und vermarkten den Strom. Und in der Tat haben viele Stadtwerke schon dieses Angebot in ihr Portfolio integriert. So etwa die Stadtwerke in Dortmund, die sich DEW21 nennen. Derzeit nutzen insgesamt 475 Photovoltaikanlagen aus dem DEW21-Contracting die Kraft der Sonne – Tendenz steigend. Insgesamt verfügt DEW21 im Bereich Photovoltaik über 5,2 MW installierte Leistung und erzeugt jährlich rund 4,6 Mio. kWh Ökostrom [27].

Auch in den Bereichen BHKW und Kraft-Wärme-Kopplung existieren Contracting-Angebote vieler Stadtwerke und regionaler Energieversorger. Man darf vermuten, dass die im Contracting liegenden Potenziale noch lange nicht ausgeschöpft sind.

Literatur

1. Bundesverband WindEnergy e. V., „BWE Branchenreport Windindustrie in Deutschland, 5. Aufl.," Berlin, 2015.
2. Internationales Wirtschaftsforum Regenerative Energien (IWR), „Windenergie – Baurecht," Internationales Wirtschaftsforum Regenerative Energien (IWR), [Online]. Available: http://www.iwr.de/wind/raum/Baurecht.html. [Zugriff am 13.07.2015].
3. H. Konert, Windenergienutzung Schöppinger Berg. [Interview]. 14.07.2015.
4. Westfälische Nachrichten, „Halbzeit auf dem Berg," 26.11.2010. [Online]. Available: http://www.westline.de/westfalen/schoeppingen/nachrichten/ln/Halbzeit-auf-dem-Berg;art1261,333700. [Zugriff am 14.07.2015].
5. Naturschutzbund Deutschland (NABU) e. V., *Windenergie – Zukunft erneuerbare Energien*, Berlin, 2012.
6. Entwicklungsgesellschaft Bürgerwindpark Dülmen – Merfeld GbR, „Bürgerwindpark Dülmen-Merfeld," [Online]. Available: http://www.buergerwindpark-duelmen-merfeld.de/. [Zugriff am 15.07.2015].
7. statista – Das Statistik-Portal, „Anzahl der Biogasanlagen in Deutschland in den Jahren 1992 bis 2014," [Online]. Available: http://de.statista.com/statistik/daten/studie/167671/umfrage/anzahl-der-biogasanlagen-in-deutschland-seit-1992/. [Zugriff am 30.06.2015].
8. Bezirksregierung Münster, „Positionspapier – Positionierung der Bezirksregierung Münster zu erneuerbaren Energien," Münster, 2012.
9. Solarpark Dülmen GmbH & Co. KG, „Der Solarpark Dülmen," [Online]. Available: http://www.solarpark-duelmen.de/. [Zugriff am 26.07.2015].
10. C. Wetter, B. Mundus, N. Aben, E. Brügging, J. Gochermann, T. Heywinkel, A. Nelles und H. Willenbrink, „Handlungsleitlinie zur CO_2-Reduzierung im Münsterland (Studie im Auftrag der Bezirksregierung Münster)," Steinfurt/Münster, 2012.
11. Ministerium für Klimaschutz, Umwelt, Landwirtschaft, Natur- und Verbraucherschutz des Landes Nordrhein-Westfalen, „Gemeinde Saerbeck – NRW-Klimakommune der Zukunft," Saerbeck, 2015.
12. Kreis Steinfurt, „Themen und Projekte im energieland2050," [Online]. Available: https://www.kreis-steinfurt.de/kv_steinfurt/Kreisverwaltung/%C3 %84mter/Amt%20f%C3 %BCr%20Klimaschutz%20und%20Nachhaltigkeit/Themen%20und%20Projekte/. [Zugriff am 26.07.2015].
13. Bundesministerium für Umwelt, Naturschutz, Bau und Reaktorsicherheit, „Kommunaler Klimaschutz," [Online]. Available: http://www.klimaschutz.de/de/zielgruppen/kommunen. [Zugriff am 26.07.2015].
14. Bundesgeschäftsstelle European Energy Award in Deutschland, „Der European Energy Award," [Online]. Available: http://www.european-energy-award.de/european-energy-award/. [Zugriff am 26.07.2015].
15. Wirtschaftsbetriebe Coesfeld GmbH, „Über die WBC," [Online]. Available: http://www.wbc-coesfeld.de/die-WBC.412.0.html. [Zugriff am 26.07.2015].
16. Gesellschaft des Kreises Coesfeld zur Förderung regenerativer Energien GmbH, „Energetische Bioabfallnutzung im Kreis Coesfeld – Informationen zur Einweihungsfeier," Coesfeld, 2014.
17. Berliner Energieagentur GmbH, „go Eco – Energiekonzepte für Gewerbegebiete," [Online]. Available: http://www.berliner-e-agentur.de/beratung-information/go-eco-energiekonzepte-fuer-gewerbegebiete. [Zugriff am 26.07.2015].
18. Wirtschaftsförderung für den Kreis Borken GmbH, „Projektstudie Energiewende lokal – Wege zu einem energieoptimierten Gewerbegebiet," Ahaus, 2014.
19. Bundesministerium für Wirtschaft und Energie, Energie in Deutschland – Trends und Hintergründe zur Energieversorgung, Berlin, Februar 2013.

20. Bundesministerium für Wirtschaft und Energie, „Zweiter Monitoring-Bericht ‚Energie der Zukunft',“ Berlin, März 2014.
21. Süddeutsche Zeitung, „Koalition stoppt Steuerbonus für Wärmedämmer,“ 26.02.2015. [Online]. Available: http://www.sueddeutsche.de/wirtschaft/energetische-sanierung-koalition-stoppt-steuerbonus-fuer-waermedaemmer-1.2368404. [Zugriff am 26.07.2015].
22. Bundesverband Solarwirtschaft, „Pressemitteilung: Rekordjahr für Solarstrom und Speicher,“ 08.01.2015.[Online]. Available: http://www.solarwirtschaft.de/presse/pressemeldungen/pressemeldungen-im-detail/news/rekordjahr-fuer-solarstrom-und-speicher.html. [Zugriff am 26.07.2015].
23. BHKW-Forum e. V., „3. Mikro-BHKW Übersicht,“ [Online]. Available: http://www.bhkw-infothek.de/bhkw-anbieter-und-hersteller/mikro-bhkw-ubersicht/. [Zugriff am 26.07.2015].
24. Deutscher Solarbetreiber-Club e. V., „Höhere Förderung für Mini-BHKW,“ 18.01.2015. [Online]. Available: http://www.solarbetreiber.de/index.php/aktuelles-anwendung-und-technik/hoehere-foerderung-fuer-mini-bhkw.html. [Zugriff am 26.07.2015].
25. Deutsches Museum Bonn, „Das energieautarke Solarhaus,“ [Online]. Available: http://www.deutsches-museum.de/fileadmin/Content/040_BN/PDFs/Prismentexte/Das_energieautarke_Solarhaus.pdf. [Zugriff am 26.07.2015].
26. Erneuerbare Energien – Das Magazin, „Riesenpotenzial für Städte: Solarstrom für Mieter,“ April 2014. [Online]. Available: http://www.erneuerbareenergien.de/solarstrom-fuer-mieter/150/3882/78586/. [Zugriff am 26.07.2015].
27. Dortmunder Energie- und Wasserversorgung GmbH DEW21, „Contracting plus – Photovoltaik,“ [Online]. Available: http://www.dew21.de/de/Geschaeftskunden/Gewerbe/Contracting/Photovoltaik.htm. [Zugriff am 26.07.2015].

Neue Chancen für den Mittelstand

Meine bisherige Expedition hat mich von den großen Energiekonzernen über die großen regionalen Energieversorger und die Stadtwerke durch die Energiewende im ländlichen Raum bis hinunter auf die kommunale Ebene und zu den Eigenheimbesitzern geführt. Alle drei Ebenen der Energiewende, die nationale, die regionale und die individuelle, habe ich dadurch beleuchten können.

Eine für die deutsche Wirtschaft wichtige Zielgruppe fehlt jedoch noch: der typische deutsche Mittelstand. Über 99 % der Unternehmen in Deutschland gehören nach einer Definition des Instituts für Mittelstandsforschung in Bonn zum deutschen Mittelstand. Sie stellen rund 60 % aller Arbeitsplätze und erwirtschaften mehr als ein Drittel des gesamten Umsatzes aller deutschen Unternehmen [1].

Als Verbraucher von Energie haben wir kleine und mittlere Unternehmen (KMU) auf unserer Reise bereits kennengelernt. Als produzierende Unternehmen mit Effizienzpotenzialen, als Teilnehmer von Energiegemeinschaften in Gewerbegebieten oder als Flexibilitätsquelle für Lastverschiebungen. In der neuen Energiewelt übernehmen sie aber verstärkt eine neue Rolle, die des Leistungserbringers. Hier tun sich spannende neue Felder auf.

10.1 Mittelständische Strukturen in der neuen Energiewelt

Der neue Grundansatz der dezentralen Energiegewinnung und -nutzung führt zu neuen, zu anderen Strukturen im Energiemarkt. Zu Strukturen, wie es sie im Übrigen in den meisten anderen Märkten schon lange gibt. Die Energiewende wird zu mehr mittelständischen Strukturen in der Energiewirtschaft führen.

© Springer Fachmedien Wiesbaden 2016
J. Gochermann, *Expedition Energiewende,* DOI 10.1007/978-3-658-09852-0_10

Tab. 10.1 Veränderte Randbedingungen und deren Folgen für die Realisierung von Energietechnologien

Art der Änderung	Folgen
Geringere Komplexität	Der Bau von Wind- oder Solaranlagen, von Blockheizkraftwerken, Biogasanlagen oder Abfallaufbereitungsanlagen ist weniger komplex als ein Großkraftwerk.
Niedrigere technologische Hürden	Die zur Umsetzung erforderlichen Technologien sind auch von kleineren spezialisierten Unternehmen einsetzbar. Hier kann sich die Innovationskraft des Mittelstandes voll entfalten.
Weniger kapitalintensiv	Ein Großkraftwerkprojekt kann nicht von einem oder ein paar Mittelständlern getragen werden, die Finanzierung von dezentralen Einzelanlagen aber sehr wohl.
Genehmigungsrecht	Die genehmigungsrechtlichen Verfahren für dezentrale Energieanlagen sind überschaubar und zumeist regional verantwortet. Hiermit können mittelständische Unternehmen umgehen.

Neue Randbedingungen

Die dezentrale Energieerzeugung und -nutzung bedarf anderer Technologien als im Großkraftwerksbereich. Hier ergeben sich deutliche Vorteile für mittelständische Unternehmen. Kein Mittelständler kann ein milliardenschweres Großkraftwerkprojekt schultern. Die neuen Energieprojekte sind jedoch von anderer Qualität. Für die Realisierung von Energietechnologien haben sich durch die Dezentralisierung entscheidende Randbedingungen geändert (Tab. 10.1):

Vor diesem Hintergrund können mittelständische Unternehmen ihre allseits beschworenen Fähigkeiten voll ausspielen: Sie sind innovativ, flexibel und schnell und können Marktchancen somit schneller aufnehmen als die großen Energiekonzerne. Im Bereich der Windenergienutzung haben dies zahlreiche Unternehmen in den letzten Jahren bereits unter Beweis gestellt.

Technologie und Innovationen

Deutschland ist seit vielen Jahrzehnten Technologieführer auf mehreren Feldern der Energietechnik. Die Kernenergie wurde auf höchstem Niveau entwickelt und betrieben und war eine der Exporttechnologien großer Konzerne. In Deutschland stehen die konventionellen Kraftwerke mit den höchsten Wirkungsgraden weltweit. Und auch in den regenerativen Energien sind deutsche Unternehmen in der Weltspitze.

Wo finden die zukünftigen technologischen und die Business-Innovationen in der neuen Energiewelt statt? Sind in Zukunft die Mittelständler die Technologietreiber und nicht mehr die Siemens' der Großenergiewelt? Ihre Innovationskraft stellen mittelständische Unternehmen in Deutschland seit Jahrzehnten unter Beweis. Es darf davon ausgegangen werden, dass auch ein Großteil der in einer dezentralen Energiewelt benötigten technischen Innovationen von kleineren und mittleren Unternehmen generiert wird. Ob es sich dabei aber lediglich um eine Invention handelt, also die Entwicklung einer technischen

Neuheit, oder ob die Unternehmen auch in der Lage sind, diese auf Dauer erfolgreich im Markt umzusetzen und damit erst zu einer Innovation zu machen, bleibt abzuwarten.

Mittelständische Strukturen eignen sich gut, um Neuheiten zu entwickeln, Technologien, Prozesse und Verfahren zu verbessern und diese in erste Anwendungen zu bringen. Die Herausforderung wird darin bestehen, die erfolgreiche Neuerung auch in größere Märkte zu implementieren. Erfolgreiche Energietechnologien werden schnell auch in anderen Marktgebieten nachgefragt werden, in zunehmend globaleren Märkten auch weltweit. Die damit verbundenen Wachstums- und Vertriebsherausforderungen dürften für viele kleine und mittlere Unternehmen zu groß werden, um sie alleine zu bewältigen. Hier öffnen sich neue Kooperationsmöglichkeiten.

Neue Dienstleistungen benötigt

Neben den zu entwickelnden Energietechnologien, sowohl im Hardware- als auch im Softwarebereich, werden in der neuen Energiewelt zunehmend Dienstleistungen benötigt. Sie liegen im Bereich von Service und Wartung, von Beratung und Schulung, der Auslegung, der Steuerung und des Betriebs von Energiesystemen, des Handels mit Strom und Wärme oder der Kopplung des Energiemarktes mit anderen Märkten. Eines haben aber die meisten dieser Dienstleistungen gemeinsam: Es geht um kundenorientierte und kundenspezifische Ansätze und Lösungen.

Die meisten der kleinen und mittleren Unternehmen (KMU) in Deutschland arbeiten schon heute kundenorientiert. Sie sind nah am Kunden und sie kennen seine Anforderungen, sie haben Anwendungskenntnisse und ihre Vertriebsstrukturen sind flexibel. Ich bin mir sicher, dass viele Unternehmen in der Energiewende schnell neue Geschäftsfelder identifizieren und erschließen werden.

10.2   Energiewende im Handwerk

10.2.1   Am Ende steht immer ein Handwerker

> Am Ende steht immer ein Handwerker. Ohne das Handwerk findet die Energiewende in Deutschland nicht statt!

Diese deutliche Aussage von Dr. Michael Oelck von der Kreishandwerkerschaft in Coesfeld lässt aufmerken. Die großen Vorgaben der Politik müssen letztendlich auf der praktischen Ebene umgesetzt werden. All die Solaranlagen, die in den vergangenen Jahren installiert wurden, die Biogasanlagen, die neuen Holzhackschnitzelheizungen oder die neuen Kabel, die verlegt werden mussten, um die Regenerativen einzuspeisen. Ja selbst bei einem Kraftwerksneubau, am Ende der Kette steht immer die handwerkliche Umsetzung.

Die Bedeutung des Handwerks für die deutsche Wirtschaft ist mir sehr wohl bewusst. Unsere duale Ausbildung wird weltweit interessiert beobachtet, der deutsche Meistertitel hat, trotz EU-Versuchen daran zu kratzen, einen hohen Stellenwert. In vielen noch nicht so weit entwickelten Ländern der Erde geht die wirtschaftliche Entwicklung nur schleppend voran, weil es an der nötigen Qualifikation der handwerklichen Umsetzung fehlt. Aber welche Bedeutung hat das Handwerk für die Energiewende in Deutschland?

Ich verabrede mich zu zwei Besuchsterminen. Die Kreishandwerkerschaft in Coesfeld vertritt die Interessen des selbstständigen Handwerks und der Innungsbetriebe, ist also quasi ein Unternehmerverband. Ich treffe Dr. Michael Oelck, Hauptgeschäftsführer für den Kreis Coesfeld [2]. In Münster besuche ich die Handwerkskammer Münster. Auch die Kammer vertritt, wie die Kreishandwerkerschaft, die Interessen der selbstständigen Handwerksbetriebe, allerdings im gesamten Münsterland und in anderer Rechtsform. Sie ist die Selbstverwaltungseinrichtung des Handwerks in Form einer Körperschaft des öffentlichen Rechts. Über die Energiewende spreche ich in Münster mit Thomas Melchert, dem stellvertretenden Geschäftsführer der Handwerkskammer, und mit Dr. Andreas Müller, technischer Unternehmensberater der Kammer [3]. Beide Organisationen kenne ich durch Veranstaltungen, gemeinsame Projekte und Netzwerke schon länger. Sie sind über ihre Kernaufgaben hinaus sehr aktiv und – so zumindest mein Empfinden – in manchen Bereichen auch Vorreiter. Ich bin mir sicher, dass sie die Energiewende im Handwerk richtig einordnen können.

Aktivitäten des Handwerks in der Energiewende

Die Energiewende sei für das Handwerk eine Riesenchance, stellt Thomas Melchert gleich zu Beginn des Gespräches fest. Die Dezentralität komme dem Handwerk entgegen, sie sei besser als die alte Energiestruktur. Dezentrale Strukturen seien leistungsfähiger, unterstreicht auch Michael Oelck:

> Wir brauchen Pluralität und Wettbewerb in einer Region, gepaart mit hohem Fachniveau. Wir brauchen handwerkliche Strukturen statt großer monopolartiger.

Nicht nur die Handwerker, sondern auch deren Organisationen hätten die Chancen der neuen Energiewelt rechtzeitig erkannt. Die stetige Schulung und Anpassung des handwerklichen Know-how an sich verändernde Anforderungen sei hierbei ein Vorteil gewesen.

Johannes Röken von den Stadtwerken Dülmen hatte gesagt, dass die Energiewende von den Handwerkern getrieben worden sei, allen voran von den Elektrobetrieben, die den Vertrieb von Photovoltaikanlagen gepuscht hätten (Abschn. 8.2.2). Thomas Melchert bestätigt mir dann auch, dass insbesondere der Bereich Elektrotechnik beim Thema Energiewende gut aufgestellt sei. Ob Photovoltaikmodule, Booster-Technologie und Steuerungen installieren oder Smart-Home-Anwendungen planen – die Elektrobetriebe hätten sich relativ früh auf die neuen Möglichkeiten eingestellt.

Michael Oelck erweitert das Elektrothema um den Bereich der Elektromobilität. In Coesfeld habe die Kreishandwerkerschaft das erste Schulungszentrum für regenerative Kfz-Antriebe gegründet. Hybrid- und Brennstoffzellenfahrzeuge stellen erhöhte Anforderungen an die Kfz-Fachkräfte. Sie sind bei den Arbeiten an den modernen Fahrzeugen mit Spannungen von mehreren Hundert Volt konfrontiert und müssen lernen, damit umzugehen. Die Coesfelder gehören zu den Ersten, die hierfür Ausbildungskonzepte entwickelten

und umsetzten. Inzwischen sind die Anforderungen genormt. Ohne Zertifikat darf kein
Monteur an einem Elektro- oder Hybridauto arbeiten.

Energieberatung

Um die Themen der Energiewende in die Unternehmen zu transportieren, führen die Hand-
werksorganisationen auch energetische Beratungen durch. Über 600 kleine und mittlere
Unternehmen habe man zwischen 2009 und 2015 hinsichtlich energetischer Maßnahmen
beraten können, stellt Michael Oelck nicht ohne etwas Stolz fest. Oft reiche schon eine
telefonische Beratung oder eine Kurzberatung vor Ort aus, um die ersten Maßnahmen
festzulegen. Damit sei man im Vorfeld der oft komplizierten öffentlichen KfW-Förderung
sehr erfolgreich. Auch die Sparkassen würden diese Beratung unterstützen, weil sie den
Unternehmen dann Angebote zur Finanzierung der zumeist baulichen Maßnahmen unter-
breiten könnten. Die Beratung ginge durch alle Berufsgruppen, vom Bäcker über Auto-
häuser bis hin zur Friseuren.

Auch die Handwerkskammer Münster berät schon seit Langem im Rahmen der Be-
triebsberatung über Energiefragen, seit einigen Jahren auch unter der Mittelstandsinitiative
Energiewende und Klimaschutz [4]. Ihr Institut für Umweltschutz unterstützt Handwerks-
betriebe aus der Region dabei, Energieeinsparpotenziale zu analysieren, Maßnahmen zur
Energieeffizienz auszulösen und die realisierten Einsparungen zu bewerten, erläutert mir
Dr. Andreas Müller. Schwerpunktgewerke sind vor allem Friseure, Bäcker, Fleischer,
Kraftfahrzeugbetriebe, der Metall- und Maschinenbau, Tischler und Textilreiniger. Die
letzten Akteure in der Kette vor Ort.

Aber nicht nur die Unternehmen werden energetisch beraten. Gemeinsam mit dem
Kreis Coesfeld führt die Kreishandwerkerschaft das Projekt „Clever Wohnen & Energiesparen" durch. Es werden Beratung und Unterstützung rund um das Thema Gebäudesanierung und Neubau gegeben. Regelmäßig erscheint das Journal „Clever wohnen" als
„Bauratgeber mit regionalen Energieeinsparinformationen".

10.2.2 Gewerkeübergreifende Themenvielfalt

An Themen für die Handwerksbetriebe mangele es in der neuen Energiewelt nicht, so
Thomas Melchert. Das Handwerk habe nach seiner Einschätzung Chancen etwa im Bereich von Kleinwindanlagen, sowohl im Bereich Elektro, aber auch Aufbau und Wartung.
Zahlreiche Ansatzpunkte lägen in der Nutzung der Kraft-Wärme-Kopplung (KWK) in den
unterschiedlichsten Formen, etwa zur dezentralen Wärmeversorgung oder bei Nahwärme-
systemen mit gut geführten Hackschnitzelanlagen. Den Bereich Heizungen hat auch Dr.
Michael Oelck als interessant identifiziert. Mit Unterstützung aus einem Förderprogramm
des Bundes arbeite man an regenerativen Holzheizungen. In Stockum sei eine Anlage
aufgebaut worden, die mit Abfällen aus dem Kleinforst laufe – das passe zur Region. In
diesem Bereich kann sich das Handwerk noch zusätzliche Kompetenzen aneignen, Öl und
Gas könne schließlich jeder.

Viele der neuen Themen seien gewerkeübergreifend, so Melchert. Als Beispiel nannte er die Solarthermie, also eine wärmeerzeugende Anlage, die auf das Dach gebaut werde. Man brauche also einen Dachdecker plus einen Installateur und Heizungsbauer. Dies sei inzwischen bei vielen Anwendungsfällen so und deshalb hätten viele Unternehmen auch verschiedene Fachleute aus dem Sanitär- und Heizungsbereich, der Klima- und Kältetechnik und aus dem Elektrobereich an Bord. Natürlich mussten auch einige Ausbildungsinhalte angepasst werden, z. B beim Themengebiet Gleichstrom. Während hier früher maximal etwas über den Klingeltrafo gelehrt wurde, müssen sich die heutigen Elektrofachkräfte auch mit den Wechselrichtern der Solaranlagen auskennen.

Für die ganzheitliche Betrachtung der neuen Aufgaben sei eine stärkere Kooperation untereinander erforderlich, erfahre ich bei beiden Organisationen. Es sei deshalb Ziel, die Vernetzung weiter voranzutreiben. Außerdem sei das Teil des Handwerksauftrags, meint Michael Oelck:

> Wenn wir nur in konventionellen Techniken beraten, werden wir unserem Auftrag nicht gerecht. Wir müssen individuelle Bewertungen über alle Energieformen anbieten.

Der Solateur

Die Interdisziplinarität der Aufgaben bei der Errichtung von Solaranlagen hat die Handwerkskammer Münster bereits 1997 aufgegriffen und aus dem Weiterbildungslehrgang „Fachkraft für Umweltschutz und Energietechnik" die „Fachkraft für regenerative und ressourcenschonende Energietechnik" entwickelt. Schon damals verfolgte der Weiterbildungslehrgang das Ziel, gewerkeübergreifendes Wissen zu vermitteln. Für die neue Solarfachkraft fehlte nur noch eine griffige Bezeichnung. Solartechnikanlagenmonteur klang etwas holprig. Die Handwerkskammer hatte damals mit dem inzwischen verstorbenen Werner Rauscher einen Partner aus Wien, der den – leicht wienerisch klingenden – Begriff des „Solateurs" kreiert und geschützt hatte. Gegen eine Schutzgebühr gestattete Rauscher der Handwerkskammer Münster den Begriff Solateur für die neue Fachkraft zu verwenden.

Mit dem Namen allein war die Fachkraft aber noch nicht installiert. Es musste auch jemand die entsprechenden Prüfungen abnehmen. Es war ein ziemliches Hin-und-Her zwischen den Zentralverbänden Elektrotechnik und Sanitär-Heizung-Klima bis die gewerkeübergreifende Prüfung anerkannt werden konnte. Gleiches auch bei den Sachverständigen: So musste die fachliche Prüfung des ersten Sachverständigen für Photovoltaik von einem Professor für Elektrotechnik/Photovoltaik abgenommen werden, da der eigentlich zuständige Fachverband sich nicht kompetent fühlte.

10.2.3   Kritische Aspekte

So gut sich das Handwerk insgesamt auch aufgestellt hat, es gibt auch noch einige Herausforderungen zu bewältigen. Die handwerkliche Umsetzung von Maßnahmen sei in der Regel „spitzenmäßig", so Thomas Melchert von der Handwerkskammer Münster. Allerdings ist in den Handwerksbetrieben zu wenig Engineeringkompetenz vorhanden, um komplexere Vorhaben umzusetzen. Eine Fähigkeit, die für die Umsetzung kundenindividueller Lösungen erforderlich sei, betont auch Michael Oelck von der Kreishandwerkerschaft. Einige müssten noch lernen, kundenindividuelle Lösungen zu entwickeln. Viele Betriebe hielten sich stattdessen immer noch an die klassischen zweistufigen Vertriebswege beispielsweise über Anlagenhersteller wie Viessmann, Vaillant oder Buderus, bestätigt auch Thomas Melchert.

Dr. Michael Oelck sieht auch eine externe Entwicklung als Problem für die zukünftigen Entwicklungsmöglichkeiten von Handwerksbetrieben in der Energiewende. Die zunehmenden kommunalen Nah- und Fernwärmenetze gefährden nach seiner Ansicht die Energieautarkie. Die quasi zentrale Versorgung verhindere, dass der Verbraucher eigene, individuelle Lösungen entwickelt. „Wir brauchen autonome Verbraucher, die sich nicht 30 Jahre an einen großen Fernwärmeversorger binden."

Zu einem großen Umsetzungsproblem der Energiewende könne sich der Fachkräftemangel entwickeln, so beide Organisationen. Oelck:

> Wir haben ganz hohe Anforderungen an der Basis, hier schlägt der Markt auf! Und das vor dem Hintergrund des Fachkräftemangels.

Liegt hier eine Achillesferse der Energiewende? Wie sagte Dr. Oelck so treffend zu Beginn des Gesprächs: „Am Ende steht immer ein Handwerker!"

10.3   Herausforderungen und Chancen für KMU

10.3.1   Auswirkungen der Energiewende und neue Geschäftsfelder

In einer Studie des Instituts der deutschen Wirtschaft (IW) wurde im Jahr 2013 untersucht, welche Auswirkungen die Energiewende auf die bestehenden Geschäfts- und Tätigkeitsfelder insbesondere der KMU zu diesem Zeitpunkt gehabt hatte. Für eine deutliche Mehrheit der KMU änderte sich nach damaliger Einschätzung durch die Energiewende noch nichts. Allerdings gaben rund ein Viertel der befragten Unternehmen an, eine deutliche Verschiebung von Geschäftsfeldern zu erwarten [5, S. 107].

Das Ergebnis der Befragung deutet insgesamt auf ein eher positives Bild der Energiewende. Es sehen mehr Unternehmen Chancen, in bestehenden Geschäftsfeldern zu wachsen, als Risiken, in Geschäftsfeldern Umsatzeinbußen hinnehmen zu müssen. Immerhin sehen rund ein Drittel der KMU höhere Absatzchancen sowohl bei bestehenden als auch bei neuen Produkten und Dienstleistungen. Außerdem sind mehr als die Hälfte der Unternehmen davon überzeugt, dass ihnen die geplanten Energieeffizienzmaßnahmen Vorteile im Wettbewerb verschafften [5, S. 111].

Die Studie hat auch untersucht, in welchen Themenfeldern neue Geschäftsfelder entstünden. Es wurden Bereiche identifiziert, in denen die meisten Chancen gesehen wurden [5, S. 120]. Die fünf am häufigsten genannten waren:

- Herstellung von Anlagen im Bereich erneuerbarer Energien,
- Betrieb von Anlagen im Bereich erneuerbarer Energien,
- energieeffiziente Technik (bspw. stromsparende Materialien oder Regeltechnik),
- spezifische Beratungsleistungen (z. B. „Green IT"),
- Bauleistungen und Installationen (z. B. Wärmedämmungen).

Das meiste Potenzial wurde bei den Baumaßnahmen und bei Technologien zur Energieeffizienz gesehen. Das Geschäftsfeld „Herstellung von Anlagen für erneuerbare Energien" hat hingegen deutlich weniger Bedeutung für die befragten KMU.

Insgesamt waren die Einschätzungen der Unternehmen im Jahr 2012 also zurückhaltend positiv. Allerdings könnte sich die Situation seitdem verändert haben. Meine subjektive Einschätzung aus zahlreichen Unternehmenskontakten ist, dass von zunehmend mehr Unternehmen die positiven Effekte durch die Energiewende durchaus gesehen werden.

Der rasante Anstieg des Anteils der Regenerativen an der Stromerzeugung mit den daraus entstandenen Problemen für die großen Energieversorger sowie die deutliche Änderung der Einspeisevergütungen durch das Erneuerbare-Energien-Gesetz (EEG) 2012 haben aber auch spürbare Belastungen für einige Unternehmen gebracht. Zwei Unternehmen, denen der Markt regelrecht weggebrochen ist, habe ich besucht.

10.3.2   Wenn der Markt plötzlich wegbricht

Einbruch bei den IT-Dienstleistungen

Nur rund 5 % der Unternehmen der Informations- und Kommunikationsleistungen haben der IW-Studie zur Folge mit schrumpfenden Umsätzen aufgrund der Energiewende gerechnet. Und doch kann es IT-Dienstleister in der Energiebranche hart treffen. Vor allem, wenn man sehr viel für die großen Energieversorger gearbeitet hat, so wie die grimm data Team GmbH in Havixbeck. Das Team aus Beratern, Projektmanagern und Softwareentwicklern bietet lösungsorientierte Beratung und Entwicklung im Umfeld von SAP for Utilities an. Ihre Firmenbroschüre betont: „Wir arbeiten ausschließlich im liberalisierten Energiemarkt. Seit 1994 arbeiten wir für die Versorgungswirtschaft mit führenden Marktteilnehmern wie Lieferanten, Verteilnetzbetreibern sowie verstärkt im Messwesen" [6]. Das Unternehmen florierte, die Geschäfte liefen jahrelang bestens.

„Die Energiewende hat uns hart getroffen", berichtet mir der Gründer und Geschäftsführer Christian Grimm. Mit so viel Wind und Solar hätten die großen Energieversorger nicht gerechnet. Deren eingeleitete Sparmaßnahmen hätten insbesondere externe Dienstleister getroffen, so Grimm. „Innerhalb kurzer Zeit wurden uns von nahezu allen großen Energieversorgern und Stadtwerken die Verträge gekündigt. Viele versuchten, die Leistungen selber mit

Bordmitteln zu erbringen." Die Zahl der Mitarbeiter, die fast ausschließlich projektbezogen gearbeitet hatte, wurde dementsprechend heruntergefahren. Die Grimm data Team GmbH habe schnell genug reagiert, auch wenn es eine harte Zeit gewesen sei, so Christian Grimm.

Der IT-Dienstleister wird aber auch weiterhin im Utility-Bereich aktiv bleiben. Erste neue Anwendungsfelder sind bereits gefunden. In Zusammenarbeit mit einem Start-up-Unternehmen stützt man sich dabei auf eine neue Geschäftsprozesssoftware mit offeneren Strukturen. Die bisherige SAP-IS-U-Software sei als Branchenlösung bereits seit Mitte der Neunzigerjahre im Einsatz und wäre für den heutigen schnellen Markt zu langsam. Damals ging es lediglich um Stromeinspeisung und -verteilung, heute gehe es um umfangreiche Daten in Netzwerken oder um die Integration von Wetterdaten bei der Berechnung der regenerativen Leistung. All das war in den alten Abrechnungssystemen nicht integriert, so der IT-Fachmann.

Christian Grimm ist zuversichtlich, dass das Know-how seiner Firma auch in anderen Bereichen eingesetzt werden kann. Erste Tests mit der neuen Software hätten gezeigt, dass sie zu den Anforderungen des Marktes passe. „Wir hatten eigentlich schon viel früher vor, uns ein zweites Standbein neben der Energiebranche aufzubauen", so der Unternehmer. „Aber wir standen so schön im Trockenen und überall, wo wir sonst hintraten, war es matschig. Da bleibt man halt gerne auf dem Trockenen."

Von Untergestellen für Solarfarmen zum Solarcarport
Photovoltaikanlagen bringen die höchste Leistung, wenn sie optimal auf die Sonne ausgerichtet sind. Neben den reinen Solarmodulen und den elektrischen Komponenten ist daher insbesondere die Unterkonstruktion ein wichtiges Element. Zur Montage auf Dächern werden meist einfache Tragstrukturen verwendet, die von zahlreichen kleinen und mittleren Metallverarbeitern in den unterschiedlichsten Regionen Deutschlands gefertigt werden. Anspruchsvoller und größer sind die Unterkonstruktionen für die Solarfreilandanlagen, die sog. Solarfarmen.

Ich besuche die Firma H. Kühling Stahl- und Metallbau GmbH im oldenburgischen Friesoythe im Nordwesten Niedersachsens. Schon der Blick auf das Firmengebäude zeigt, dass sich hier alles um die Solarenergie dreht. Mit Ausnahme der Fenster besteht die Fassade des Bürogebäudes komplett aus Solarzellen (Abb. 10.1).

Heinrich Kühling, Inhaber und Geschäftsführer des seit 1925 existierenden Familienunternehmens, erzählt mir, wie sich das Geschäft mit der Solarenergie entwickelte. Etwa Anfang der 2000er-Jahre kam Kühling in Kontakt mit BP Solar, dem damaligen Weltmarktführer beim Bau von Solaranlagen. Das Unternehmen wurde angefragt, ob es die Unterkonstruktionen zur Einfassung von Solarmodulen in Stahlfassaden machen könne. Mit der zunehmenden Förderung von regenerativen Anlagen durch das Erneuerbare-Energien-Gesetz (EEG) wuchs dann aber schnell der Bedarf auch an Unterkonstruktionen für große solare Freilandanlagen. In Zusammenarbeit mit BP Solar und dem Ingenieurbüro Solar Engineering Mack und Decker GmbH in Hannover realisierte Kühling in großem Stil Unterkonstruktionen für Freilandanlagen bis 80 MW. Allein zwischen 2002 und 2006 erhöhte sich der Umsatz des Stahlbauunternehmens um mehr als das Zehnfache (!), bis

Abb. 10.1 Die Solartechno-
logie steht im Mittelpunkt der
Firma Kühling in Friesoythe,
selbst die Fassade des Bürogebäudes besteht aus Solarmodulen. Unten im Bild die neu
entwickelten Solarcarports.
(Quelle: H. Kühling Stahl- und
Metallbau GmbH 2015; mit
freundl. Genehmigung)

2012 konnte er dann nochmals mehr als verdoppelt werden. „Das war eine tolle Zeit", so
Heinrich Kühling. „Man kam morgens ins Büro und hatte sofort einen Kunden am Tele-
fon, der einen Auftrag platzieren wollte. Es ging nicht um den Preis, sondern nur um die
Frage, wann kannst Du realisieren?"

Dann der Absturz: Im Jahr 2013 brach der Umsatz auf nur noch 10 % ein – von einem
Jahr auf das andere. Das EEG 2012 hatte durch die Veränderung der Förderung die Wirtschaftlichkeit von großen, neu geplanten Photovoltaikfreiflächenanlagen stark eingeschränkt. Oder anders ausgedrückt, der Anlagenboom der Vorjahre war durch Förderung
künstlich hervorgerufen worden. Davon hat auch das mittelständische Handwerksunter-
nehmen Kühling einige Jahre stark profitiert. Den Absturz nur innerhalb eines Jahres zu
bewältigen, war aber schon eine gewaltige Aufgabe. „Gott sei Dank haben wir in den
guten Jahren viel in die eigene Weiterentwicklung und Modernisierung des Betriebes investiert", stellt Heinrich Kühling fest.

„Ein Markt bricht zusammen, ein anderer tut sich auf", dachte sich Heinrich Kühling.
Bereits vor 2012 hatte er sich mit der Idee beschäftigt, Solarcarports zu bauen. Nicht einfache Carports wie vor Eigenheimen, auf die dann einfach ein paar Solarzellen aufgesetzt
werden. Das gesamte Carportdach sollte nur aus Solarzellen bestehen, die von unten montiert und angeschlossen werden können. Kein Monteur müsse mehr auf die Solardächer hi-
naufkrabbeln. Damit die Dächer trotzdem regendicht sind, entwickelte er ein patentiertes
Rinnensystem für das zwischen den Solarmodulen durchsickernde Wasser. Dichtungen, so
zeigten Erfahrungen insbesondere aus sonnenreichen Gebieten in Italien, verändern sich
bei starker Sonneneinstrahlung, werden undicht und rissig. Der Ansatz lautet also: „Lass
das Wasser durch, aber fang es geschickt auf". Hierzu wurden Quer- und Längsrinnen
konstruiert und spezielle Simulationsrechnungen über das Fließ- und Sickerverhalten des
Wassers durchgeführt (Abb. 10.2).

Kühlings Zielmarkt: Große Park- und Abstellplätze, auf denen viele Autos stehen, etwa
vor Supermärkten oder Einkaufszentren. Oder im Volkswagenwerk in Emden. Die zur
Verladung anstehenden Autos stehen zu Tausenden offen im Freigelände, was bei Un-

Abb. 10.2 Die lichtdurch-
lässigen Solarmodule bilden
das Dach des nur auf Mittel-
ständern stehenden Carports
und können leicht von unten
montiert und angeschlossen
werden. Das Regenwasser wird
in einem patentierten Rinnensystem abgeführt, sodass keine
Dichtungen benötigt werden.
(Quelle: H. Kühling Stahl- und
Metallbau GmbH 2015; mit
freundl. Genehmigung)

wettern schon zu immens hohen Hagelschäden geführt hat. Die Autos überdachen und
schützen und zugleich Strom fürs Werk generieren, das sollten seine Solarcarports leisten.

Um die Großdächer wind- und wetterfest aufstellen zu können, ohne an allen vier
Ecken störende Stützpfeiler zu haben, entwarf Heinrich Kühling ein zweiflügliges System, welches nur mit Mittelpfosten im Boden verankert ist. Damit es die großen Lasten
und Kräfte aushalten kann, wird es mit einer Tiefengrundierung 12 m tief im Boden verankert. Die Pfähle werden dabei mit einer Vibrationsramme in das Erdreich eingetrieben
– vorausgesetzt es ist kein Fels darunter. Im Gegensatz zur normalen Fundamentgründung
mit Stahlbeton braucht bei diesem Verfahren nicht die gesamte Parkfläche aufgenommen
zu werden, was insbesondere bei großen Parkplätzen einen echten Vorteil darstellt.

In Pilotvorhaben und Tests schnitt das Carport bestens ab. Und optisch ansprechend ist
es auch. Durch die halbtransparenten Solarmodule, die übrigens aus Deutschland stammen, ebenso wie die Wechselrichter und alle anderen Komponenten, kommt Sonnenlicht
hindurch, sodass es unter den Dächern nicht dunkel ist, sondern hell und freundlich. Wichtig etwa für das Wohlbefinden und die Akzeptanz bei den Supermarktkunden.

Gerade das größte Nutzenargument, die Eigenerzeugung von Solarstrom, ist für den
potenziellen Kunden, etwa den Betreiber eines Einkaufszentrums, aber am schwierigs-
ten greifbar. Will er den Strom zur Versorgung seines Einkaufszentrums nutzen, muss er
ihn auch zeitlich kontrolliert und mengengerecht einspeisen können. Er benötigt hierfür
nicht nur Speicher, sondern vor allem ein durchdachtes und auf seinen Betrieb angepasstes
Energiemanagementsystem sowie dessen fachtechnische Umsetzung. Ohne zusätzliche
Energiemanagementdienstleister wird kaum ein Einkaufszentrumbetreiber eine derartige
Anlage einkoppeln können. Das ehemalige Partnerbüro für die Solarparks, Solar Energy
Hannover, ist heute wiederum Partner bei Fragen des Energiemanagements. Und verka-
belt werden die neuen Anlagen von den Elektrofachbetrieben und Elektrikern, die auch
schon bei den Solarparks dabei waren.

Fazit: Ein klassischer Handwerksbetrieb profitiert vom Photovoltaikboom. Über seine
Stahlbaukompetenzen hinaus erwirbt es tiefergehende Kompetenzen im Bau solartechni-

scher Anlagen. Auch nach dem Wegbrechen der künstlich boomenden Nachfrage können dieses Know-how und die Erfahrungen für neue Produkte und Anwendungen genutzt werden. Gleichermaßen entstehen aber neue Handlungsfelder, etwa bei der Erarbeitung von Energiemanagementsystemen oder der Einkopplung des solaren Stroms in die Nutzungskonzepte von Carportnutzern.

10.3.3   Wertschöpfungskette Windenergie

„Für die Windenergiebranche war 2014 das Jahr der Rekorde", ist das Resümee aus dem Windenergie Report Deutschland 2014, den das Fraunhofer-Institut für Windenergie und Energiesystemtechnik IWES im Mai 2015 vorlegte. In Deutschland wurden im Rekordjahr 2014 an Land so viele Windenergieanlagen errichtet, dass mit 4.665 MW Neuinstallation das bisherige Maximum aus dem Jahr 2002 um mehr als 45 % übertroffen wurde. Erstmals wurden in jedem Bundesland neue Anlagen zugebaut [7].

Die Windenergie sei der wichtigste Arbeitgeber unter den Erneuerbaren, lese ich in einem Expertenbericht im Internetportal „Windenergie in Deutschland" [8]. Die Zahl der neuen Jobs in der Windindustrie in Deutschland sei 2013 doppelt so hoch gewesen wie im langjährigen Durchschnitt. Rund 16.000 Stellen seien 2013 bundesweit laut Arbeitsplatzstudie des Bundeswirtschaftsministeriums dazugekommen, damit sei die Zahl der Stellen in der Windbranche 2013 auf 137.800 gewachsen.

Auf insgesamt 371.000 Stellen summierte sich die Zahl der Arbeitsplätze in der Branche der erneuerbaren Energien nach der immer noch recht aktuellen Studie „Bruttobeschäftigung durch erneuerbare Energien in Deutschland im Jahr 2013" des Bundeswirtschaftsministeriums [9]. Die geschaffenen Arbeitsplätze verteilen sich überwiegend auf Leistungsbereiche wie Energietechnik und -versorgung, Maschinenbau, Dienstleistungen, Forschung und Entwicklung sowie auf das Baugewerbe. Bereiche also, die durchweg von mittelständischen Unternehmen geprägt sind.

In der Tat bietet die Windenergie zahlreiche Betätigungsfelder für kleine und mittlere Unternehmen. Im Netzwerk Grenzüberschreitender Maschinen- und Anlagenbau hatte sich bereits 2010 eine Gruppe von rund 30 deutschen und niederländischen Unternehmen unter der Koordination der Handwerkskammer Münster zu einer Arbeitsgruppe Windenergie zusammengeschlossen. Mit dem Team der LOTSE GmbH analysierten wir damals die gesamte Wertschöpfungskette der Windenergienutzung von der Standortanalyse und Planung über die Einzelkomponenten und Anlagenteile bis hin zu Betrieb, Wartung und Rückbau von Anlagen [10]. Erstaunlich viele Betätigungsfelder konnten identifiziert werden, in die sich kleine und mittlere Unternehmen einbringen können.

Bei der Auswahl von Standorten müssen Wind- und Bodengutachten erstellt und der Schattenwurf sowie die Schallemissionen berechnet werden. Passende Aufgaben für Ingenieurbüros. Ebenso muss für die nötige Infrastruktur für die Lkw, die Kräne, Geräte- und Reparaturfahrzeuge gesorgt werden. Für den Straßen- und Wegebau gibt es zahlreiche mittelständische Unternehmen. Die Finanzierung und Versicherung der Windkraftanlagen ist sicherlich nicht nur Bankensache, hier können sich auch kleinere Dienstleister einbringen. Der Turm ist zumeist aus Stahl oder Beton, beides Materialien, die von mittelständischen Unternehmen be- und verarbeitet werden. Hinzu kommen die Hilfsmittel zum Bau und Montage des Turms und die gesamte Höhenzugangstechnik. Ich kenne mehrere Unternehmen alleine im Münsterland und im südlichen Niedersachsen, die derartige Körbe und Systeme fertigen. Und für das Turmfundament sorgen mittelständische Bauunternehmungen.

Der Rotor, die Nabe und die Rotorblätter sind zwar fast schon Großtechnologien, allerdings werden viele der Komponenten auch von mittelständischen Unternehmen hergestellt oder repariert. Ich erinnere mich an einen Besuch eines Unternehmens in Rostock, welches Schäden an den aus mehreren Lagen Glas- oder Kohlefaser bestehenden und in Polyester und Epoxydharz getränkten Rotorblättern in handwerklicher Technik behebt. Der ganze Hof lag voll von 40 m und noch längeren Rotorblättern. Für die Blattwinkelverstellung, um die Rotorblätter in eine optimale Position zum Wind zu bringen, benötigt man eine Pitch-Regelung (Verdrehung der Blätter um Längsachse). Dafür werden mechanische Lösungen bei kleinen Anlagen und hydraulische und elektrische Systemebei großen Anlagen benötigt. Klassische Aufgaben für Mittelständler.

Man kann die Kette so weiterspinnen. Ob Kupplung, Getriebe, Bremse, Generator oder Umrichter, bei allen technischen Komponenten gibt es Möglichkeiten auch für kleinere Unternehmen, sich einzubringen. Auch bei Betrieb und Wartung sind es vorwiegend kleinere Unternehmen, die ihre Unterstützungsleistungen anbieten. Und selbst bei großen Objekten wie den Kabelverlegungsschiffen in der Nord- und Ostsee sind Produkte von Mittelständlern aus dem Binnenland mit an Bord. Die Abwickelspulen für die großen Seekabel beispielsweise stammen zu einem Großteil aus dem Münsterland, aus Nordwalde.

Die Windenergiebranche wird nur scheinbar von einigen großen Herstellern wie Enercon, GE Wind Energy oder Nordex geprägt. Der Großteil der Leistungen bei der Erstellung und beim Betrieb wird aber von kleinen und mittleren Unternehmen erbracht. Die Windenergiebranche ist eine typisch mittelständische. Sehen kann man dies auf der Hannover Messe Industrie. Im Jahr 2015 fand dort zum zweiten Mal nach 2009 die Leitmesse „Wind" statt. Waren es 2009 noch 143 Aussteller, die sich beteiligten, stieg deren Zahl 2015 auf 220 an – und das dürften überwiegend Mittelständler gewesen sein.

10.4   Neue Energiedienstleister und Start-ups

10.4.1   Vielzahl neuer Dienstleistungen

Die Anzahl der Dienstleister in der neuen Energiewelt wächst. Wo immer ich bei meiner Expedition unterwegs war, stets erhielt ich Hinweise auf innovative Dienstleistungsunternehmen in den unterschiedlichsten Themenfeldern. Auch die Besuche auf der Energiemesse E-world mit ihrem Forum Smart Energy oder der Leitmesse „Wind" auf der Hannover Messe bestätigten diesen Eindruck. Die neue Energiewelt benötigt Flexibilität, Individualität und verteilte Intelligenz.

Die Befragung von Stadtwerkekunden im Bereich der Photovoltaik hat Bedarf an Dienstleistungen zur Steuerung und Optimierung sowie an Wartung und Reparatur ihrer Anlagen gezeigt. Darüber hinaus bestand Interesse an neuen Speichertechnologien und Mini-Blockheizkraftwerken (BHKW) in Kombination mit Photovoltaik, also an neuen Energiekonzepten (Abschn. 8.2.4).

Die Vermarktung des eigenerzeugten Stroms werden die wenigsten Besitzer von Photovoltaik- und Windanlagen selbst in die Hand nehmen. Hier besteht Raum für neue Dienstleister. Aber nicht nur der Strom kann vermarktet werden. Die CUT!Energy GmbH vermarktet die Flexibilität der Stromabnahme als Sekundärregelleistung (Abschn. 6.4.3).

Die Windenergieanlagen, ob ein einzelnes Windrad oder ein ganzer Windpark, kommen nicht ohne Planungs- und Steuerungsaufgaben aus. Die enercast GmbH aus Kassel beispielsweise bietet zuverlässige und genaue Leistungsprognosen und Hochrechnungen für Solar- und Windkraftanlagen auf einer Webapplikation. Basierend auf spezifischen, vom Fraunhofer-Institut IWES entwickelten Algorithmen, errechnet der Service exakte Einspeisungsprognosen für den Markt mit regenerativen Energien, heißt es auf den Internetseiten des Start-ups [11].

Die Steuerung der Mittel- und Niederspannungsnetze wird durch die Volatilitäten in der Erzeugung und im Verbrauch immer komplexer. Die bisherigen Steuerungsinstrumente reichen hierfür nicht mehr aus. Klar, dass sich auch in diesem Feld neue Anbieter von IT-gestützten Dienstleistungen finden. Die Venios GmbH beispielsweise entwickelt und betreibt IT-basierte Lösungen für die technisch und wirtschaftlich effiziente Integration volatiler Stromerzeuger in die Mittel- und Niederspannungsnetze. Und das mit nur geringem Einsatz von Messhardware [12].

Die Liste lässt sich beliebig fortsetzen und belegt den Wandel im Markt. Weg vom Commodity-Markt der Handelsware Strom, hin zu mehr Kundenorientierung und kundenspezifischer Dienstleistung. Das Geld wird zukünftig wohl eher mit den Leistungen um die Energie herum verdient, als mit dem Strom selbst. Oder, wie es Harald Kemmann von RWE so treffend ausgedrückt hat: Früher habe man den Kunden Elektronen verkauft, zukünftig ginge es um Bits und Bytes (Abschn. 5.2.3).

Nicht zukünftig – wir sind schon längst dort angekommen!

10.4.2   Technik und Dienstleistungen: längst nicht nur Hightech

Es sind nicht immer Hightechdienstleistungen, die in der neuen Energiewelt benötigt werden. Viele Handwerksbetriebe bieten bereits begleitende Planungs- und Beratungsleistungen an. Smart Home, die digitale Steuerung der Hausverbrauchsgeräte, ist kein Thema für RWE oder E.ON, sondern für die Elektrobetriebe im Handwerk.

Neben den energie- und hardwarebezogenen Dienstleistungen ist ein weiteres Feld getreten, in dem sich Mittelständler und Start-ups tummeln können. Mit dem Verkauf von Energiesparprodukten ist neben dem Stromhandel ein neuer Commodity-Markt in der Energiewelt entstanden.

Reinigung von Photovoltaikanlagen

Einer meiner diesjährigen Bachelorabsolventen hat sich in seiner Abschlussarbeit mit der Reinigungvon Photovoltaikanlagen als Dienstleistung beschäftigt. Der Wirtschaftsingenieur hat dabei sowohl die technischen Aspekte untersucht als auch Wirtschaftlichkeitsberechnungen durchgeführt.

Photovoltaikanlagen sind in der freien Natur aufgestellt und somit unterschiedlichster Verschmutzung ausgesetzt, etwa durch Feinstaub oder Blütenpollen, aber auch durch Vogelkot. Die Verschmutzung ist abhängig vom Standort der Anlagen; neben Industrieanlagen oder Bahnstrecken können zusätzliche Verschmutzungen etwa durch Industrieabgase oder Abrieb entstehen. Die Verschmutzung führt allgemein zur Schwächung des eingestrahlten Sonnenlichtes und reduziert so den Ertrag der Anlage. Die Ertragseinbußen können je nach Lage und Zeitraum zwischen 10 und 30 % liegen. Die Verschmutzung kann nicht nur zu Leistungseinbußen, sondern sogar zur kompletten Zerstörung der Photovoltaikanlage führen durch sog. Hotspots [13, S. 9]. Hotspots sind verschattete Stellen des Photovoltaikmoduls, die durch Laub, Vogelkot o. ä. auftreten können, sodass nicht alle Module die gleiche Spannung liefern. Dann wirken die Module, die weniger oder gar nichts liefern, als Last in dem System. In ungünstigen Fällen heizen sich die Module sehr stark auf und es kommt zu Modulausfällen durch Hotspots.

Photovoltaik-Module sollten also regelmäßig gereinigt werden. Wie oft, das hängt vom Grad der Verschmutzung und von den Ertragseinbußen ab. Es ist eine simple Wirtschaftlichkeitsberechnung, ob man die Reinigung durchführt oder nicht. Bei selbst durchgeführter Reinigung schlagen die Investitionen für das Reinigungsgerät (Abb. 10.3 und 10.4) sowie ggf. für die Wasseraufbereitung und die Verbrauchsmaterialien zu Buche. Nimmt man die Reinigung als Dienstleistung in Anspruch, sollten die Kosten hierfür nicht höher sein als die Ertragseinbußen.

Dass sich die Photovoltaikreinigung durch Dienstleister offenbar rechnet, belegt die doch recht hohe Zahl an Anbietern, die man bei einer einfachen Suche im Internet findet. Viele Reinigungsfirmen haben ihr Portfolio um die professionelle Reinigung von Photo-

Abb. 10.3 Für die Reinigung der Module in Solarfarmen hat die Firma MULAG aus Oppenau ein spezielles Reinigungsfahrzeug entwickelt, den FWG 700. (Quelle: MULAG Fahrzeugwerk Heinz Wössner GmbH u. Co. KG 2015; mit freundl. Genehmigung)

Abb. 10.4 Das Reinigen von
großen Solarmodulflächen
erfordert nicht nur Geschick,
sondern auch spezielles Reinigungsgerät, welches von den
traditionellen Geräteherstellern
in vielen Varianten angeboten
wird. (Quelle: Alfred Kärcher
GmbH & Co. KG 2015; mit
freundl. Genehmigung)

voltaikanlagen erweitert. Auch die Hersteller von Reinigungsgeräten haben sich auf dieses
Marktsegment längst eingestellt und bieten sowohl Maschinen als auch Handreinigungs-
geräte mit Teleskopstangen von bis zu 14 m an (Abb. 10.4).

10.4.3 Energiewende als Basis für Start-ups

Die neue Energiewelt bietet zahlreiche neue Chancen für Existenzgründer und neue
Unternehmungen. Die Motivation für die Unternehmensgründung kann dabei durchaus
unterschiedlich sein. Manche erkennen neue Bedarfe und reagieren darauf. Andere haben
eine neue Technologie entwickelt, vielleicht an der Universität oder in einem Forschungszentrum, und wollen sie nun vermarkten. Wiederum andere sind idealistisch geprägt und
wollen den Weg in die neue Energiewelt aktiv gestalten.

Eine schöne Verbindung sowohl der drei Motive als auch zwischen der Welt der Stadtwerke, der Digitalisierung der Energiewelt und der neuen Commodity-Märkte finde ich in
der Grünspar GmbH in Münster.

Grünspar GmbH: Onlineshop und Digitalisierung der Stadtwerkekunden
„Eigentlich war das eine idealistische Gründung", erzählt mir der Geschäftsführer Gerrit
Ellerwald [14]. „Unser Gründer Sebastian Kotzwander hat schon als Jugendlicher Online-
shops programmiert und wollte dies nach dem Wirtschaftsinformatikstudium dann auch
umsetzen. Und das Thema „grün" war eigentlich auch schon immer dabei." So starteten

Sebastian Kotzwander und Martin Frefers im Jahr 2008 mit dem eigenen Onlineshop. Unter dem Namen Grünspar bietet die Verkaufsplattform Haushalten und Unternehmen energiesparende und nachhaltige Produkte an und zeigt, wie smart und komfortabel Energiesparen – ohne gleichzeitigen Komfortverlust – sein kann [15].

Schnell wurde klar, dass den Energieversorgungsunternehmen, insbesondere den Stadtwerken im deutschsprachigen Raum, geeignete Plattformen zur Vermarktung ihrer Produkte und Dienstleistungen fehlten. „Heute helfen wir den Energieversorgungsunternehmen bei der Digitalisierung im Endkundenbereich und bieten ihnen zugleich eine Plattform für all ihre Produkte und Dienstleistungen", beschreibt Ellerwald das Leistungsangebot des Unternehmens. Man transformiere Kunden zu Onlinekunden, indem man die E-Mail-Adressen und Opt-In-Erklärungen einsammeln würde. Damit können die Stadtwerke auch die Kommunikation mit dem Endkunden digitalisieren.

Ein zentrales Standbein ist die Einrichtung sog. White-Label-Shops auf den Websites von Energieversorgern und Stadtwerken durch Grünspar. So laufen die Shops zwar unter den Namen des jeweiligen Energieversorgers, dahinter steht aber die von Grünspar zur Verfügung gestellte Plattform. Grünspar sorgt für die Software und auch deren Aktualisierung. Neben dem Shop gibt es auch White- Label-Produkte, etwa eine App zur mobilen Zählerstanderfassung, die dann unter dem Namen des jeweiligen Stadtwerkes läuft.

Das junge Unternehmen hat inzwischen 40 fest angestellte Mitarbeiterinnen und Mitarbeiter und agiert bundesweit und von Wien aus auch in Österreich. Rund 110 Energieversorger lassen ihre Shops derzeit durch das Komplettangebot als „Software as a Service" (SaaS) von den Münsteranern managen.

Bundesverband Deutsche Startups e. V. – Fachgruppe Energie
In der neuen dezentralen Welt entstehen auch Innovationen verteilt und kleinteiliger. Man darf also vermuten, dass sich rund um die Innovationen in der Energiewelt auch neue Unternehmen gründen. Seit 2012 gibt es den Bundesverband Deutsche Startups e. V. und seit 2014 auch eine eigene Fachgruppe Energie. Deren Sprecherin ist Nina Keim, beruflich als Senior Managerin Communication & Public Policy beim Startup ubitricity in Berlin aktiv.

„Die Start-up-Kultur fokussiert sich in Deutschland stark auf die Digitalwirtschaft. Mit der Gründung der Fachgruppe Energie wollten wir eine Stimme für die Energie-Start-ups schaffen", beschreibt Nina Keim die Motivation zur Gründung der Fachgruppe. „Wir möchten dazu beitragen, dass das ‚Exportprodukt Energiewende' erfolgreich ist und die vielen Start-ups im Energiebereich daran teilhaben."

In Deutschland gebe es viel Gründungspotenzial zu den Themen Energie und Nachhaltigkeit. Allerdings brauchten diese Start-ups sehr viel politische Unterstützung. Der Energiemarkt sei ein stark regulierter Markt mit großen etablierten Marktteilnehmern. Es sei für einen Unternehmensgründer ohne Expertise im Bereich Energieregulierung nicht leicht herauszufinden, ob und wie er seine Idee in diesem Marktumfeld umsetzen könne.

Die etablierten Marktteilnehmer hätten eine tiefsitzende Grundskepsis gegenüber neuen Ansätzen, beschreibt Nina Keim ihre Erfahrungen als Mitarbeiterin in einem Start-up. Als Beispiel beschreibt sie die Reaktion auf die Produkte ihres Unternehmens ubitricity

Gesellschaft für verteilte Energiesysteme mbH. Das 2008 gegründete Unternehmen bietet Lösungen rund um den Mobilstrom an [16]. Die Grundidee: Unser Stromnetz bietet heute eine hervorragende Grundlage, um Elektroautos an den unterschiedlichsten Orten aufzuladen. Es ist überall. Doch der Zugang zum Netz genügt nicht, denn der Strom muss auch gezählt und abgerechnet werden. Nina Keim: „Die Energieversorgungsunternehmen haben sich dem Problem nur mit ihrem konservativen Blick genähert. Ihre Lösung sind stationäre Ladesäulen mit integriertem Stromzähler. Aber dahinter steckt kein Geschäftsmodell." Der Ansatz von ubitricity sei ein intelligentes Ladekabel mit mobilem Stromzähler, in dem die Intelligenz zur Stromabrechnung liege. So könne man an beliebigen Punkten dank einer einfachen Systemsteckdose Netzzugang bekommen und über den mobilen Stromzähler mit seinem Anbieter abrechnen. „Im Hotel stellt man Ihnen ja auch kein Terminal zur Verfügung, um ins Internet zu kommen, sondern lediglich einen WLAN-Zugang."

In der Energiebranche sei immer noch viel Skepsis gegenüber neuen Ansätzen erkennbar. Allerdings, gesteht die Fachgruppensprecherin ein, hätten sich einige große Energieversorger im letzten Jahr etwas geöffnet. So sei ihr Unternehmen beispielsweise beim letzten E.ON-Führungskräftetreffen in Berlin eingeladen gewesen, wo im Rahmen einer Werkschau innovative Konzepte vorgestellt wurden.

Die Fachgruppe Energie im Bundesverband Deutsche Startups e. V. sei aber auch da, um mit einer Stimme beispielsweise gegenüber Ministerien aufzutreten, so die dynamische Kommunikationsmanagerin. Welcher Ministerialbeamte spricht denn schon mit jedem einzelnen Jungunternehmen, das vielleicht in ein oder zwei Jahren gar nicht mehr am Markt ist? Hier könne man als Verband gebündelt auftreten. Zudem werde die Fachgruppe auch zunehmend als Teilnehmer zu Panels oder Foren eingeladen und führe Workshops zu aktuellen Themen durch.

Ich finde das prima, dass sich die Jungunternehmer nicht nur um ihr eigenes Geschäft kümmern, sondern auch gemeinsam etwas Bewegung in den etablierten Energiemarkt bringen. Das ist auch ein Stück Energiewende!

Literatur

1. Institut für Mittelstandsforschung Bonn, „Mittelstand im Überblick – Volkswirtschaftliche Bedeutung der KMU," [Online]. Available: http://www.ifm-bonn.org/statistiken/mittelstand-im-ueberblick/#accordion=0&tab=0. [Zugriff am 28.07.2015].
2. M. Oelck, *Hauptgeschäftsführer Kreishandwerkerschaft Coesfeld.* [Interview]. 15.07.2015.
3. T. Melchert und A. Müller, *Handwerkskammer Münster.* [Interview]. 17.07.2015.
4. DIHK | Deutscher Industrie- und Handelskammertag e. V. und Zentralverband des Deutschen Handwerks e. V. (ZDH), „Mittelstandsinitiative Energiewende und Klimaschutz," [Online]. Available: http://www.mittelstand-energiewende.de/. [Zugriff am 28.07.2015].
5. Institut der deutschen Wirtschaft Köln Consult GmbH, „Chancen und Herausforderungen der Energiewende für kleine und mittlere Unternehmen," Köln, Aug. 2013.
6. grimm data Team GmbH, „Willkommen bei der grimm data Team GmbH," [Online]. Available: http://www.gd-team.de/index.php/de/. [Zugriff am 28.07.2015].

7. F. Alt und B. Alt, „Sonnenseite – Energie," 12.05.2015. [Online]. Available: http://www.sonnen-seite.com/de/energie/fuer-die-windenergiebranche-war-2014-das-jahr-der-rekorde.html. [Zugriff am 29.07.2015].

8. Bundesverband WindEnergie e. V., „Erneuerbare brummen, kein Jobverlust durch Atomaus-stieg," 14.07.2015. [Online]. Available: http://www.windindustrie-in-deutschland.de/facharti-kel/erneuerbare-brummen-kein-jobverlust-durch-atomausstieg/. [Zugriff am 29.07.2015].

9. Bundesministerium für Wirtschaft und Energie, „Bruttobeschäftigung durch erneuerbare Energien in Deutschland im Jahr 2013 – eine erst Abschätzung," Mai 2014. [Online]. Avai-lable: http://www.bmwi.de/BMWi/Redaktion/PDF/B/bericht-zur-bruttobeschaeftigung-durch-erneuerbare-energien-jahr-2013,property=pdf,bereich=bmwi2012,sprache=de,rwb=true.pdf. [Zugriff am 29.07.2015].

10. LOTSE GmbH, „Wertschöpfungskette Windenergie. GMA-Cluster Windkraft," Steinfurt/En-schede, Mai 2010.

11. enercast GmbH, „Leistungsprognosen für erneuerbare Energien," [Online]. Available: http://www.enercast.de/leistungsprognosen. [Zugriff am 29.07.2015].

12. Bundesverband Deutsche Startups e. V., „Hannover Messe. Energie-Startups gründen Netz-werk," [Online]. Available: https://deutschestartups.org/news/hannover-messe-energie-startups-grunden-netzwerk-im-startup-verband/. [Zugriff am 29.07.2015].

13. F. Konrad, Planung von Photovoltaik-Anlagen: Grundlagen und Projektierung, Wiesbaden: Vie-weg + Teubner, 2008.

14. G. Ellerwald, *Geschäftsführer Grünspar GmbH*. [Interview]. 29.07.2015.

15. Grünspar GmbH, „Daten und Fakten," [Online]. Available: http://www.gruenspar.de/ueber-uns/daten-und-fakten. [Zugriff am 29.07.2015].

16. ubitricity Gesellschaft für verteilte Energiesysteme mbH, „Einfach überall Mobilstrom laden," [Online]. Available: https://ubitricity.com/de/. [Zugriff am 30.07.2015].

Expeditionsergebnisse

Ich bin von meiner Expedition zurückgekehrt und sitze wieder auf meinem Balkon. Es ist inzwischen Hochsommer geworden, Ferienzeit in Deutschland. Die Sonne scheint kräftig und der leichte Wind dürfte draußen in den Bauerschaften die Windräder weiter antreiben. Am Anfang der Expedition standen viele Fragezeichen im Raum – über das Ziel, die Vorgehensweise und die Realisierbarkeit der Energiewende. Das Verhalten der großen Energiekonzerne, die Regulierung durch den Staat und die massiven Zweifel am Erfolg der Energiewende standen meinen eigenen Bildern von aktiven Stadtwerken, innovativen Unternehmen und engagierten Energiefachleuten und Laien gegenüber. Mein Ziel war es, die Energiewende zu verstehen und zu lernen, wie andere das Thema angehen.

Am Ende dieser Expedition bleiben natürlich noch einige Fragezeichen stehen. Manch Neues ist hinzugekommen, das ist nun mal so bei wissenschaftlichen Arbeiten. Dennoch konnte ich sehr viele Fragen für mich beantworten, Komplexität reduzieren und Zusammenhänge verstehen. Mein induktiver Ansatz, von unten ausgehend ein mosaikartiges Bild der Energiewende zu entwerfen, hat funktioniert. Klar, mir fehlen noch sehr viele Mosaiksteine. Ich konnte nicht alle Projekte und Regionen bereisen, aber das Gesamtbild habe ich jetzt sehr viel klarer vor Augen.

Der Vier-Ebenen-Ansatz
Geholfen hat mir dabei der Vier-Ebenen-Ansatz (Abschn. 4.4, Abb. 4.5). Die Trennung in die Ebenen international, national, regional und individual hat es möglich gemacht, einzelne Aktivitäten, aber auch Bedenken besser einzuordnen und nachzuvollziehen. Ich konnte verstehen, dass sich die Energiewende auf den verschiedenen Ebenen unterschiedlich vollzieht. Es finden unterschiedliche Wandlungsprozesse statt, auf die auf der jeweiligen Ebene reagiert werden sollte.

Die Trennung der Ebenen verdeutlicht auch, dass Vorhaben oft dann nicht erfolgreich sind, wenn man sich mit seinen Kompetenzen und Ressourcen auf einer anderen als der

© Springer Fachmedien Wiesbaden 2016
J. Gochermann, *Expedition Energiewende,* DOI 10.1007/978-3-658-09852-0_11

eigenen Ebene bewegt. Das Engagement der großen Energiekonzerne in der Haushalts-
technik kann nicht funktionieren. Smart Home spielt sich überwiegend auf der individuellen Ebene ab. Ein ansonsten auf der nationalen Ebene agierender Konzern ist für den
Endkundenmarkt zwei Ebenen tiefer nicht richtig aufgestellt, er kann das Geschäft auch
gar nicht können, weil seine Arbeits- und Denkweisen völlig andere sind. Wenn überhaupt, dann können kleinere, nah am Endkunden sich befindende Energieversorger wie
die Stadtwerke in solch ein Marktsegment einsteigen.

Ebenso kann man die berechtigte Frage stellen, ob sich kleinere Stadtwerke auf der regionalen und sogar zumeist lokalen Ebene zusammenschließen sollten, um ein Großkraftwerk zu bauen und damit auf nationaler Ebene mitzuspielen. Wenn alles gut läuft, o. k.
Bei Problemen sitzt man aber mit im Boot und ist beispielsweise nicht so kapitalkräftig
wie die großen Konzerne, um auch mal negative Passagen zu durchstehen. Die rein finanzielle Beteiligung an Großprojekten, etwa den nationalen und internationalen Windparks
in der Nord- und Ostsee, ist jedoch durchweg sinnvoll. Hierbei tritt das Stadtwerk ja nur
als Investor auf, ohne operativ für das Geschäft auf dieser anderen Ebene verantwortlich
zu sein.

Die Differenzierung in die verschiedenen Ebenen macht auch die Verantwortlichkeiten
klar. Der Staat muss in der Energiepolitik nicht von der nationalen Ebene bis hinunter in
die regionale und die individuelle Ebene hineinregulieren. Er muss nicht vorschreiben,
dass und wie die Verteilnetzbetreiber ihre Netze umrüsten müssen. Das tun die schon
selbst, wie das Beispiel EWE in Oldenburg gezeigt hat. Und zudem kann der Staat von
der nationalen Ebene aus auch keine einheitlichen Vorgaben für die unteren Ebenen machen. Dafür ist Deutschland energiewirtschaftlich betrachtet viel zu unterschiedlich. Die
Konzepte und Lösungsansätze in Norddeutschland sehen anders aus als im Süden – die
der ländlichen Räume sind anders als in den Ballungszentren. Und sie müssen auch anders aussehen und gestaltet werden. Ich habe viele tolle Beispiele erlebt und gesehen, wie
eigenverantwortlich die unterschiedlichen Akteure damit umgehen.

Auf der nationalen Ebene hat der Staat natürlich übergeordnete Aufgaben und Verantwortlichkeiten. Er muss nicht nur ordnungspolitisch den Rahmen setzen, sondern auf
nationaler Ebene auch regulierend eingreifen. Aber eben nur dort.

Man muss sich demnach bewusst machen, auf welcher Ebene man agiert und welche
Ebenen man miteinander verbinden will, um ebenenkonforme Lösungen zu entwickeln.
Besser gesagt: sich entwickeln zu lassen. Mein Eindruck von meiner Expedition ist, dass
man den Akteuren auf den jeweiligen Ebenen die entsprechenden Freiräume zum eigen-
verantwortlichen Handeln lassen muss. Die guten und umsetzbaren Lösungen – und zudem auch die wirtschaftlichsten – entwickeln sich im Wettbewerb. In vielen anderen Branchen hat sich dies bestätigt, lassen wir dies auch in der Energiewirtschaft zu!

Systemwechsel – zwei unterschiedliche Energiewelten

Das Bild der Aufspaltung des Energiekonzerns E.ON in zwei unabhängige und völlig
anders ausgerichtete Energieunternehmen verdeutlicht den Systemwandel, der sich in der
Energiewirtschaft vollzieht. Es wird auch deutlich, warum so viele Diskussionen zwi-

schen den unterschiedlichsten Akteuren aus alter und neuer Energiewelt stattfinden und warum es teils unüberwindbar scheinende Gegenpositionen gibt.

Die bisherige, alte Energiewelt war ausgerichtet auf *Stabilität*, *Planbarkeit* und *Langfristigkeit*. Um eine stabile und preiswerte Energieversorgung zu gewährleisten, wurden Großkraftwerke und große Netze geplant, aufgebaut und betrieben, die für viele Jahrzehnte ausgelegt waren. Mit einer bewundernswerten Ingenieurkunst wurden diese Systeme auf einem Niveau absolut stabil gefahren, welches weltweit sicherlich einen, wenn nicht *den* Spitzenplatz einnahm. Schwankungen und Unregelmäßigkeiten wurden durch große Volumen und durch geregelten Ausgleich aufgefangen. Das war Stand der Technik und das war auch gut so. Allerdings wurden die Systeme technisch ausgelegt auf den Worst Case, den denkbar ungünstigsten Fall, was sie nicht nur teuer und überdimensioniert gemacht hat. Die Auslegung auf den maximal schlechten Fall ist gleichbedeutend mit der absoluten Ausgrenzung von Flexibilität. Man wollte und baute stabile, planbare und langfristig angelegte Anlagen und Systeme.

Und natürlich wurden auch die Mitarbeiter hierauf eingeschworen. Für alle Mitarbeiter der Energiekonzerne, seien es Ingenieure beim Kraftwerksbau, Meister und Techniker, welche die Kraftwerke und Netze betrieben, Vertriebler, die stabile Absatzsysteme schufen, Juristen, die in Verträgen jede Eventualität aufzufangen versuchten, oder Führungskräfte, die den Dampfer auf Kurs halten sollten, für alle galten Stabilität und Planbarkeit als Richtschnur. Man kann daher deren Unverständnis für die neue Energiewelt und ihre Probleme im Umgang mit der neuen Situation durchaus nachvollziehen. Es gibt nur sehr wenige, die einen solchen Systemwechsel im Kopf ohne Probleme vollziehen können.

Die neue Energiewelt hat eine völlig andere Ausrichtung: auf *Flexibilität*, *Volatilität* und *Kleinteiligkeit*. Sie ist viel verteilter, viel dezentraler mit einer großen Zahl unterschiedlichster Akteure. Natürlich werden auch hier Anlagen detailliert und zuverlässig geplant, aber deren Produkte werden nun flexibel in dynamische und volatile Systeme eingebracht. Diese Systeme sind individuell und regional anders. Und sie verändern sich ständig. Viele Dinge sind nur bedingt planbar, man muss Entscheidungen treffen, die mit einem gewissen Grad an Unsicherheiten verbunden sind. Unternehmerisches Handeln ist gefordert.

Mit den Unberechenbarkeiten und den Schwankungen kann man umgehen. Auf *Volatilität* wird reagiert mit *Flexibilität*. Als Hauptargument gegen die Regenerativen wird oft angeführt, sie seien unberechenbar und ständen nicht immer zur Verfügung, verbunden mit der Feststellung, dass es ohne Speicher ja nicht gehen würde. Mir ist bei meiner Expedition erstaunt aufgefallen, dass diese Argumente von *keinem einzigen* meiner Gesprächspartner auch nur ein einziges Mal vorgebracht wurden. Jeder der Energiefachleute ging ganz selbstverständlich davon aus, dass diese Anforderung durch Intelligenz und Flexibilität erfüllt würde.

Die erforderlichen Technologien hierfür stehen nach Meinung der meisten Fachleute zur Verfügung, was auch der Besuch auf der Hannover Messe gezeigt hat. Insbesondere sind wir heute in der Lage, Flexibilität zu steuern. Sowohl hinsichtlich der Datenerfassung, der Datenverarbeitung als auch der Steuerung intelligenter Systeme sind die technologischen Voraussetzungen gegeben. Die Digitalisierung der Energiewelt ist nicht nur machbar, sie ist in weiten Teilen schon Realität. Die alte Energiewelt hatte diese Technologien noch nicht zur Verfügung und musste daher das System der Stabilität wählen. Das war unter den damaligen technologischen Randbedingungen richtig. Die Möglichkeiten der digitalen Welt eröffnen uns nun aber andere Handlungsmöglichkeiten, um rund um den Strom flexiblere und intelligentere Systeme aufzubauen. Ob deswegen ein Energiekonzern gleich zum Datenkonzern mutieren muss, sei mal dahingestellt.

Wann begann eigentlich die Energiewende?
Energieversorgungssysteme entwickeln sich über längere Zeitskalen aufgrund technologischer Innovationen, wirtschaftlicher Notwendigkeiten, gesellschaftlicher Veränderungen und politischer Zielvorgaben weiter. Spricht man von einer „Wende", so bedeutet dies allerdings, einen bewussten Kurswechsel vorzunehmen. Die Entscheidungsebenen hierfür sind zum einen die großen Marktteilnehmer, zum anderen die Politik. Der Blick in die Vergangenheit hat gezeigt, dass zumindest die größten Marktteilnehmer, die Energiekonzerne, über die letzten Jahrzehnte keine Wende eingeleitet haben.

Auch die gesellschaftlichen Diskussionen in den Siebziger- und Achtzigerjahren des letzten Jahrhunderts haben keine Wende ausgelöst. Sie waren Ausdruck eines sich vollziehenden gesellschaftlichen Wandels, der letztendlich den Boden für die Energiewende mit bereitet hat. Auslöser der Energiewende waren somit eher politische Beschlüsse (s. Tab. 3.1). Will man die Energiewende messbar beschreiben, so wird man den Nullpunkt in den Dezember 1990 legen, als das erste Stromeinspeisungsgesetz verabschiedet wurde. Danach wurden die ersten Windanlagen in der Fläche gebaut, die Photovoltaik wurde mehr als nur für Pilotvorhaben genutzt und die Politik entwickelte langsam, aber sicher neue energiepolitische und energiewirtschaftliche Konzepte und Instrumente. Aber eine „Wende" war da noch nicht erkennbar.

Die Liberalisierung der Energiemärkte und die Umsetzung im Energiewirtschaftsgesetz 1997 hatten da schon eher einschneidende und verändernde Konsequenzen. Allerdings nur für die alte Energiewelt. Der Schub für den Einsatz der Regenerativen kam dann sicherlich mit dem Erneuerbare-Energien-Gesetz (EEG) im Jahr 2000 und mit seiner Novellierung 2004. Übrigens eines der wenigen wirklich nachhaltig wirkenden Energiewende-Gesetze, die unter der Verantwortung einer Bundesregierung aus SPD und Grünen verabschiedet wurden, nahezu alle anderen Gesetzesvorhaben wurden unter der Führung von CDU/CSU durchgeführt.

Das EEG wird zudem stark den Grünen zugerechnet, zu Recht. Allerdings ist mir bis heute noch nicht ganz klar, welche Zielsetzung diese bei der Einführung des EEG hatten. Wollte man wirklich einen Wandel schaffen, indem man den neuen, regenerativen Energien mehr Raum und mehr Möglichkeiten schaffte? Oder war es nur ein geschickter Angriff gegen die von den Öko- und Anti-AKW-Bewegungen so verhassten Großkonzerne? Ich weiß nicht, ob es strategisch von Trittin & Co. so detailliert durchdacht war, aber der Ansatz, auf diese Art und Weise den Energiekonzernen Probleme zu bereiten, war genial. Das EEG hat dazu geführt, dass in die auf Verteilung ausgerichteten Netze immer mehr kleinere Einspeiser hinzukamen. Am Anfang hat das niemanden gestört, die Netze und Systeme waren ohnehin überdimensioniert und konnten noch Strom in den anfangs noch geringen Mengen aufnehmen. Je mehr und verteilter diese kleinen „Störer" aber in das Netz eingriffen, desto instabiler wurde das auf Stabilität ausgerichtete System der Großen. Über die rasante Zunahme der Erneuerbaren in den letzten Jahren sind dann die großen Energiekonzerne beinahe heftig gestolpert.

Die Umsetzung der EU-Vorgaben zum Unbundling und die Abschaffung der traditionellen Anschluss- und Versorgungspflicht der bisherigen Monopolversorger im Energiewirtschaftsgesetz 2005 haben dann den Weg für eine Wende frei gemacht – aber noch nicht erkennbar ausgelöst. Bei meinen Besuchen, Gesprächen und Recherchen bin ich immer wieder auf zwei Jahreszahlen gestoßen, die den Beginn von nachhaltigen Aktivitäten kennzeichnen: 2007 und 2008. Die regionalen Energieversorger fingen an, sich neu auszurichten, mehr und mehr regenerative Projekte wurden auf den Weg gebracht und realisiert. Auch bei den Existenzgründern in der Energiebranche findet man oft dieses Zeitfenster. In diesen Jahren erreichten auch die Diskussionen um den von Menschen verursachten Klimawandel einen Höhepunkt. Es ist nicht das Ergebnis einer wissenschaftlichen Untersuchung, man kann aber wohl sagen: Spätesten ab 2007/2008 startete die Energiewende durch.

Die absolute Manifestierung der Energiewende geschah Ende September 2010 mit dem Energiekonzept der Bundesregierung, in dem alle heute gültigen Zielgrößen festgelegt wurden – vor Fukushima. Eigentlich hätten die großen Energiekonzerne schon 2005 erkennen müssen, welcher Wandel da ansteht, stattdessen wurden munter weiter fossile Projekte geplant. Spätestens mit der Festschreibung der Klimaziele in 2010 war dann aber klar, dass sich die Energiewelt radikal ändern würde. Viele der kleineren und mittleren Energieversorger hatten dies auch schon vorher erkannt und begonnen, sich neu auszurichten.

Nach Fukushima hat die Politik, allen voran Bundeskanzlerin Angela Merkel, dann den Fuß von der Bremse genommen und den Prozess unumkehrbar gemacht. Aber fest stand der Kurs da schon länger.

Genau genommen ist der Begriff „Wende" gar nicht der richtige. Schaut man sich die zeitliche Entwicklung an, so muss man eher von „Wandel" reden. Es gibt einige Zeitpunkte, an denen energiepolitische Maßnahmen beschlossen wurden. Insgesamt verteilten sich die Kursänderungen jedoch auf einen Zeitraum von etwa 2005 bis 2010. Hier begann die Energiewende nicht nur faktisch, sondern auch im Bewusstsein einer immer größer werdenden Zahl von Akteuren.

Die Energiewende ist in vollem Gange
Diskussionen, ob und wann wir denn die Energiewende vornehmen sollten, gehen völlig am Thema vorbei. Die Frage, ob eine Energiewende kommt, ist längst – und wie ich glaube unumkehrbar – beschlossen. Sie ist nicht nur ein Instrument zur Erreichung der berechtigten und notwendigen Klimaziele, insbesondere der drastischen Reduzierung des Ausstoßes von Klimagasen. Sie ist auch eine Reaktion auf die neuen technologischen

Möglichkeiten und auf die gesellschaftlichen Veränderungen. Man mag zu diesen Veränderungen stehen, wie man will. Aber zu Transparenz, Kleinteiligkeit, Flexibilität und Digitalisierung passt das alte Energiemodell einfach nicht mehr.

Bei der Energiewende geht es nicht nur um die Neustrukturierung der Energieversorgung. Wie sagte Professor Peter Birkner von Mainova so treffend, die Energiewende sei nicht nur eine *Technologiewende,* sondern auch eine *soziologische Wende,* eine *Industriewende,* eine *ordnungspolitische Wende* und nicht zuletzt eine *Kapitalwende* (Abschn. 8.1.2). Wir werden neben der Entwicklung neuer technischer Lösungen und neuer Geschäftsmodelle auch neue Solidaritätsregeln schaffen müssen. Die Energieautarkie des Einzelnen führt dazu, dass er sich ein Stück weit aus dem Solidarsystem zurückziehen kann. Es kann aber nicht funktionieren, dass man die Energieversorgung seines Hauses autark gestaltet, ohne einen Solidarbeitrag für die Energieversorgung derjenigen zu übernehmen, die dies nicht können, z. B. in Ballungsgebieten oder in Mietshäusern. Wenn man auch weiterhin die Vorzüge einer entwickelten Industrienation genießen, ihre Produkte und Leistungen konsumieren und ihre Infrastruktur nutzen möchte, dann muss auch im Energiebereich ein Solidarbeitrag geleistet werden.

Herausforderungen
Die Umsetzung der Energiewende stellt die Gesellschaft, die Unternehmen und den Einzelnen aber auch vor neue Herausforderungen und Aufgaben. Natürlich ist die Finanzierung solch eines Wandlungsprozesses eine gewaltige Herausforderung. Aber wir müssen sie bewerten im Verhältnis zu den Kosten des anderen, nicht nachhaltigen Systems der Energieerzeugung. Wie viele Kosten wurden nicht mit eingepreist – die Veränderung des Klimas, der Raubbau an der Natur, die Entsorgung des radioaktiven Mülls? Wird die Energiewende marktwirtschaftlich richtig gestaltet, so halten sich nicht nur die Kosten in Grenzen. In den zu entwickelnden Technologien und Geschäftsmodellen stecken auch große wirtschaftliche Potenziale für den weltweiten Einsatz.

Wichtig scheint mir, dass wir die Energiewende nicht überregulieren. Wir brauchen Gestaltungsfreiräume für die vielen innovativen Akteure. Gleichwohl bedarf es einer kontrollierten Gestaltung der Strommärkte. Zu einer sozialen Marktwirtschaft gehört auch die Verantwortung zur Daseinsvorsorge. Auch hier habe ich keine Sorge. Ich habe in den letzten Jahren sehr viele kompetente und engagierte Marktfachleute kennenlernen dürfen, die an neuen Modellen und an Smart Markets arbeiten.

Zwei für das Erreichen der Klimaziele unabdingbare Bereiche habe ich nicht detailliert untersuchen können: den Verkehrsbereich und die Gebäudewirtschaft. Ob Elektromobilität oder Synthetic Fuels der Zukunftspfad sind oder ob insgesamt eine Veränderung unseres Individualverkehrs ansteht, vermag ich nicht zu beurteilen. Ich finde es allerdings sehr bemerkenswert, dass sich die deutsche Automobilindustrie angesichts der geplanten drastischen CO_2-Reduktionen derart ruhig verhält. Weiter so? Von einer „Wende" im Verkehrsbereich kann ich hier noch nichts erkennen.

Die Wärmewende gehört zur Energiewende und sie wird kommen. Neben all den wirtschaftlichen und politischen Fragen, die noch zu klären sind, wächst das Bewusstsein für den Umgang mit Energie. Es werden im Laufe der Zeit sicherlich neue Ideen und Ansätze entstehen und umgesetzt werden. Allerdings dürfte ein ordentlicher politischer Schub hier hilfreich sein.

Am Ende der Expedition

Für meine Expedition durch die Energiewende hatte ich mir zwei Ziele gesetzt: Ich wollte die Energiewende mit den vielen offenbar vorhandenen Widersprüchen verstehen und ich wollte lernen, wie die Wende gelingen kann. Für mich persönlich ist dieses Experiment gelungen. Die vielen Besuche, Gespräche und Beispiele haben mir zwei Dinge ganz klar gezeigt:

1. Die Energiewende ist in vollem Gange und es machen sehr viele mit.
2. Alle Voraussetzungen zum Gelingen der Energiewende sind vorhanden – wir haben es selbst in der Hand, sie erfolgreich umzusetzen.

Am Anfang meiner Expedition hatte ich versucht, mir den Begriff Wende durch das gleichnamige Segelmanöver zu erklären (Kap. 3). Ein heftiges und schnelles Kursmanöver war und ist diese Energiewende nicht. Dabei hätten wir den Kurs auch um 90° oder mehr verändert. Energiepolitisch sind wir eher eine „Halse" gefahren: Das Boot vor dem Wind mit Fahrt voraus, aber am Ziel vorbeisteuernd, eine Kurskorrektur erfordernd. Mit dem Heck durch den Wind, die Segel komplett auf die andere Seite, den Bug neu ausgerichtet. Wir sind immer noch vor dem Wind, aber mit einer merklichen Kursänderung. Und wir nehmen kräftig Fahrt auf!

Anhang

Danksagung

Das war eine spannende Exkursion. Und darüber hinaus eine sehr lehrreiche. Sie wäre nicht möglich gewesen ohne die Unterstützung sehr vieler, die sich mit dem Thema identifizierten und die so wie ich neugierig auf die Ergebnisse waren. Es war wirklich beeindruckend, welche Bereitschaft zum Mitmachen mir entgegenschlug und mit welch offenen Armen ich zu Gesprächen und Besuchen eingeladen wurde. Viele Menschen haben sich Zeit für mich und für das Thema genommen. Manch einer hat neben seiner normalen Arbeitszeit sogar im Urlaub Passagen gelesen und mir sehr hilfreiche und konstruktive Anregungen gegeben. Dafür bin ich sehr dankbar. Ich kann sie nicht alle einzeln nennen, die meisten von ihnen kommen in den einzelnen Expeditionsabschnitten namentlich vor. Darüber hinaus haben viele Mitarbeiter von Unternehmen und Organisationen mich mit Fakten und Bildern versorgt – auch für deren Mitwirkung ein herzliches Dankeschön.

Meinen ganz besonderen Dank möchte ich an meine beiden Kinder Ulrike und Michael richten. Unermüdlich haben sie Texte von mir Korrektur gelesen, kritische Fragen gestellt und mich auf Ungereimtheiten hingewiesen. Als studierte Kommunikationsmanagerin und selbst eine Zeit lang Mitarbeiterin eines Stadtwerks hat Ulrike ihren Anteil an der Lesbarkeit und an der Verständlichkeit dieses Buches. Als frisch examinierter Wirtschaftsingenieur hat Michael vor allem den kritischen Blick auf die technischen und energiewirtschaftlichen Fragen gerichtet und zudem einen Großteil der Abbildungen ins rechte Format gebracht. Danke, das war ein Gemeinschaftswerk.

Beim letzten sprachlichen Feinschliff hat mir Dr. Katharina Ruppert sehr geholfen. In beharrlicher Detailarbeit hat sie die Texte auf begriffliche Einheitlichkeit und sprachliche Korrektheit durchleuchtet, wertvolle Hinweise zur Lesbarkeit gegeben und mir oftmals verdeutlicht, wie lang mein Grammatikunterricht schon zurückliegt. Herzlichen Dank für die konstruktive und unkomplizierte Zusammenarbeit.

Nicht zuletzt gilt mein besonderer Dank meiner Lektorin Kerstin Hoffmann vom Springer-Verlag. Sie hat vom ersten Moment an Vertrauen in mich und mein – zugegebenermaßen – riskantes Experiment gesetzt und mir immer wieder Zutrauen gegeben, die Expedition so zu gestalten, dass auch andere gerne darüber lesen. Sie hat sehr dabei geholfen, aus meiner Idee ein Buch zu machen. Ich freue mich und ich bin dankbar, dass ich es schreiben durfte.

Dülmen, im Herbst 2015   **Josef Gochermann**

Printed in the United States
By Bookmasters